Businesspläne für IT-basierte Geschäftsideen

Prof. Dr. Herbert Kubicek, Studium der Betriebswirtschaftslehre und Promotion zum Dr. rer. pol. Universität Köln, von 1978 bis 1987 Professor für Betriebswirtschaftslehre an der Universität Trier, seit 1987 Professor für Angewandte Informatik mit den Schwerpunkten Telekommunikation und Informationsmanagement an der Universität Bremen. Geschäftsführer des Instituts für Informationsmanagement Bremen (ifib GmbH) und wissenschaftlicher Direktor der Stiftung Digitale Chancen. Schwerpunkt der Lehrtätigkeit: Wirtschaftsinformatik im Studiengang Informatik. Forschungsschwerpunkt: Nutzbarkeit und Nützlichkeit von Informationstechnik unter besonderer Berücksichtigung des Internets.

Dipl.-Wirt.-Inf. Steffen Brückner studierte an der Technischen Universität Ilmenau mit den Schwerpunkten Unternehmensorganisation, Change Management und Marketing. Während seiner Tätigkeit für eine Hamburger IT- und Unternehmensberatung konnte er in den folgenden Jahren wertvolle Praxiserfahrung insbesondere in den Bereichen Prozessanalyse und -optimierung sowie Entwicklung und Einführung von Anwendungssystemen gewinnen. Seit 2006 ist er wissenschaftlicher Mitarbeiter der Arbeitsgruppe Informationsmanagement des Fachbereichs Mathematik/ Informatik der Universität Bremen.

Herbert Kubicek · Steffen Brückner

Businesspläne für IT-basierte Geschäftsideen

Betriebswirtschaftliche Grundlagen anhand von Fallstudien

dpunkt.verlag

Herbert Kubicek
kubicek@ifib.de

Steffen Brückner
sbrueckner@ifib.de

Lektorat: Christa Preisendanz
Copy-Editing: Ursula Zimpfer, Herrenberg
Herstellung: Birgit Bäuerlein
Umschlaggestaltung: Helmut Kraus, www.exclam.de
Druck und Bindung: Media-Print Informationstechnologie, Paderborn

Bibliografische Information Der Deutschen Bibliothek
Die Deutsche Bibliothek verzeichnet diese Publikation in der Deutschen Nationalbibliografie; detaillierte bibliografische Daten sind im Internet über <http://dnb.ddb.de> abrufbar.

ISBN 978-3-89864-639-0

1. Auflage 2010

Ringstraße 19 B
69115 Heidelberg

5 4 3 2 1 0

Vorwort

Das hiermit vorgelegte Lehrbuch ist das Ergebnis eines mehr als fünf Jahre dauernden Bemühens, betriebswirtschaftliche Grundkenntnisse für Studierende der Informatik so zu vermitteln, dass sie als sinnvoll und nützlich angesehen werden. Mit gezielt ausgewählten Bausteinen aus betriebswirtschaftlichen Lehrbüchern ist dies dem älteren Autor, Herbert Kubicek, in der regelmäßigen Lehrveranstaltung »Grundlagen der Wirtschaftsinformatik« im Studiengang Informatik der Universität Bremen nicht gelungen. Während eines Forschungssemesters 2002 übernahm die damals neue Kollegin Ulrike Lechner diese Vorlesung und setzte in der begleitenden Übung die von Petra Schubert und Ralf Wölfle zusammengestellten Fallstudien erfolgreicher, internetbasierter Unternehmensgründungen und Projekte ein. Der große Zuspruch der Studierenden zur Arbeit mit solchen realen Fallbeispielen führte zu der Idee, die betriebswirtschaftlichen Aspekte solcher Unternehmensgründungen und Entscheidungen für Internetangebote noch stärker herauszustellen. Dafür erschienen Businesspläne und Projektpläne die geeigneten Ansatzpunkte. 2003 wurde erstmals eine Einführung in die Wirtschaftsinformatik anhand von Businessplänen angeboten, in der am Beispiel eines Unternehmens erläutert wurde, auf welchen betriebswirtschaftlichen Grundlagen die einzelnen Teile eines Businessplans beruhen. In der begleitenden Übung entwickelten jeweils drei Studierende analog einen Businessplan für ein anderes Unternehmen aus der Fallsammlung von Schubert und Wölfle.

Das große Engagement der Studierenden bei der Erstellung und bei der Präsentation der Businesspläne bestätigte die mit einem solchen fall- und handlungsbezogenen Ansatz verbundenen Erwartungen. Ein Angebot des Instituts für Wissenstransfer an der Universität Bremen, Materialien für einen Onlinekurs zur Wirtschaftsinformatik zu erstellen, war der Anlass, gemeinsam die bis dahin verwendeten Powerpoint-Folien in einen mehr oder weniger fließenden Text zu überführen.

In einem weiteren Schritt haben wir dann ein Begleitskript zur Vorlesung entwickelt und den Studierenden zum Download angeboten. Im vorerst letzten Schritt hat der dpunkt.verlag dieses Manuskript begutachten lassen. Wir haben die sehr konstruktiven Verbesserungsvorschläge von Frau Prof. Strahringer gerne umgesetzt und legen nun ein Lehrbuch zur praxisbezogenen und handlungsorientierten Vermittlung betriebswirtschaftlicher Grundlagen in Studiengängen der Informatik, Wirtschaftsinformatik und anderer technischer Disziplinen vor. Da es stets weitere Verbesserungsmöglichkeiten gibt, würden wir uns über Rückmeldungen, Kritik und Verbesserungsvorschläge von Lehrenden und Studierenden sehr freuen.

Aus der Beschreibung der Entstehung dieses Buches geht hervor, dass daran mehrere Personen beteiligt waren, denen an dieser Stelle gedankt werden soll. Bei Ulrike Lechner bedanken wir uns dafür, dass sie auf die Fallsammlung aufmerksam gemacht hat. Petra Schubert und Ralf Wölfle haben uns mit weiteren Fallsammlungen auf dem Laufenden gehalten und die Abdruckgenehmigung für das Fallbeispiel in diesem Buch erteilt. Frau Strahringer gilt unser Dank für die gründliche Durchsicht und die konstruktiven Verbesserungsvorschläge. Und last but not least gilt unser Dank dem dpunkt.verlag, insbesondere Frau Christa Preisendanz, die trotz der großen Zahl der existierenden Bücher zu Businessplänen auf den besonderen Ansatz dieses Lehrbuchs vertraut und den Lektorats- und Produktionsprozess perfekt vollzogen hat. Wir hoffen, dass dieses Vertrauen nicht enttäuscht wird.

Herbert Kubicek · Steffen Brückner
Bremen, im September 2009

Inhalt

Anhang

1 Einleitung

In der Hochphase des Internetbooms glaubten nicht nur Computerexperten, dass eine Idee für ein innovatives technisches System auch wirtschaftlichen Erfolg bedeutet. Viele zur Realisierung solcher Ideen gegründete Unternehmen mussten jedoch schnell feststellen, dass auch die Aktivitäten im sogenannten Cyberspace aus der realen Welt der Marktwirtschaft und ihrer alten Ökonomie heraus finanziert werden und sich auch dort bewähren müssen. Entscheidend für das wirtschaftliche Überleben sind nicht die registrierten Benutzer, Besuche oder Klicks und auch nicht der Umsatz alleine, sondern Liquidität und Gewinn.

Ziele und Anlässe für Businesspläne

Der Gewinn hängt davon ab, ob ein Unternehmen genügend Kunden findet, die bereit sind, für seine Angebote so viel Geld auszugeben, dass insgesamt mehr eingenommen wird, als für die Erstellung des Angebotes ausgegeben werden muss. Dabei sind die potenziellen Kunden nicht isoliert zu betrachten, sondern unter Berücksichtigung möglicher Konkurrenten, die diesen Kunden andere, eventuell attraktivere Angebote machen. Der angestrebte Gewinn wird sich in den seltensten Fällen bereits im Jahr der Gründung einstellen. Die meisten neu gegründeten Unternehmen müssen zunächst eine gewisse Durststrecke durchstehen und brauchen entsprechend Eigenkapital und Fremdkapital, um während dieser Zeit die notwendigen Ausgaben für erstmalige Investitionen und den anlaufenden Geschäftsbetrieb finanzieren zu können. Dabei ist es für das Überleben entscheidend, dass die Liquidität gesichert ist, d.h., dass zu jedem Zeitpunkt fällige Rechnungen auch bezahlt werden können.

Es kommt also darauf an, eine innovative, kreative technische Idee in ein tragfähiges wirtschaftliches Konzept einzubetten und sehr genau zu untersuchen und gegenüber potenziellen Geldgebern darzustellen, wie man mit dieser Idee ein Geschäft machen kann. Das Ergebnis solcher Überlegungen nennt man Geschäfts- oder Businessplan.

Aus einer technischen Idee muss daher eine Geschäftsidee entwickelt werden, die dann in einem Businessplan in Form eines schriftlichen Unternehmenskonzeptes konkretisiert und validiert wird. Im Businessplan werden für das geplante Unternehmen dessen Geschäftsmodell, die angestrebten Ziele und Strategien sowie die geplante Realisierung des Leistungsangebotes und auch dessen Finanzierung detailliert und für potenzielle Kapitalgeber verständlich dargestellt. Der Businessplan legt die zeitliche und personelle Aufgabenteilung fest und trifft auch Aussagen über die erwartete zukünftige Liquidität und Rentabilität des Unternehmens. Somit ist der Businessplan eine komprimierte, schriftliche Zusammenfassung einer zukünftigen Geschäftstätigkeit und deren wirtschaftlicher Aussichten.

Für die Erstellung eines Businessplans gibt es neben der Suche nach Kapitalgebern bei Unternehmensneugründungen noch eine Vielzahl von Anlässen wie Börsengänge und Kapitalerhöhungen bereits existierender Unternehmen, Kreditnachfragen bei Banken oder Förderanträge bei Einrichtungen der Wirtschaftsförderung, die Ausweitung von Geschäftsfeldern und die Gewinnung von Geschäftspartnern u.a.m. Je nach konkretem Anlass für die Erstellung eines Businessplans ergeben sich dann unterschiedliche Zielgruppen und Akzente der Darstellung.

Die Erstellung eines Businessplans wird oft als notwendiges Übel und lästige Pflicht angesehen, um eine Finanzierung zu erhalten. Dabei wird übersehen, dass ein solcher Plan auch den Gründern hilft, ihre Ideen auf ihre wirtschaftliche Tragfähigkeit zu überprüfen, diese entsprechend zu konkretisieren und zu ergänzen und so auch das Risiko der eigenen Investitionen zu verringern. Darüber hinaus stellt der Businessplan ein wichtiges Kommunikationsmittel gegenüber allen internen und externen Anspruchsgruppen eines Unternehmens dar.

Für die Realisierung einer IT-basierten Geschäftsidee ist selbstverständlich die technische Expertise eine unverzichtbare Voraussetzung. Wenn es sich um webbezogene Produkte oder Dienstleistungen handeln soll, kommen Designkompetenzen als notwendige ergänzende Voraussetzung hinzu. Aus den vorangegangenen Ausführungen ergibt sich, dass diese notwendigen, aber nicht hinreichenden Bedingungen noch durch wirtschaftlichen Sachverstand als dritte Komponente ergänzt werden müssen. In der Regel wird ein Gründerteam daher auch einen entsprechend qualifizierten Partner beinhalten. Es ist aber nicht zu empfehlen, dass Techniker und Designer sich einfach darauf verlassen, dass der Kaufmann schon alles richtig machen wird. Eine wirtschaftliche Überprüfung einer technischen Geschäftsidee wird auf Probleme stoßen und Fragen aufwerfen, die eine Veränderung dieser Idee erforderlich machen. Daher ist es notwendig, dass sich auch Informatiker, Wirtschaftsinformatiker und Betriebswirte sowie Web-Designer so weit in die wirtschaftlichen Sachverhalte und Betrachtungsweisen einarbeiten, dass sie mit ihrem kaufmännischen Experten sachkundig die Konkretisierung und Realisierung ihrer Ideen beraten und den gemeinsam entwickelten Businessplan dann auch im Gespräch mit Geldgebern, Lieferanten oder Kunden überzeugend vertreten können.

Ziele und Einsatz dieses Lehrbuches

Ein Ziel dieses Buches besteht dementsprechend darin, die erforderlichen wirtschaftlichen Grundlagen für die Erstellung eines Businessplans zu vermitteln. Dabei soll jedoch über die bereits vorliegenden Ratgeber und Leitfäden hinausgegangen werden, indem anhand dieses speziellen Anlasses auch allgemeinere betriebswirtschaftliche Kenntnisse vermittelt werden, über die heute jeder verfügen sollte, der sich mit Projekten und Planungen im Bereich des E-Business befasst. Die Ausführungen basieren auf den Unterrichtsmaterialien, die über fünf Jahre für einen Einführungskurs Wirtschaftsinformatik für Informatiker an der Universität Bremen erarbeitet und kontinuierlich weiterentwickelt worden sind. Dort ging und geht es darum, den Studierenden der Informatik wirtschaftswissenschaftliche Grundlagen zu vermitteln, damit sie die wirtschaftlichen Aspekte ihres eigenen beruflichen Tuns sowie die Gesetzmäßigkeiten in ihrer Branche besser verstehen können. Während dies zunächst in Form von Auszügen aus betriebswirtschaftlichen Lehrbüchern geschah und der Lerneffekt recht bescheiden war, hat sich das didaktische Konzept immer stärker in Richtung eines fallbezogenen Lernens verändert. Seit einigen Jahren besteht der Inhalt dieses Einführungskurses darin, anhand der Entwicklung eines Businessplans für ein neu zu gründendes internetbasiertes Unternehmen sowie eines Projektplans für ein internetgestütztes Projekt die dazu notwendigen betriebswirtschaftlichen Grundlagen zu erlernen und gleich exemplarisch anzuwenden. Diese exemplarische Anwendung erfolgt anhand von tatsächlich existierenden Fällen, wie sie in dem von Petra Schubert und Ralf Wölfle herausgegebenen Buch »E-Business erfolgreich planen und realisieren« [Schubert, Wölfle 2000] bereits im Jahr 2000 in authentischen Fallbeschreibungen zusammengestellt worden sind. Jeweils drei Studierende haben die Aufgabe, sich in die Rolle der Gründer in einem der Fallbeispiele zu versetzen und für das dort beschriebene Unternehmen zu dem Zeitpunkt vor der Gründung einen Businessplan zu erstellen, wie ihn die Gründer vermutlich erstellt haben oder erstellt hätten, um Kapitalgeber zu überzeugen. Statt eines langen allgemeinen Grundlagenteiles werden in der Vorlesung zu jedem Kapitel des Businessplans die dazu erforderlichen Konzepte und Methoden vermittelt und an einem anderen Fallbeispiel jeweils konkret erläutert, sodass die eigene Lernleistung darin besteht, das allgemein Gehörte und an einem Beispiel Illustrierte auf ein anderes Beispiel zu übertragen. In der begleitenden Übung stellen die Studierenden dann die Übertragung auf ihren jeweiligen Fall vor. Da insgesamt sechs oder sieben Gruppen teilnehmen, die jeweils einen anderen Fall bearbeiten, entsteht so ein über den Einzelfall hinausgehender Überblick.

Fallbasiertes Lernen

Nachdem sich dieser Ansatz des fallbasierten Lernens sehr bewährt hat, entstand der Plan zur Erstellung eines entsprechenden Lehrbuches. Es geht über einen Leitfaden zur Erstellung von Businessplänen insofern hinaus, als diese Erstellung nicht der Hauptzweck, sondern nur Anlass und roter Faden für die Einführung in betriebswirtschaftliche Konzepte und Methoden ist, die man bei einer Beschäftigung mit Fragen des E-Business kennen sollte. Dementsprechend werden im Folgenden zunächst die an einen Businessplan gestellten inhaltlichen und formalen Anforderungen sowie mögliche Erfolgsfaktoren für die Erstellung und die Beurteilungskriterien der externen Adressaten des Businessplans vorgestellt. Danach wird ein Fallbeispiel eingeführt, an dem die weiteren Ausführungen illustriert werden. Diese orientieren sich an einer inzwischen weitgehend vereinheitlichten Gliederung von Businessplänen. Für jeden Abschnitt werden die notwendigen Grundlagen dargestellt sowie entsprechende Leitfragen formuliert, welche die Anwendung dieses Wissens bei der Erstellung eines eigenen Plans unterstützen sollen und auf die dann mögliche beispielhafte Antworten für das begleitende Fallbeispiel gegeben werden. Dabei werden alle Schritte von der Vorstellung der Geschäftsidee und des Unternehmenszwecks über die Markt-, Kunden- und Wettbewerbsanalysen sowie die Entwicklung der Marketingziele, -strategien und -maßnahmen bis hin zur Betrachtung der Chancen und Risiken und der Aufstellung einer vollständigen Finanzplanung inklusive Liquiditätsrechnung, Gewinn- und Verlustrechnung und Bilanz durchlaufen.

Vor allem mit diesem letztgenannten Themenkreis geht die Fallbehandlung über die Angaben in den als Ausgangspunkt dienenden Fallbeschreibungen hinaus. Wenn wirtschaftliche Kenntnisse vermittelt werden sollen, kann dies jedoch nicht ohne die Behandlung von Jahresabschlüssen, also insbesondere Bilanz und Gewinn- und Verlustrechnung, sowie der Liquiditätsrechnung geschehen. Denn schließlich sind dies die Dokumente und die darin abgebildeten Zustände eines Unternehmens, an denen sich Geldgeber, Lieferanten und andere Anspruchsgruppen, wie zum Beispiel das Finanzamt, orientieren und ihre Forderungen daran bemessen. Dieser Teil ist nicht nur inhaltlich anspruchsvoll, sondern erfordert auch eigene Kreativität bei der Fallbearbeitung, weil in den Fallbeschreibungen in der Regel die Angaben nicht ausreichen, um eine komplette Bilanz und Gewinn- und Verlustrechnung zu erstellen. Das heißt, es müssen eigene Annahmen getroffen werden, deren realistische Formulierung bereits bestimmte praktische und/oder betriebswirtschaftliche Kenntnisse voraussetzt, und es müssen eigene Recherchen durchgeführt werden, wenn z.B. Mietkosten für Büroräume, Versicherungen, Steuern oder auch die Kosten für ein Server-Hosting realistisch angesetzt werden sollen. Doch wird dieser Aufwand im Nachhinein als sinnvolle Anforderung und Lernziel akzeptiert.

Am Ende eines Kurses präsentieren die aus drei Studierenden bestehenden Gruppen ihren Businessplan in einem Rollenspiel vor dem Dozenten als potenziellem Kapitalgeber mithilfe einer Powerpoint-Präsentation, bei der auch Stil und Form der Präsentation beurteilt werden. Schließlich reichen sie den schriftlichen Businessplan ebenfalls in einer Form ein, wie er bei einer Bank, einem anderen Kapitalgeber oder einer Wirtschaftsförderungsstelle vorzulegen wäre.

Die ersten in den bisherigen Kursen als Ausgangspunkte verwendeten Fallbeispiele sind ursprünglich dem erwähnten Buch von Petra Schubert und Ralf Wölfle entnommen worden. Beide Autoren haben in weiteren Büchern eine Reihe von Fallbeispielen zu ähnlichen Themen publiziert, z.B. Schubert, Wölfle, Dettling (Hrsg.): Fulfillment im E-Business – Praxiskonzepte innovativer Unternehmen (2001) [Schubert u.a. 2001] oder Schubert, Wölfle, Dettling (Hrsg.): E-Business Integration – Fallstudien zur Optimierung elektronischer Geschäftsprozesse (2003) [Schubert u.a. 2003a]. Aus diesen Büchern wurden in den eigenen Kursen inzwischen ebenso Fälle verwendet, wie weitere aus der Schweizer Fallstudiendatenbank eXperience online (*www.experience-online.ch*). Der in diesem Buch zur Illustration verwendete fiktive Uhrenanbieter Timebuilder121 basiert auf der von diesem Portal stammenden Fallstudie zur Factory121 S.A. (*http://www.experience-online.ch/cases/experience20.nsf/volltext/factory121*), einer der deutschen Aktiengesellschaft vergleichbaren »Société Anonyme«.

2 Geschäftsidee und Geschäftsmodell als Ausgangspunkt des Businessplans

Die wesentlichen Inhalte eines Businessplans werden in Literatur und Praxis als Geschäftsidee und Geschäftsmodell bezeichnet.

2.1 Geschäftsideen

2.1.1 Beispiele

Am Anfang aller neu gegründeten Unternehmen steht eine Geschäftsidee. Bei einem IT-basierten Unternehmen wird sie zumeist aus einer technischen Idee heraus entwickelt. Dabei kann es um neue Hardwarekomponenten, Anwendungsprogramme oder Utilities und seit der Verbreitung des World Wide Web um technische Funktionalitäten oder inhaltliche Angebote im Internet gehen. Auch die Verbreitung von Mobilfunknetzen hat vielfältige Ideen für mobile Services und konkrete Angebote inspiriert.

Studierende, Absolventen, aber auch im Beruf stehende Angestellte überlegen zunächst vielleicht nur aus Spaß oder auch ernsthaft, ob sie sich selbstständig machen könnten und welche interessanten Anwendungen sich aus neuen technischen Möglichkeiten entwickeln lassen. Suchmaschinen, Onlineauktionen, Community-Plattformen, Tauschbörsen sind Beispiele für völlig neue Kommunikationsformen, Amazon hingegen eine neue Vertriebsform für bereits bestehende Produkte.

Eine umfangreiche Sammlung von Fallbeispielen internetbasierter Unternehmensgründungen findet sich in der bereits erwähnten, vom nationalen Kompetenznetzwerk der Schweizer Fachhochschulen für E-Business und E-Government geförderten Fallstudiendatenbank eXperience online (*www.eXperience-online.ch*), in der auch ältere Fallbeschreibungen aktualisiert werden.

Die meisten Praxisfälle beziehen sich auf Erweiterungen bestehender Geschäftsmodelle um einen Online-Beschaffungs- oder Vertriebskanal. Sie werden in einem Unternehmen als IT-Projekte realisiert. Mit der Prüfung der Machbarkeit und wirtschaftlichen Vorteilhaftigkeit solcher Geschäftsmodellinnovationen wird sich ein zweites Lehrbuch befassen. Typische Beispiele für realisierte Geschäftsideen für IT-basierte Unternehmensgründungen werden im Folgenden genannt. Sie kommen als Übungsbeispiele zur Unterstützung der Lernziele aus diesem Buch infrage. Die Kurzbeschreibungen basieren auf Fallstudien, die unter den jeweils angegebenen Quellen vollständig zu finden sind.

BKTech AG: Onlineshop für Elektrobikes (2000)

Die BKTech AG ist ein Unternehmen im Bereich Fahrzeugbau, das effiziente und leistungsfähige Elektrofahrräder, die sogenannten E-Bikes, entwickelt, produziert und vertreibt, die durch eine Verdopplung der Muskelkraft per Elektromotor und Geschwindigkeiten von 30-35 km/h die Einsatzgebiete des herkömmlichen Fahrrades erheblich erweitern. Seinen Kunden, insbesondere ältere, aber auch umweltbewusste Menschen sowie Trendsetter, bietet BKTech mit seinen umweltschonenden und persönlich konfigurierbaren E-Bikes (leise, keine fossilen Brennstoffe) einen Zuwachs an Mobilität, Individualität und Prestige.

Mit dem eigenen Entwicklungsvorsprung und den Möglichkeiten des Internets (Onlinekonfigurator, Händlereinbindung, Reservierung von Probefahrten und Aufbau einer Community) will BKTech, dem gelungenen Marktdurchbruch der E-Bikes in Japan nacheifernd, nun das im europäischen Urban- und Komfortbereich gesehene Wachstumspotenzial nutzen.

Mehr: Waser, Bruno R. (2000): Fallstudie BKTech AG, in: Schubert, Petra; Wölfle, Ralf (Hrsg.), E-Business erfolgreich planen und realisieren – Case Studies von zukunftsorientierten Unternehmen. München, Wien: Hanser Verlag, 2000, S. 57-70.

http://www.experience-online.ch/cases/experience20.nsf/volltext/bktech

LeShop: E-Commerce im Detailhandel (2000)

Bei LeShop handelt es sich um den ersten Supermarkt der Schweiz, der sich ausschließlich auf den elektronischen Distributionskanal mittels Internet konzentriert und nicht über ein herkömmliches Filialnetz verfügt. Alleinstellungsmerkmal ist das umfangreiche Angebot an Frische- und Markenartikeln, deren Auslieferung noch dazu in die gesamte Schweiz erfolgt. Den Hauptkundennutzen sehen die Unternehmensgründer in der zeitlichen Freiheit des elektronischen Einkaufens und der bequemen sowie flexiblen Anlieferung. Zielgruppe sind daher zeitlich stark beanspruchte besserverdienende Haushalte (insbesondere mit »working women« und kleinen Kindern), die sich vom Stress der Haushaltseinkäufe befreien möchten, jedoch hohe Ansprüche an eine ausgezeichnete Qualität der Produkte stellen. LeShop konzentriert sich dabei zunächst auf die Koordination der verschiedenen Geschäftspartner (Lieferanten und Logistikdienstleister) sowie die Kundenbindung.

Mehr: Gisler, Michael (2000): Fallstudie LeShop SA, in: Schubert, Petra; Wölfle, Ralf (Hrsg.), E-Business erfolgreich planen und realisieren – Case Studies von zukunftsorientierten Unternehmen. München, Wien: Hanser Verlag, 2000, S. 161-174.

http://www.experience-online.ch/cases/experience20.nsf/volltext/leshop

Blacksocks S.A.: E-Fulfillment-Lösung (2001)

Blacksocks wurde gegründet als ein Ein-Produkt-Unternehmen der Herrenbekleidungsindustrie, das ausschließlich schwarze Herrensocken und diese auch nur im Abonnement angeboten hat. Blacksocks konzentriert sich dabei auf den Dienstleistungscharakter seines Angebots und die Ausgestaltung der Kundenbeziehung. Die Herstellung, Lagerung sowie der Versand der Socken erfolgen durch andere Unternehmen. Die Zielkunden des Angebotes sind männlich, arbeiten im Büro in einer höheren Stellung, wohnen eher in urbanem Umfeld, sind zwischen 30 und 50 Jahre alt und schätzen die Zuverlässigkeit, gleichbleibende Ausführung und Qualität sowie Zeitersparnis des Sockenabonnements. Inzwischen wurde das Sortiment erheblich ausgeweitet.

Mehr: Walser, Konrad (2001): Fallstudie blacksocks, in: Schubert, Petra; Wölfle, Ralf; Dettling, Walter (Hrsg.), Fulfillment im E-Business – Praxiskonzepte innovativer Unternehmen. München, Wien: Hanser Verlag, 2001, S. 103-116.

http://www.experience-online.ch/cases/experience20.nsf/volltext/blacksocks

Tonernow.com: E-Fulfillment in der Bürobedarfsindustrie (2001)

Tonernow wurde als E-Commerce-Tochter der Firma IQ Computers gegründet, die sich auf die Produktion und den Internetvertrieb von Tonern und sonstigem Zubehör für Laserdrucker, Kopierer, Tintenstrahldrucker, Fax- und Multifunktionsgeräte sowie Papier, Diapositive, Druckerspeicher und Druckerersatzteile konzentriert. Dabei handelt es sich sowohl um Originalteile als auch ausgewählte sowie selbst gefertigte No-Name-Produkte z.T. unter eigenem Label. Zusätzlich werden den Kunden wie Wirtschafts-, Regierungs- oder Bildungseinrichtungen Dienstleistungen wie individuelle Versandplanung oder auch Wiederaufbereitung vor Ort, Wartungsgarantien und Reparaturservice angeboten. Händlern und Kunden aus der Wirtschaft werden bei Bestellung, Bezahlung und Versand größtmögliche Individualität und Flexibilität geboten. Bei der Auslieferung greift Tonernow daher auf die umfangreichen Liefermöglichkeiten (Lieferung in 24 Stunden, am nächsten Morgen, am Samstag, noch am selben Tag oder am folgenden Tag) des Logistikunternehmens FedEx zurück. Die Zahlungsabwicklung wird an den Marktführer im Bereich Internet-Zahlungsverkehr in der Schweiz Paymentech vergeben. Weitere Erfolgsfaktoren sind die nutzerfreundliche, kundenorientierte

Funktionalität des Webportals sowie die in der Branche einzigartige Datenbank der entwickelten E-Business-Anwendung.

Mehr: Jeannet, Jean-Pierre und McCann, W. Caleb (2001): Fallstudie Tonernow, in: Schubert, Petra; Wölfle, Ralf; Dettling, Walter (Hrsg.), Fulfillment im E-Business – Praxiskonzepte innovativer Unternehmen. München, Wien: Hanser Verlag, 2001, S. 227-237.

http://www.experience-online.ch/cases/experience20.nsf/volltext/tonernow

Lesen.ch: E-Fulfillment im Buchhandel (2001)

Lesen.ch wurde von Buchhändlern als erste rein virtuelle Buchhandlung der Schweiz gegründet. Verkauft werden Bücher, Videos und DVDs sowie Software an Endkunden. Vorteil für Geschäftskunden wie Firmen, Institutionen und Verwaltungen ist, dass sie ihre Beschaffungen vom Schreibtisch aus durchführen können. Privatkunden können auch nachts und an Wochenenden bequem und ohne Zeitdruck den virtuellen Buchladen durchstöbern. Dabei liegen die Stärken des Unternehmens vor allem in der persönlichen fachlichen Beratung der Kunden, dem umfangreichen Katalog bzw. Sortiment, der einfachen Bedienbarkeit des Onlineshops sowie der kurzen Lieferzeit, die durch eine innovative Anbindung an die IT-Systeme von Großhändlern, Buchzentren und Verlagen gewährleistet wird.

Mehr: Sieber, Pascal (2001): Fallstudie lesen.ch, in: Schubert, Petra; Wölfle, Ralf; Dettling, Walter (Hrsg.), Fulfillment im E-Business – Praxiskonzepte innovativer Unternehmen. München, Wien: Hanser Verlag, 2001, S. 143-157.

http://www.experience-online.ch/cases/experience20.nsf/volltext/lesen

Koncraft-Manufakturen: Die virtuelle Schreinerei (2002)

Auslöser für den Zusammenschluss von vier Schreinereien aus Baden-Württemberg unter dem Namen Koncraft-Manufakturen waren folgende drei Rahmenbedingungen der Schreinerbranche:

Erstens steht die sehr zeitintensive und somit auch teure Planung nicht im angemessenen Verhältnis zum Produktionsaufwand und vor allem dem Ertrag. Zweitens verlangen die geforderten Qualitätsmaßstäbe hohe Investitionen in die dafür benötigten Maschinen, die, um wirtschaftlich betrieben werden zu können, eine hohe Auslastung erfordern, die bedingt durch die Größe der Betriebe oft nicht zu erzielen ist. Gleichzeitig kommen in immer kürzeren Zeitintervallen neue Materialien, Halbfertigprodukte, Erkenntnisse und Lösungsansätze auf den Markt, was es für einen Kleinbetrieb schwierig macht, alle diese Daten zusammenzutragen und effizient zu verwalten.

Für den gemeinsamen Geschäftserfolg verpflichten sich die beteiligten Schreinereien, Planungen nach einem gemeinsamen Standard durchzuführen, sich gegenseitig benötigte Daten zur Verfügung zu stellen und schon den Einkauf von Produktionsmitteln miteinander abzusprechen bzw. diese gemeinsam zu nutzen. Es wurden nicht nur gemeinsame Standards bei Konstruktionen und Materialien, sondern auch hinsichtlich der verwendeten Hard- und Software eingeführt. Dies ermöglicht neben einer besseren Zusammenarbeit auch die Verfügbarkeit einer internen Hotline und die Entwicklung einer E-Learning-Plattform. Nach außen wurde durch die Kooperation die Verhandlungsposition gegenüber den Lieferanten gestärkt sowie ein gemeinsames Marketing etabliert und nun können auch größere Aufträge angenommen und gemeinsam bearbeitet werden.

Mehr: Lempp, Hartmut; Rumpf, Josef: Koncraft-Manufakturen: Die virtuelle Schreinerei, 2002.

http://www.experience-online.ch/cases/experience20.nsf/volltext/koncraft

Comparis.ch: Internationale Vergleiche aus dem Finanz-, Versicherungs- und Telekomunikationsbereich (2003)

Das Schweizer E-Business-Unternehmen Comparis fungiert als Intermediär zwischen Anbietern und Nachfragern von Leistungen im Finanz-, Versicherungs- und Telekommunikationsbereich. Comparis sammelt und integriert die Tarif-, Prämien- und Leistungsinformationen der verschiedenen Anbieter per Datenübernahme, Webcrawling oder auch manueller Erfassung in einer Datenbank und stellt seinen Kunden ein umfangreiches Analysetool für diese durch den einzelnen Kunden sonst nur schwer zu beschaffenden Daten zur Verfügung, um ihnen eine transparente Auswahl des für sie geeignetsten Anbieters zu ermöglichen. Die Tarifvergleiche werden auf der Website von den Nachfragern selbst erstellt. Die Vorbereitung und Unterstützung der Entscheidungsfindung des Kunden erfolgt dabei durch Comparis unabhängig und neutral. Etwaige Offertenanfragen der Kunden leitet Comparis dann an die jeweiligen kooperierenden Leistungsanbieter weiter, für die Comparis dann eine pauschale Entschädigung erhält. Die Leistungsanbieter profitieren vor allem von der Senkung ihrer Akquisitionskosten. Weitere Erfolgsfaktoren für die Comparis-Geschäftsidee sind die 80 %ige Abdeckung des Marktangebotes sowie das landesspezifische Know-how.

Mehr: Schönert, Silke (2003): Fallstudie comparis.ch, in: Schubert, Petra; Wölfle, Ralf; Dettling, Walter (Hrsg.): E-Business Integration – Fallstudien zur Optimierung elektronischer Geschäftsprozesse. München, Wien: Hanser Verlag, 2003, S. 249-262.

http://www.experience-online.ch/cases/experience20.nsf/volltext/comparis

Fairgate AG: Der Customer Interaction Hub für Vereine (2005)

Produkt der Fairgate AG ist das Internetportal Fairgate, das als Informationsdrehscheibe zwischen Vereinen und allen ihren Stakeholdern wie Mitgliedern, Gönnern und Sponsoren sowie auch Produktlieferanten für die Vereinsshops fungiert. Es vereinfacht die Mitglieder-, Sponsoren-, E-Shop- und Websiteadministration und bietet Kommunikationstools für E-Mail und SMS. Erfasste Daten können zeit- und ortsunabhängig ausgewertet oder exportiert werden. Kunden der Fairgate AG sind daher Vereine, die ihren Verwaltungsaufwand senken und gleichzeitig die Mitgliederbindung sowie die Vereinseinnahmen erhöhen wollen. Erlöse erzielt die Fairgate AG vor allem für die online verwalteten Datensätze.

Mehr: Scheidegger, Nicole; Sieber, Pascal; Taaks, Gerrit; Hahn, Marc André: Die Organisation des E-Business V, Fallstudien über den Einsatz der Informatik und Telekommunikation für den geschäftlichen Erfolg von Unternehmen und Verwaltungen. Dr. Pascal Sieber & Partners AG, Bern, 2005.

http://www.experience-online.ch/cases/experience20.nsf/volltext/fairgate_unic

Factory121 S.A.: Virtuelle Integration von Kunden und Partnern (2005)

Factory121 ist das erste Schweizer Unternehmen, das »Swiss made«-Uhren exklusiv über das Internet unter Ausschluss der traditionellen Distributionswege vertreibt. Die Uhren unter dem Label 121Time werden mittels eines Online-Uhrenkonfigurators durch die Kunden aus einem Baukasten selbst designt, nach Schweizer Qualitätskriterien durch einen Fertigungspartner hergestellt und innerhalb von 10 Tagen an die Kunden ausgeliefert. Insbesondere aufgrund der Einsparungen der sonst teuren klassischen Vertriebsstrukturen können die noch dazu individualisierten Uhren zu gegenüber den Wettbewerbern sehr attraktiven Preisen angeboten werden. Im Preissegment zwischen 150-500 CHF ist Factory121 somit der einzige Anbieter von hochwertigen »Swiss made«-Uhren. Neben Privatkunden sind auch Geschäftskunden anvisiert, die beispielsweise individuelle Geschenke für wichtige Kunden oder verdiente Mitarbeiter suchen.

Mehr: Zimmermann, Philipp: Factory121 S.A.: Virtuelle Integration von Kunden und Partnern, 2005.

http://www.experience-online.ch/cases/experience20.nsf/volltext/factory121

getAbstract: Kooperative Kundenbetreuung (2005)

Das Leistungsangebot des bereits 1998 gegründeten Unternehmens getAbstract besteht darin, die herausragendsten Businessbücher auf jeweils fünf Seiten zusammenzufassen und diese Zusammenfassungen in verschiedenen Text- und Audioformaten ihren Kunden in unterschiedlichen Abonnementformen über das Internet zur Verfügung zu stellen. Bei diesen kann es sich sowohl um Einzelpersonen handeln, die auf dem neuesten Stand bleiben wollen, als auch um Firmenkunden, die ihren Mitarbeitern im Sinne der Weiterbildung und Personalentwicklung die Zusammenfassungen im Intranet zur Verfügung stellen. Um ein umfangreiches Angebot zu gewährleisten, wird ein weltweites Netzwerk mit Verlagspartnern geknüpft, ohne jedoch die Unabhängigkeit als eigenständiges Unternehmen aufzugeben.

Mehr: Scheidegger, Nicole; Sieber, Pascal; Taaks, Gerrit; Hahn, Marc André: Die Organisation des E-Business V, Fallstudien über den Einsatz der Informatik und Telekommunikation für den geschäftlichen Erfolg von Unternehmen und Verwaltungen. Dr. Pascal Sieber & Partners AG, Bern, 2005.

http://www.experience-online.ch/cases/experience20.nsf/volltext/getabstract_parx

2.1.2 Entwicklung einer Geschäftsidee

Um zu einer Geschäftsidee zu kommen, gibt es zahlreiche Möglichkeiten (siehe Abb. 2–1). Die Generierung oder auch Suche von Geschäftsideen kann allein oder in einer Gruppe durchgeführt werden, spontan oder systematisch erfolgen, völlig frei sein oder bestimmten Einschränkungen unterliegen. Aus der Vielzahl der Methoden sollen hier nur einige Grundrichtungen kurz skizziert werden (vgl. zum Folgenden [Klandt 2006: S. 112 ff.]).

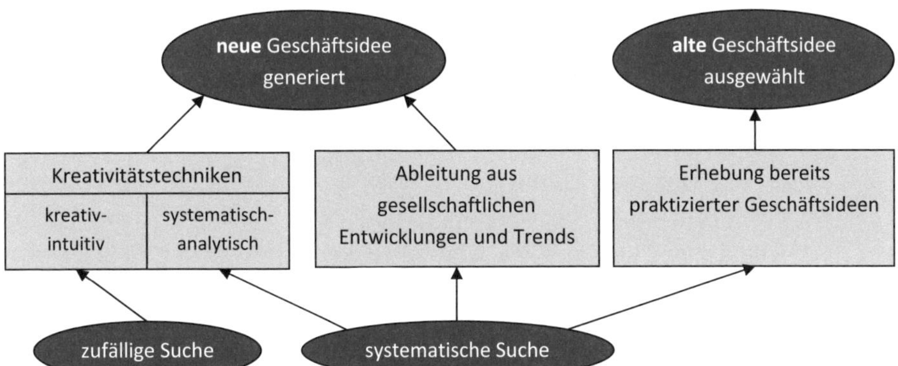

(in Anlehnung an [Klandt 2006: S. 112 ff.])

Abb. 2–1 *Generierung einer Geschäftsidee*

Neue Geschäftsideen durch Kreativitätstechniken

- **Kreativ-intuitive Techniken** fördern das Ideenfindungspotenzial eines Individuums oder einer Gruppe. Haupttechnik ist das Brainstorming. Mit ihnen sollen klar umrissene Probleme in entspannter, zwangloser und zunächst kritikloser Atmosphäre möglichst hierarchiefrei gelöst werden. Bei der Ideensuche ist zunächst Quantität statt Qualität gefragt. Das Sortieren, Bewerten und Auswählen der Ideen erfolgt davon getrennt erst in einer späteren Phase. Mögliche störende gruppendynamische Effekte können durch größere Anonymität bei den Brainwriting-Techniken (z.B. Methode 365, Ideen-Delphi, Kärtchenabfrage/Metaplan) vermieden werden. Synektische Techniken helfen durch das Herstellen von Verbindungen zwischen weit auseinander liegenden Bereichen, anspruchsvolle, sehr komplexe Probleme zu lösen. Ebenfalls zu den kreativ-intuitiven Techniken gehört die Verwendung von Checklisten.
- Mit den **systematisch-analytischen Methoden** hingegen wird ein vorhandenes Ausgangsproblem zunächst in einzeln zu lösende Teilaspekte zerlegt, aus denen anschließend wieder eine Gesamtlösung generiert wird. Neue Lösungen entstehen durch die Kombination verschiedener Alternativen (ggf. nach bestimmten Kriterien wie z.B. Kosten). Dieses Vorgehen ist für komplexere Probleme besser geeignet als die kreativ-intuitiven Techniken. Beispiele für systematisch-analytische Methoden sind die morphologische Methode, Eigenschaftslisten und Funktions- sowie Wertanalysen.

Ableitung von Geschäftsideen aus gesellschaftlichen Entwicklungen und Trends

Geschäftsideen sollen dazu dienen, Bedürfnisse potenzieller Kunden zu befriedigen. Allerdings ändern sich sowohl die Bedürfnisse einzelner Menschen als auch die Struktur der menschlichen Gesellschaft, die sich ständig weiterentwickelt. Somit ergeben sich z.B. aus demografischen Trends und aus technologischen Entwicklungen Ansatzpunkte für neue Geschäftsideen.

- **Demografische Trends** sind absehbare Änderungen der Bevölkerungsstruktur. Diese strukturellen Veränderungen können das Alter, das Geschlecht, ethnologische oder religiöse Zugehörigkeiten, Haushaltsgrößen, Mobilität, Ausbildungsgrade u.a. betreffen. Der sich hieraus ergebende Wandel führt zu Änderungen im konsumnahen Nachfrageverhalten.
- **Technologische Entwicklungen** und insbesondere Technologiebrüche sind weniger vorhersehbar als demografische Trends. Daher sind hier schnelles Erkennen und Nutzen sich bietender Chancen oft entscheidend für den unternehmerischen Erfolg. Technologische Entwicklungen bieten häufig gerade neuen Unternehmen Vorteile, da sie im Gegensatz zu großen etablierten Unternehmen nicht erst alte Geschäftsmodelle und Wertschöpfungsketten mühsam umbauen müssen. Eine Überlebensgarantie für diese jungen Unternehmen ist der möglicherweise verzögerte Markteintritt der etablierten Großunternehmen aber nicht.

Grundsätzlich ist immer zu unterscheiden, ob es sich bei der festgestellten bzw. prognostizierten Veränderung um eine eher kurzfristige Modeerscheinung mit ebensolchen Marktchancen handelt oder aber um einen wirklichen langfristigen Trend.

- **Systematische Erhebung bereits praktizierter Geschäftsideen**
  Ein dritter Weg, Geschäftsideen zu finden, sind Anstöße aus der wirtschaftlichen Realität durch die Beobachtung bereits mit Erfolg praktizierter Geschäftsideen. So gefundene Geschäftsideen sind zwar nicht mehr absolut neu, haben aber den Vorteil, bereits in der Praxis erprobt zu sein, und sind meist durchaus noch innovativ genug, um z.B. für spezifische Zielgruppen oder geografisch eingegrenzte Märkte variiert zu werden.

  Möglichkeiten, erfolgsträchtig praktizierte Geschäftsideen zu finden, gibt es viele, z.B. durch

  - die Lektüre von in- und ausländischen Entrepreneurship-Fachzeitschriften,
  - den Besuch von Messen und Ausstellungen,
  - Publikumszeitschriften mit redaktionellen Teilen und Anzeigen, Handzettel, Neueröffnungsankündigungen,
  - aufmerksame Beobachtungen bei Reisen und insbesondere in Weltmetropolen, in denen neue Geschäftsideen und Spezialisierungen i.d.R. zuerst sichtbar werden,
  - Betrachtungen des eigenen beruflichen Umfeldes.

  Ziel all dieser Methoden ist es, eine Geschäftsidee zu finden, die dann in dem entsprechenden Wettbewerbsumfeld den konkurrierenden Unternehmen überlegen ist. Dabei muss es sich wie bereits festgestellt aber keinesfalls zwangsläufig um ein neuartiges Produkt bzw. eine Dienstleistung handeln, sondern die Neuartigkeit bzw. Überlegenheit kann auch aus der Gestaltung der Wertschöpfungskette des Unternehmens resultieren.

2.1.3 Bestandteile einer potenzialträchtigen Geschäftsidee

Im Rahmen großer deutscher Businessplan-Wettbewerbe, wie z.B. dem »Businessplan Wettbewerb Nordbayern«, dem »Businessplan-Wettbewerb *futursax*« des Landes Sachsen oder dem »Münchener Businessplan Wettbewerb«, haben sich in der Vergangenheit folgende vier Eigenschaften als Kriterien einer Erfolg versprechenden potenzialträchtigen Geschäftsidee herausgestellt (Abb. 2–2):

Abb. 2–2 *Kriterien einer potenzialträchtigen Geschäftsidee*

1. Klarer Kundennutzen
2. Ausreichend großer Markt
3. Ausreichender Innovationsgrad
4. Machbarkeit und Profitabilität

(1) Klarer Kundennutzen

Entscheidend für die Akzeptanz bzw. den Markterfolg eines Produktes sind letztlich nicht dessen objektive Eigenschaften und Leistungsparameter, sondern die Zufriedenheit und Zahlungsbereitschaft der Kunden. Diese hängen davon ab, wie gut das Produkt deren Bedürfnisse befriedigt bzw. ihre Probleme löst. Die Frage nach dem **Kundennutzen** muss daher im Vordergrund der Aufmerksamkeit des Unternehmers stehen. Technische Produkt-, Konstruktions- oder Herstellungsdetails sind zunächst zweitrangig.

Eine Formulierung wie »Unser Produkt verfügt über die neueste Speichertechnologie in xy-Bauweise mit Übertragungsraten von ...« zeugt von einem Denken vom Produkt her und spricht bestenfalls Insider und Technikfreaks an. Wer vom Kunden her und somit an dessen Nutzen denkt, würde eher so argumentieren: »Unser neues Gerät ermöglicht Ihnen das Speichern in einem Viertel der bisher üblichen Zeit, es ist nur noch halb so schwer wie sein Vorgänger und lässt sich bequem in jeder Jackentasche unterbringen.« Diese Aussage ist an möglichen Bedürfnissen (Zeiteinsparung, Gewichtsreduzierung, Handlichkeit) orientiert und adressiert wesentlich breitere Kundenschichten.

Handelt es sich bei einem Produkt um eine echte Innovation, d.h., es existieren bisher keine vergleichbaren Produkte, so entsteht – eine tatsächliche Bedürfnisbefriedigung auf Kundenseite vorausgesetzt – automatisch ein eher hoher Kundennutzen. Bestehen hingegen bereits ähnliche oder alternative Lösungen, so können die Differenzierung von der Konkurrenz und die Überzeugung des Kunden zum Kauf lediglich mithilfe des sogenannten Zusatznutzens erfolgen.

Der Kundennutzen muss jedoch nicht nur vorhanden, sondern für die potenziellen Kunden, wie auch Investoren, sichtbar sein. Es ist dabei von großem Vorteil, wenn er auch in konkreten Zahlen ausgedrückt werden kann.

(2) Ausreichend großer Markt

Bestimmend für den wirtschaftlichen Wert einer Geschäftsidee ist jedoch nicht nur, ob sich Kunden für das Produkt entscheiden, sondern vor allem auch wie viele! Zweites Kriterium einer potenzialträchtigen Geschäftsidee ist daher, ob ein ausreichend großer Markt mit entsprechender Nachfrage für das Produkt vorhanden ist.

Zur Beantwortung dieser Frage sind Grunddaten zu ermitteln bzw. ggf. auch zu schätzen. Als Quellen hierfür eignen sich:

- Untersuchungen von Marktforschungsinstituten,
- Veröffentlichungen von IHK und Handwerkskammern,
- Daten statistischer Ämter,
- Marktinformationen der Kreditinstitute,
- Informationen und Auskünfte von Verbänden,
- Artikel in Fachzeitschriften, (Wirtschafts-)Presse sowie Internet.

Mittels der daraus gewonnenen Informationen soll dann die Größe des angestrebten Zielmarktes nachvollziehbar abgeleitet werden.

Dabei wird leicht übersehen, dass dieser Markt i.d.R. mit anderen geteilt werden muss. Die Klärung der Frage nach einem ausreichend großen Markt für das eigene Produkt muss daher auch stets eine Betrachtung der Konkurrenten sowohl mit ähnlichen als auch Ersatzprodukten (Substituten) beinhalten.

So steht z.B. ein Handyhersteller nicht nur mit anderen Handyherstellern, sondern auch mit den Anbietern von mp3-Playern, PDAs oder Digitalkameras in Konkurrenz und umgekehrt.

(3) Ausreichend hoher Innovationsgrad

Innovationen gelten als Möglichkeit eines Unternehmens, sich von den Wettbewerbern abzuheben und/oder Wettbewerbsvorteile zu erlangen. Daher soll hier unter Innovation sowohl das Hervorbringen neuartiger Produkte als auch ihre Durchsetzung am Markt verstanden werden. Somit lassen sich für innovative Geschäftsideen zwei Dimensionen unterscheiden: zum einen Innovationen des Produktes an sich und zum anderen Innovationen bei Verfahren bzw. des Geschäftsmodells (Abb. 2–3):

Produkt	innovativ	**Neues Produkt** z.B. Notebook	**»Neue Industrie«** z.B. Netscape, Google, eBay
	bestehend	**Bestehende Industrie** z.B. diverse PC-Hersteller	**Neues Geschäftsmodell** z.B. PC-Direktversender DELL
Dimensionen der Innovation		bestehend	innovativ
		Geschäftsmodell	

Abb. 2-3 *Klassifizierung von Innovationen*

Bei den **Produktinnovationen** werden neuartige Produkte meist mit herkömmlichen Produktionsmethoden hergestellt und anschließend über die herkömmlichen Vertriebskanäle zu den Kunden gebracht. Bei ihnen steht die Verbesserung des Kunden- bzw. Zusatznutzens durch das Produkt im Vordergrund.

Ein Beispiel hierfür sind Notebooks, die im Allgemeinen über die gleichen Vertriebsstrukturen auf den Markt bzw. zu den Kunden gebracht werden wie herkömmliche PCs. Oder aber auch Handys, bei denen mit zunehmender Geschwindigkeit ein Produktmodell das nächste ablöst, die aber seit vielen Jahren mit ähnlichen Produktionsmethoden hergestellt werden und über die gleichen Vertriebskanäle zu den Kunden gelangen.

Verfahrensinnovationen hingegen setzen neues technisches Wissen voraus, dessen Anwendung Wettbewerbsvorteile für das Unternehmen bringt. Diese können dann in der verwendeten Produktionstechnologie, in der Kombination der Produktionsfaktoren oder auch der Distribution begründet sein. Verfahrensinnovationen betreffen also die Art und Weise, wie ein Produkt entwickelt, hergestellt und vermarktet wird, und zielen vor allem auf niedrigere Kosten und schnellere Durchlaufzeiten. Sie sind zwar häufig weniger offensichtlich als Produktinnovationen, aber genauso bedeutsam.

Als einschlägiges Beispiel soll hier das Unternehmen Dell genannt werden. Dank neuartigem Direktvertrieb und neuartiger Produktionsform (Produktion erst nach Bestelleingang, aber dennoch mit kurzer Lieferzeit) konnte eine signifikante Kosteneinsparung erzielt werden, die z.T. an den Kunden weitergegeben wurde.

Die Verbindung beider Dimensionen, also von Innovationen des Produktes und des Geschäftskonzeptes, tritt seltener auf und wird auch als »**Begründung einer neuen Industrie**« bezeichnet.

Dies gelang beispielsweise der Mobilfunkbranche, als Mobiltelefone an Mobilfunkverträge gekoppelt zu Preisen unterhalb der Einkaufs- bzw. Herstellkosten an die Kunden abgegeben wurden, um so die Ausbreitung der Mobiltelefonie voranzutreiben. Als weitere Beispiele hierfür können die kostenlose Abgabe des Netscape Internetbrowsers, die Werbeeinnahmen der Google-Dienste oder die Internetauktionsplattform eBay genannt werden.

(4) Machbarkeit und Profitabilität

Zuletzt genannte, aber nicht weniger wichtige Kriterien einer potenzialträchtigen Geschäftsidee sind deren technische bzw. rechtliche Machbarkeit sowie Profitabilität.

Die **Machbarkeit** wird durch folgende Fragen geklärt:

- Gibt es einzuhaltende Standards bzw. rechtliche Vorschriften?
- Sind die notwendigen Ressourcen verfügbar bzw. beschaffbar?
- Wie ist die zeitliche Spanne der Realisierung?

Da nicht alles, was machbar ist, in einem wirtschaftlich vertretbaren Kosten-Nutzen-Verhältnis steht, ist neben den technischen und rechtlichen Rahmenbedingungen auch das Kriterium der ökonomischen Machbarkeit, also die **Profitabilität**, zu berücksichtigen. Die Geschäftsidee muss daher ebenfalls aufzeigen, dass bzw. wie längerfristig ein Gewinn erwirtschaftet werden kann (Ertragsmodell).

2.1.4 Schutzmöglichkeiten der Geschäftsidee

Nicht erst mit zunehmender Globalisierung und weltweiter Konkurrenz besteht aufseiten eines Unternehmens i.d.R. ein erhebliches Schutzbedürfnis hinsichtlich seiner Geschäftsidee, um Wettbewerbsvorteile zu erhalten bzw. auszubauen. Auch die Darstellung einer Geschäftsidee in einem Businessplan birgt das Risiko, dass jemand diese Idee aufgreift und eventuell sogar noch schneller umsetzt. Für den Schutz des Unternehmens-Know-hows existiert daher ein umfangreiches Instrumentarium an Schutzrechten, das nachfolgend kurz vorgestellt wird (vgl. [Klandt 2006: S. 131 ff.], [Kußmaul 2005: S. 569 ff.]).

Die Erlangung von gewerblichen Schutzrechten kann

- einen entscheidenden Wettbewerbsvorteil darstellen,
- die Vermarktung der eigenen Produkte unterstützen,
- oft auch die Kapitalbeschaffung bei potenziellen Investoren erleichtern,
- weitere Erlöse durch die Vergabe von Lizenzen an Dritte ermöglichen.

Doch nicht immer ist eine Geschäftsidee auch wirklich rechtlich schutzwürdig, sodass in vielen Fällen nur das Mittel der Vertraulichkeit schützen kann. Anwälte, Treuhänder und Bankangestellte, die ja zu den ersten Ansprechpartnern hinsichtlich der Realisierung einer Geschäftsidee gehören, sind per Gesetz zur Vertraulichkeit verpflichtet. Aber neben den Banken und Risikokapitalgebern haben auch professionelle Berater ein Eigeninteresse daran, nicht in den Ruf zu gelangen, Ideen zu stehlen. Und auch bei Kooperationsgesprächen mit potenziellen Lieferanten oder Distributoren muss eine Geschäftsidee offengelegt werden. In solchen Fällen ist es üblich, sogenannte **Vertraulichkeitserklärungen** (englisch NDA = Non-Disclosure Agreement) unterzeichnen zu lassen.

Gewerbliche Schutzrechte sind insbesondere Patente, Gebrauchsmuster, Geschmacksmuster, Marken- und Warenzeichen.

Patente

Patente können für **Erfindungen auf technischen Gebieten** wie der Physik, Chemie, Biotechnologie, des Maschinenbaus, der Verfahrenstechnik usw. erteilt werden, die nicht nur triviale Modifikationen altbekannter Sachverhalte darstellen sowie gewerblich nutzbar und »neu« sind. Letzteres bedeutet, dass eine Erfindung nicht bereits vor ihrer Anmeldung zum Patent veröffentlicht oder so genutzt wurde, dass andere von ihr Kenntnis bekommen haben.

Wird ein Patent erteilt, hat der Inhaber das ausschließliche Recht an der **Verwertung** dieser geschützten Erfindung und kann jeden anderen an einer kommerziellen Verwertung ohne seine Einwilligung hindern (Verbietungsrecht). Die maximale **Schutzdauer** eines Patentes beträgt **20 Jahre** ab Anmeldetag.

Die **Anmeldung** eines Patentes enthält zahlreiche Angaben z.B. über die Aufgabenstellung, Problemlösung, Ausführungsform und den Schutzumfang der Erfindung. Sie wird vom Patentamt zunächst auf offensichtliche Fehler geprüft und innerhalb von 18 Monaten nach Anmeldedatum veröffentlicht. Somit können störende Patente allerdings auch erst frühestens 18 Monate nach ihrer Anmeldung identifiziert werden. Das eigentliche **Prüfungsverfahren** beginnt erst auf Antrag (innerhalb von sieben Jahren nach dem Tag der Anmeldung zu stellen) und nach Entrichtung der entsprechenden Gebühr. Das Prüfungsverfahren endet mit einem Beschluss, der entweder das Patent erteilt oder aber zurückweist, wogegen beim Bundespatentgericht Beschwerde eingelegt werden kann. Einspruch kann innerhalb bestimmter Fristen auch gegen erteilte Patente eingelegt werden. Das **Einspruchsverfahren** endet dann entweder mit der vollständigen oder beschränkten Aufrechterhaltung oder dem Widerruf des Patentes.

Kosten für ein Patent entstehen durch die Anmelde- und Jahresgebühren sowie Honorarkosten der Patentanwälte.

Patente sind **auf nationaler sowie europäischer und internationaler Ebene** möglich, wobei Vorgehen und Fristen zur Patenterteilung teilweise voneinander abweichen.

Eine **mögliche Gefahr** der Patentierung liegt darin, dass durch die Patentierung selbst eine Idee erst veröffentlicht wird, deren Patentschutz dann anschließend aber durch kleine einfache Modifikationen umgangen werden kann.

Ist Software patentierbar?

Computerprogramme werden in Deutschland vom Urheberrecht automatisch und ohne Formalitäten geschützt, allerdings nur als Sprachwerk in seiner konkreten Ausdrucksform (Quellcode) und nicht hinsichtlich seiner Funktionalität. Ein spezielles Patentrecht für computerimplementierte Erfindungen hingegen gibt es in Deutschland nicht, und nach dem allgemeinen deutschen Patentgesetz können keine Patente für »Programme für Datenverarbeitungsanlagen« (§ 1 Abs. 3 PatG) erteilt werden, wenn für sie »als solche Schutz begehrt wird« (§ 1 Abs. 4 PatG), sondern nur in Verbindung mit einer technischen Erfindung. Diese Formulierung lässt aber einen gewissen Interpretationsspielraum, sodass mitunter Patente zunächst erteilt und später wieder zurückgenommen werden.

So wurde bspw. das dem Onlinehändler Amazon im Jahre 2003 zunächst erteilte Softwarepatent auf das Einlösen von Geschenkgutscheinen nach mehrjähriger Überprüfung durch das Europäische Patentamt, ausgelöst durch erhobene Einsprüche des Blumenversenders Fleurop, der Gesellschaft für Informatik u.a., schließlich im Jahre 2007 wieder für nichtig erklärt [http://www.heise.de/newsticker/Amazon-com-ist-Geschenk-Patent-los--/meldung/100258].

Selbst innerhalb der IT-Branche und den Anwenderkreisen ist die Patentierung von Software umstritten. Die einen wollen ihre Forschungs- und Entwicklungsergebnisse im Sinne ihres geistigen Eigentums schützen, die anderen befürchten eine Monopolisierung von Marktverhältnissen. Häufig werden Patente heutzutage auch als Vermögensgegenstand bzw. Tauschwährung verwendet oder dazu eingesetzt, um Konkurrenten zu blockieren.

Obwohl die Legalisierung von Softwarepatenten mittels EU-Vorschriften durch eine Mehrheit der Abgeordneten im EU-Parlament 2005 verhindert wurde, steht die Einführung von Softwarepatenten in Europa durch die Bestrebungen eines internationalen Patentabkommens zwischen den USA und der EU im Jahre 2008 erneut auf der Tagesordnung [*http://www.heise.de/tp/r4/artikel/27/27970/1.html*].

Dabei hat die Einführung von Softwarepatenten in den USA mittlerweile zu einer riesigen Welle an Patentstreitigkeiten mit zum Teil mehrstelligen Millionenstreitwerten geführt, von denen nicht nur kleine, sondern auch große Unternehmen der IT-Branche betroffen sind. Inzwischen ist selbst der Oberste Gerichtshof der USA bemüht, die Vergabe von Trivialpatenten, die sich insbesondere auch auf Geschäftsmethoden beziehen, einzuschränken und die Gerichtsbarkeit zu entlasten. Die eigentlich als notwendig erkannte Reform des Patentgesetzes durch den US-Kongress scheiterte allerdings bisher stets an Streitpunkten wie den Pflichten und Kosten bei einer Patentanmeldung oder Regelungen zur Höhe etwaiger Schadensersatzansprüche [*http://www.heise.de/newsticker/Neue-Patentklagen-gegen-Google-Palm-und-Mobiltelefonhersteller--/meldung/113990* und *http://www.heise.de/ newsticker/US-Patentreform-liegt-auf-Eis--/meldung/106622*].

Gebrauchsmuster

Als sogenannte Gebrauchsmuster können technische Erfindungen, chemische Stoffe, Nahrungs- oder Arzneimittel, aber keine Herstellungs- oder Arbeitsverfahren, geschützt werden, die neu sind, auf einem erfinderischen Schritt beruhen und gewerblich anwendbar sind.

Beispiele solcher Gebrauchsmuster sind eine Vorrichtung zum Empfang von DVB-T über die USB-Schnittstelle (DE-Aktenzeichen 202004004291), die Digitalkamera für einhändige Handhabung (202004003527) oder auch das Online-Multimedia-Kreuzworträtsel (102004042907).

Mittels mehrerer Verlängerungen und entsprechender Aufrechterhaltungsgebühren beträgt die **maximale Schutzdauer 10 Jahre**. Die Anforderungen an die Erfindungshöhe sind aber geringer als beim Patent. Außerdem gibt es eine **Neuheitenschonfrist**, die es erlaubt, innerhalb von 6 Monaten auch solche erfinderischen Ideen noch schützen zu lassen, die bereits vom Anmelder in Publikationen oder z.B. auf Messen veröffentlicht wurden.

In den USA und Japan existieren solche Neuheitenschonfristen von 12 bzw. 6 Monaten allerdings auch für Patente [futureSAX 2005: S. 28 f.].

Bei der Anmeldung eines Gebrauchsmusters erfolgt keine sachliche, sondern **lediglich eine formale Prüfung**. Das Gebrauchsmuster wird eingetragen und im Patentblatt veröffentlicht. Gegen einen etwaigen ablehnenden Beschluss kann Widerspruch eingelegt werden.

Eine sachliche Prüfung des Gebrauchsmusters erfolgt erst im Rahmen des sogenannten **Löschungsverfahrens**, d.h., wenn irgendjemand die Löschung des Gebrauchsmusters beantragt hat. Diese Prüfung ist dann ähnlich der Prüfung eines Patentes. Wird nun festgestellt, dass dem eingetragenen Gegenstand die Gebrauchsmusterfähigkeit fehlt oder der Gegenstand bereits aufgrund einer früheren Patent- oder Gebrauchsmusteranmeldung geschützt ist, wird das vergebene Schutzrecht sogar rückwirkend aufgehoben! Gegen einen Beschluss kann Beschwerde erhoben werden.

Geschmacksmuster

Als Geschmacksmuster geschützt werden können flächige oder dreidimensionale Muster und Modelle, die zur Reproduktion bzw. Anfertigung von gewerblichen Erzeugnissen dienen.

> *Geschmacksmuster können also z.B. für Logos, aber auch für das Design bestimmter Gegenstände oder Geräte beantragt werden.*

Voraussetzung für den Schutz ist, dass das Muster zum Zeitpunkt der Anmeldung gegenüber dem bisher bekannten Formenschatz neu ist und sich durch einen gewissen Grad an schöpferischer Leistung von alltäglichen Erzeugnissen abhebt, wobei jedoch nicht so hohe Anforderungen an deren schöpferische Höhe bestehen wie durch das allgemeingültige Urheberrecht.

Das Schutzrecht erlangt seine Gültigkeit durch Hinterlegung des Musters und Veröffentlichung im Geschmacksmusterblatt und kann für die Dauer von maximal 25 Jahren ab Anmeldetag gegen jede Form der unerlaubten Nachahmung schützen.

> *Beispielsweise reichte Microsoft die als neuen Standard-Font für Windows Vista vorgesehene Schriftart Segoe als Geschmacksmuster ein. Aufgrund eines Widerspruchs der Firma LinoType entschied das Harmonisierungsamt für den EU-Binnenmarkt für Marken, Muster und Modelle jedoch, den Eintrag wieder aufzuheben, da Segoe eine zu große Ähnlichkeit mit der bereits länger am Markt befindlichen Schriftart Frutiger LT 45 Light aufweist [http://www.golem.de/showhigh2.php?file=/0604/44463.html].*

Da es sich um ein ungeprüftes Schutzrecht handelt, sind eventuelle Streitigkeiten und Verletzungen vor Gericht zu klären und ziehen dabei ggf. Unterlassungs- und Schadenersatzansprüche nach sich.

Marke/Warenzeichen

Neben den Patent- und Designrechten existiert noch das Kennzeichnungsrecht. Eine **Marke** kann einerseits **durch die Benutzung einer Kennzeichnung** eines Gewerbebetriebes oder seiner Erzeugnisse und Dienstleistungen zur Abgrenzung zum Wettbewerb innerhalb des wirtschaftlichen Verkehrs entstehen, wobei sich jedoch im Streitfall Probleme mit dem Nachweis des Bekanntheitsgrades und einer territorialen Einschränkung ergeben können.

Andererseits kann eine Marke auch durch **Anmeldung und Registrierung** unter Nennung des Waren- und Dienstleistungsangebotes entstehen und ermöglicht dann sogar die bundesweit exklusive Verwendung dieser Marke für Waren und Dienstleistungen.

Schutzfähig als Marke sind alle Zeichen, insbesondere Wörter einschließlich Personennamen, Abbildungen, Buchstaben, Zahlen, Hörzeichen, dreidimensionale Gestaltungen sowie sämtliche Aufmachungen einschließlich Farben und Farbzusammenstellungen; wobei diese Marke hinreichend fantasievoll und einzigartig ausgestaltet sein muss, um unterscheidungskräftig genug zu sein.

Es findet ebenfalls nur eine formale Prüfung statt, bevor eine Marke eingetragen und im Markenblatt veröffentlicht wird. Die Schutzdauer einer Marke beträgt dann zunächst 10 Jahre, kann aber immer wieder um diesen Zeitraum verlängert werden. Nach ihrer Veröffentlichung können, da zuvor keine sachliche Prüfung stattfindet, Inhaber älterer übereinstimmender oder verwechselbarer Marken im Wege eines **Widerspruchverfahren**s gegen die jüngere Marke vorgehen. Eine eingetragene Marke muss allerdings innerhalb von 5 Jahren nach Anmeldung auch tatsächlich benutzt werden oder der Anmelder verliert die Rechte an ihr bzw. die Marke wird gelöscht (Nichtbenutzungseinwand).

Die jeweils aktuellsten Informationen und Zugänge zu den jeweiligen Gesetzestexten und Verordnungen für den Themenbereich Patente, Gebrauchs- und Geschmacksmuster sowie Marken und Warenzeichen sind auf der Website des Deutschen Patent- und Markenamtes unter *www.dpma.de* zu finden.

Exkurs Domainrecht

In Zeiten des E-Business kann es sich kaum ein Unternehmen leisten, auf einen entsprechenden Webauftritt zu verzichten. Selbst wenn über die Website selbst kein Verkauf erfolgt, so ist sie inzwischen notwendig, um die potenziellen Kunden, aber auch andere Geschäftspartner und die Öffentlichkeit über das Unternehmen und seine Leistungen zu informieren, Händleradressen bereitzustellen, Kontaktmöglichkeiten zu nennen u.v.a.m. Ein Unternehmen ohne eigene Website wirkt rückständig. Von herausragender Bedeutung ist die Internetadresse, der sogenannte Domainname. Denn er entscheidet trotz Suchmaschinen und Verzeichnissen oft darüber, wie viele Kunden und andere Interessenten den Weg zum eigenen Unternehmen finden oder aber bei den Wettbewerbern landen.

Hinsichtlich der Vergabe bzw. Nutzung und des Schutzes der Domainnamen gibt es kein eigenes Gesetz, mittlerweile aber umfangreiche Rechtsprechung. Domainnamen werden in Deutschland von der Deutschen Network Information Center eG (DENIC) vergeben. Hierbei handelt es sich um eine nichtstaatliche, aber auch nicht gewinnorientiert arbeitende Institution in Form einer eingetragenen Genossenschaft, deren Mitglieder sich aus Unternehmen der betroffenen Industrien rekrutieren. Gemäß eigenem Selbstverständnis ist sie *»zum Nutzen und Wohle der gesamten deutschen Internet Community, neutral und unabhängig, fachkundig und verantwortungsbewusst, diskriminierungsfrei und in Übereinstimmung mit den international anerkannten Standards für den Betrieb einer Domain-Registrierungsstelle«* tätig [*www.denic.de/de/denic/wir_ueber_uns/index.html*].

Grundsätzlich gilt zunächst der Prioritätsgrundsatz, d.h., Inhaber einer Domain wird, wer diese zuerst registriert. Denn es findet keine Prüfung auf etwaige aus anderen Rechten abgeleitete Ansprüche auf eben diesen Domainnamen durch die Registrierungsstellen statt. Wird ein Domainname von mehreren Parteien gleichzeitig beansprucht, so entscheiden die gesetzlichen Vorschriften z.B. des BGB, des Markenrechts, des Namensrechts oder des Wettbewerbsrechts. Berücksichtigt werden dabei auch die Erwartungen des durchschnittlichen Internetnutzers bezüglich des Inhalts bzw. Inhabers einer Domain. Eine gerichtliche Entscheidung über die Vergabe der Domain kann die Unterlassung der Nutzung der umstrittenen Domain (Unterlassungsanspruch) oder auch deren Löschung (Beseitigungsanspruch) fordern. Eine Übergabe bzw. Übertragung der Domain kann jedoch nicht verlangt werden, ebenso wenig wie deren Sperrung für die Zukunft, sodass ggf. jeder einzelne Registrierungsfall erneut gerichtlich zu klären ist.

Während eines Rechtsstreites kann bei der DENIC ein Dispute-Eintrag für den umstrittenen Domainnamen veranlasst werden. Dies hat zur Folge, dass während des Eintrages (Dauer ein Jahr, aber verlängerbar) die Domain nicht an Dritte übertragen werden kann und nach Beendigung des Streitfalls bzw. der Löschung der Domain ggf. der im Dispute-Eintrag genannte Prätendent automatisch als neuer Inhaber der Domain nachrückt.

Bei der Gründung eines Unternehmens und insbesondere auch seiner Namensgebung sollten also rechtzeitig ausreichend Recherchen zu möglichen Domainnamen und deren Registrierung vorgenommen werden, um später eventuell teure Rechtsstreitigkeiten zu vermeiden.

Inzwischen haben sich Anwälte darauf spezialisiert, Abmahnungen zu schicken, wenn sie vermuten, dass ein Domainname Rechte anderer verletzt. Um Konflikte zu vermeiden, werden auf der Webseite *www.domain-recht.de* die folgenden »Sieben goldenen Domain-Regeln« formuliert:

REGEL 1: **Keine Marken, keine Namen von Unternehmen**
Das Registrieren von fremden Marken und Unternehmensnamen sollte unterlassen werden, selbst wenn eine teilweise Übereinstimmung mit eigenen Namen besteht. I.d.R. wird in der Rechtsprechung dem (bekannten) Unternehmen ein vorrangiges Recht an dem Domainnamen eingeräumt. Dies bezieht sich auch auf Wortkombinationen.
REGEL 2: **Keine Namen von Prominenten**
Hier ist ebenfalls Zurückhaltung geboten, denn auch der private Vor- und Nachname genießt namensrechtlichen Schutz (§ 12 BGB), sodass ggf. Kontakt aufgenommen und eine Genehmigung zur Nutzung »dieses« Domainnamens eingeholt werden muss. Aber auch die Registrierung nicht prominenter Namen von z.B. Nachbarn oder persönlich völlig unbekannten Personen stellt eine Verletzung des Namensrechts dar.
REGEL 3: **Keine Titel von Zeitschriften, Filmen, Software**
Geschützt sind nicht nur Marken und Namen von Unternehmen sowie Personen, sondern auch sogenannte Werktitel. Dabei kann es sich um Titel von Büchern, Zeitschriften, Filmen, TV-Sendungen oder Software handeln, wobei jedoch aufgrund ihrer unüberschaubaren Anzahl nur Titel mit einem hohen Bekanntheitsgrad geschützt sind, bei denen eine ernsthafte Verwechslungsgefahr besteht.
REGEL 4: **Keine Städtenamen und Kfz-Kennzeichen**
Das Recht zur Registrierung von Städtenamen steht ausschließlich den jeweiligen Kommunen selbst zu, und zwar nicht nur für de-Domains, sondern auch für andere Top-Level-Domains wie .com, .net, .org. Ebenso unzulässig ist nach den Richtlinien der DENIC auch das Registrieren von Kfz-Kennzeichen.

→

REGEL 5: **Keine Bezeichnungen von staatlichen Einrichtungen**
Gegen die Registrierung von Domainnamen wie zivildienst.de, bundesrechnungshof.de oder landgerichte.de, hinter denen der Durchschnittsbürger die Websites von staatlichen Einrichtungen vermuten würde, kann auch von staatlicher Seite gerichtlich vorgegangen werden.
REGEL 6: **Keine Tippfehler-Domains**
Im Streit um die sogenannten Tippfehler-Domains (wie z.B. yaho.de, ebey.de oder amzon.de), die gern verwendet werden, um die Besucher auf andere Seiten umzulenken bzw. die Besucherzahlen auf der eigenen Website zu erhöhen, werden den betroffenen Unternehmen i.d.R. entsprechende Unterlassungsansprüche zugesprochen. Dies kann im Einzelfall auch hohe Schadensersatzforderungen bedeuten.
REGEL 7: **Handel nur mit »ungefährlichen« Domains**
Der Kauf und Verkauf von Domainnamen, in Deutschland zunächst umstritten, ist heute als Handel eines modernen Wirtschaftsgutes grundsätzlich zulässig, solange keine anderen bestehenden Rechte verletzt werden. Beim Verkauf von Unternehmen kann der Domainnamen als Bestandteil des Unternehmens meist problemlos mit übernommen werden.

2.1.5 Zusammenfassung

Eine Geschäftsidee ist die gedankliche Vorstellung, womit und auf welche Weise man dauerhaft Geschäfte machen und Geld verdienen will. Dabei geht es allgemein um die Herstellung von und/oder den Handel mit Gütern oder die Erbringung von Dienstleistungen. Im Vorfeld der Gründung eines IT-basierten Unternehmens geht es dementsprechend um die Vorstellung, wie man mit der Entwicklung von oder dem Handel mit Hardware und Software oder der Erbringung IT-bezogener oder IT-gestützter Dienstleistungen Geld verdienen kann. Dazu muss zum einen die zu erbringende Leistung und zum anderen der potenzielle Kundenkreis benannt werden und geprüft werden, ob diese Geschäftsidee insofern neu ist, als sie in der angedachten Art und Weise den ins Auge gefassten Kundenkreis so noch nicht angeboten wird. Entweder wird eine Marktnische ausgemacht, d.h. ein noch nicht befriedigter Bedarf, oder ein Zusatznutzen im Vergleich zu existierenden, zukünftig dann konkurrierenden Angeboten. Bevor eine Geschäftsidee öffentlich kommuniziert wird, sollten rechtliche Schutzmöglichkeiten geprüft und ggf. eingeleitet werden. Bei Gesprächen mit potenziellen Marktpartnern ist auf die vertrauliche Behandlung der Geschäftsidee zu achten, indem sogenannte Vertraulichkeitserklärungen (Non-Disclosure Agreements, NDAs) abgeschlossen werden.

2.2 Geschäftsmodelle

Bei der Formulierung einer Geschäftsidee werden der Gegenstand und die Zielgruppen nur grob skizziert. In einem zweiten Schritt muss diese Idee dann kritisch auf ihre Machbarkeit hin untersucht und konkretisiert werden. Diese Konkretisierung mündet in einem Geschäftsmodell. Geschäftsmodelle sind eine systematisch gegliederte Darstellung, wie mit welchen Unternehmensleistungen welche Geschäfte gemacht werden sollen.

In der Literatur gibt es sehr unterschiedliche Definitionen von »Geschäftsmodellen«. Allen gemeinsam ist jedoch die grundsätzliche Auffassung eines Unternehmens in einer Marktwirtschaft als Input-Output-Transformationssystem (siehe Abb. 2–4). Ein Unternehmen nimmt aus der Umwelt bestimmte Vorleistungen in Form von Produktionseinrichtungen, Rohmaterialien, Halb- und Fertigprodukten sowie unterstützenden Dienstleistungen auf, beschafft sich Kapital und stellt Mitarbeiter ein. Sie alle bilden betriebswirtschaftlich gesehen Produktionsfaktoren, die vom Management des Unternehmens in einem definierten Produktionsprozess so kombiniert werden, dass neue Produkte oder Dienstleistungen entstehen. Diese bilden den Output, der durch die Produktion als Transformationsprozess aus dem Input erzeugt worden ist und über bestimmte Absatzwege und mit begleitenden Maßnahmen an die potenziellen Kunden gebracht werden muss, um im Gegenzug dafür finanzielle Mittel zu erhalten, die wieder in den Transformationsprozess investiert werden können. Neben den Kunden existieren in der komplexen Umwelt eines Unternehmens noch eine Reihe weiterer interner und externer Bezugs- und Anspruchsgruppen (Stakeholder), die ein Interesse an dem jeweiligen Unternehmen haben und deren Handlungen die Zielerreichung des Unternehmens beeinflussen können.

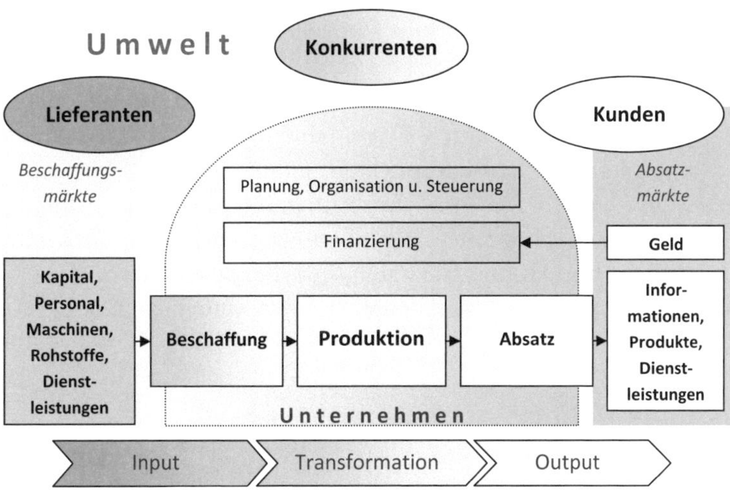

Abb. 2–4 Das Unternehmen als Input-Output-Transformationssystem

Aus der Vielzahl der Definitionen von Geschäftsmodellen sollen hier zwei vorgestellt werden:

Nach Stähler [Stähler 2003: S. 64 f.] beinhaltet ein Geschäftsmodell

a) ein Nutzenversprechen (Value Proposition),
b) eine Architektur für die Wertschöpfung und
c) ein Ertragsmodell.

Es beantwortet die Fragen,

a) welchen Nutzen das Unternehmen seinen Kunden, aber auch seinen Wertschöpfungspartnern wie Lieferanten, Komplementären oder Intermediären bieten kann,
b) wie die Unternehmensleistung bzw. der mit ihr versprochene Nutzen durch das Unternehmen generiert werden soll und welche Akteure an dieser Wertschöpfung beteiligt sind sowie
c) aus welchen Quellen das Unternehmen letztlich die Einnahmen gewinnt, mit denen die Nachhaltigkeit des Geschäftsmodells gesichert werden kann.

Wirtz [Wirtz 2003: S. 56] versteht unter einem Geschäftsmodell die stark vereinfachte und aggregierte Abbildung des betrieblichen Produktions- und Leistungssystems eines Unternehmens. Es soll zeigen, welche Ressourcen in das Unternehmen fließen und wie diese durch den innerbetrieblichen Leistungserstellungsprozess in vermarktungsfähige Informationen, Produkte und/oder Dienstleistungen transformiert und wodurch letztlich Erlöse erzielt werden. Dabei beschreibt es auch, wie die Geschäftsstrategie des Unternehmens umgesetzt werden soll und welche Akteure daran beteiligt sind.

Die vom Geschäftsmodell näher bestimmte Transformationsfunktion eines Unternehmens führt letztlich zu einer Wertsteigerung des Outputs gegenüber dem verarbeiteten Input. Etwas abstrakter kann dies wie in Abbildung 2–5 in Form einer Wertschöpfungskette (engl.: value chain) dargestellt werden. Nach Porter (vgl. [Porter 1999: S. 67 ff.]) verfügt dabei jedes Unternehmen über neun voneinander abgrenzbare Wertaktivitäten. Dabei wird angenommen, dass mit jeder der fünf in den vertikalen Säulen dargestellten, unmittelbar die Leistungserstellung und -verwertung betreffenden primären Aktivitäten der Wert des Inputs erhöht wird. Die vier in den horizontalen Zeilen darüber dargestellten Aktivitäten unterstützen diese Transformationsaktivitäten, von denen jede auch ganz oder teilweise ausgelagert und als Dienstleistung beschafft werden kann.

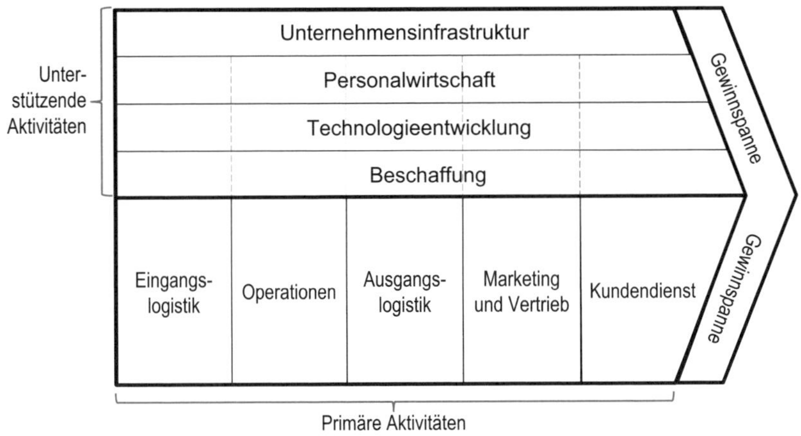

Abb. 2–5 *Wertschöpfungskette nach Porter*

Geschäftsmodelle werden anhand verschiedener Partialmodelle schrittweise entwickelt. Wirtz schlägt eine Einteilung in insgesamt sechs Partialmodelle vor (siehe Abb. 2–6), die jeweils Antworten auf eine bestimmte Frage geben sollen.

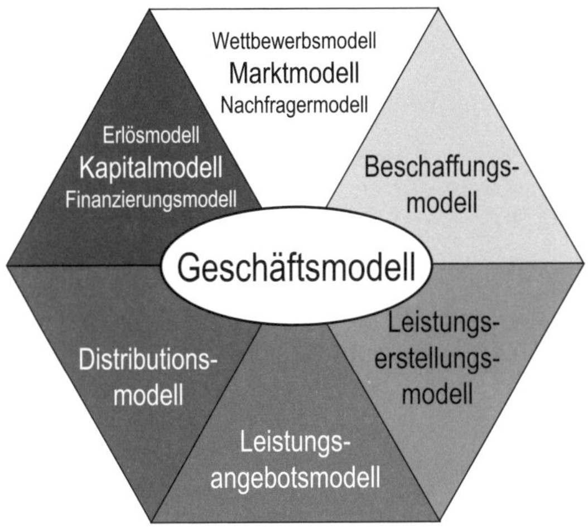

Abb. 2–6 *Partialmodelle eines Geschäftsmodells nach Wirtz*

1. **Marktmodell**
   - Welchen Akteuren steht das Unternehmen in welchen Märkten gegenüber?

   a) **Nachfragemodell**
   Wer fragt welche Leistungen, in welcher Menge, mit welcher Zahlungsbereitschaft nach?

b) **Wettbewerbsmodell**
Welche Struktur und welches Verhalten besitzen die verschiedenen Absatzmärkte unter Berücksichtigung externer Einflussfaktoren wie rechtlicher und wirtschaftspolitischer Rahmenbedingungen, tariflicher oder Konjunkturentwicklungen?

2. **Beschaffungsmodell**
   - Welche (strategisch wichtigen) Inputfaktoren werden von welchen Partnern oder externen Lieferanten beschafft?

3. **Leistungserstellungsmodell**
   - Wie werden die Inputfaktoren kombiniert und in die Angebotsleistung transformiert?
   - Was sind die Kernprozesse der Wertschöpfung?
   - Welche strategischen Partnerunternehmen sind in die Leistungserstellungsprozesse einzubinden?

4. **Leistungsangebotsmodell**
   - Welches Leistungsspektrum soll welchen Nachfrager- bzw. Kundengruppen angeboten werden?

5. **Distributionsmodell**
   - Welche Produkte und Dienstleistungen
     - werden in welcher Weise,
     - zu welchem Zeitpunkt und
     - zu welchem Preis

     vom Anbieter zum Nachfrager transportiert?
   - Was ist bei der Wahl der jeweiligen Absatzkanäle für die verschiedenen materiellen, immateriellen und informationsbasierten Güter zu beachten?

6. **Kapitalmodell**
   - Welche finanziellen Ressourcen sollen dem Unternehmen zugeführt werden, und wie refinanziert es sich?

     a) **Erlösmodell**
     - Auf welche Art und Weise können durch das Unternehmen Erlöse erzielt werden?
     - Wie werden die verschiedenen möglichen Einnahmequellen und -formen kombiniert?

     b) **Finanzierungsmodell**
     - Welche Art Kapital wird aus welchen Quellen (z.B. Kredite, Börsengang, Förderprogramme oder auch »Family, Friends and Fools«) zur Finanzierung der Unternehmenstätigkeit zugeführt?

Geschäftsmodelle können sich auf ein erst noch zu gründendes Unternehmen beziehen, das Modell eines existierenden Unternehmens beschreiben oder auch eine Änderung eines bestehenden Geschäftsmodells durch die Einführung neuer Produkte, Produktionsmethoden, Vertriebswege und andere Innovationen. Stähler spricht dann von Geschäftsmodellinnovationen.

2.3 Geschäftsmodellinnovationen

Zur Beschreibung von Geschäftsmodellinnovationen greift Stähler allerdings nicht auf die traditionellen Kategorien von Innovationstypen wie bspw. Produkt- und Prozessinnovation, inkrementelle oder radikale Innovation und kompetenzsteigernde oder -zerstörende Innovationen zurück (vgl. [Stähler 2001: S. 69 ff.]). Um zu verdeutlichen, dass Innovationen nicht nur mit Technik oder Umsetzung von technischen Erfindungen in Produkten und Verfahren gleichzusetzen sind, verweist er auf den **Innovationsbegriff von Schumpeter**, der die neuartige Kombination von Produktionsmitteln in den Mittelpunkt seiner Innovationsbetrachtung stellt, und nennt Beispiele, die auch nicht technische Innovationen einbeziehen (vgl. [Stähler 2001: S. 66 f.]):

- Herstellung von neuartigen Gütern bzw. Gütern in neuer Qualität,
- Verwendung neuer Produktionsmethoden,
- Erschließung geografisch neuer Märkte,
- Veränderung der Lieferantenbeziehungen,
- Restrukturierung der bisherigen Unternehmensorganisation.

Stähler definiert **Innovationen** als »Einführung von qualitativen Neuerungen mit der Absicht, die wirtschaftliche Lage des Unternehmens zu verbessern.« Somit werden nicht die möglichen Ansatzpunkte für Innovationen festgelegt, sondern nur das Ziel (vgl. [Stähler 2001: S. 78]).

Legt man einer systematischen Suche nach Innovationsmöglichkeiten seine Gliederung von Geschäftsmodellen in Value Proposition, Wertschöpfungsarchitektur und Ertragsmodell zugrunde, ergeben sich vier Ansatzpunkte für innovatives Handeln:

- Value-Innovationen,
- Architektonische Innovationen,
- Ertragsmodellinnovationen sowie
- Koordinationsmechanismusinnovationen.

Diese vier Innovationstypen lassen sich nicht nur in der digitalen Netzwerkökonomie finden, sondern in der gesamten Wirtschaft, und sollen hier mit Beispielen kurz vorgestellt werden (vgl. [Stähler 2001: S. 78 ff.]). Dabei kann ein Unternehmen durchaus gleichzeitig mehrere dieser Innovationstypen für sich in Anspruch nehmen. Prominentes Beispiel hierfür wäre eBay.

2.3.1 Value-Innovationen

Unternehmen, die sich nach Stähler durch eine sogenannte Value-Innovation auszeichnen,

- schaffen einen veränderten Nutzen für Kunden oder Lieferanten,
- befriedigen nicht nur bisher unerfüllte, am Markt aber bereits existierende Bedürfnisse, sondern insbesondere auch latent vorhandene,
- stehen (zumindest für dieses Produkt) nicht in direkter Konkurrenz zu bestehenden Anbietern, da sie neue Märkte schaffen,
- sind nachfolgend von weiteren Änderungen ihres Geschäftsmodells betroffen.

Beispiel: eBay

Die Value Proposition der Auktionsplattform eBay ist die Zusammenführung einer riesigen Menge von Nachfragern und Anbietern für jegliche Art von austauschbaren Leistungen. Die Kunden, sowohl Anbieter als auch Nachfrager, sind Privatpersonen und Unternehmen. Dabei stellt eBay lediglich die Vermittlungsplattform zur Verfügung, die Wertschöpfung wird durch die Kunden selbst erbracht, die Abwicklung der Transaktion erfolgt ebenfalls durch die Kunden ggf. unter Inanspruchnahme von Dienstleistungen Dritter wie Transport- und Finanzunternehmen.

Eine Value-Innovation (gegenüber traditionellen »Flohmärkten«) besteht nun darin, die räumlichen und zeitlichen Barrieren zwischen Anbieter und Nachfrager erheblich verringert sowie eine Austauschplattform mit extrem hoher Teilnehmerzahl geschaffen zu haben. Der angebotene Treuhandservice entspricht dem Bedürfnis der Transaktionsteilnehmer nach mehr Sicherheit bei den Austauschvorgängen. Die Sofortkauf-Option bietet einerseits den Verkäufern die Möglichkeit, Leistungen zu fest kalkulierbaren Preisen anzubieten, andererseits können Käufer somit eventuelle längere Wartezeiten bis zum Auktionsende verkürzen und ebenfalls schneller Gewissheit über den tatsächlichen Preis erlangen. Die Einrichtung eigener Shops auf der eBay-Plattform erhöht die Chancen der Anbieter auf Wiederholungskäufer und erleichtert den Nachfragern die Orientierung.

2.3.2 Architektonische Innovationen

Hierbei handelt es sich um bewusste Veränderungen des Produkt/Marktentwurfs oder der Architektur der Leistungserstellung durch

- die »traditionelle« Prozessinnovation,
- die Verschiebung der Grenze zwischen interner und externer Wertschöpfung,
- die Veränderung der Stabilität der Architektur,
- die Umgestaltung der Schnittstelle zwischen dem Unternehmen und seinen Kunden.

Betroffen sind insbesondere auch die Distributions- und Kommunikationskanäle eines Unternehmens bzw. die Möglichkeit der Wertgenerierung für Kunden durch Kunden selbst.

Beispiel: Dell
Die Wettbewerbsvorteile bzw. der Erfolg des PC-Herstellers Dell beruhen auf zwei architektonischen Innovationen gegenüber dem traditionellen PC-Geschäft:

Erstens setzt Dell auf den Direktvertrieb, Groß- sowie Einzelhändler und Systemintegratoren werden vom Kaufprozess ausgeschlossen. Die dadurch allerdings eingeschränkte Vertriebsreichweite wird durch die Konzentration auf einige große Relationship-Kunden mit hoher Kundentreue und zusätzlichen Ertragsmöglichkeiten ausgeglichen.

Zweitens verzichtet Dell auf die klassische 90-Tage-Lagerhaltung der Branche und produziert erst nach Auftragseingang. So kann Dell sowohl die Wertverluste der Lagerhaltung (in der Computerindustrie ca. 10% pro Monat) vermeiden als auch seinen Kunden stets die neueste und somit auch ertragreichere Computertechnik anbieten. Ein weiterer großer Vorteil Dells besteht in der Tatsache, dass nur ein geringes Umlaufvermögen finanziert werden muss, da die Kunden zahlen, noch bevor Dell seine Lieferantenrechnungen begleichen muss.

Gleichzeitig bietet Dell ausgewählten Kunden durch Zusatzleistungen wie bspw. das Aufspielen kundenspezifischer Softwarekonfigurationen, die Inventarisierung der IT-Infrastruktur der Kunden oder den Betrieb von Hotlines und Support auch noch eine erweiterte Value Proposition.

2.3.3 Ertragsmodellinnovationen

Ertrags- bzw. Erlösmodelle bestehen aus einer oder mehreren Erlösquellen. Daher sind auch hier zwei Arten von Änderungen möglich (vgl. [Stähler 2001: S. 83 ff.]):

- Die Auswahl bzw. der Mix der verschiedenen Erlösformen innerhalb des Erlösmodells eines Unternehmens wird verändert:

  Beispiel: Anzeigenblätter
  Während sich Zeitungen über Erträge aus Verkaufserlösen und durch Anzeigenkunden finanzieren, bezahlen im Erlösmodell der nur aus Kleinanzeigen bestehenden Anzeigenblätter lediglich die Firmenkunden, die Werbeanzeigen schalten, während die Kleinanzeigen für Privatpersonen unentgeltlich sind. Möglich ist dieses Erlösmodell, weil die Anzeigenblätter in hohen Auflagen gedruckt und für die Leser kostenlos verteilt werden und die Werbung so eine große Reichweite erlangt.

- Einzelne Erlösformen werden verändert:

  Beispiel: Software
  Software wird nicht mehr verkauft, sondern im Sinne eines Application Providing als Dienstleistung nutzungsabhängig angeboten und bezahlt.

  Beispiel: Siemens-Fujitsu
  Anstelle des Verkaufs von PCs werden Erlöse über Leasing und Supportleistungen erzielt.

  Beispiel: Mobilkommunikation
  Statt die Leistung gegen Grundgebühr und mit einigen Wochen Verzögerung nachträglich abgerechneten Gesprächsgebühren anzubieten, was bei höherem Forderungsausfallrisiko mit entsprechendem Aufwand verbunden ist, bezahlt der Kunde nun im Voraus und kann dieses Guthaben dann abtelefonieren. Dieses Vorgehen brachte zwar keinen unternehmensspezifischen Wettbewerbsvorteil, erschloss aber der ganzen Branche neue Kundengruppen.

2.3.4 Koordinationsmechanismusinnovationen

Der mit der Arbeitsteilung und Spezialisierung verbundene umfangreiche Austausch an Sachgütern, Dienstleistungen und Informationen zwischen allen Wirtschaftsteilnehmern führt zu einem entsprechenden Koordinationsaufwand, den es aus wirtschaftlichem Interesse zu minimieren gilt. Die Frage nach der besten Art der Steuerung eines so komplexen Systems wie der Wirtschaft wird seit einiger Zeit als »**Governance**« bezeichnet. Dieser Begriff geht zurück auf die Arbeiten von O. Williamson, der sich zwar in seinen älteren Veröffentlichungen zunächst auf die beiden polaren wirtschaftlichen Koordinationsmechanismen Markt und Hierarchie konzentrierte, diese in seinen späteren Ausführungen (»The Economic Institutions of Capitalism. Firms, Markets, Relational Contracting« 1985) aber um die dritte Koordinationsform, die Kooperationen, ergänzt, welche die zahlreichen zwischen den beiden Extremen Markt und Hierarchie liegenden Hybridformen zusammenfasst [Kreikebaum u.a. 2002: S. 188].

Unternehmen stehen bezüglich jedes für im Rahmen der eigenen Leistungserstellung benötigten Wirtschaftsgutes stets vor der Entscheidung »make, buy or cooperate«, d.h., ob eine wirtschaftliche Aktivität innerhalb des Unternehmens selbst durchgeführt, von anderen Unternehmen ausgeführt und eingekauft oder aber durch langfristige Verträge und Kooperationen gesichert werden kann. Daraus ergeben sich die drei unter dem Begriff der Governance zusammengefassten Grundformen der Koordination: **Hierarchie, Markt** und **Kooperation/Netzwerk**.

Hierarchie und Markt gelten dabei als die beiden polaren Extremformen, zwischen denen zahlreiche Hybridformen existieren, die den Oberbegriffen Kooperation bzw. Netzwerk untergeordnet werden (siehe Abb. 2–7). Rechtlich betrachtet, handelt es sich bei allen Koordinationsformen um Verträge unterschiedlicher Ausprägungen.

Mit der Frage, welche Koordinationsform in einem konkreten Fall besonders geeignet ist, beschäftigen sich unterschiedliche theoretische Ansätze der Wirtschaftswissenschaften. Eine prominente Stellung nimmt dabei die Transaktionskostentheorie ein, nach der die Wahl letztlich von den Eigenschaften und Kosten der durchzuführenden Transaktionen abhängt (vgl. [Picot u.a. 2001: S. 50 ff.]).

Unter Transaktionen ist dabei die Übertragung von Verfügungsrechten an Wirtschaftsgütern aller Art (Sachgüter, Dienstleistungen, Informationen etc.) zu verstehen. Kosten solcher Übertragungen entstehen in den Bereichen der

- Anbahnung (z.B. Such- und Informations-, Beratungs- oder Reisekosten),
- Vereinbarung (Kosten des Aushandelns, Entscheidens und Abschließens z.B. inkl. Rechtsberatung),
- Abwicklung (z.B. für die Prozesssteuerung),
- Kontrolle/Überwachung (der Vertragserfüllung, z.B. hinsichtlich Terminen und qualitativer Vereinbarungen),
- Anpassung (an nachträgliche Veränderungen bezüglich Terminen, Preisen oder der Qualität).

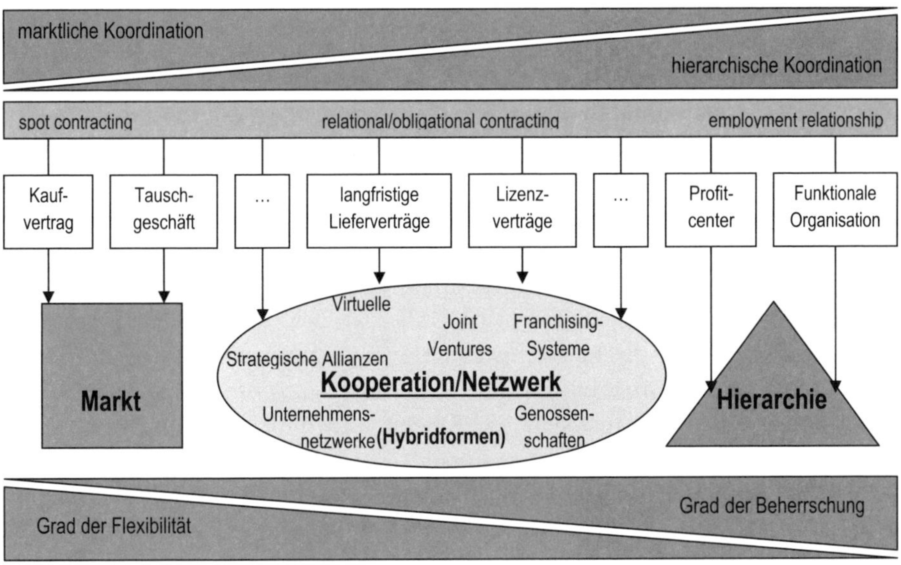

(in Anlehnung an [Sydow 1992: S. 104])

Abb. 2-7 *Spektrum der Koordinationsformen*

Einflussfaktoren der Transaktionskosten sind dabei die Komplexität/Unsicherheit, die Spezifität und Häufigkeit der Transaktion sowie Opportunismus und Rationalität der Transaktionsteilnehmer.

Das zentrale Entscheidungskriterium für die Eignung der einzelnen Koordinationsformen ist der **Grad der Transaktionsspezifität**, bspw. beeinflusst durch den Standort, Investitionen in spezifische Maschinen und Technologien sowie Mitarbeiterqualifikationen, ergänzt um das **Ausmaß an Unsicherheit** (siehe Abb. 2–8).

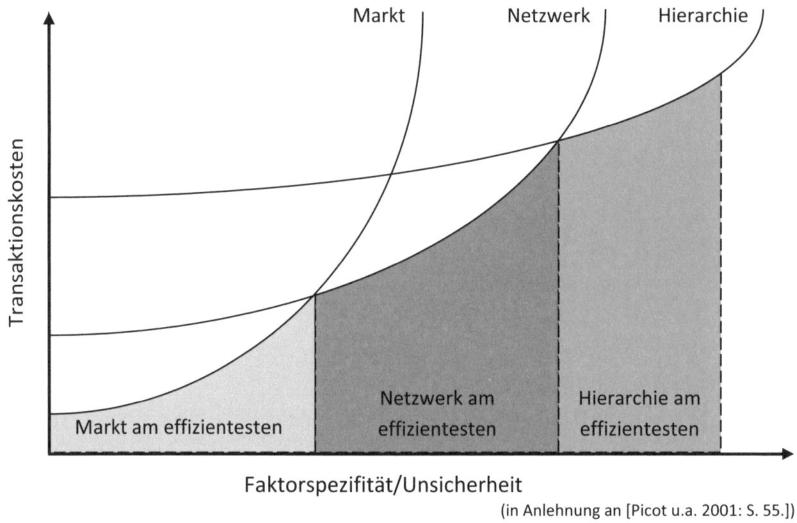

Abb. 2–8 *Auswahlkriterien der Koordinationsformen*

Wenn die Faktorspezifität gering ist, es sich z.B. um ein standardisiertes Massenprodukt handelt und dementsprechend die Unsicherheiten hinsichtlich seiner Qualität und Verfügbarkeit gering sind, erfolgt die Koordination über den Markt. Die zunächst niedrigen Transaktionskosten des Marktes steigen jedoch mit zunehmender Spezifität überproportional stark an, da die Auswahl der Vertragspartner, Vereinbarung der Vertragsinhalte sowie Kontrolle der vertraglichen Leistung zunehmend aufwendiger wird. Daher werden irgendwann die hybriden und schließlich sogar die hierarchischen Koordinationsstrukturen vorteilhafter. Sie haben aufgrund ihrer bürokratischeren Verwaltungsstrukturen der Anreiz- und Kontrollsysteme zwar höhere fixe Kosten, aber diese steigen mit zunehmender Faktorspezifität nur unterproportional.

Die Spezifität einer Leistungsbeziehung ist jedoch nicht zwangsläufig als konstant anzusehen, denn im Laufe einer Vertragsbeziehung können z.B. durch Anbindungen an Warenwirtschafts- oder Logistikkonzepte spezifische Investitionen und Wechselbarrieren entstehen. Und auch die Unsicherheit von Transaktionen unterliegt Veränderungen aufgrund schwankender Umweltbedingungen. Aus diesen Umständen können letztlich auch **opportunistische Verhaltensweisen** im Sinne der Maximierung des eigenen Nutzens auch auf Kosten des Transaktionspartners folgen. Das Kriterium der **Transaktionshäufigkeit** wird insofern entscheidungsrelevant, als von ihr die Amortisationszeit etwaiger Investitionen abhängt. Wenn sich diese Faktoren ändern, können Anpassungen der bisher praktizierten Koordinationsmechanismen sinnvoll werden.

Prinzipiell gehören **Innovationen** der Koordinationsmechanismen zwar zu den architektonischen Innovationen, werden aber von Stähler als eigenständige Innovationsgruppe betrachtet. Dabei werden zwei Formen unterschieden (vgl. [Stähler 2001: S. 82 f.]):

- Der Koordinationsmechanismus ändert sich im Detail, ohne jedoch seine Art (Markt, Kooperation/Netzwerk, Hierarchie) zu wechseln.

  Beispiel: eBay
  Aus dem direkten Verhandeln zwischen Käufer und Verkäufer wurde eine Onlineauktion, beides aber sind Marktmechanismen.

- Die Art des Koordinationsmechanismus wird bewusst geändert, z.B. von marktlichen Koordinationsmechanismen hin zu hierarchischen.

2.3.5 Erfolgsfaktoren für Geschäftsmodellinnovationen

Geschäftsmodellinnovationen erfordern bei allen Beteiligten **Offenheit für Veränderungen und Lernbereitschaft.** Bei Geschäftsmodellen für Produkte oder Dienstleistungen für Verbraucher hängt der Erfolg daher auch davon ab, ob und wie die Innovation von den Verbrauchern wahrgenommen und dann auch angenommen wird. Nicht alles, was aus Anbietersicht einen hohen Kundennutzen erwarten lässt, wird von den Verbrauchern ebenso bewertet. So haben sich der Geldbörsenchip auf der EC-Karte oder elektronische Signaturen trotz bestimmter Vorteile (keine Münzen, eine größere Sicherheit im elektronischen Rechtsverkehr) nicht durchgesetzt, während Klingeltöne für Handys zu einem unerwarteten Renner wurden. Die Beteiligung an Onlineauktionen, das Versenden von SMS oder das Herunterladen von Musik- und Videoclips sind nicht nur technische Prozessinnovationen, sondern auch Veränderungen der Konsumgewohnheiten, die von einem Teil der Konsumenten schnell aufgenommen werden, jedoch Jahre für die weitere Diffusion benötigen.

Daneben wird der Erfolg von Geschäftsmodellen von Konkurrenten bedroht. Man kann kaum ein Geschäftsmodell durch Patentierung rechtlich wirksam **vor unerwünschter Nachahmung schützen.** Erst wenn es gelingt, ein Geschäftsmodell zu einem dominanten Design in einem Markt zu machen und eine diesen **Markt beherrschende Stellung** zu **erlangen**, wie dies bei eBay oder YouTube gelungen ist, wird es aufgrund von sogenannten Netzwerkeffekten für Konkurrenten schwierig, Marktanteile streitig zu machen. **Netzwerkeffekte** bestehen darin, dass der Nutzen für den einzelnen Konsumenten mit der Anzahl der anderen Nutzer steigt. Bei Plattformen ist dies offensichtlich.

Durch Geschäftsmodellinnovationen von Konkurrenten kann aber auch ein dominantes Design seine Stellung wieder verlieren. Wichtig ist daher, nicht statisch zu denken, sondern die **Dynamik moderner Geschäftsmodelle im Zeitverlauf** zu **berücksichtigen**, z.B. hinsichtlich des Adoptionsverhaltens, möglicher Netzwerkeffekte und der Entwicklung der jeweiligen Eintrittsbarrieren.

2.4 Grafische Darstellung von Geschäftsmodellen

Auf der Basis einer vergleichenden Untersuchung der Geschäftsmodelldefinitionen und -darstellungen verschiedener Autoren empfehlen Deelmann und Loos [Deelmann, Loos 2003: S. 32 ff.] eine **abstrahierende visuelle Darstellung**, die einer breiten Gruppe von Personen (z.B. Management, Kapitalgeber, Projektleiter) einen ersten Ein- und Überblick in Bezug auf das Geschäftsmodell eines Unternehmens liefern kann. Dies erfordert eine geringe bis mittlere Komplexität sowie grobe bis mittlere Granularität.

Zwingend notwendig ist die mögliche **Abbildung von Akteuren bzw. Organisationseinheiten** des Unternehmens und insbesondere auch der Lieferanten, Partner und Kunden, damit man schnell erkennt, wer welche Rolle im Gesamtzusammenhang wahrnimmt bzw. wahrnehmen soll.

In diesem Zusammenhang stellt sich auch die Forderung nach der **Abbildung von Transferflüssen,** im Sinne wichtiger Sachgüter- und Leistungs-, Geld- sowie Informationsströme zwischen den einzelnen Akteuren/Organisationseinheiten, sowie zur **Abbildung innerbetrieblicher Transformationsprozesse**, die die für das jeweilige Geschäftsmodell charakteristische Umwandlung von Produktionsfaktoren zur Unternehmensleistung aufzeigen.

Ebenso notwendig sind auch Möglichkeiten zur **Darstellbarkeit wichtiger Hilfsmittel**, wie z.B. der für das Geschäftsmodell bedeutsamen IT-Systeme sowie der auf das Geschäftsmodell **einwirkenden Kräfte** sowohl positiver als auch negativer Art.

Wir wählen für unsere weiteren Darstellungen eine grafische Geschäftsmodellnotation, bestehend aus einer Kombination von Text- und Grafikelementen, die nach den Partialmodellen von Wirtz strukturiert sind, wodurch die verschiedenen Wertschöpfungsschritte vom Lieferanten bis zum Kunden abgedeckt sind, sowie eine unternehmensübergreifende organisatorische Reichweite erzielt wird. Zentrale Bereiche dieser Visualisierung sind das Leistungserstellungsmodell, das mit den wichtigsten Aktivitäten der Leistungserstellungsprozesse dargestellt wird, sowie das Leistungsangebot mit seinen charakteristischen Elementen. Eingerahmt werden diese beiden Teilmodelle von Angaben zur Beschaffung inklusive Kosten auf der einen sowie Angaben zur Distribution und den Erlösen auf der anderen Seite.

Die dargestellten Partialmodelle ergänzen wir mit der von Deelmann und Loos [Deelmann, Loos 2004] vorgeschlagenen symbolischen Differenzierung der Transferflüsse in Leistungs-, Finanz- und Informationsflüsse mit den Kennzeichen (X), (€) und (i). Diese Transferflüsse werden mit Blockpfeilen zwischen den betroffenen Organisationseinheiten eingezeichnet, die ihrerseits in Form der stilisierten Wertschöpfungskette von Porter dargestellt werden, um unter anderem die Beziehungsrichtung der Organisationseinheiten bzw. die Richtung der primären Leistungserstellung zu verdeutlichen. Innerhalb dieses Wertschöpfungskettensymbols können vereinfacht die für das jeweilige Geschäftsmodell charakteristischen innerbetrieblichen Transformationsprozesse sowie wichtige Hilfsmittel, wie z.B. bedeutsame IT-Systeme, angezeigt werden. Als Beispiel für solch eine grafische Geschäftsmodelldarstellung soll hier die blacksocks S.A. dienen (siehe Abb. 2–9).

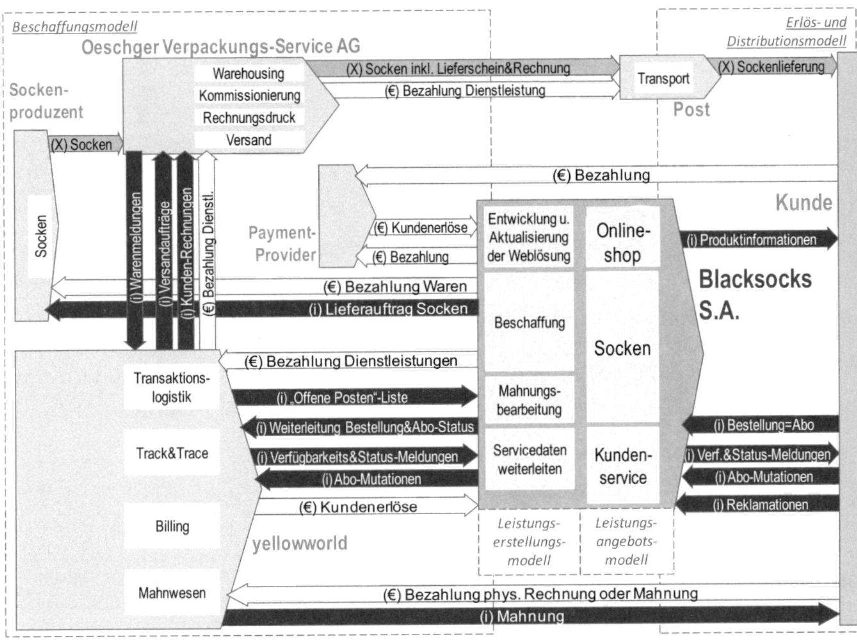

Abb. 2–9 *Grafische Darstellung des Geschäftsmodells der blacksocks S.A.*

Die grafische Darstellung des Geschäftsmodells des Ein-Produkt-Unternehmens blacksocks S.A. (siehe Abschnitt 2.1.1) zeigt links dessen Beschaffungsmodell, das die Beschaffung der Socken vom Produzenten, deren Lagerung und Kommissionierung durch die Oeschger Verpackungs-Service AG sowie die von yellowworld erbrachten Dienstleistungen wie Transaktionslogistik, Billing und Mahnwesen umfasst. Für blacksocks im Zentrum der Darstellung lassen sich einerseits das Leistungserstellungsmodell mit den Hauptaufgaben der Entwicklung und Aktualisierung der Weblösung sowie des Einkaufs und andererseits das Leistungsangebotsmodell unterscheiden, das die per Onlineshop offerierten Socken und den Kundenservice beinhaltet. Das rechts dargestellte Erlös- und Distributionsmodell zeigt den Verkauf der Socken und deren Lieferung per Post an die Kunden.

2.5 Von der Geschäftsidee über das Geschäftsmodell zum Businessplan

Ein Businessplan ist im Wesentlichen die ausführliche Darstellung und Begründung eines konkreten Geschäftsmodells für ein zu gründendes Unternehmen (siehe Abschnitt 2.1.1). Die Änderung oder Ergänzung eines Geschäftsmodells eines bereits existierenden und wirtschaftlich tätigen Unternehmens führt zu einem Projekt, das ebenfalls geplant und auf seine Durchführbarkeit und Vorteilhaftigkeit geprüft wird. Dies geschieht jedoch mithilfe eines Projektplans, der sich von einem Businessplan deutlich unterscheidet.

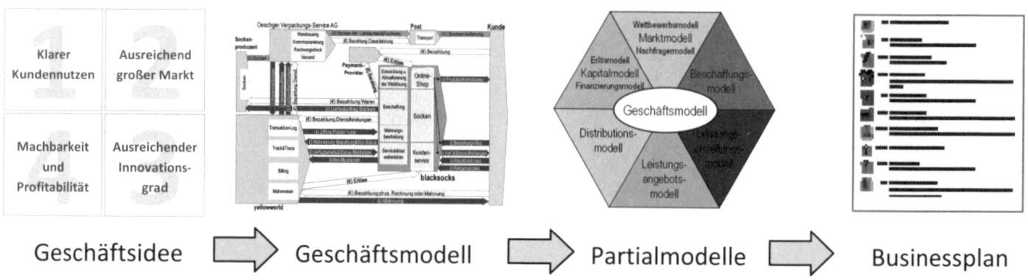

Abb. 2–10 *Von der Geschäftsidee zum Businessplan*

Für Businesspläne haben sich mittlerweile weitgehend ähnliche Gliederungen herausgebildet, von denen hier einige stellvertretend dargestellt werden sollen:

Industrie u. Handelskammern in Nordrhein-Westfalen und IHK-Arbeitsgemeinschaften in Rheinland-Pfalz	Handbücher im Rahmen von Businessplan-Wettbewerben z.B. Land Sachsen (futuresax) und netzwerk | nordbayern	nach [Klandt 2006]
■ Executive Summary ■ Unternehmensziele ■ Produkt, Produktion und Dienstleistung ■ Branche, Markt und Wettbewerb ■ Geschäftssystem, Management, Schlüsselpersonen, Unternehmensorganisation ■ Marketing und Vertrieb ■ Realisierungsplan ■ Chancen und Risiken ■ Finanz- und Finanzierungsplanung	■ Executive Summary ■ Produkt oder Dienstleistung ■ Markt und Wettbewerb ■ Marketing und Vertrieb ■ Geschäftsmodell, Geschäftssystem und Organisation ■ Unternehmerteam, Management, Personal ■ Umsetzungsplanung bzw. Realisierungsfahrplan ■ Chancen und Risiken ■ Finanzplanung und Finanzierung	■ Executive Summary ■ Unternehmenskonzept ■ Management/Gründer ■ Markt und Wettbewerb ■ Produktion und Produktionsfaktoren ■ Zeitorientierte Darstellung der Meilensteine und Aktivitäten ■ Quantitative, zeitlich differenzierte Darstellung (Ertrags-/Einnahmenplan, Aufwands-/Ausgabenplan, Liquiditäts-, Finanzbedarfs- und Finanzierungsplan, Erfolgsplan, Risikoanalyse)

Wir wollen uns in diesem Buch stark an die Partialmodelle von Wirtz halten und gliedern die zu entwickelnden Businesspläne in folgende Abschnitte:

I. Executive/Management Summary
II. Das (geplante) Unternehmen und sein Leistungsangebot
III. Leistungserstellung und Beschaffung
IV. Markt und Wettbewerb
V. Marketing
VI. Management und Organisation
VII. Realisierungsplan und Meilensteine
VIII. Chancen und Risiken
IX. Erfolg und Finanzierung
(Liquiditätsrechnung/Finanzbedarfs- und Finanzierungsplan/Gewinn- und Verlustrechnung/Planbilanz)

3 Erstellung eines Businessplans

3.1 Funktionen und Nutzen eines Businessplans

Businesspläne haben sich inzwischen als **Standardinstrument** im Umgang eines Unternehmens mit Kapitalgebern, bei der Gewinnung langfristiger Geschäftspartner oder im Rahmen von Wirtschaftlichkeitsbetrachtungen etabliert (vgl. [Witt, Merz 2008: S. 293]). Abbildung 3–1 gibt einen Überblick über mögliche Anlässe zur Erstellung eines Businessplans im Verlauf der Unternehmensentwicklung:

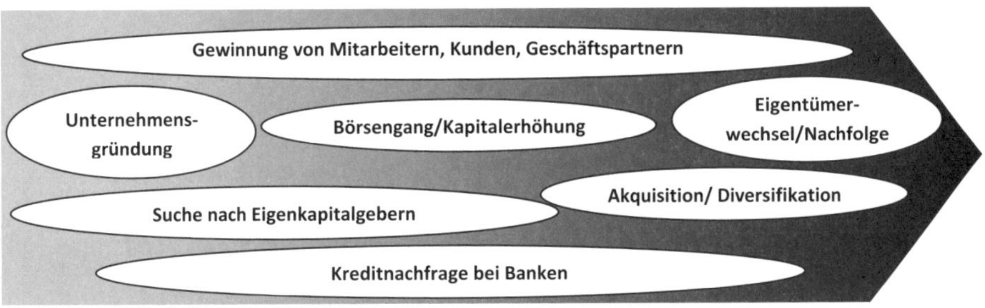

Abb. 3–1 *Anlässe für die Erstellung von Businessplänen im Verlauf der Unternehmensentwicklung*

Je nach Anlass ihrer Erstellung haben Businesspläne unterschiedliche interne und externe Funktionen und Zielgruppen (Abb. 3–2).

Die interne Funktion eines Businessplans wird in der Regel stark unterschätzt. Daher sollen hier zuerst die Nutzenaspekte für **Gründer/Management** aufgezeigt werden. Der Businessplan

- zwingt dazu, die Geschäftsidee systematisch zu durchdenken,
- stellt eine Art Machbarkeitsprüfung dar,
- fördert die Abstimmung zwischen mehreren Unternehmensgründern bzw. innerhalb des Managements,
- zeigt Wissenslücken auf und hilft durch strukturiertes Vorgehen diese zu füllen,
- gibt einen Überblick über vorhandene und noch benötigte Ressourcen,

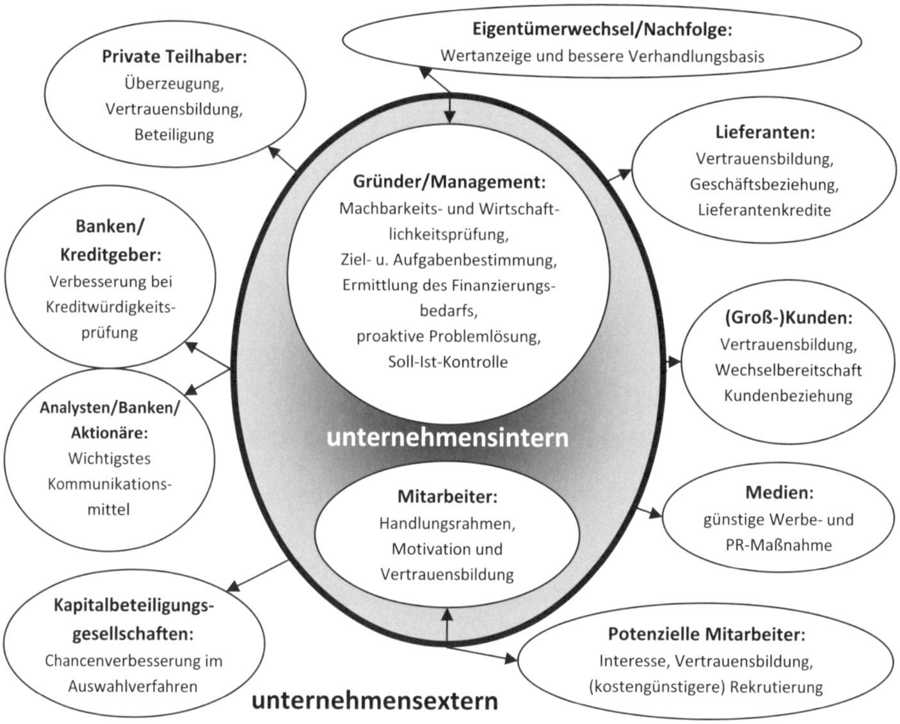

Abb. 3-2 *Zielgruppen, Funktionen und Nutzen von Businessplänen*

- legt Ziele und Aufgabenverteilung im Unternehmen fest,
- bietet eine Grundlage für die zeitliche Koordinierung der Einzelaktivitäten,
- zwingt dazu, auch die finanziellen Aspekte einer Gründung zu berücksichtigen,
- gibt Aufschluss über Höhe und Zeitpunkte notwendiger Finanzierungen,
- zwingt über mögliche Lösungen für Probleme nachzudenken, noch bevor diese eintreten,
- ist eine »Trockenübung« für den Ernstfall, bei der eine Bruchlandung noch nichts kostet und keine schwerwiegenden Folgen hat,
- dient als Handlungsleitfaden während des Unternehmensaufbaus,
- ermöglicht die Überprüfung von gesetzten Zielen und Meilensteinen im Sinne einer Soll-Ist-Abweichung.

Gegenüber den **Mitarbeitern** des Unternehmens dient der Businessplan

- dem Aufzeigen der Unternehmensziele und Handlungsrahmen sowie
- der Motivation und Vertrauensbildung hinsichtlich lukrativer und langfristiger Beschäftigungsmöglichkeiten, damit hochqualifizierte und erfahrene Mitarbeiter nicht zu anderen Unternehmen abwandern.

Die traditionell wichtigste externe Zielgruppe für einen Businessplan sind die potenziellen Kapitalgeber.

- **Bei privaten Teilhabern**, die Eigenkapital zur Verfügung stellen sollen, soll er
  - Interesse wecken, von der Machbarkeit überzeugen, Vertrauen bilden und Beteiligung auslösen.
- **Bei Kapitalbeteiligungsgesellschaften / Venture-Capital-Gebern** ist er
  - eine Bewerbung in einem strengen Auswahlverfahren, wobei i.d.R. bereits etwa 80% der vorgestellten Konzepte anhand der Zusammenfassung abgelehnt werden und nach einer Durchsicht der vollständigen Planungsunterlagen der restlichen 20% nur 5% der insgesamt eingereichten Businesspläne zu persönlichen Kontakten und weiteren Recherchen führen.
- **Bei Banken und anderen Kreditgebern**, die Fremdkapital bereitstellen sollen, bildet er
  - die Grundlage für die Kreditwürdigkeitsprüfung, wobei das sogenannte Rating, die Finanzierungskonditionen und das Tempo der Entscheidungsprozesse erheblich von der Qualität und Überzeugungskraft der Planungsunterlagen beeinflusst werden.
- Neben den Kapitalgebern existieren noch **weitere externe Zielgruppen** für den Businessplan: **Lieferanten und Großkunden** dient er als Grundlage für Vertrauensbildung.
  - Bei Lieferanten geht es darum, als wertvoller Geschäftspartner akzeptiert zu werden und auch Lieferantenkredite in Anspruch nehmen zu können und eventuell gewisse Alleinvertretungsrechte eingeräumt zu bekommen.
  - Bei den Großkunden steht die Vertrauensbildung hinsichtlich der Angebotsqualität sowie mittel- und langfristiger Wartungs- und Gewährleistungen im Vordergrund mit dem Ziel, als wertvoller langfristiger Geschäftspartner akzeptiert zu werden, obwohl zu Beginn der Geschäftstätigkeit noch keine Referenzkunden angegeben werden können.
- **Potenzielle Mitarbeiter**
  - Bei Mitarbeitern mit seltenen, aber unverzichtbaren Qualifikationen und/oder solchen, die im Management Verantwortung für wichtige Unternehmensbereiche übernehmen sollen, kann der Businessplan Interesse wecken und ihnen eine Ausgangsbasis bieten, um zu überlegen, wie sie in einer solchen Umgebung ihre eigenen Ziele und Vorstellungen umsetzen können.
- **Medien**
  - Positive Medienberichte sind eine kostengünstige Werbe- und PR-Maßnahme, die gerade in der Anlaufphase bei allen anderen genannten Zielen eine wertvolle und kostengünstige Hilfe darstellt. Ein Businessplan als

Hintergrundmaterial zu einer entsprechenden Pressemitteilung erhöht die Glaubwürdigkeit gegenüber den Journalisten und bietet ihnen Gelegenheit zu Nachfragen.

3.2 Anforderungen an einen Businessplan

Hinsichtlich der an einen Businessplan gestellten Anforderungen lassen sich inhaltliche und formale Aspekte unterscheiden, wie Abbildung 3–3 vereinfachend darstellt.

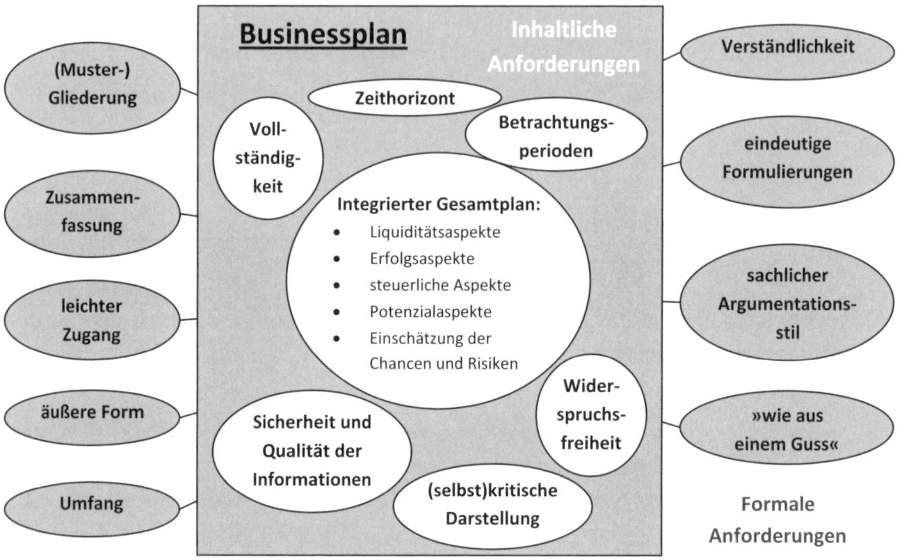

Abb. 3–3 *Inhaltliche und formale Anforderungen an einen Businessplan*

3.2.1 Inhaltliche Anforderungen

In Abschnitt 2.5 wurde eine typische inhaltliche Gliederung eines Businessplans vorgestellt und von einer weitgehenden Einheitlichkeit in der Literatur gesprochen. Das bedeutet allerdings nicht, dass die Empfänger stets erwarten, dass alle dort genannten Punkte mit genau diesen Überschriften angesprochen werden. Andere Leitfäden arbeiten mit etwas weniger oder etwas mehr Gliederungspunkten und wählen leicht abweichende Überschriften. Entscheidend für die inhaltliche Vollständigkeit ist, dass zu all diesen Punkten fundierte Aussagen gemacht werden. Im konkreten Einzelfall sollte man sich erkundigen, ob der Adressat des Plans eine bestimmte Gliederung oder vielleicht sogar ein Template für die Online-Eingabe vorgibt. Dann muss auf jeden Fall diese Gliederung verwendet werden, weil ein Abweichen schon zum Ausschluss von der weiteren inhaltlichen

Prüfung führen kann. Der Grund für eine solche strenge Handhabung liegt darin, dass bei den prüfenden Stellen oft Dutzende Pläne eingehen, die verglichen werden müssen, und unterschiedliche Gliederungen die Vergleichbarkeit erschweren sowie den Zeitaufwand dafür erheblich erhöhen.

Ein Businessplan gliedert sich grob in drei Teile, eine **qualitative** verbale und grafische Beschreibung aller unternehmerischen **Teilaspekte,** eine **quantitative** zahlenorientierte Darstellung der wirtschaftlichen und finanziellen **Tragfähigkeit** und einen **Anhang,** in dem Belege für Aussagen des qualitativen und quantitativen Teils zusammengestellt sind (z.B. Angebote, Studien, technische Zeichnungen).

Der üblicherweise in einem Businessplan **betrachtete Zeithorizont** beträgt drei bis fünf Jahre, damit die erforderliche Anlaufphase abgedeckt wird und gezeigt werden kann, ab wann mit welchen Gewinnen gerechnet wird. Dementsprechend sind in Abhängigkeit des jeweiligen Vorhabens auch längere Zeiträume möglich, wenn der Geschäftsaufbau mehr Zeit erfordert, weil z.B. eine mehrjährige Entwicklungszeit oder der Bau von Produktionsanlagen erforderlich ist, bevor überhaupt ein erstes Produkt am Markt angeboten werden kann. Wie lange es dauern kann, bis die Gewinnschwelle erreicht wird, zeigen die kommerziellen Fernsehsender wie RTL und Sat1, bei denen rund zehn Jahre Verluste in Kauf genommen wurden.

Die zweite zeitliche Dimension betrifft die Untergliederung des gesamten Betrachtungshorizonts in angemessene **Perioden.** Hier empfiehlt sich insbesondere bei Unternehmensgründungen oder größeren Veränderungen der Unternehmenstätigkeit hinsichtlich des überlebensnotwendigen **Liquiditätsaspektes** und eines möglichen Finanzierungsbedarfs eine monatliche Betrachtungsweise für mindestens das erste Jahr sowie nachfolgend eine quartalsmäßige Aufschlüsselung. Die **Erfolgsperspektive** hingegen wird durch die pro Wirtschaftsjahr aufzustellenden Planbilanzen sowie Gewinn- und Verlustrechnungen (GuV) repräsentiert. Die Betrachtung der langfristigen **Potenzialaspekte** wie Trends, Produkt- und Marktentwicklung erfolgt in der Regel nur im qualitativen ersten Teil des Businessplans.

Da es sich bei einem Businessplan um einen **integrierten Gesamtplan** handelt, ergeben sich zahlreiche **Abhängigkeiten bei der Erstellung der einzelnen Teilpläne** (wie Investitions-, Liquiditäts-, Finanzierungs- oder Erfolgsplan). Welcher dieser Teilpläne am Anfang der Bearbeitung steht bzw. die dominierende Größe darstellt, hängt von dem verwendeten Ansatz ab:

- Schreibt das verfügbare Kapital die Investitionsmöglichkeiten und die Absatzkapazitäten vor?
- Werden die aufgrund des analysierten Marktvolumens und -verhaltens geschätzten Absatz- bzw. Umsatzerwartungen als Ausgangspunkt für die Unternehmensplanung gewählt?
- Wird eine optimale Produktionsgröße angestrebt, um Kostendegressionseffekte nutzen zu können?

Eine große Herausforderung besteht darin, den angemessenen Detaillierungsgrad der Darstellung und die richtige Tiefe der Begründungen in jedem Kapitel zu finden. Ein Businessplan ist kein Werbeprospekt. Er richtet sich an Fachleute, die solide und präzise fachliche Information erwarten. Planungen sollen möglichst konkret sein, und es muss erkennbar werden, auf welchen Annahmen und Quellen sie beruhen, um ihre Glaubwürdigkeit und Realisierungschancen beurteilen zu können. Das alles muss aber trotz **Vollständigkeit** kurz und knapp sein. Der gesamte Businessplan darf nicht länger als 20 bis 40 Seiten sein. Man kann zwar umfangreiche Anlagen in einem gesonderten Band hinzufügen, darf aber nicht damit rechnen, dass alle Adressaten auch dort nachlesen, wenn Fragen auftauchen. Daher kommt es auch entscheidend auf die **Qualität der herangezogenen Quellen** an. Wenn Informationen aus anderen Quellen übernommen und den Planungen zugrunde gelegt werden, hat man sich mit ihnen identifiziert. Da nicht für jede Informationsquelle deren Informationsgewinnungsprozess einzeln nachgeprüft werden kann, kommt aus Vereinfachungsgründen deren Reputation und Seriosität (z.B. amtliche Statistiken, renommierte Marktforschungsinstitute und Verbände) eine große Bedeutung zu.

Sind exakte Daten nicht auffindbar, müssen **Schätzungen** verwendet werden. Diese sind als solche zu kennzeichnen. Bei mehreren Optionen ist eine Tendenz zur sicheren Seite für den Adressaten zu empfehlen, d.h., bei den Einnahmen und Erträgen vorsichtig zu schätzen, während aufseiten der Ausgaben und Aufwände eher mit höheren Beträgen gerechnet wird.

Auch wenn der Plan die Überzeugung der Autoren vom Erfolg ihres Vorhabens ausdrücken soll, so muss er auch eine selbstkritische **Einschätzung aller Chancen und Risiken der geplanten Geschäftstätigkeit** beinhalten. Es ist nicht zu empfehlen, erkannte Risiken zu verschweigen. Vielmehr müssen solche Risiken und festgestellte Schwächen im Abschnitt Chancen und Risiken angesprochen werden, und die geplanten Maßnahmen zur Vermeidung oder Reduzierung von Risiken und Behebung von Schwächen dargelegt werden.

In der Regel werden mehrere Personen mit unterschiedlichem fachlichem Hintergrund einzelne Kapitel beisteuern, und es werden ganz unterschiedliche Quellen herangezogen. Der fertige Businessplan muss sich dem Leser jedoch wie aus einem Guss darstellen. Daher sind alle getroffenen Annahmen und Ergebnisse der einzelnen Gliederungspunkte so aufeinander abzustimmen, dass er **in sich vollkommen widerspruchsfrei** ist.

Für die Konkretisierung der Geschäftsidee in ein Geschäftsmodell und die schrittweise Erarbeitung des Businessplans ist es hilfreich, Fragenkataloge und Checklisten z.B. aus Beratungsbüchern oder Businessplan-Wettbewerben zu verwenden.

Bundesministerium für Wirtschaft und Technologie/ Industrie- und Handelskammern

- Starthilfe – Der erfolgreiche Weg in die Selbständigkeit
  http://www.bmwi.de/Dateien/BMWi/PDF/foerderdatenbank/Archiv/br-starthilfe,property=pdf,bereich=bmwi,sprache=de,rwb=true.pdf
- Gründerzeiten – Informationen zur Existenzgründung und -sicherung
  Nr. 17 Thema Gründungskonzept/Businessplan
  http://www.bmwi.de/BMWi/Redaktion/PDF/Publikationen/Gruenderzeiten/infoletter-gruenderzeiten-nr-17-gruedungskonzept,property=pdf,bereich=bmwi,sprache=de,rwb=true.pdf
- IHK-Ratgeber Technologieorientierte Unternehmensgründung
  http://www.ihk-nrw.de/fileadmin/user_upload/innovation_umwelt/Technologie/technologieorientierte_existenzgruendung_2005.pdf

Businessplan-Wettbewerbe

- Handbuch zur Businessplanerstellung Businessplan-Wettbewerb netzwerk|nordbayern
  http://ssl.netzwerk-nordbayern.de/service/handbuch.php
- Handbuch zur Businessplanerstellung Businessplan-Wettbewerb Sachsen (futuresax)
  http://www.futuresax.de/Portals/0/Downloads/futureSAX_Handbuch.pdf
- Handbuch zur Businessplanerstellung NUK-Businessplan-Wettbewerb
  http://neuesunternehmertum.de/downloads/NUK-Publikationen/NUK_Handbuch_2009.pdf

Literatur

- Klandt, Heinz: *Gründungsmanagement: Der integrierte Unternehmensplan Businessplan als zentrales Instrument für die Gründungsplanung.* München, Wien: Oldenbourg Verlag, 2., vollst. überarb. u. stark erw. Aufl., 2006.
- Nagl, Anna: *Der Businessplan: Geschäftspläne professionell erstellen; mit Checklisten und Fallbeispielen.* Wiesbaden: Gabler, 3., überarb. und erw. Aufl., 2006.
- Plümer, Thomas: *Existenzgründung Schritt für Schritt: mit drei ausführlichen Businessplänen.* Wiesbaden: Gabler, 1. Aufl., 2006.

3.2.2 Formale Anforderungen

Formal ist der Businessplan ein Dokument mit Titelblatt, Inhaltsverzeichnis, Hauptteil und Anlagen.

Das Titelblatt, auch **Coversheet** genannt, sollte die folgenden Daten enthalten:

- Name und Logo (soweit vorhanden) des Unternehmens,
- Angaben zum bestehenden oder geplanten Unternehmenssitz (Adresse, Telefon, Website),
- Namen, Titel und Adressen der Unternehmensgründer bzw. -inhaber,
- Erstellungsdatum des Businessplans,
- Namen der Verfasser,
- ggf. einen Vertraulichkeitsvermerk.

Aufgrund verbesserter technischer Möglichkeiten sind die Anforderungen an die **äußere Form** von Businessplänen gestiegen: Ein sauber gedrucktes Schriftbild inklusive fehlerfreier Orthografie und Interpunktion, professionell aussehende Abbildungen sowie ein solider Einband müssen gewährleistet sein. Da es meistens um viel geht, kann es sich lohnen, professionelle Hilfe einer Werbeagentur oder eines Textstudios hinzuzuziehen. Eine übertrieben wirkende äußere Aufmachung kann jedoch den Verdacht nahelegen, damit über inhaltliche Schwächen hinwegtäuschen zu wollen.

Der **Umfang** des eigentlichen Businessplans sollte zwischen 20 und 40 Seiten liegen. Der Anhang kann, wenn erforderlich, noch weitere umfangreiche Unterlagen enthalten. Die **Zusammenfassung** in Form eines Executive Summary sollte ein bis zwei Seiten umfassen und nur die wichtigsten Informationen in gut verständlicher und überzeugender Form enthalten. Denn in vielen Fällen entscheiden sich die Adressaten eines Businessplans aufgrund der Lektüre dieser Zusammenfassung, ob sie sich überhaupt intensiver mit dem gesamten Businessplan und dem damit verbundenen Anliegen des Erstellers (z.B. Kapitalbedarf, Wunsch nach Lieferanten- oder Kundenbeziehung) befassen wollen.

Den Lesern sollte ein **leichter Zugang** zu dem Planungsdokument ermöglicht werden, nicht nur in bzw. mit der Zusammenfassung, sondern im gesamten Dokument. Dies erfordert u.a. eine **klare Gliederung** sowie Nummerierung der Seiten, Übersichten und Anlagen.

Ein weiterer wichtiger, aber oft vernachlässigter formaler Aspekt ist die **Verständlichkeit des Dokumentes.** Dies beinhaltet, dass der Businessplan zielgruppengerecht und ohne für diese Gruppe unverständliche Fachtermini zu schreiben ist. Beispielsweise wird der Kreditsachbearbeiter einer Bank i.d.R. wenig Verständnis für technologische Feinheiten entwickeln, und umgekehrt ist ein potenzieller Kunde vielleicht mehr an den Problemlösungsdetails als an Finanzierungsfragen interessiert. Oft sind eine vereinfachende Darstellung, eine erläuternde Grafik oder ein anschauliches Foto aufschlussreicher als aufwendige Konstruktionspläne, umfangreiche Auswertungen oder lange Erklärungen, die ggf. in den Anhang einzugliedern sind.

Da der Businessplan meist in Abwesenheit des Erstellers gelesen wird und dieser somit keine unmittelbaren Rückfragen beantworten oder Erläuterungen geben kann, sind ebenfalls **eindeutige unmissverständliche Formulierungen** notwendig.

Ein Businessplan soll überzeugen. Dies erfordert aber trotz der notwendigen Begeisterung des Erstellers einen sachlichen Ton. Der Leser will ernst genommen werden und erwartet eine **sachliche Argumentation** statt zu euphorischer und optimistischer Werbetexte.

Zu dem bereits erwähnten Gesamtbild aus einem Guss gehören nicht nur die inhaltliche Widerspruchsfreiheit, sondern auch ein einheitliches Erscheinungsbild und ein einheitlicher Schreibstil. Das gelingt am besten, wenn das mit allen Beteiligten inhaltlich abgestimmte Dokument von einer Person in Form einer Endredaktion noch einmal komplett durchgearbeitet wird und entsprechende Anpassungen vorgenommen werden.

4 Das Illustrationsbeispiel

Wie in Einleitung und Titel angekündigt, sollen die allgemeineren Aussagen zu den einzelnen Abschnitten eines Businessplans an einem Beispiel illustriert werden. Als Grundlage dafür haben wir aus den in Abschnitt 2.1.1 aufgeführten Geschäftsideen die der Factory121 S.A. ausgewählt. Der Abschnitt 4.1 enthält mit freundlicher Genehmigung die wörtliche Wiedergabe der Falldarstellung aus der Fallstudiendatenbank eXperience online (www.experience-online.ch), entnommen am 18.08.2009. Lediglich die Nummerierung der Abbildungen wurde an dieses Buch angepasst. Warum wir daraus das fiktive Unternehmen Timebuilder121 ableiten und als Illustrationsbeispiel verwenden, ist in Abschnitt 4.2 erläutert.

4.1 Die Fallstudie Factory121 S.A.

Virtuelle Integration von Kunden und Partnern bei der Factory121 S.A.

Erstellungsdatum der Fallstudie: 10.01.2005

Redaktion:	*Matthias Göckel, Dienstleistungen E-Business, Fachhochschule Nordwestschweiz, Institut für Wirtschaftsinformatik*
Autor der Fallstudie:	*Philipp Zimmermann*

Management Summary:

Factory121 ist das erste Schweizer Unternehmen, welches Uhren exklusiv über das Internet vertreibt. In der virtuellen Uhrenboutique auf *www.121time.com* kann sich der Besucher, nach dem Prinzip des »Mass Customization«, seine Schweizer Uhr online selber gestalten. Einziger Verkaufspunkt ist die Website des Unternehmens, was eine Einsparung von durchschnittlich einem Drittel der Kosten gegenüber den klassischen Verkaufskanälen nach sich zieht. Der Fertigungspartner für die Uhren ist ebenfalls in die Plattform integriert, sodass die gesamte Kommunikation, sowohl mit den Kunden als auch mit den Partnern, ausschliesslich auf dem Online-Kanal stattfindet.

1 Das Unternehmen

Hintergrund

Die Unternehmung Factory121 S.A. (nachfolgend Factory121) wurde im Jahr 2002 in Martigny (CH), von den drei Jungunternehmern Frédéric Polli, Daniel Morf und Jean-Loup Ribordy gegründet. Factory121 ist das erste Unternehmen der Schweiz, welches in ihrer virtuellen Boutique Uhren exklusiv über das Internet vertreibt.

Das Unternehmen beschäftigt derzeit 8 Mitarbeiter und verfügt über ein Aktienkapital von 280'000 CHF. Im Jahr 2003 wurden rund 1500 Uhren abgesetzt und ein Umsatz von 480'000 Schweizer Franken erzielt. Das Ziel für 2004 ist der Verkauf von 3500 Uhren.

Factory121 ist Mitglied der Schweizer Uhrenindustrie FHS und wurde bereits mehrfach ausgezeichnet, so etwa mit dem »Master of Swiss Web 2004« oder dem »Macromedia Site of the day«.

Branche, Produkt und Zielgruppe

Branche

Das Jahr 2003 kennzeichnete sich für die Schweizer Uhrenindustrie durch einen wert- und volumenmäßigen Rückgang der Verkaufsaktivitäten. Der Gesamtwert der Exporte betrug 10,2 Milliarden Franken. Dies entspricht einem Rückgang von 4,4% gegenüber dem Vorjahr, wobei bereits 2001 der Absatz der Uhrenhersteller um zehn Prozent eingebrochen ist. In der Uhrenbranche herrscht ausserdem eine intensive Konkurrenz. Neben der etablierten Konkurrenz, in der ein harter Verdrängungskampf stattfindet, existiert sowohl ein illegaler Markt für Fälschungen als auch ein Graumarkt, in dem über Internet Originale angeboten werden, die von den offiziellen Vertriebskanälen umgeleitet wurden. In der Uhrenindustrie wird das Internet daher eher als Gefahr denn als Chance angesehen und es herrscht allgemein die Meinung vor, dass sich Luxusuhren nicht im Internet verkaufen lassen. Die Online Konkurrenz ist deshalb im Vergleich zum physischen Markt gering.

Die Margen für Einzelhändler sind in der Uhrenbranche relativ hoch und betragen bis zu 65%. Diese sind gerechtfertigt durch die meist erstklassige Geschäftslage, das gut ausgebildete Fachpersonal, die langsame Abverkaufsrotation und die hohe Beratungsintensität.

Produkt

Alle Uhren der Marke 121TIME werden nach den Swiss Made Qualitätskriterien hergestellt, welche hohe qualitative und regulative Anforderungen an die Produkte stellen. Die Herkunftsbezeichnung »Swiss Made« ist geschützt und wird durch die FHS (Vereinigung der Schweizerischen Uhrenindustrie) reglementiert.

Factory121 hat den Vorteil, kurzfristig auf spezifische Kundenwünsche eingehen zu können, da die Basis der Komponenten immer dieselbe ist, jedoch in unterschiedlicher Konfiguration – gemäss den individuellen Kundenbedürfnissen – zusammengesetzt werden. Dies ergibt schliesslich ein hochwertiges Produkt das auf die Kundenwünsche angepasst ist, jedoch nicht von Grund auf neu entwickelt werden muss.

Factory121 steigt mit ihrem Angebot in jenes Preissegment zwischen 150 und 500 Franken ein, wo die Schweizer Industrie seit Jahren schwach vertreten ist, jedoch am meisten Uhren verkauft werden. Factory121 kann hier mit seinen Quarzuhren neue Qualitätsstandards setzen, da die Kosten der teuren klassischen Verkaufskanäle wegfallen. Dies ermöglicht es Factory121, dem Kunden hohe Qualität zu attraktiven Preise zu bieten. Das modulare Preismodell von Factory121 ermöglicht es dem Kunden ausserdem, eine Uhr in Abhängigkeit seines Budgets zu designen.

Kunden

Die Marke 121TIME wird exklusiv über die Webseite von Factory121 vertrieben. Zwar hat es schon Anfragen von Händlern aus verschiedenen Ländern gegeben, welche ihr Interesse bekundeten, die Marke zu vertreten. Das Problem hierbei sind jedoch die im Verhältnis zur traditionellen Distribution geringen Margen, welche Factory121 den Händlern, bedingt durch die konkurrenzfähigen online Verkaufspreise, bieten kann.

Factory121 liefert grundsätzlich an Kunden in der ganzen Welt. Nach der Lancierung der Marke 121TIME im Jahr 2003 wurde der Grossteil der Uhren in der Romandie verkauft. 2004 wird nun auf eine aktive Bearbeitung der deutschsprachigen Schweiz gesetzt. Dank der Website-Plattform verfügt Factory121 über eine geeignete Ausgangslage zum Ausbau der Geschäftstätigkeit auf dem internationalen Markt.

Das Geschäftsmodell von Factory121 baut auf 4 strategischen »Business Units« auf (vgl. Abb. 4–1).

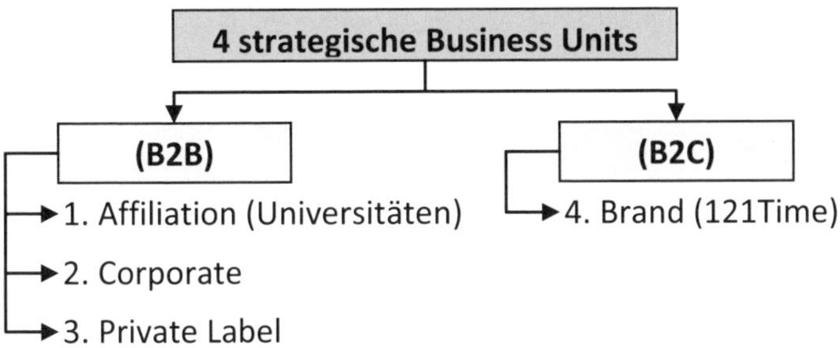

Abb. 4–1 *Vier strategische Business Units von Factory121*

Die ursprünglichen Zielkunden von Factory121 waren amerikanische Universitäten (Affiliation), welchen man Schweizer Qualitätsuhren zu Merchandisingzwecken anbot. Hierzu wurde Factory121 von der Collegiate Licensing Company (CLC), der Dachorganisation für die Vergabe der Vermarktungsrechte an amerikanischen Universitäten, akkreditiert. Factory121 führt ein breites Sortiment mit Uhren für jeden Geschmack und dem Logo der entsprechenden Universität, sodass die Mitarbeiter und Studenten ihre Uhr mit dem Branding der jeweiligen Universität selber kreieren können.

Heute gewinnen Firmenkunden (Corporate) zunehmend an Bedeutung; es werden hochwertige Produkte für Unternehmen wie HP oder Mercedes hergestellt, welche diese als Luxusgeschenke verwenden.

Die Private Label Produkte werden im Unterschied zu den Corporate Produkten vom Kunden zum Weiterverkauf unter dem eigenen Namen verwendet. Factory121 fungiert hierbei als Lieferant und besitzt kein Recht (Lizenz) an der Uhr, sondern stellt lediglich das Produkt für eine bestehende Marke her.

Bei der vierten Business Unit »121time« handelt es sich um den Brand von Factory121. Dieses B2C Angebot spricht verschiedene Kundenprofile an, vom »Ab Stange Käufer«, welcher aus einem bestehenden Katalog an Fertigmodellen auswählt, bis zum Kreativen, welcher seine Uhr aus einer Vielzahl von Einzelkomponenten selber zusammenstellt.

Unternehmensvision

Das Geschäftsmodell von Factory121 beruht auf dem Prinzip des Mass Customization, worunter die kundenindividuelle Fertigung von Massenprodukten verstanden wird. Mass Customization verfolgt die Herstellung von Gütern und Dienstleistungen nach individuellen Kundenwünschen mit (nahezu) der Effizienz einer Massenproduktion. Ziel ist es, individuelle Leistungen mit stabilen Prozessen in Fertigung und Vertrieb zu erstellen. Der Wertschöpfungsprozess ist somit in einen massenhaften (standardisierten) und einen individuellen Teil im Sinne des »Make-to-Order-Prinzip« getrennt. Die Kunden werden in diesem Modell zum Co-Designer und werden über geeignete Schnittstellen (z.B. Internetplattform) in den Prozess der Leistungserstellung integriert. Standardisierte und individualisierte modulare Komponenten werden zu einem kundenspezifischen Endprodukt verbunden. Dieses Geschäftsmodell führt somit von einem »Design for Customer« zum »Design by Customer«.

Das Prinzip des Mass Customization führte bei den Gründern von Factory121 zur Idee, sich seine Schweizer Qualitätsuhr am Computer selber zu designen. Preise und Vertragsmodalitäten im Vertrieb der klassischen Uhrenindustrie lassen eine grosse Gewinnspanne zu. Das war der Beweggrund, eine neue Firma unter Verwendung der Informationstechnologien und einem innovativen Vertriebsmodel zu kreieren. Die Unique Selling Proposition von Factory121 beruht also hauptsächlich auf dem Wegfall der Margen für die Händler im klassischen Vertriebsmodell und diese Ersparnis überwiegt die Herstellungs- und Transaktionskosten für die kundenindividuelle Bedienung. Dadurch ergibt sich auch der einzigartige, der Konkurrenz überlegene Wettbewerbsvorteil, indem sie als einzige in diesem Preissegment hochwertige Swiss Made Uhren anbieten können. Die Internet Distribution und kürzere Reaktionszeiten erlauben es Factory121 ausserdem, äußerst schnell auf Trends zu reagieren und neue Kollektionen auf den Markt zu bringen.

2 E-Business-Strategie

Die E-Business-Strategie von Factory121 ist nicht einseitig beschaffungs- oder absatzbezogen; das Businessmodell basiert vielmehr auf der vollständigen Integration sowohl der Kunden als auch der Partner in den Leistungserstellungsprozess, um die Nachteile der klassischen Vertriebsstrukturen weitestgehend auszuschalten. Hierzu wird eine geeignete Schnittstelle benötigt, welche bei Factory121 mit der Informatikplattform gegeben ist. Diese Plattform ist das Zentrum aller Koordinationsprozesse zwischen den verschiedenen Parteien, sprich der Factory121, des Fertigungspartners (Rhodanus AG) und den Kunden.

Partner

Um den hohen Anforderungen des Labels Swiss Made zu genügen und ihr Produkt über den E-Shop abzusetzen, muss Factory121 sowohl mit hochqualifizierten Experten aus der Informationstechnologie als auch zuverlässigen Partnern für die Uhrenproduktion zusammenarbeiten.

Factory121 ist als Netzwerk aus Partnern, Zulieferern und Kunden aufgebaut. Der Hauptpartner von Factory121 ist die Rhodanus AG in Naters, welche sich um die Uhrenfertigung kümmert. Dazu kommen aber auch Uhren-Designer, Uhren-Ingenieure, sowie Zulieferbetriebe für Edelsteine (Sertisseur in Genf), Uhrengravur (in Sierre), Zifferblatt- oder Lünettendruck (im Jura), welche zwar derzeit noch nicht in die Factory121 Plattform eingebunden sind, deren Anbindung jedoch in Planung ist.

Informatikpartner

Die Factory121 Lösung wurde von Peter Beck, dem Direktor des Partners Electrostata Ltd., einem englischen IT-Consultingunternehmen entwickelt. Als Anteilhaber von Factory121 unterhält Beck die Lösung. Seine Erfahrung hat er sich durch Tätigkeiten in verschiedenen Umfeldern angeeignet, so etwa in einem Forschungslabor für Informatikgraphik und in einer Unternehmung für die Entwicklung von Lösungen der künstlichen Intelligenz. Er ist zudem Spezialist auf dem Gebiet der Open-Source Anwendungen.

Aus folgenden Gründen wird jedoch ein zweiter Mitarbeiter als Spezialist für die Factory121 Lösung ausgebildet: Einerseits möchte man damit das Risiko der Abhängigkeit von einem Spezialisten minimieren und das Know-how verteilen. Andererseits kümmern sich die Partner von Electrostata hauptsächlich um die Entwicklung der Lösung und sind schlichtweg zu teuer, um »nur« Support zu liefern.

Zur Entwicklung der E-Business Plattform suchte man eine Firma, die bereits einen E-Commerce Background aufweisen konnte. Dazu holte man verschiedene Offerten ein: Die Angebote bewegten sich zwischen CHF 500'000 – CHF 1 Mio und enthielten Angebote aller Kategorien (von Microsoft bis Open-Source). Diese Offerten überzeugten jedoch weder in Bezug auf die gewünschten Funktionalitäten, noch in Bezug auf den Preis. Deshalb entschied man sich für die interne Lösung mit Peter Beck als Entwickler.

Bei der Hardware Infrastruktur am Firmensitz in Martigny handelt es sich um eine Standardausstattung von Dell. Diese Wahl hatte verschiedene Gründe: Neben dem vorteilhaften Preis-/Leistungsverhältnis ist auch der Support auf mehrere Jahre hinweg gewährleistet. Dell ist ausserdem ein Vorbild in der Umsetzung des Direct-to-Consumer Konzepts, das der Unternehmensphilosophie von Factory121 entspricht.

Internet Provider

Der Server für die Internetplattform und Datenbank von Factory121 wird von der Firma Cybercon in Houston (USA) beherbergt. Verschiedene Gründe haben zu dieser Wahl geführt:

Cybercon ist seit den Anfängen des E-Commerce präsent und verfügt über eine langjährige Erfahrung auf diesem Gebiet. Die Firma überstand ausserdem die New Economy Krise der vergangenen Jahre und garantiert dadurch für eine gewisse Beständigkeit. Dies ist für Factory121 von höchster Wichtigkeit, da deren Geschäftsmodell vollständig von der funktionierenden Internetplattform abhängt und somit eine »downtime« des Servers oder »switching costs« bei einem eventuellen Anbieterwechsel den Erfolg von Factory121 nachhaltig schädigen könnten. Cybercon bietet einen 24-Support sowie die Möglichkeit einer (beinah) unbeschränkten Skalierbarkeit der Architektur, womit allfällige Kapazitätsengpässe ausgeschlossen werden und ein beliebiges Wachstum ermöglicht wird, was bei einem in-house Hosting nicht ohne weiteres möglich wäre. Cybercon befindet sich ausserdem an einem Backbone des Internets, sodass auch bei grossen Besucherzahlen auf der Webseite der Bildaufbau nur wenige Millisekunden dauert.

Geschäftspartner

Der Uhrenhersteller Rhodanus Microtechnic AG in Naters (nachfolgend Rhodanus AG) ist der Fabrikant von Factory121. Rhodanus ist ein so genannter »Termineur«, Das ist jene Firma, welche die Endfertigung der Uhren, also den Zusammenbau der einzelnen Komponenten übernimmt. Die Rhodanus AG arbeitet seit über 30 Jahren (Gründung 1973) für viele weltweit tätige Uhrenfabriken und hat derzeit ca. 60 Mitarbeiter. Als Partner und Anteilhaber von Factory121 ist die Rhodanus AG integrierter Bestandteil der Wertschöpfungskette. Sie verwaltet das Lager und ist zuständig für die Fertigung und den Versand der Uhren.

Die geographische Nähe zum Factory121 Hauptsitz in Martigny war ein gewichtiges Argument für die Wahl dieses Fertigungspartners. Man suchte einen seriösen Partner, welcher über die kritische Grösse verfügt, um auch grosse Aufträge fristgerecht zu bearbeiten. Die Rhodanus AG verfügt über ein ausgewiesenes, technisch geschultes Spezialistenteam und zeigte sich offen für eine Zusammenarbeit im speziellen Geschäftsmodell von Factory121 mit einer Einbindung in deren Plattform.

3 Vertrieb und Kundenkommunikation ausschließlich über Online-Kanal

Im Geschäftsmodell von Factory121 werden von der Kundenkommunikation bis zum Vertrieb der fertigen Uhren alle Geschäftsprozesse durch IT unterstützt. Das Geschäftsmodell wird hierbei in vier Sichten beschrieben:

Geschäftssicht

Der Kunde stellt auf der Website www.121time.com seine persönliche Uhr mit Hilfe des Konfigurators aus einem Angebot von einzelnen Komponenten zusammen. Auf der Internetseite haben die Kunden zu Beginn des Design Prozesses die Wahl zwischen 82 Uhrenmodellen. Mit Hilfe einer benutzerfreundlichen Konfiguration wählt der Kunde das Gehäuse, das Zifferblattdesign, das Uhrenband und die jeweiligen Farben aus, die seinem Stil entsprechen. Die Aufteilung des Angebots in Produktfamilien mit Auswahlbeschränkungen verhindert dabei, dass der Kunde ein »schlechtes« Design vornimmt. Die Palette umfasst sportliche, klassische, elegante und luxuriöse Damen- und Herren-Modelle, welche auch mit Diamanten und Saphiren besetzt werden können. Aufbauend auf einem ausgewählten Uhrenmodell wird der Kunde zum Co-Designer und kreiert bzw. konfiguriert sich eine Uhr nach seinen persönlichen Wünschen. Dies wird in Echtzeit und mit 3-D-Bildqualität ausgeführt.

Während des gesamten Bestellvorgangs wird dem Kunden der Preis der aktuellen Konfiguration am Bildschirm angezeigt. Sobald der Kunde die Bestellung bestätigt, führt Factory121 einen Kreditcheck durch und löst anschliessend die verschiedenen Aufträge aus. Dies sind der Fertigungsauftrag bei der Rhodanus AG sowie die allfälligen Aufträge für optionale Elemente wie Edelsteine oder eine Gravur auf dem Uhrenboden. Diese optionalen Elemente werden vom jeweiligen Zulieferer innerhalb von 5 Tagen an die Rhodanus AG geliefert und in den Auftrag integriert.

Die Rhodanus AG führt anschliessend den Auftrag nach den Swiss Made Qualitätsrichtlinien aus und versendet die Uhr an den Kunden. Obwohl bei personalisierten Gütern normalerweise kein Rückgaberecht besteht, haben alle Factory121 Modelle eine »Zufriedenheit oder Geld zurück Garantie«, was den Nachteil ausgleicht, dass man das Produkt während des Bestellprozesses nicht anfassen kann. Darüber hinaus gewährleistet Factory121 eine zweijährige Garantie.

Der gesamte Geschäftsablauf ist internetbasiert: In Martigny befindet sich das physische Büro von Factory121 mit Geschäftsleitung und Administration (Kunden- und Werbemanagement, Währungs-, Sprach- und Betrugsangelegenheiten). In Naters befindet sich mit der Firma Rhodanus AG die Fertigungslinie, welche die einzelnen Komponenten zur Uhr zusammenbaut (Assembly) und die fertigen Uhren produziert. Diese Firma stellt jede Uhr jeweils bei Eingang der Bestellung zusammen (Prinzip des Make-to-Order) und stellt sie dem Kunden innert zehn Tagen zu.

Prozesssicht

Die Rhodanus AG legt aufgrund der ihr zur Verfügung stehenden Angaben die Produktmerkmale des Uhren- und Komponentenangebots fest. Der Grafikdesigner von Factory121 übernimmt das virtuelle Design der Uhren und baut dieses in den E-Shop ein (Abb. 4–2). Der Kunde konfiguriert sich dort seine Wunsch-Uhr und schickt seine Bestellung online ab. Der Konfigurator bereitet die Bestellung so auf, dass sie direkt als Rüstformular im Atelier der Rhodanus AG ausgedruckt werden kann. Sobald Facotry121 den Kreditcheck durchgeführt hat, wird der Auftrag an die Rhodanus AG zur Fertigung freigegeben und der Kunde erhält eine automatische Auftragsbestätigung. Die Fertigungsdokumente (Fertigungsauftrag, Garantiekarte, Versandscheine) werden bei der Rhodanus AG automatisch ausgedruckt. Die Uhrenkomponenten werden anhand des Fertigungsauftrages zusammengestellt und zur Fertigung freigegeben. Der Uhrmacher

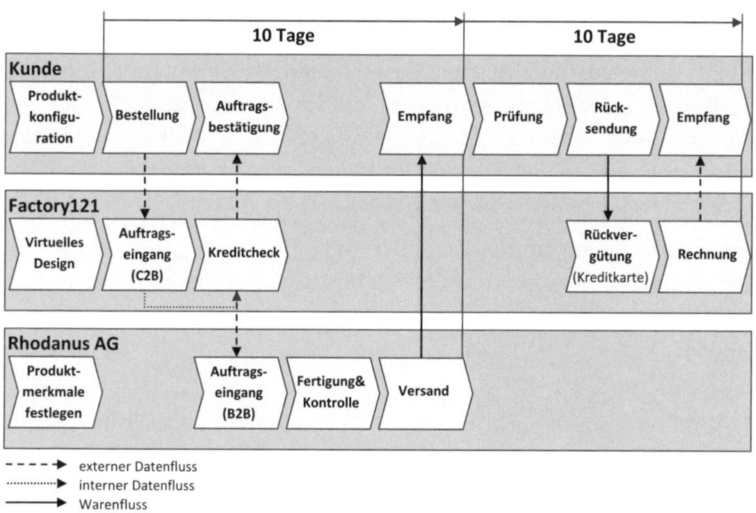

Abb. 4–2 *Auftragsbearbeitung im Factory121-Modell*

erstellt die Uhr nach den Wünschen des Kunden und gemäß den Anforderungen des Labels »Swiss made« und gibt sie zur Kontrolle weiter. Die Uhr wird auf Ihre Wasserdichtigkeit und Ganggenauigkeit geprüft und nach erfolgter Endkontrolle zum Versand freigegeben. Der Versand erfolgt per DHL oder Fedex (für Sendungen ins Ausland) innerhalb von 10 Tagen. In Planung ist derzeit die Einführung von Tracking & Tracing für den Kunden, sodass dieser den Stand der Bestellung jederzeit online überprüfen kann.

Bei Versand wird die Uhr im System als »set shipped« vermerkt und zur Fakturation freigegeben. Im Falle einer Bezahlung per Kreditkarte wird der Betrag bei der Bestellung reserviert. In periodischen Abständen werden dann die Rechnungsbeträge für die Bestellungen der Periode den Kreditkarten der entsprechenden Käufer belastet. Im Falle einer Bezahlung per Rechnung wird diese nach 10 Tagen (Rückgabefrist) per separatem Schreiben von Factory121 an den Kunden versandt. Ist der Kunde mit der Uhr nicht zufrieden, kann er diese innerhalb von 10 Tagen nach Erhalt zurücksenden und der Betrag wird ihm auf seiner Kreditkarte wieder gutgeschrieben. Falls die Uhr nach 10 Tagen nicht zurückgeschickt wird, gilt diese als akzeptiert.

Anwendungssicht

Das sichtbare Zentrum von Factory121 ist deren Webseite. Auf dieser werden 4 Interfaces verwaltet:

1. Die Client Website
2. Die Affiliate Website
3. Administration Website
4. Assembly Website

Die Client Website ist die Seite für das breite Publikum, auf welcher online eine Uhr bestellt werden kann. Auf dieser Seite können Uhren konfiguriert, die Zahlungsmethode und persönlichen Präferenzen (Währung, Sprache) ausgewählt und die aufgegebenen Bestellungen eingesehen werden.

Die Affiliate Website ermöglicht « affilierten » Firmenkunden, welche Uhren mit ihrem eigenen Logo anbieten, ihren Account zu verwalten, Verkäufe und Kommissionen pro Periode, sowie den Stand der Zahlung der Kommissionen einzusehen.

Die Administration Website wird von Factory121 zur Verwaltung der Seite und der E-Business Prozesse verwendet. Die Administration Website ermöglicht die Web-Verwaltung der gesamten Daten der virtuellen Boutique. Dies umfasst:

- Verwaltung der Uhrenkomponenten:
  Komponenten erstellen und verwalten. Betrugsvorbeugung: Führen einer »Blackliste« von nicht-vertrauenswürdigen Ländern/Personen/Adressen zum Ausschluss von Bestellungen.
- Lagerverwaltung:
  Lagerverwaltung und Aktualisierung der Bestandswerte; Visualisierung des reellen und virtuellen Bestandes.
- Bestellungsverwaltung:
  Visualisierung der laufenden Bestellungen mit Status; Visualisierung der Details zu jeder Bestellung; Freigabe und Löschen von Bestellungen.

- Kollektionen:
  Clonen, ändern, erstellen einer Kollektion.
- Wechselkursverwaltung:
  Abrechnung in 4 Währungseinheiten: CHF / USD / EUR / GBP.
- Affilierte Unternehmen:
  Ausgabe der Verkaufs-/Kommissionsverhältnisse; Provisionsverwaltung.
- Inhalt:
  Verwaltung des dynamischen Textes auf der Webseite in 3 Sprachen (Deutsch, Französisch, Englisch); Verwaltung der Farben; Upload von Bildern; Promotionsverwaltung (Geschenkgutscheine, Voucher) sowie Tracking & Tracing über deren Einlösung.
- Benutzerverwaltung:
  Suche eines Benutzers (clients) nach mehreren Kriterien; Visualisierung seiner Bestellungen; Update des Benutzer-Accounts.
- MwSt und Abgaben:
  Verwaltung der MwSt für verschiedene Länder.
- Berichte:
  Erstellen von Verkaufs- und Affiliertenberichten; Erstellen von Berichten für den Export in Winbiz.

Die Assembly Website wird von der Rhodanus AG zur Webverwaltung der Bestellungen und der Produktion verwendet. Diese ermöglicht eine Visualisierung der Fertigungsaufträge, eine Visualisierung und Korrektur des Lagers sowie das Erstellen des Produktionsbefehls (Komponenten und Arbeitsdokumente).

Abbildung 4–3 gibt eine Übersicht über die Anwendungen und deren Integration in die Factory121 E-Business Plattform.

Der Schlüssel für einen fliessenden Geschäftsablauf bei Factory121 ist das reibungslose Zusammenspiel zwischen den verschiedenen technologischen Komponenten. Die technische Plattform beim Provider Cybercon in Houston besteht aus einem integrierten Block, welcher die Daten- und Applikationen sowohl von Factory121 als auch des Partners Rhodanus AG in Naters verwaltet (vgl. Abb. 4–3). Alle Beteiligten verfügen über die gleiche Sicht, jedoch mit einem eigenen Interface. Alle Applikationen laufen auf demselben Applikationsserver, welcher die Anfragen bearbeitet. Die gesamten Daten werden ebenfalls bei Cybercon auf einem Datenserver beherbergt und in Form einer Webseite ausgegeben. Cybercon stellt lediglich sicher, dass der Server funktioniert und genügend Speicherplatz zur Verfügung steht. Die Verwaltung der Applikation geschieht im Büro von Martigny. Dort erfolgt auch die Factory121 Geschäftsverwaltung (Buchhaltung, Gehälter, Kassa) mit Hilfe der Geschäftsverwaltungssoftware WinBIZ. Eine Integration dieser Anwendung in die E-Business Plattform ist über Dokumententransfer gewährleistet.

Der Zugriff auf den E-Shop durch den Kunden geschieht mittels Client. Dort bezieht dieser die relevanten Produktinformationen und stellt seine Wunsch-Uhr mit Hilfe des im Shop eingebauten Konfigurators zusammen. Vor Absendung der Bestellung, muss sich der Kunde registrieren. Sobald er den Auftrag bestätigt, wird der Auftrag ausgelöst und die Details sind sowohl im Administration Interface, im Assembly Interface, als auch im Client/Affiliate Interface mit den entsprechenden Sichten einsehbar. Der Zugriff auf die

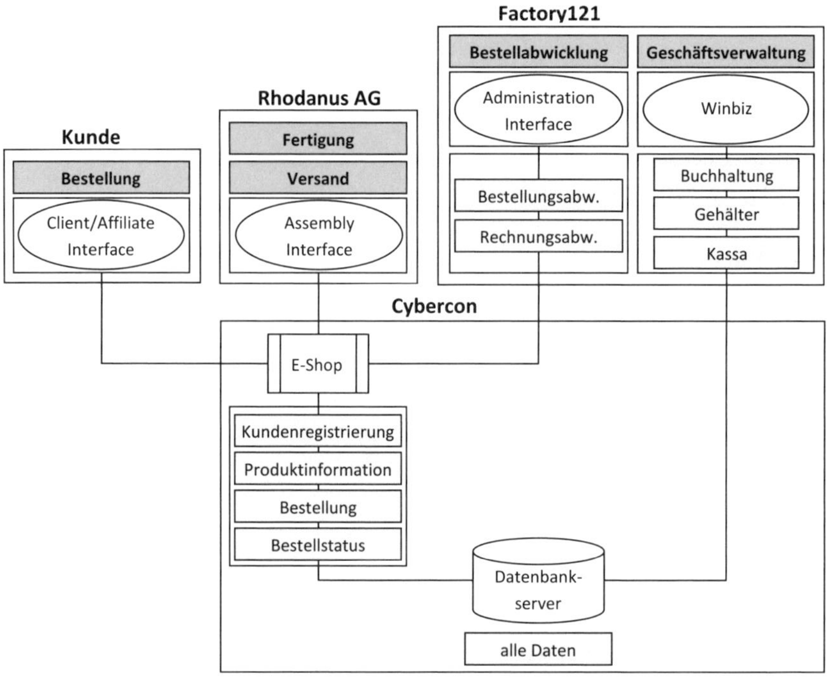

Abb. 4–3 *Die Anwendungen und deren Integration in die Factory121-E-Business-Plattform*

jeweiligen Accounts erfolgt mittels Passwort. Factory121 verfügt über den Quellcode der Anwendung und kann diese ihren Wünschen gemäss verändern.

Die Abwicklung der Bezahlung mittels Kreditkartentransaktion wird von einem anerkannten Anbieter übernommen, der auch für die Sicherheit der Transaktion garantiert. Für die Sicherheit der Website ist der Hosting-Partner in Houston zuständig.

Technische Sicht

Die Anwendung wurde mit den aktuellsten Technologien entwickelt (EJB, Flash, Jboss). Bei den verwendeten Technologien handelt es sich ausschliesslich um Open Source Produkte; diese sind beliebig modifizierbar (Postgresql, Jboss) und es fallen keine Lizenzkosten an.

Die Interaktions- und Animationselemente (Konfigurator) der Webseite basieren auf Java, einer zuverlässigen und weitverbreiteten Technologie, welche kein plug-in erfordert. Für die Website, die Webapplikationen und den Internetserver wird somit nur eine Programmiersprache (J2EE) zur Kommunikation zwischen den verschiedenen Plattformen verwendet. Es werden etwa 1000 Java Klassen und 200-300 Datenbanktabellen verwendet und die Website umfasst rund 300 Seiten.

Die Uhren werden zuerst am Bildschirm mit Silicon Graphics »virtual designed«, wodurch grosse Datenmengen anfallen. Danach werden die Files in Flash-Files konvertiert bis sie nur noch wenige Kilobytes ausmachen. Das gesamte Archiv benötigt schliesslich knapp 15 Megabyte und beansprucht somit verhältnismässig wenig Speicherplatz.

Die Anwendung arbeitet mit den aktuellen Sicherheitsstandards, die Transaktionen werden mit SSL verschlüsselt.

4 Implementierung

Aus Sicht von Factory121 musste der Konfigurationsprozess der Uhr automatisiert werden, um die zusätzlichen Kosten der Interaktion mit jedem Abnehmer zu senken. Dazu musste zunächst eine grundlegende Produktarchitektur entwickelt werden, ein »Baukasten« also, der die verschiedenen Module, ihre Schnittstellen und Variationsmöglichkeiten enthielt. Die zweite Stufe der Produktentwicklung bildete die kundenspezifische Konfiguration eines Endprodukts entsprechend der Bedürfnisse und Wünsche des Kunden. Dies hatte wesentliche Auswirkungen auf die Entwicklung und das Design der Produkte. Der Designer hatte nicht nur die Aufgabe, konfigurierbare Produktarchitekturen zu entwickeln, sondern prozessbezogen Potenziale (Design-Systeme) bereitzustellen, auf deren Basis die Kunden ihr eigenes Produkt entwickeln konnten. Hieraus resultiert die hohe Bedeutung des Design-Tools, im vorliegenden Fall des Konfigurators, der den Kunden beim Design-Vorgang unterstützt.

Die E-Business Plattform wurde innerhalb von zwei Jahren von einem Ingenieurteam unter der Leitung des Open-Source Spezialisten Peter Beck entwickelt. Die Entwicklung des Design Tools für die Uhrenkonfiguration dauerte ein Jahr. Das Ingenieurteam hat die Struktur, die Architektur und das Konzept der Website entwickelt. Das zugrunde liegende Storyboard wurde von den Factory121 Gründern mit Unterstützung der Firma SQLI in Lausanne erstellt. Dabei handelt es sich um ein Dokument, in dem alle Details bezüglich Navigation, Service und Ergonomie festgehalten werden. Diese Dokumentation diente der technischen Umsetzung durch die Informatiker.

Das virtuelle Design der Uhren für den Konfigurator im Factory121 E-Shop wird von einem Partner in Yverdon vorgenommen. Jede Komponente der Uhr wird in 3D designed und die resultierenden Dateien anschliessend in Flash konvertiert. Diese Dateien werden dann in den virtuellen Shop von Factory121 eingebunden. Die Designs für die Website als auch die Designs für die Verwendung im Zusammenhang mit der Corporate Identity werden vom Factory121 Grafiker erstellt.

5 Erfahrungen aus dem Betrieb

Anwendung und Unterhalt

Auf eine einfache Bedienung der Uhrenboutique www.121time.com wurde speziell Wert gelegt, sodass auch technisch wenig versierte Kunden angesprochen werden. Die Website wurde so konzipiert, dass sie den Kunden mit möglichst wenigen Klicks durch den Gestaltungs- und Kaufprozess führt und ihm gleichzeitig eine realitätsnahe Visualisierung seiner Uhr ermöglicht. Neben der Echtzeit Visualisierung sämtlicher Elemente und Uhren in 3D-Qualität und mit schnellem Bildaufbau existiert auch eine Vielzahl an Formen, Farben und Materialen und die Optionen können jederzeit geändert und verglichen werden. Mit dem aktuellen Angebot von über 500 Artikelpositionen existieren theoretisch über eine Million Kombinationsmöglichkeiten.

Das Kommunikationsbudget wird zu 90% in die Online Werbung investiert: Diese besteht einerseits aus online Werbekampagnen und Joint-Promotions mit anderen Webseiten. Andererseits wird auch in sogenannte Advertorials investiert; dabei handelt es sich um Anzeigen, die ähnlich gestaltet werden, wie der redaktionelle Teil einer Website, jedoch kostenpflichtig sind. Daneben wird auch stark in CPC-Kampagnen (cost per click) investiert, wie sie Google und Espotting anbieten. Das Direkt-Marketing ist somit Factory121's wichtigstes Kommunikationswerkzeug.

Zielerreichung

Der virtuelle Uhrenshop von Factory121 ist noch relativ jung und es kann daher erst eine Zwischenbilanz gezogen werden:

Nach der Lancierung der Marke 121TIME im Jahr 2003 konnten bereits in der Romandie 1200 Uhren online verkauft werden. Die Website verzeichnet heute durchschnittlich 20'000 Besucher pro Monat (unique visitors). Diese Zahl ist jedoch mit Vorsicht zu geniessen, da bei intensiver Werbung plötzlich viele neue visitors und weniger wiederkehrende Besucher verzeichnet werden.

Eine langfristige Verbesserung der conversion rate kann vor allem über eine Verbesserung der Website erreicht werden; dies ist jedoch ein langwieriger Prozess. Eine kurzfristige Verbesserung der conversion rate (beispielsweise in Hinblick auf den Weihnachtsverkauf), wird immer noch über traditionelle Werbemittel erreicht. Die kritische Masse an Kunden kann ausserdem im beschränkten Schweizer Internetmarkt mit Werbung über bluewin, search.ch, google und co. alleine nicht erreicht werden. Deshalb wird zusätzlich in verschiedenen Printmedien für 121time geworben. Es wird ausserdem jeden Monat ein Newsletter mit Angeboten und Neuigkeiten zum Sortiment versandt.

6 Erfolgsfaktoren

Das Eingehen auf die individuellen Gestaltungswünsche der Kunden wird durch den Einsatz der IKT erst möglich und stellt einen wichtigen Erfolgsfaktor dar. Ein bedeutender Vorteil von Factory121 liegt darin, in kürzester Zeit auf Trends reagieren zu können oder sogar neue zu setzen, denn gerade in der Uhrenindustrie gelten generell lange Entwicklungs- und Produktionskosten. Die effiziente Nutzung der Internettechnologie ermöglicht es Factory121 somit, den Konsumenten hochwertige neue Produkte zu einem interessanten Preis zu bieten und sie individuell zu bedienen, ohne dabei an Effizienz zu verlieren. Die hohen Distributionskosten, die in den klassischen Verkaufskanälen oft über 60% des Preises ausmachen, sind in diesem Geschäftsmodell verschwunden und Factory121 kann mit ihrem Angebot den Qualitätsbegriff »Swiss made« im Mittelpreissegment positionieren.

Dafür kommen alle unternehmerischen Aufwendungen für Entwicklung, Betrieb und Unterhalt der Online-Plattform sowie der Aufwand für die individuelle Bedienung des Kunden, den sonst die Zwischenhändler übernehmen, auf der elektronischen Plattform neu in die Kalkulation. Diese Kosten machen jedoch nur Bruchteile des klassischen Vertriebsaufwandes aus.

Kritisch für den Erfolg von Factory121 ist auch die Funktionstüchtigkeit der Internet Plattform, da dies der einzige Absatzkanal der Unternehmung ist. Ein zuverlässiger Hosting-Anbieter, der die Kapazität des Servers jederzeit skalieren kann, sowie ein guter Schutz gegen Computerviren und Hacker sind deshalb entscheidend. Die Tatsache, dass der Konfigurator des E-Shops kein plug-in benötigt, welches zuerst heruntergeladen werden muss, ist ebenfalls von grosser Bedeutung, da eine benutzerfreundliche und schnelle Bedienung der Webseite über Erfolg oder Misserfolg eines E-Shops entscheiden kann.

Die Spezialität dieser Lösung liegt im ausschliesslich auf dem Online-Kanal basierenden Geschäftsmodell und in der ausschliesslichen Verwendung von Open-Source Technologien. Die Tatsache, dass bei Factory121 eine vollständige Integration – ohne Medienbrüche – des Fertigungspartners und der Kunden stattfindet, stellt eine Einzigartigkeit in der Uhrenbranche dar.

Lessons Learned

Beim Aufbau der Factory121 E-Business Plattform beging man den Fehler, die technologische Umsetzung zu früh in Angriff genommen zu haben. Nach Übergabe des Storyboards an das Ingenieurteam, entwickelte dieses die Anwendung. Im Nachhinein wollte das Projektteam noch verschiedene Änderungen anbringen. Eine nachträgliche Änderung der Parameter war jedoch mit sehr hohem Aufwand verbunden. Bei Factory121 wird deshalb heute noch mit einer Beta-Version der Anwendung gearbeitet. Die Empfehlung von Factory121 lautet daher: Die technologische Umsetzung einer E-Business Plattform sollte ganz am Schluss – als letzter Projektschritt – und erst nach feiner Detaillierung der gewünschten Funktionalitäten erfolgen.

4.2 Das fiktive Unternehmen Timebuilder121

Aus dieser Darstellung der Entwicklung des real existierenden Unternehmens Factory121 kann kein Businessplan mit Liquiditätsplanung, Gewinn- und Verlustrechnung sowie Planbilanz rekonstruiert werden, wie es das Lernziel für dieses Lehrbuch vorsieht. Dazu müssen vielmehr ergänzende Annahmen getroffen werden. Um dabei Missverständnisse zu vermeiden, werden wir nicht dem real existierenden Unternehmen fiktive Zahlen zuweisen, sondern die Fiktion auch dadurch zum Ausdruck bringen, dass wir ein dem real existierenden Unternehmen nachempfundenes fiktives Unternehmen als Illustrationsbeispiel verwenden. Dieses fiktive Unternehmen nennen wir Timebuilder121. Während die Uhrenproduktion weiterhin in der Schweiz stattfindet, um das »Swiss made«-Label nutzen zu können, verlegen wir in Anbetracht der Zielgruppe dieses Lehrbuches allerdings den Geschäftssitz dieses Unternehmens nach Deutschland, um es nach deutschem Recht behandeln zu können. Die Namen der Unternehmensgründer werden leicht verändert, ihre Qualifikationen jedoch beibehalten, ebenso wie die angegebenen Geschäftspartner. Unser fiktives Unternehmen verfolgt somit zwar das gleiche Geschäftsmodell, aus den von uns angenommenen und prognostizierten finanziellen Kennzahlen dürfen aber keine Rückschlüsse auf die der real existierenden Factory121 gezogen werden.

5 Die Elemente des Businessplans

Wie bereits bei den formalen Anforderungen an einen Businessplan vorgestellt, hat sich inzwischen eine recht einheitliche Businessplanstruktur etabliert. Die Beschreibung der einzelnen Elemente eines Businessplans in den folgenden Kapiteln orientiert sich daher an einer solchen Mustergliederung, die hier nun etwas detaillierter noch einmal aufgezeigt werden soll:

I. Executive/Management Summary

II. Das (geplante) Unternehmen und sein Leistungsangebot

Unternehmenszweck/Geschäftsidee, Kundennutzen, Wertschöpfungskette, Wertschöpfungspartner, Unternehmensziele

III. Leistungserstellung und Beschaffung

Produktionsfaktoren, Beschaffung und Fertigung, rechtliche Anforderungen, Kosten und Preise

IV. Markt und Wettbewerb

Marktanalyse, Kundenanalyse, Wettbewerbsanalyse, Wettbewerbsvorteile

V. Marketing

Marketingziele, Marketingstrategie, Marketing-Mix (product-price-place-promotion)

VI. Management und Organisation

Unternehmerteam/Management, Rechtsform, Organisation

VII. Realisierungsplan und Meilensteine

VIII. Chancen und Risiken

SWOT-Analyse, Szenariotechnik

IX. Erfolg und Finanzierung

Liquiditätsrechnung, Finanzbedarfs- und Finanzierungsplan, Gewinn- und Verlustrechnung, Planbilanz

X. Anhang

Am Ende jedes dieser Kapitel steht eine **Auswahl an Leitfragen**, die helfen sollen, sich in die Rolle des Businessplanlesers zu versetzen und den jeweiligen Abschnitt des Businessplans als Antworten auf diese Fragen zuzuspitzen.

Um die konkrete Umsetzbarkeit der allgemeinen Ausführungen aufzuzeigen, werden diese jeweils noch an dem Unternehmensbeispiel Timebuilder121 illustriert. So erhält der Leser schrittweise Kapitel für Kapitel einen vollständigen Beispielbusinessplan. Daher folgen zunächst auch noch ein Coversheet sowie ein Inhaltsverzeichnis für Timebuilder121.

Businessplan des Unternehmens

TIMEBUILDER121

Unternehmenssitz:

78462 Konstanz, Bodanstraße 121
Telefon 07531 / xxxxx-xx
www.timebuilder121.de, www.timebuilder121.com

Unternehmensgründer bzw. -inhaber:

Frédéric Pollite, *[Adresse]*
Daniel Morfing, *[Adresse]*
Jean-Loup Ribordeaux, *[Adresse]*

Erstellungsdatum:

12.02.2002

Verfasser:

Frédéric Pollite,
Daniel Morfing
Jean-Loup Ribordeaux

5.1 Executive/Management Summary

Aufgabe des Executive Summary ist es, das **Interesse** des Lesers an dem dargestellten Vorhaben **zu wecken.** Daher kann es zumindest bei externen Verwendungszwecken als das wichtigste Element des Businessplans gelten. Zwar werden anhand des Executive Summary noch keine endgültigen Entscheidungen getroffen, aber es bestimmt maßgeblich darüber, ob sich die Adressaten des Businessplans mit den Details der nachfolgenden Seiten beschäftigen.

Das Executive Summary ist nicht nur Einleitung oder Beschreibung der Geschäftsidee. Als **echte Zusammenfassung** umfasst es alle wichtigen Aspekte des gesamten Businessplans und stellt eine Übersicht **der wichtigsten Eckdaten und Aussagen** dar. Daher kann es auch erst geschrieben werden, nachdem die Inhalte der anderen Abschnitte ausgearbeitet wurden. Nur dann ist es möglich, diese **umfassend, aber kurz, präzise und verständlich** zusammenzufassen.

Dabei muss deutlich werden, was die Geschäftsidee ist, welcher Vorteil und Nutzen entsteht, wie die Kunden erreicht werden, wie die Umsetzung des Konzeptes durch das Management/die Gründer erfolgen soll und welcher Finanzbedarf entsteht.

Eine grafische Darstellung des Geschäftsmodells am Ende des Executive Summary ermöglicht den Lesern des Businessplans auch einen schnellen visuellen Überblick über die wesentlichen Transformationsprozesse und Hilfsmittel der Leistungserstellung des Unternehmens sowie die wichtigsten Leistungs-, Finanz- und Informationsflüsse im Zusammenspiel mit seinen Lieferanten und sonstigen Wertschöpfungspartnern sowie seinen Kunden.

Das Executive Summary folgt direkt hinter dem Coversheet, sollte nicht länger als ein bis zwei Seiten sein, lesefreundlich gestaltet und von Personen mit unterschiedlichem fachlichen Hintergrund verstanden werden. Es empfiehlt sich daher, das Executive Summary von Personen testlesen zu lassen, denen die zugrunde liegende Geschäftsidee sowie ihr fachlicher Rahmen unbekannt sind.

Direkt nach dem Executive Summary sollte ein Inhaltsverzeichnis folgen, das den interessierten Lesern die Orientierung im weiteren Dokument erleichtert.

Executive/Management Summary

Leitfragen

- Was ist die Geschäftsidee, welche Produkte/Dienstleistungen werden angeboten?
- Was ist das Besondere an der Geschäftsidee, wer hat welchen Nutzen?
- Welche Kunden kommen für dieses Angebot infrage?
- Wie soll das Angebot die Zielkunden erreichen?
- Wie groß ist das Marktpotenzial, gibt es Trends in der Branche?
- Welche Vorteile existieren gegenüber den Wettbewerbern?
- Was sind die Unternehmensziele (kurz-, mittel-, langfristig)?
- Wodurch qualifizieren sich die Gründer bzw. das Management?
- Was sind die wichtigsten Meilensteine bei der Umsetzung des Vorhabens?
- Welche Chancen und Risiken bestehen?
- Welchen Kapitalbedarf hat das Vorhaben?
- Wann wird mit welchen Gewinnen und Renditen gerechnet?

TIMEBUILDER 121

1 Executive/Management Summary

Timebuilder121 will sich als die führende Marke von »Swiss made«-Uhren im Bereich der onlinegestützten Mass Customization etablieren. Daher besteht unser Produktportfolio aus nach den »Swiss made«-Qualitätskriterien produzierten Damen- und Herrenuhren, die von unseren Kunden aus ca. 500 Einzelkomponenten selbst gestaltet und ggf. mit individuellen Gravuren personalisiert werden können. Hauptzielgruppe für unsere Uhren im Preissegment zwischen 100 und 330 € (bzw. 150 und 500 CHF) sind technikaffine und interneterfahrene jüngere Privatkunden. Hierbei handelt es sich insbesondere um sportliche, modebewusste und kreativ-verspielte Frauen und Männer, bei denen das Streben nach Individualität sowie die Möglichkeiten der Personalisierung und Gestaltung anhand der eigenen Präferenzen im Vordergrund ihrer Bedürfniserfüllung stehen. Wir liefern aber auch an Unternehmen und Universitäten, die hochwertige Uhren zu günstigen Preisen als Kunden- und Mitarbeiterpräsente bzw. Merchandisingartikel suchen, aber keine echten Wiederverkäufer darstellen.

Da 95% der Schweizer Uhrenproduktion in den Export gehen, vertreiben auch wir grundsätzlich weltweit, zunächst jedoch fokussiert auf den deutschsprachigen Raum sowie Frankreich und Italien, und ausschließlich im direkten Onlinehandel unter Umgehung der traditionellen Distributionswege. Damit können Kosteneinsparungen von bis zu 70% und Verkaufspreise rund 30% unterhalb vergleichbarer Konkurrenzangebote erreicht werden. Die Vorteile für unsere Kunden liegen daher nicht nur in der außergewöhnlichen Anpassbarkeit der Uhren an ihre jeweiligen individuellen Bedürfnisse, sondern auch in einem herausragenden Preis-Leistungs-Verhältnis. Des Weiteren gewähren wir unseren Kunden eine 30-Tage-Zufriedenheit-oder-Geld-zurück-Garantie.

Unser Unternehmen, die Timebuilder121 AG, stellt selbst weder Komponenten noch die daraus zusammengesetzten Uhren her, sondern beschränkt sich auf die Kundenkontakte und die Steuerung der Wertschöpfungspartner in der Schweiz, welche die gesamte Herstellung der Uhren inklusive Lagerung der Komponenten, Montage und Qualitätsprüfung sowie den Versand der Uhren an die Kunden übernehmen. Dadurch können Kapazitäten flexibel angepasst werden. Externe Uhreningenieure und -designer entwickeln die Uhrenmodelle bzw. ihre Komponenten. Deren informationstechnische Umsetzung in den Online-Uhrenkonfigurator erfolgt dann allerdings intern durch eigene Mitarbeiter der Timebuilder121, ebenso wie die Entwicklung und ständige Optimierung unserer IT-Plattform. Denn diese ist das zentrale Element unseres Geschäftsmodells, das zum einen die Einbindung unserer Kunden in die Wertschöpfung (Online-Uhrenkonfigurator) sowie den Verkauf und zum anderen die Steuerung der gesamten Wertschöpfung bzw. die Koordination der Geschäftspartner ermöglicht. Die Entwicklung der benötigten IT-Plattform soll bis Jahresende 2002 abgeschlossen sein, damit der Onlinevertrieb zum Januar 2003 aufgenommen werden kann.

Da die Herstellung unserer Uhren erst nach Auftragseingang (Make-to-Order) erfolgt, können wir schneller und risikofreudiger auf Trends reagieren oder diese setzen, und es entfällt außerdem die sonst unvermeidliche Alterung der Produkte bei der Lagerung sowie im stationären Handel.

Aufgrund unseres ausschließlichen Online-Direktvertriebs stellt die Blockade der Distributionskanäle des traditionellen Uhrenhandels für die Timebuilder121 keine Markteintrittsbarriere dar. Ganz im Gegenteil sehen die etablierten Wettbewerber das Internet derzeit eher als Gefahr (Graumarkt, Fälschungen) denn als Chance, sodass der sonst intensive Konkurrenz- und Verdrängungskampf innerhalb der »Swiss made«-Uhrenbranche uns vorerst nicht trifft. Eine Abhängigkeit von einzelnen Lieferanten, Distributoren oder Großkunden besteht bei unserem Geschäftsmodell nicht. Die Umsatzentwicklung hängt aber auch davon ab, ob der Trend zur Individualisierung anhält bzw. sich noch weiter verstärkt, wie positiv sich die Haltung der Menschen zu Online-Einkäufen in der Zukunft weiterentwickelt und ob es Wettbewerbern gelingt, das Geschäftsmodell der Timebuilder121 (siehe Abb. 5–1) erfolgreich zu kopieren.

Die drei Gründer und gleichzeitig auch Managementmitglieder der Timebuilder121 Frédérik Pollite, Daniel Morfing, Jean-Loup Ribordeaux ergänzen sich in ihren Qualifikationen (Abschlüsse im Bereich Betriebswirtschaft, Finanzen und Buchhaltung, Marketing und Recht) sowie mehrjährigen beruflichen Erfahrungen (z.B. als Trade Developer, Projektleiter CRM-Einführung, Brand Marketing Executive, Vertriebsleiter, Unternehmer) und können bereits Kontakte in die Uhrenbranche vorweisen. Sie beteiligen sich zu gleichen Teilen am als Aktiengesellschaft gegründeten Unternehmen.

Der Kapitalbedarf der ersten fünf Jahre beträgt 630.000 €. Davon werden im ersten Jahr insgesamt 225.000 € durch die drei Unternehmensgründer eingebracht sowie 25.000 € durch den Geschäftspartner Rhodanus AG. Kurz nach der Gründung wird eine Beteiligung mit VentureCapital von 150.000 € angestrebt. Zu Beginn des 2. Geschäftsjahres soll das Eigenkapital dann durch die Gründer und die Venture-Capital-Gesellschaft jeweils um weitere 90.000 € erhöht werden. Ein kurzfristiger Kredit in Höhe von 50.000 € soll ggf. zu Beginn des 3. Geschäftsjahres helfen, Geschäftsausbau und Liquidität zu sichern.

Timebuilder121 erreicht den Break-even im dritten Geschäftsjahr bei einem Umsatz von über 1 Million €. Ein Jahr später sind die anfänglich angefallenen Verluste des Unternehmens dann bereits ausgeglichen.

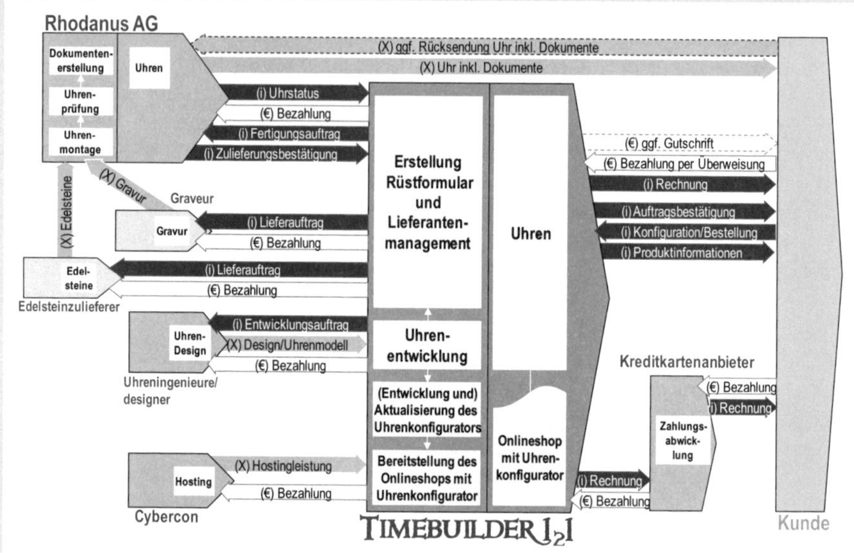

Abb. 5-1 *Geschäftsmodell des Unternehmens Timebuilder121*

Inhalt

1 Executive/Management Summary

2 Das (geplante) Unternehmen und sein Leistungsangebot

2.1 Unternehmenszweck/Geschäftsidee
2.2 Kundennutzen
2.3 Einordnung in die Wertschöpfungskette der Branche
2.4 Wertschöpfungspartner und andere relevante Akteure
2.5 Unternehmensziele

3 Leistungserstellung und Beschaffung

3.1 Produktionsfaktoren, Beschaffung und Fertigung
3.2 Rechtliche Anforderungen
3.3 Kosten, Preise

4 Markt und Wettbewerb

4.1 Marktanalyse
4.2 Kundenanalyse
4.3 Wettbewerbsanalyse
4.4 Wettbewerbsvorteile

5 Marketing
- 5.1 Marketingziele
- 5.2 Marketingstrategie
- 5.3 Marketing-Mix
  - 5.3.1 Produktpolitik (Marketing-Mix)
  - 5.3.2 Preispolitik (Marketing-Mix)
  - 5.3.3 Distributionspolitik (Marketing-Mix)
  - 5.3.4 Kommunikationspolitik (Marketing-Mix)

6 Management und Organisation
- 6.1 Unternehmerteam/Management
- 6.2 Rechtsform
- 6.3 Organisation

7 Realisierungsplan und Meilensteine

8 Chancen und Risiken

9 Erfolg und Finanzierung
- 9.1 Liquiditätsplan
- 9.2 Finanzbedarfs-/Finanzierungsplan
- 9.3 Gewinn- und Verlustrechnung
- 9.4 Planbilanz

5.2 Das (geplante) Unternehmen und sein Leistungsangebot

Wenn ein **bereits existierendes Unternehmen** ein neues Geschäftsfeld eröffnen will, muss zunächst dieses Unternehmen in seinem derzeitigen Stand und seiner bisherigen Entwicklung dargestellt werden. Daran anschließend ist dann der zusätzlich geplante Unternehmensteil zu beschreiben. Wenn ein völlig neues Unternehmen gegründet werden soll, ist dieses in seinen wesentlichen Aspekten zu beschreiben.

Ein bestehendes Unternehmen wird kurz und knapp in seiner historischen und wirtschaftlichen Entwicklung geschildert:

- Gründung im Jahr X,
- Eigentumsverhältnisse,
- Leistungsprogramm,
- Technische Herstellung und Beschaffung,
- Umsatz und Gewinn in den ersten Jahren,
- Diversifikation,
- Umsatz- und Gewinnentwicklung, Marktanteil,
- Stärken und Schwächen,
- Gründe für geplante Ergänzung.

Bei einer **geplanten Gründung** eines Tochterunternehmens oder eines neuen Unternehmens durch Privatpersonen sollten folgende Angaben am Anfang stehen:

1. Zweck des Unternehmens(teils), wie er sich aus der Geschäftsidee ergibt,
2. Erläuterung des Kundennutzens,
3. Einordnung des Unternehmens in eine größere Wertschöpfungskette,
4. Darstellung der wichtigsten Marktpartner und relevanten Akteure im Umfeld des geplanten Unternehmens,
5. Vorstellung der Unternehmensvision und grundlegenden Unternehmensziele.

Dabei ist darauf zu achten, dass nicht bereits das gesamte Geschäftsmodell dargestellt wird und es bei den folgenden Kapiteln zu viele Wiederholungen gibt. Vielmehr ist in diesem Kapitel nur eine erste Verortung des geplanten Unternehmens(teils) vorzunehmen.

5.2.1 Unternehmenszweck/Geschäftsidee

Der Zweck des zu gründenden Unternehmens(teils) ist die Realisierung einer Geschäftsidee (siehe Kapitel 2.1), die an dieser Stelle im Businessplan erstmalig vorgestellt wird. Dabei muss in wenigen Worten leicht verständlich und überzeugend dargestellt werden, **welche Leistungen** (Produkte/Dienstleistungen) das Unternehmen **für welche Kundengruppe(n)** erstellen soll, warum die Kunden diese Leistung nachfragen werden und wie sie an diese gelangen sollen. Ebenfalls kurz beschrieben werden sollte, worin gegenüber den bereits auf den Märkten angebotenen Leistungen bzw. ihrer Beschaffung, Erstellung oder Vertrieb **etwas Neues** entsteht (Innovationsart und -grad) und **welches Image** das Unternehmen dabei erwerben möchte.

Im Bereich des E-Business unterscheidet Krcmar in Anlehnung an Wirtz anhand des Leistungsangebotes der Unternehmen **vier Basistypen** von Geschäftsmodellen (**4C-Net-Business-Modell**): **Content, Commerce, Context** und **Connection.** Folgende Tabelle stellt die unterschiedlichen Aufgaben und Ziele dieser vier Basisgeschäftsmodelle mit Beispielen gegenüber:

	Content	Commerce	Context	Connection
Definition	■ Sammlung, ■ Selektion, ■ Systematisierung, ■ Kompilierung (Packaging) ■ Bereitstellung von Inhalten informierender, bildender oder unterhaltender Natur	Unterstützung der ■ Anbahnung, ■ Verhandlung und/oder ■ Abwicklung von Transaktionen zwischen Marktpartnern	■ Klassifikation u. Systematisierung sowie ■ nutzerspezifische Aufbereitung und Präsentation von im Internet verfügbaren Informationen	■ Herstellung der Möglichkeit des Informationsaustausches unter den Marktakteuren/in den Netzwerken
Ziel	den Nutzern personalisierte Inhalte einfach und ansprechend aufbereitet online zur Verfügung zu stellen	die klassischen Transaktionsphasen durch die Potenziale des Internets zu ergänzen oder gar zu substituieren	die Komplexität für die Nutzer zu verringern und ihnen die Navigation zu erleichtern	technologische, kommerzielle oder rein kommunikative Verbindungen zu schaffen
Beispiele	Onlinezeitungen wie die Financial Times Deutschland, Spiegel-Online	Amazon, Dell, eBay	Google, Yahoo!	GMX, Verbraucherportale wie Dooyou, Internet Service Provider wie T-Online
Varianten	E-Information, E-Entertainment, E-Infotainment, E-Education	Attraction, Bargaining/ Negotiation, Transaction	Suchmaschinen, Webkataloge	Intra-Connection, Inter-Connection

(nach [Krcmar 2003: S. 272 f.])

Allerdings ist weder eine klare Abgrenzung immer möglich, noch sind alle im Internet existierenden Geschäftsvarianten durch diese vier Basismodelltypen abbildbar.

Viele Anbieter im Internet begannen als sogenannte »Pure-Player« und boten zunächst nur eine einzelne klar zuordenbare Leistung, z.B.

- *AOL als reiner Internet Service Provider oder GMX als Free-Mailer (Basismodelltyp: Connection),*
- *Yahoo! oder Google als reine Suchmaschinen (Basismodelltyp: Context),*
- *Amazon als Internet-Buchhändler (Basismodelltyp: Commerce),*
- *Wall Street Journal Interactive Edition (Basismodelltyp: Content).*

Heute verbinden die meisten Internetunternehmen mehrere dieser Basisgeschäftsmodelle miteinander oder haben das Modell gewechselt:

- *GMX bietet heute in Form von Nachrichten und Unterhaltungsinformationen sowie durch den Vertrieb zahlreicher Produkte auch Content und Commerce neben dem (ehemaligen?) Kerngeschäft mit E-Mail-Konten.*
- *Yahoo! begann als Suchmaschine, bietet heute jedoch auch Nachrichten und andere Inhalte, E-Mail und diverse Communities, Händlerkoopera-*

tionen und den Marketplace. Vorübergehend trat Yahoo! auch als großer Onlineauktionator auf.

- *AOL hat zusätzlich ein inhaltliches Angebot aufgebaut, Musik zum Download angeboten, sich inzwischen ganz vom Access-Provider-Geschäft getrennt und zum Vermarkter von Internetwerbung gewandelt.*

Das **Basisgeschäftsmodell Content** nutzt die Möglichkeiten des Internets, im Gegensatz zu traditionellen Massenmedien wie Fernsehen, Radio und Druckmedien, um auch Special-Interest-Inhalte ökonomisch sinnvoll an kleinste Interessentengruppen liefern zu können und nicht nur Public-Interest-Inhalte für den breiten Massenmarkt. Dabei fallen durch die Verbreitung der erstellten Inhalte im Internet kaum nennenswerte Vervielfältigungs- und Distributionskosten an.

Die recht geringe Zahlungsbereitschaft für im Internet zur Verfügung gestellte und als öffentliches Gut interpretierte Inhalte führt dazu, dass insbesondere die Anbieter von Public-Interest-Inhalten ihre Erlöse überwiegend aus Werbemärkten erzielen müssen.

Die Nutzer von Special-Interest-Inhalten hingegen sind wesentlich eher zu direkten Zahlungen (sowohl pro Nachricht, Dokument o.Ä. als auch per Abonnement) bereit. Handelt es sich bei den Kunden um Unternehmen, so ist in der Regel mit einer recht hohen Zahlungsbereitschaft zu rechnen, z.B. insbesondere bei Recherchemöglichkeiten für Marketing- oder Vertriebsaspekte.

Man könnte Angebote von Musik- und Videoclips auch als audiovisuellen Content ansehen, den Download gegen Entgelt aber auch dem Modell Commerce zuordnen.

Das **Basisgeschäftsmodell Commerce** basiert vor allem auf der Nutzung von Kostensenkungspotenzialen in den Transaktionsphasen Anbahnung und Aushandlung. Für Hersteller *(z.B. Dell)* ergibt sich durch das Internet eine einfache Möglichkeit, durch Ausschluss der Handelsstufe zugunsten des direkten Vertriebs an den Konsumenten die eigenen Gewinnmargen zu erhöhen. Handelt es sich um nicht physische Produkte/Leistungen kann ggf. auch die Distribution elektronisch erfolgen. Stationäre Händler *(z.B. tchibo)* können ihr Angebot unter räumlichen und zeitlichen Aspekten wesentlich verbessern, reine Onlinehändler *(z.B. Amazon)* profitieren darüber hinaus noch von fehlenden Kosten einer realen Präsenz. Während Hersteller und Händler i.d.R. transaktionsabhängige direkte Erlöse erzielen, bekommen die Makler *(z.B. eBay)* Provisionen für ihre Kontaktherstellung zwischen Käufer und Verkäufer, seien es Unternehmen oder private Konsumenten, Käufergemeinschaften, Auktionsteilnehmer oder Aktionäre.

Allen diesen Leistungsanbietergruppen gemeinsam ist die Möglichkeit, weitere Erlöse durch z.B. Bannerwerbung oder sogenanntes Data Mining, also die Verwertung der gewonnenen Nutzer- und Kundenprofile, zu erzielen.

Im Business-to-Business-Bereich liegt der Schwerpunkt des Commerce-Geschäftsmodells auf den elektronischen Beschaffungsmärkten. Hier können

Unternehmen unabhängig von ihrer Größe und geografischen oder Branchenzugehörigkeit zusammengebracht werden, verbunden mit einer nahezu globalen Preistransparenz. Eine der Hauptaufgaben der Marktplatzbetreiber ist es dann, aus den einzelnen Lieferanteninformationen einen einheitlichen Multi-Supplier-Katalog zu erstellen.

Das **Basisgeschäftsmodell Context** soll für die jeweiligen Nutzer zur besseren Orientierung und mehr Markttransparenz bei der hohen Informationsquantität und -komplexität im Internet führen. Dabei kann es sich um Suchmaschinen, intelligente Agenten oder Portale handeln. Erlöse werden hier meist indirekt erzielt, durch Bannerwerbung, Sponsoren, Partnerschaftsprogramme und Provisionen.

Das **Basisgeschäftsmodell Connection** kann zum einen den technologischen Zugang zu physischen Netzwerken zur Verfügung stellen (*Internet* oder *Online Service Provider*), zum anderen können aber auch kommunikative Serviceleistungen innerhalb eines Netzwerkes (*z.B. E-Mail-Anbieter wie GMX oder Communities*) angeboten werden. Für diese physischen Verbindungen wird meist ein Mix aus Einrichtungs-, Grund-, Verbindungs- oder Nutzungsgebühren verlangt, ggf. ergänzt durch indirekte Erlöse als Werbeträger und Transaktionsvermittler. Die Anbieter der Kommunikationsleistungen erzielen ihre Erlöse eher ausschließlich auf den Werbemärkten durch Provisionen, Bannerwerbung oder Sponsoren.

Die Angebote im Business-to-Business-Bereich unterscheiden sich von denen im Business-to-Consumer-Bereich überwiegend durch die systemseitigen Anforderungen (z.B. hinsichtlich Leistungsfähigkeit, Sicherheit, Zuverlässigkeit, Wirtschaftlichkeit und Kompatibilität) sowie eventuelle Zusatzleistungen (z.B. Inhalte und Portale für Consumer, Unternehmenspräsentationen oder E-Commerce-Anwendungen für Businesskunden).

	Das (geplante) Unternehmen und sein Leistungsangebot **Unternehmenszweck/Geschäftsidee**
Leitfragen	- Wie sieht das Produkt/Dienstleistungsportfolio aus und wer sind die Kunden? - Wie gelangt das Produkt/die Dienstleistung an die jeweiligen Kunden? - Wie lässt sich mit der Geschäftsidee Geld verdienen? - Inwiefern ist die Geschäftsidee einzigartig, was genau ist die Innovation des Geschäftsmodells? - Ist die Geschäftsidee eventuell durch gewerbliche Schutzrechte geschützt? - Warum ist die Unternehmensleistung besser als vergleichbare Alternativen? - Wie lange wird es dauern, bis Wettbewerber die gleiche Leistung anbieten oder warum können die Wettbewerber die Geschäftsidee nicht einfach kopieren?

TIMEBUILDER121

2 Das (geplante) Unternehmen und sein Leistungsangebot

2.1 Unternehmenszweck/Geschäftsidee

Timebuilder121 ist ein E-Commerce-Unternehmen, dessen Produktportfolio aus Damen- und Herrenuhren insbesondere im Preissegment zwischen 100 und 330 € (bzw. 150 und 500 CHF) besteht.

Diese Uhren werden gemäß den »Swiss made«-Qualitätskriterien hergestellt, wobei die Produktion erst nach Auftragseingang (Make-to-Order) und durch einen externen Vertragspartner im Rahmen eines Mass Customizing erfolgt. Die Uhren können durch die Kunden aus ca. 500 Einzelkomponenten selbst designt und mit persönlichen Gravuren versehen lassen werden.

Bei diesen Kunden handelt es sich sowohl um Privatpersonen als auch Firmenkunden und Universitäten, die Präsente bzw. Merchandisingartikel suchen. Die Uhren werden ausschließlich über die eigene Internet-Boutique vertrieben (kostensparende Umgehung der traditionellen stationären Distributionswege) und vom Uhrenproduzenten an die Kunden versendet.

Timebuilder121 wird als Marke registriert. Weitere gewerbliche Schutzrechte bestehen nicht.

Ein hinsichtlich Individualisierung, Personalisierung sowie Preis-Leistungs-Verhältnis vergleichbares Angebot anderer Unternehmen existiert derzeit nicht, allerdings kann die Geschäftsidee als solche nicht vor Nachahmung geschützt werden.

5.2.2 Kundennutzen

Nach der ersten Beschreibung der Geschäftsidee wird nun das anzubietende Produkt bzw. die Dienstleistung detailliert erläutert. Dabei soll die Kundensicht im Vordergrund stehen und nicht etwa eine technikzentrierte Darstellung. In der Terminologie der Geschäftsmodelle geht es hier um das **Nutzenversprechen** (Value Proposition). Da potenzielle Kunden das geplante Angebot mit bestehenden Angeboten vergleichen, sind diese Nutzenbetrachtungen auch relativ im Verhältnis zu konkurrierenden Angeboten vorzunehmen.

In der ökonomischen Theorie versteht man unter Nutzen das Maß, in dem ein Gut **Bedürfnisse** eines Individuums **befriedigen** kann. Nutzenversprechen sollten sich demnach an bestimmten Bedürfnissen von zu adressierenden potenziellen Kunden orientieren bzw. diese Zielgruppe sollte danach bestimmt werden, welche Bedürfnisse das geplante Produkt bzw. die geplante Dienstleistung bei einer oder mehreren Zielgruppen befriedigen kann. Diese Bestimmung erfolgt in Form eines mehrfachen Hin und Her zwischen Produkteigenschaften und Bedürfnissen.

Das Spektrum der konkret infrage kommenden Bedürfnisse ist dabei fast so groß wie die Vielfalt menschlicher Verhaltensweisen. In der ökonomischen Theorie werden Bedürfnisse als der Wunsch nach Beseitigung eines vorhandenen oder auch nur subjektiv empfundenen körperlichen oder geistigen Mangels definiert. Dabei wird häufig auf die von dem amerikanischen Psychologen Abraham H. Maslow entwickelte Bedürfnispyramide Bezug genommen (siehe Abb. 5–2). Maslow unterschied fünf **Bedürfnisarten**, für die er eine hierarchische Ordnung unterstellte, nach der zunächst die fundamentalen Grundbedürfnisse dominieren und erst nach deren Befriedigung höher angesiedelte Bedürfnisse akut werden.

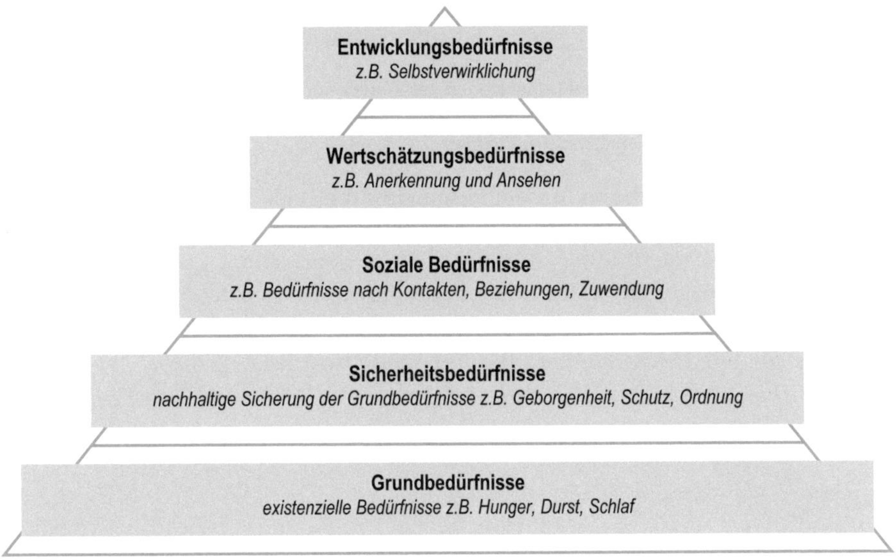

Abb. 5–2 *Bedürfnispyramide nach Maslow*

Die von Maslow unterschiedenen Bedürfnisarten bilden auch ohne die Annahme einer hierarchischen Ordnung eine gute erste Orientierung für die Bestimmung des Kundennutzens. So macht es eben einen Unterschied, ob man einen Onlineshop für hochwertige Uhren, für Socken oder für Lebensmittel des täglichen Bedarfs anbieten will. Dabei hilft Maslows Einteilung nicht nur bei der Bestimmung des Nutzens, der von dem jeweils angebotenen Produkt gestiftet wird, sondern sie kann auch auf den gewählten Bestellkanal (hier Internet) und den Distributionsweg bezogen werden, wo es ja auch um Sicherheit und Ansehen gehen kann.

So kann mithilfe der Maslow'schen Klassifikation definiert werden, welche Mangelsituation behoben werden soll. Ergänzend wird in der Literatur zu Geschäftsmodellen und Businessplänen vorgeschlagen, den zu versprechenden Nutzen nach den drei Dimensionen Qualität, Kosten und Zeit zu kennzeichnen. Diese Aspekte werden sinnvollerweise im Verhältnis zur Leistung existierender und damit konkurrierender Produkte und/oder Distributionswege behandelt. Dazu ist es zunächst erforderlich, solche konkurrierenden Angebote zu identifizieren und dann zu vergleichen. Dafür bietet sich eine grafische Darstellung eines Nutzenprofils an, wie es in Abbildung 5–3 dargestellt ist.

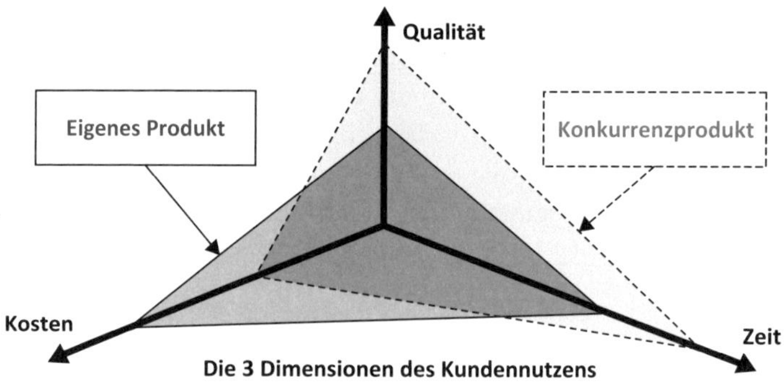

Abb. 5–3 *Kundennutzen verschiedener Produkte*

Dabei ist auch zu überlegen, ob eine Segmentierung der Kunden in Teilgruppen mit unterschiedlichen Präferenzen wie in Abbildung 5–4 sinnvoll ist.

So könnten beispielsweise private Endkunden eines Notebooks sich eher an einem niedrigen Preis orientieren, während die Einkäufer von Businessnotebooks für ein Unternehmen eher auf qualitative und zeitliche Aspekte wie Robustheit, Serviceangebot und Garantiezeit, schnelle Lieferung oder kurze Reparaturzeiten achten.

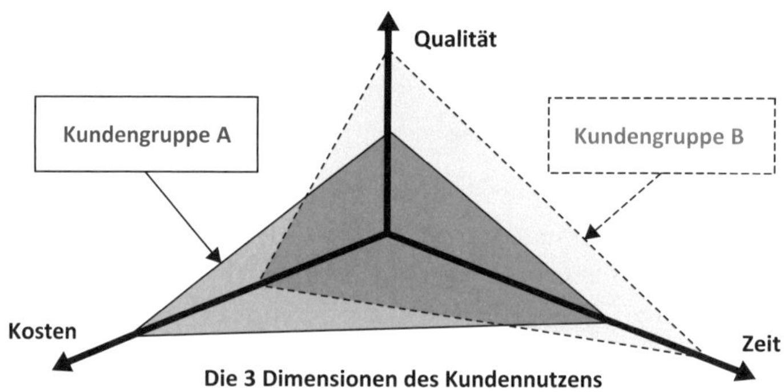

Abb. 5–4 *Kundennutzen in Abhängigkeit verschiedener Kundengruppen*

Das (geplante) Unternehmen und sein Leistungsangebot
Kundennutzen

Leitfragen

- Warum sollen die Kunden die angebotene Unternehmensleistung kaufen?
- Welche Bedürfnisse welcher Kunden soll das Produkt bzw. die Dienstleistung befriedigen, welche Problemlösungen werden angeboten?
- Worauf beruhen die Annahmen über die Kundenbedürfnisse/den Kundennutzen?
- Welchen Zusatznutzen bietet die eigene Leistung den Kunden gegenüber vergleichbaren existierenden Angeboten?
- Sind Partnerschaften oder komplementäre Leistungsangebote anderer Unternehmen zur vollen Realisierung des Kundennutzens nötig bzw. welche Rahmenbedingungen sind noch zu erfüllen?
- Welche Garantien und Serviceangebote werden den Kunden gegeben?

TIMEBUILDER I2I

2.2 Kundennutzen

Auf Kundenseite steht die Befriedigung folgender Bedürfnisse bzw. folgende Problemlösungen im Vordergrund:

- Wunsch nach Individualität, Trendsetting,
- persönliche Geschenke,
- Firmenkollektionen zu besonderen Anlässen bzw. für ausgewählte Mitarbeiter oder Kunden.

Als Vorteile bzw. Zusatznutzen unserer Produkte für den Kunden sind zu nennen:

- die mögliche Individualität jeder einzelnen Uhr (individuelles Design + persönliche Gravur),
- die Preistransparenz hinsichtlich jeder einzelnen Uhrenkomponente (für flexibles Budget),
- der Funfaktor während des kreativen Designprozesses,
- der Kauf kann prinzipiell von jedem Ort zu jeder Zeit durchgeführt werden,
- der im Vergleich zum Uhrengeschäft um ein Drittel niedrigere Preis trotz »Swiss made«-Qualität,
- eine Standardproduktionszeit von max. 10 Tagen (abweichende Fristen werden bereits im Uhrenkonfigurator angegeben),
- die für den Kunden weltweit kostenlose Lieferung per FedEx inklusive Tracking (Ausnahme sind die Lieferungen in Deutschland, die mit der Deutschen Post erfolgen),
- die erst bei tatsächlicher Auslieferung erfolgende Belastung der Kreditkarte.

Komplementäre Leistungsangebote anderer Unternehmen sind nicht notwendig, damit unser Produkt Nutzen für den Kunden erbringt. Es besteht aber eine feste Partnerschaft zu dem eigentlichen Uhrenproduzenten, der Rhodanus AG.

Timebuilder121 gewährt eine 30-Tage-Zufriedenheit-oder-Geld-zurück-Garantie. Werden die angegebenen Lieferzeiten überschritten, können Bestellungen auch annulliert werden.

5.2.3 Einordnung in die Wertschöpfungskette der Branche

Jedes Unternehmen bezieht Vorleistungen von anderen Unternehmen und viele Unternehmen beliefern nicht Endverbraucher, sondern andere Unternehmen, die diese Leistung weiterverarbeiten oder als Groß- oder Einzelhändler den Endverbrauchern anbieten. Insofern durchläuft jedes Produkt, das beim Endkunden ankommt, mehrere Stufen einer sogenannten Wertschöpfungskette. Auf vielen Stufen müssen **Leistungen mehrerer Wertschöpfungspartner kombiniert und integriert** werden. Dies ist mit Aufwand verbunden, schafft Abhängigkeiten und kann ein Risiko erzeugen. Man kann daher überlegen, ob ein zu gründendes Unternehmen mehrere Stufen einer solchen Kette übernimmt. Dazu sind jedoch häufig Qualifikationen und Produktionsmittel erforderlich, deren Einsatz sich rechnen muss und zumindest nicht viel teurer sein darf als der Bezug von entsprechend spezialisierten Zulieferern bzw. die Lieferung an entsprechende Vertriebspartner.

Die konkreten Argumente für Selbermachen oder Fremdbezug werden beim Beschaffungsmodell angeführt, die für eigene oder fremde Distributionskanäle beim Marketing- und Vertriebsmodell. Bei der einleitenden Darstellung des geplanten Unternehmens geht es lediglich um die **Verortung innerhalb der Wertschöpfungskette der jeweiligen Branche** und die Darstellung der sich daraus ergebenden Austauschbeziehungen zu möglichen Wertschöpfungspartnern.

Wenn die Geschäftsidee darin besteht, die in einer Branche bisher übliche Wertschöpfungskette grundlegend zu ändern, kann dies durch den **Vergleich von zwei Wertschöpfungsketten** dargestellt werden. Beispiele radikaler Änderungen von Wertschöpfungsketten findet man z.B. in der Musikindustrie. So waren Künstler und Komponisten früher auf Musikverlage und Produzenten angewiesen, und es mussten Tonträger hergestellt werden, die über Groß- und Einzelsowie den klassischen Versandhandel zum Kunden distribuiert wurden (siehe Abb. 5–5).

Heute stehen Komponisten und vor allem Künstlern und Musikern mehrere Wege offen, ihre Musik zu den Konsumenten zu bringen (siehe Abb. 5–6). Neben den traditionellen Labels und der herkömmlichen Distributionskette über den stationären Handel sowie den neu entstandenen Onlinehandel kann Musik nun auch von sogenannten Internetlabels produziert und auf elektronischem Wege über Downloadportale vertrieben werden. Sowohl die traditionellen und Internetlabels als auch die Musikschaffenden selbst können außerdem über ihre eigenen Websites mit ihren jeweiligen Kunden in Kontakt treten. Daneben erreicht die Musik ihre Konsumenten auch über Tauschbörsen und Peer-to-Peer-Netz-

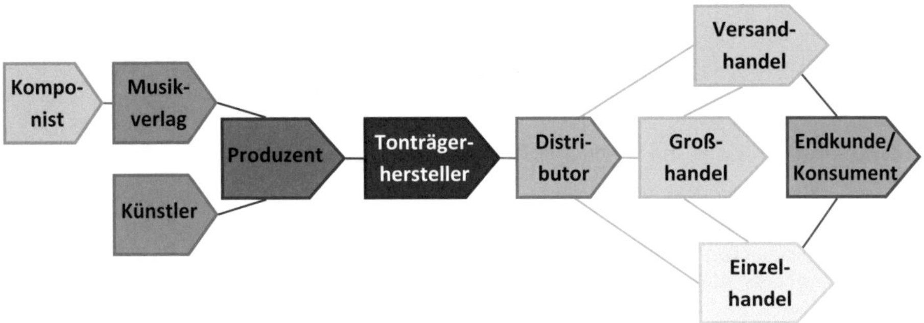

Abb. 5–5 *Traditionelle Wertschöpfungskette in der Musikindustrie*

werke, was jedoch in den meisten Fällen nicht im geschäftlichen Interesse der Produzenten liegt, gegen Bestimmungen des Urheberschutzrechts verstößt und daher oft mit rechtlichen Mitteln bekämpft wird.

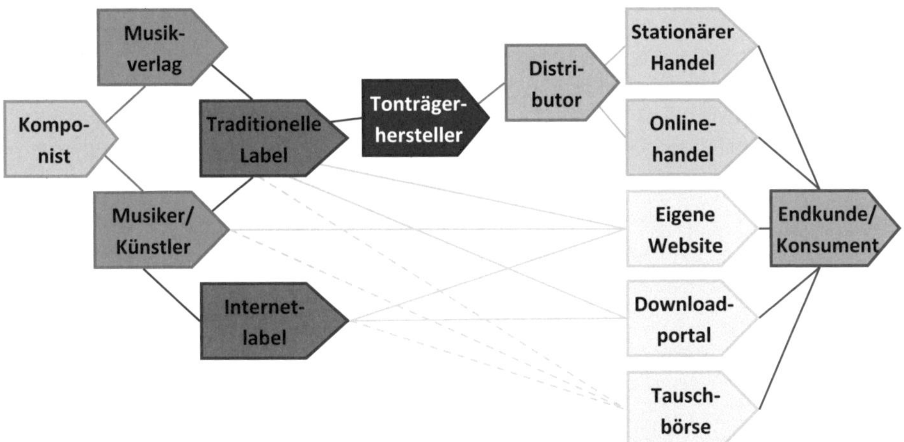

Abb. 5–6 *Neue Wege der Wertschöpfung in der Musikindustrie*

Das (geplante) Unternehmen und sein Leistungsangebot
Einordnung in die Wertschöpfungskette der Branche

Leitfragen

- Welche vor- und nachgelagerten Wertschöpfungspartner sind nötig?
- Welche Stufen der Wertschöpfung übernimmt das Unternehmen selbst?
- Gibt es Unterschiede zu der traditionellen Wertschöpfung der Branche oder den Wettbewerbern? Wenn ja, welche?

TIMEBUILDER121

2.3 Einordnung in die Wertschöpfungskette der Branche

Timebuilder121 ändert die Wertschöpfungskette in der Uhrenindustrie radikal. Während traditionell Uhrenhersteller Rohmaterial von Zulieferern beziehen, vordefinierte Modelle produzieren und diese über den Groß- und Einzelhandel an den Endkunden verkaufen (Abb. 5–7),

Abb. 5-7 *Traditionelle Wertschöpfungskette in der Uhrenindustrie*

erteilen nach der hier verfolgten Geschäftsidee die Endkunden individuelle Fertigungsaufträge an Timebuilder121, das daraufhin die benötigten Zulieferer sowie den eigentlichen Produzenten der Uhren entsprechend beauftragt. Die Kunden erhalten dann ihre für sie individuell produzierte Uhr durch einen Logistikdienstleister nach Hause geliefert (Abb. 5–8). Die traditionellen Distributionswege werden zugunsten des kostengünstigeren Online-Direktvertriebs aufgegeben bzw. gezielt umgangen.

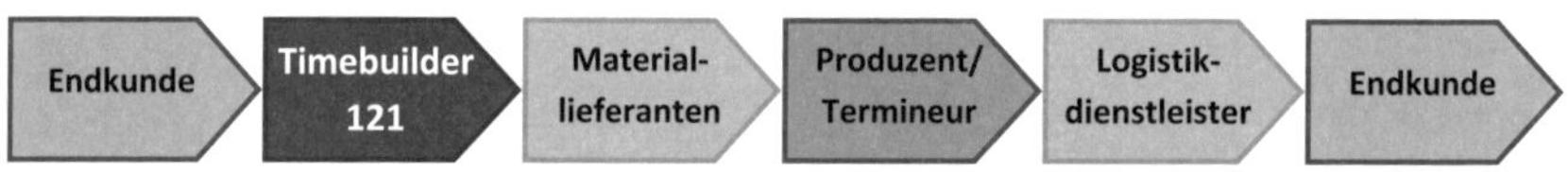

Abb. 5-8 *Wertschöpfungskette von Timebuilder121*

5.2.4 Wertschöpfungspartner und andere relevante Akteure

Aus der jeweiligen Positionierung in der Wertschöpfungskette ergibt sich die Notwendigkeit der **Kooperation mit bestimmten Wertschöpfungspartnern.** Dabei geht es nicht nur um unmittelbare Zulieferer und Abnehmer, sondern auch um die Bereitstellung der erforderlichen Unterstützungsleistungen. Wenn man Leistungen über das Internet anbietet, benötigt man einen Internetzugang, und wenn man es nicht selbst machen will oder kann, einen Dienstleister für die Erstellung und Pflege der Plattformsoftware sowie für den Betrieb der Plattform (Web-Hosting).

Mitunter stellt das angebotene Produkt alleine keine vollständige Problemlösung für die Kunden dar, sondern entfaltet diese Wirkung erst im **Zusammenspiel mit komplementären Leistungsangeboten** anderer Unternehmen.

So sind die Anbieter von Musik- oder Videodownloads bspw. auf schnelle und stabile Übertragungsmöglichkeiten ihrer Kunden angewiesen, wie sie sich mit der Verbreitung und Weiterentwicklung von DSL ergaben. Digitale Fotokameras und Multimediahandys benötigen, um ihren vollen Funktionsumfang und somit Kundennutzen bieten zu können, immer größere Speicherkarten, die von anderen Produzenten hergestellt werden.

Werden über die üblichen Marktmechanismen solche komplementären Produkte nicht ausreichend zur Verfügung gestellt, kann der gezielte Aufbau entsprechender Partnerschaften notwendig werden.

Je nach Produkt oder Leistung sind auch **Genehmigungen und Berichte an Aufsichtsbehörden** erforderlich. Auch diese sollten von vornherein in einem Rollen- oder Interaktionsdiagramm miteinbezogen werden, weil die Geschäftsidee so ausgestaltet sein muss, dass sie nach diesen Regeln genehmigungsfähig ist, und weil damit auch Kosten verbunden sein können, die bei der Finanzplanung zu berücksichtigen sind.

Eine **grafische Darstellungsform** kann dabei helfen, komplexe Sachverhalte übersichtlicher und schneller begreifbar darzustellen und Zusammenhänge zwischen einzelnen Aspekten einer Idee zu verdeutlichen oder vorhandene Gedankenlücken bzw. mögliche auftretende Konflikte aufzudecken.

Als Grundlage für die spätere Entwicklung der vollständigen grafischen Darstellung eines Geschäftsmodells kann daher ein erstes **Rollenmodell** dienen, das die wichtigsten Geschäftsbeziehungen der Geschäftsidee aufzeigt. Dies soll an einem Beispiel (siehe Abb. 5–9) kurz illustriert werden:

Betrachten wir den bekannten Onlinehändler Amazon, so lässt sich feststellen, dass die Präsentation des Warenangebotes sowie der Großteil der Kommunikation mit den Kunden elektronisch per Website bzw. E-Mail erfolgen. IT-Systeme sind ebenfalls notwendig, um Aufträge an die zahlreichen Lieferanten der verschiedensten Produkte zu erteilen, angefangen von Büchern, CDs und DVDs über Haushaltsgeräte und Elektronikartikel, Hobby- und Freizeitprodukte bis hin zu Musikdateien. Alle Waren, die nicht in physischer, sondern elektronischer Form angeboten werden, müssen entsprechend gespeichert und zum Download bereitgestellt werden. Ebenfalls in die IT-Systemlandschaft eingebunden ist das Lager, das von den Lieferanten gefüllt wird und die Bestellungen der Kunden zur Auslieferung an geeignete Logistikdienstleister weiterleitet. Die Abwicklung des Zahlungsverkehrs erfolgt über entsprechende Finanzdienstleister.

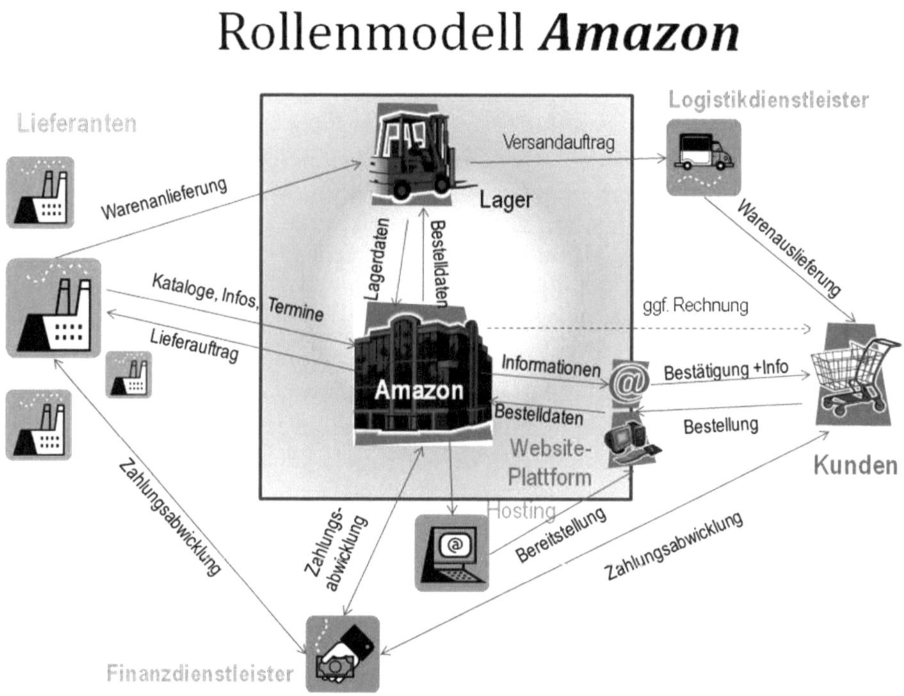

Abb. 5–9 *Einfaches Rollenmodell Amazon*

Damit sind wichtige Ausgangspunkte markiert, um in den folgenden Kapiteln genauer darzulegen, wie der skizzierte Unternehmenszweck in diesem Umfeld realisiert werden soll.

Das (geplante) Unternehmen und sein Leistungsangebot
Wertschöpfungspartner und andere relevante Akteure

Leitfragen

- Welche Zulieferer und andere Wertschöpfungspartner sind in das Geschäftsmodell integriert?
- Welche Abnehmer sollen mit welchen Produkten/Leistungen auf welche Art erreicht werden?
- Sind komplementäre Leistungsangebote notwendig, um den Kunden eine tatsächliche Problemlösung bieten zu können?
- Wie verlaufen die Ströme der Sachgüter/Leistungen, des Geldes und der Informationen zwischen dem Unternehmen, seinen Kunden und den einzelnen Wertschöpfungspartnern?

TIMEBUILDER 121

2.4 Wertschöpfungspartner und andere relevante Akteure

Im Falle unseres Anbieters von kundenindividuell produzierten Armbanduhren, die exklusiv über eine eigene Website vertrieben werden sollen, erfolgt die Entwicklung und Herstellung dieser Uhren mittels verschiedener externer Geschäftspartner. Darüber hinaus müssen noch diverse Zulieferer sowie Logistik- und Finanzdienstleister gesteuert werden, bis das angebotene Produkt »Uhr« letztlich seinen Abnehmer erreicht. Komplementäre Leistungsanbieter sind zur Erzielung des Kundennutzens nicht notwendig. Zentrales Element dieses Geschäftsmodells stellt wiederum die IT-Plattform des Unternehmens dar, die der Steuerung der gesamten Geschäftsabläufe und insbesondere dem notwendigen Kundenkontakt dient.

Das Rollen- oder Interaktionsdiagramm für Timebuilder121 sieht daher wie folgt aus (Abb. 5–10):

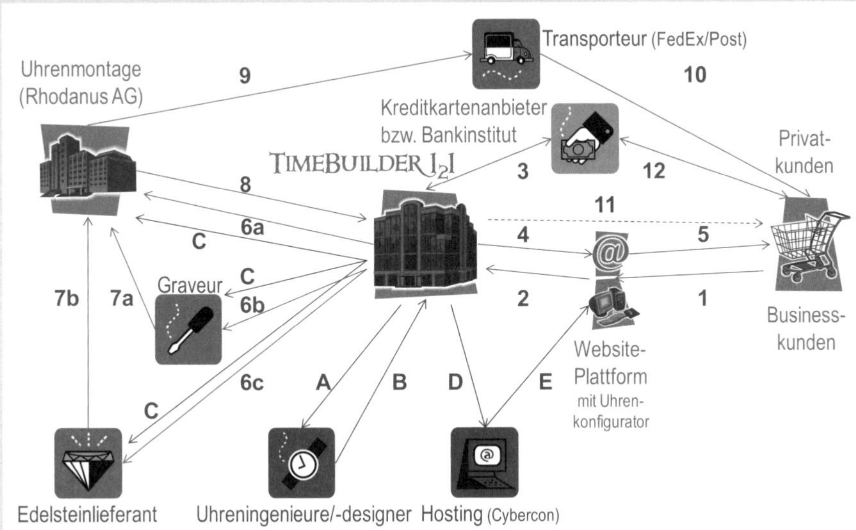

Abb. 5–10 *Rollen- oder Interaktionsdiagramm von Timebuilder121*

Zunächst müssen einige Voraussetzungen für die Geschäftstätigkeit geschaffen werden:

- A Timebuilder121 erteilt Entwicklungsaufträge für neue Uhrenmodelle und Komponenten an Uhreningenieure und Uhrendesigner in der Schweiz.
- B Die beauftragten Uhreningenieure und Uhrendesigner liefern ihre Entwicklungsergebnisse an Timebuilder121, wo die neuen Daten in die IT-Systeme (Uhrenkonfigurator, Auftragsabwicklung etc.) eingepflegt werden.
- C Timebuilder121 stimmt (neue) Uhrenmodelle/-komponenten mit Zulieferern und Produzent ab.
- D Timebuilder121 beauftragt einen externen Anbieter (Cybercon) mit dem Hosting seiner Webplattform.
- E Der Hosting-Anbieter (Cybercon) stellt die Webplattform online zur Verfügung.

Dann läuft die Geschäftstätigkeit typischerweise wie folgt ab:

1. Der Kunde stellt auf der Webplattform mit dem Uhrenkonfigurator online seine Uhr zusammen und löst eine Bestellung aus.
2. Aus den Kundeneingaben werden die Bestelldaten sowie das Rüstformular für die konfigurierte Uhr erstellt.
3. Timebuilder121 führt eine Kreditprüfung durch.
4. Bestellbestätigung und Termininformationen werden an die Webplattform weitergeleitet.
5. Der Kunde erhält über die Webplattform Bestellbestätigung und Termininformationen.

6.a Timebuilder121 sendet den Montageauftrag sowie das Rüstformular an den Uhrenproduzenten (Rhodanus AG).
6.b Timebuilder121 sendet ggf. einen Fertigungs-/Lieferauftrag an einen Uhrengraveur.
6.c Timebuilder121 sendet ggf. einen Lieferauftrag an einen Edelsteinlieferanten.
7.a Der Uhrengraveur liefert die gravierten Uhrenkomponenten an den Uhrenproduzenten (Rhodanus).
7.b Der Edelsteinlieferant liefert die bestellten Edelsteine an den Uhrenproduzenten (Rhodanus).

8. Der Uhrenproduzent (Rhodanus) sendet Auftrags-, Lieferungs- und Terminbestätigungen an Timebuilder121.
9. Der Uhrenproduzent (Rhodanus) übergibt die produzierte Uhr sowie die dazugehörigen Papiere an einen Logistikdienstleister.
10. Der Logistikdienstleister liefert die Uhr inklusive Papieren an den Kunden aus.
11. Wurde die Uhr nicht auf Kreditkarte, sondern auf Rechnung bestellt, so verschickt Timebuilder121 eine Rechnung an den Kunden.
12. Der Kunde bezahlt seine Rechnung bzw. sein Kreditkartenkonto wird belastet.

5.2.5 Unternehmensziele

An dieser Stelle des Businessplans sollte auch schon skizziert werden, welche **Vorstellungen hinsichtlich der zukünftigen Entwicklung des Unternehmens** bestehen. Dies beinhaltet sowohl eine kurze Vorstellung der mit der Umsetzung der Geschäftsidee verbundenen Unternehmensvision als auch der grundlegenden Ziele des Unternehmens. Beide bilden in folgenden Kapiteln auch eine **Grundlage der Strategieentwicklung** und können später im Rahmen eines Soll-Ist-Vergleichs als **Erfolgsmesser** hinsichtlich des realisierten Geschäftsmodells dienen.

Die als Leitbild für die gesamte Unternehmensentwicklung dienende **Unternehmensvision** muss Vorstellungskraft und Realitätssinn angemessen miteinander verbinden. Sie sollte

- anspruchsvoll, aber realistisch und in einem überschaubaren Zeitraum erreichbar sein,
- klar und sachlich, aber emotional ansprechend formuliert werden,
- unverwechselbar sein und
- eine gewisse Beständigkeit auch im sich permanent wandelnden Umfeld des Unternehmens haben.

Diese Vision ist der Ausgangspunkt sowohl für die Formulierung der langfristigen Unternehmensziele und -strategien als auch für deren Umsetzung und Kontrolle.

Bei der Beschreibung der langfristig zu erreichenden **Unternehmensziele** ist zwischen den wertorientierten Formal- und den ihnen zugeordneten objekt- bzw. handlungsbezogenen Sachzielen zu unterscheiden.

Die **Sachziele** ergeben sich aus den Anforderungen des Marktes an den Leistungserstellungsprozess des Unternehmens und beschreiben sein Leistungsportfolio bzw. seine Tätigkeitsfelder. Letztlich geben die Sachziele daher Auskunft über Arten und Mengen der zu erbringenden und abzusetzenden Leistungen und die zugehörigen Märkte. In den Sachzielen konkretisiert sich die unternehmerische Aufgabe der Fremdbedarfsdeckung mit der Beantwortung der Frage, welche menschlichen Bedürfnisse auf welche Art und Weise befriedigt werden sollen. Daher richtet sich auch der organisatorische Aufbau und Ablauf eines Unternehmens an dessen konkreten Sachzielen aus.

Die Vielzahl möglicher Sachziele lässt sich in vier Sachzielgruppen bündeln:

- **Leistungsziele,**
  die die Leistung und den Absatz betreffen und Produktarten, Absatz- und Umsatzvolumen oder Marktanteile, aber auch Qualitätsziele vorgeben,
- **Führungs- und Organisationsziele,**
  die die Aufgabenverteilung, Führungsfunktion und Führungsstil oder Art und Weise von Problemlösungsprozessen betreffen,
- **soziale und ökologische Ziele,**
  die das Arbeitsklima, das Lohnsystem oder die Mitbestimmung, aber auch Umwelt- und Gesundheitsschutz betreffen,
- **finanzorientierte Sachziele,**
  wie bspw. Maßnahmen zur Sicherstellung der Liquidität oder die Schaffung einer optimalen Kapital- und Vermögensstruktur.

Formalziele werden **auch als Erfolgsziele bezeichnet.** Sie entsprechen dem eigentlichen Zweck unternehmerischen Handelns und werden letztlich über die Sachziele erreicht. Daher sind alle Entscheidungen und Handlungen im Unternehmen im Hinblick auf Wirtschaftlichkeit, Rentabilität und Gewinn zu prüfen.

Wirtschaftlichkeit ist das mengenmäßige Verhältnis von Input zu Output oder das wertmäßige Verhältnis von Ertrag zu Aufwand.

$$W_1 = \frac{\text{Input}}{\text{Output}} \qquad W_2 = \frac{\text{Ertrag}}{\text{Aufwand}}$$

Rentabilität setzt den Gewinn ins Verhältnis zum eingesetzten Eigenkapital oder zum Umsatz.

$$R_1 = \frac{\text{Gewinn}}{\text{Eigenkapital}} \qquad R_2 = \frac{\text{Gewinn}}{\text{Umsatz}}$$

Im Businessplan sollten die Unternehmensziele als Plan- oder Sollgrößen für die ersten Jahre definiert werden. Dabei stehen die Leistungsziele wie Umsatz und Marktanteil im Vordergrund. Wirtschaftlichkeit und Rentabilität können erst geschätzt werden, wenn die Leistungserstellungsprozesse genauer beschrieben und die damit verbundenen Kosten geklärt sind.

Zur Erreichung der langfristigen Unternehmensziele im Sinne der Unternehmensvision benötigt jedes Unternehmen eine **Strategie**. Diese berücksichtigt insbesondere auch die Umweltbedingungen und -veränderungen sowie die verschiedenen Ansprüche der Stakeholder des Unternehmens und legt fest, durch welche Wettbewerbsvorteile die Erfolgsziele erreicht werden sollen, welche Handlungsprogramme dies erfordert und wie die Unternehmensressourcen dementsprechend zuzuordnen sind. Die Strategieformulierung innerhalb des Businessplans erfolgt daher im engen Zusammenhang mit der Markt- und Wettbewerbsanalyse (siehe Abschnitt 5.4).

Mit der Entstehung und dem teilweise kometenhaften Erfolg einiger Internetunternehmen der sogenannten New Economy verlor der Strategiebegriff vorübergehend erheblich an Bedeutung. Wichtig schien nur noch die Auswahl des richtigen Geschäftsmodells. Und so wurden dann zum Ende der Internet-Euphorie vor allem auch untaugliche oder gar fehlende Geschäftsmodelle als Ursache für die zahlreichen wirtschaftlichen Misserfolge und Firmenpleiten genannt.

Andere Stimmen hingegen, wie zum Beispiel Michael E. Porter, machten dafür jedoch die Vernachlässigung strategischer Überlegungen zugunsten einer einseitigen Fokussierung auf den neuen Begriff des Geschäftsmodells verantwortlich, zumal sehr verschiedene Ansichten darüber existierten, was unter dem populären Begriff Geschäftsmodell letztlich inhaltlich überhaupt zu verstehen sei. Porter führt u.a. in seinem vielbeachteten Beitrag »Strategy and the Internet« im Harvard Business Review das Scheitern vieler Dotcoms auf die gleichen Ursachen zurück wie die Misserfolge traditioneller Unternehmen:

- die Vernachlässigung der Wertkettenbetrachtung und bloße Nachahmung von Konkurrenten,
- das bloße Erzielen von Umsatz statt Schaffung echten Mehrwerts,
- das Fehlen grundlegender strategischer Überlegungen.

Die Tatsache, dass ein Geschäftsmodell selbst weder eine Strategie darstellt noch diese zwangsläufig vorgibt, betonen allerdings auch schon Stähler und Wirtz in ihren Ausführungen zum Begriff des Geschäftsmodells:

> *»Ein Geschäftsmodell ist keine Strategie. Ein Geschäftsmodell zu haben, ist selbst keine Strategie. ... Das Geschäftsmodell ist eine Analyseeinheit, um eine Strategie zu entwickeln.«*
>
> *[Stähler 2001: S. 48 f.]*

> *»Es unterstützt die Entwicklung und Klassifikation nachhaltig erfolgreicher Unternehmensstrategien.«*
>
> *[Wirtz 2003: S. 56]*

Zwischen **Strategie und Geschäftsmodell** besteht eine **Ziel-Mittel-Beziehung**, denn weder ist das Geschäftsmodell Teil der Wettbewerbsstrategie, noch ist die Wettbewerbsstrategie Teil des Geschäftsmodells (vgl. Abb. 5–11). Das Geschäftsmodell soll also dazu beitragen, die gewählte Strategie erfolgreich umzusetzen, Werte zu schaffen und Nutzen zu stiften.

Die **Wertschöpfungskette eines Unternehmens** kann als **Bindeglied** zwischen dessen Geschäftsmodell und der Wettbewerbsstrategie betrachtet werden. Die Strategie entscheidet über die Kernaktivitäten des Unternehmens und legt somit Anfang und Ende der eigenen Wertschöpfungskette fest. Das Geschäftsmodell konkretisiert innerhalb dieses Rahmens die zu leistenden Beiträge, abzuwickelnden Transaktionen und zu erzielenden Erlöse.

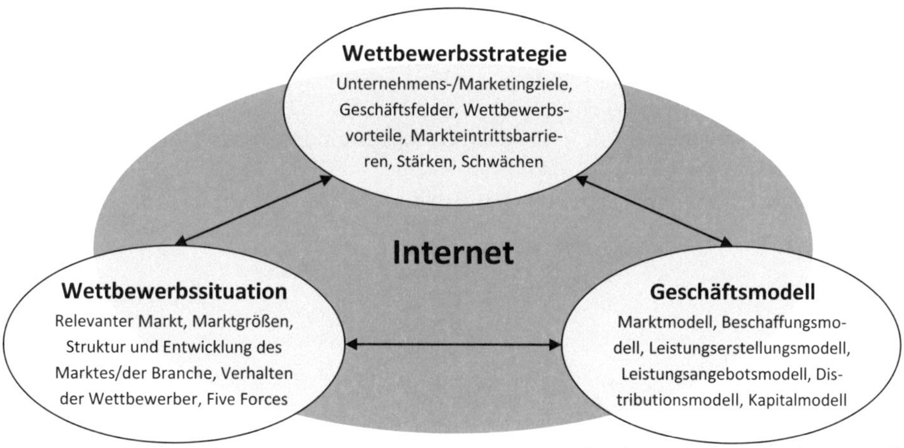

(in Anlehnung an [Krüger, Bach 2001: S. 32])

Abb. 5–11 *Zusammenhang zwischen Strategie und Geschäftsmodell*

Das (geplante) Unternehmen und sein Leistungsangebot
Unternehmensziele

Leitfragen

- Wie lautet die Unternehmensvision?
- Ist diese Vision überzeugend dargestellt?
- Was sind die langfristigen Unternehmensziele?
- Welche besonderen Formal- und/oder Sachziele können konkret benannt werden?
- Welche Strategie verfolgt das Unternehmen?

TIMEBUILDER 121

2.5 Unternehmensziele

Die Vision unseres Unternehmens Timebuilder121 lässt sich wie folgt beschreiben:

- Wir sind das erste Unternehmen, das exklusiv über das Internet hochwertige individuelle »Swiss made«-Uhren in einer virtuellen Boutique verkauft!
- Vom »Design for Customer« zum »Design by Customer«.
- Wir reagieren in kürzester Zeit auf Trends oder setzen diese!

Als Unternehmensziele haben wir uns gesetzt,

- im Jahr 2003 rund 2000 Uhren und im Jahr 2004 rund 5000 Uhren zu verkaufen,
- in 3 Jahren einen Umsatz von über 1 Million € und den Break-even zu erreichen,
- uns als die führende »Swiss made«-Uhrenmarke im Bereich der onlinegestützten Mass Customization zu etablieren.

Dazu verfolgen wir die folgenden strategischen Ausrichtungen:

- Wir bieten hohe Qualität zu attraktiven Preisen! Durch unseren Direktvertrieb können wir Uhren ein Drittel günstiger anbieten als im Uhrengeschäft!
- Wir zielen sowohl auf Privat- als auch Geschäftskunden, die Präsente für ausgewählte Kunden oder Mitarbeiter suchen.
- Wir liefern an Kunden in der ganzen Welt!

5.3 Leistungserstellung und Beschaffung

Nach der Geschäftsmodellgliederung von Stähler folgt auf das Nutzenversprechen die Wertschöpfungsarchitektur. Wirtz differenziert dabei in die Partialmodelle Beschaffung, Leistungserstellung, Leistungsangebot und Distribution. Damit wechselt der Blick von der Angebots- und Nutzerseite zur Frage, wie und mit wem dieses Nutzenversprechen eingelöst werden kann, ob dies technisch überhaupt geht und welcher Ressourceneinsatz dafür erforderlich wird. Darüber hinaus müssen aber auch die rechtliche und wirtschaftliche Machbarkeit geprüft werden.

5.3.1 Produktionsfaktoren, Beschaffung und Fertigung

Weil Unternehmen, wie wir bereits gelernt haben, als Input-Output-Transformationssystem fungieren, müssen sie Produktionsfaktoren aus der Umwelt beschaffen und intern miteinander kombinieren, um neue Produkte herzustellen. Gutenberg unterscheidet dabei in seiner »*Einführung in die Betriebswirtschaftslehre. Bd. 1: Die Produktion.*« [Gutenberg 1983] zwei Arten von Produktionsfaktoren: Elementarfaktoren und dispositive Faktoren (siehe Abb. 5–12).

Diejenigen Faktoren, die in unmittelbarem Kontakt mit dem produzierten Wirtschaftsgut stehen, werden als **Elementarfaktoren** bezeichnet. Dies sind Werkstoffe, Betriebsmittel und die ausführende menschliche Arbeitsleistung. Unter die **Werkstoffe** fällt alles, was entweder in dem erzeugten Wirtschaftsgut aufgeht oder aber bei dessen Erzeugung verbraucht wird. Das heißt also alle Roh- und Hilfsstoffe sowie Halb- und Fertigerzeugnisse und die zum Betrieb notwendigen Stoffe wie Diesel, Schmiermittel oder Strom. Zu den **Betriebsmitteln** zählen sowohl die zur Leistungserstellung benötigten Grundstücke, Gebäude, Anlagen, Maschinen und Werkzeuge sowie die Betriebs- und Geschäftsausstattung als auch Kenntnisse, Informationen, Algorithmen und Softwarecodes oder Rechte. Die **ausführende menschliche Arbeitsleistung** umfasst alle Tätigkeiten, die direkt mit den Objekten der betrieblichen Leistungserstellung und -verwertung in Kontakt stehen. Werkstoffe werden auch als Repetierfaktoren bezeichnet, die Betriebsmittel sowie die ausführende menschliche Arbeitsleistung gelten als Potenzialfaktoren. Diese drei elementaren Produktionsfaktoren müssen für die Leistungserstellung zielgerichtet und planvoll kombiniert werden. Das wird durch eine Gruppe weiterer Produktionsfaktoren sichergestellt, und zwar durch die **dispositiven Faktoren: Geschäfts- und Betriebsleitung, Planung und Organisation** sowie **Steuerung und Kontrolle.**

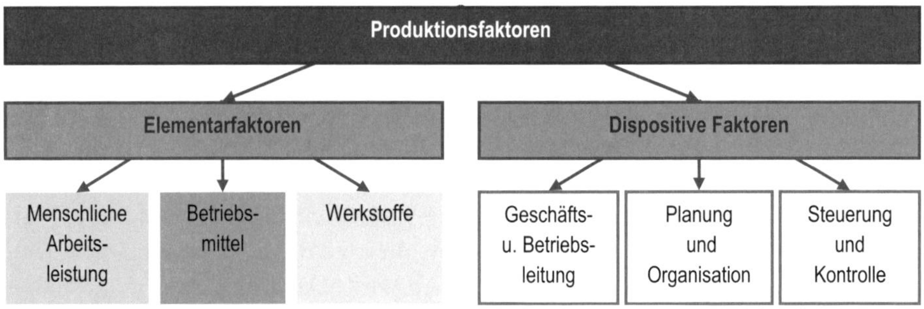

Abb. 5–12 *Das System der betrieblichen Produktionsfaktoren nach Gutenberg*

Es ist Aufgabe der Geschäfts- und Betriebsleitung, für die Erreichung der Sachziele die optimale Kombination der Produktionsfaktoren zu planen und durchzusetzen (siehe Abb. 5–13). Dabei muss berücksichtigt werden, dass fast alle Produktionsfaktoren keine linearen Input-Output-Beziehungen aufweisen. Wenn eine Maschine 20 statt 10 Stunden laufen soll, weil Schichtbetrieb eingeführt werden soll, wird sie mehr als doppelt so viel Hilfs- und Betriebsstoffe verbrauchen und langfristig nicht die doppelte Leistung bringen, sondern überproportional stärkerem Verschleiß unterliegen. Dasselbe gilt für den Einsatz von Personal, weil jenseits eines optimalen Belastungspunkts bei Ausweitung der Arbeitszeit überproportional Fehler auftreten und Verschleißerscheinungen gesundheitliche Folgen mit entsprechendem Arbeitsausfall bedeuten können. In seinem grundlegenden Buch »*Einführung in die Betriebswirtschaftslehre. Bd. 1: Die Produktion*« [Gutenberg 1983] geht Gutenberg auf die Einflussgrößen der Produktivität eines jeden Faktors ein und zieht dabei für die Betriebsmittel ingenieurwissenschaftliche Verbrauchs- und Leistungskurven heran und für die Ergiebigkeit des Faktors Arbeit arbeitspsychologische Belastungs- und Lernkurven.

Die **optimale Kombination der Produktionsfaktoren** liegt dann vor, wenn die Summe der Produktivitäten ihr Maximum erreicht. Dabei sind substitutive Beziehungen zwischen den Produktionsfaktoren zu berücksichtigen. Dies gilt insbesondere für die Anteile der Produktionsfaktoren Betriebsmittel und menschliche Arbeitskraft, die man wechselseitig ein Stück weit gegeneinander austauschen kann. Nach Gutenbergs Produktivitätsbetrachtungen geht es dabei nicht nur um die Senkung von Kosten, sondern auch um die erbrachte Leistung in quantitativer und qualitativer Hinsicht. Bei einer solchen Betrachtung kann sich sehr wohl herausstellen, dass ein technisch machbarer Automatisierungsschritt nicht optimal ist, weil mit den betroffenen Mitarbeitern auch wichtiges Know-how das Unternehmen verlassen würde oder Anpassungskosten bei Produktänderungen höher ausfallen würden.

Oft stehen maschinelle und personelle Abwicklung auch in einem komplementären Verhältnis. So kann es bei Onlineangeboten zum einen sinnvoll sein, neben der Onlinebestellung auch noch telefonische Bestellungen entgegenzuneh-

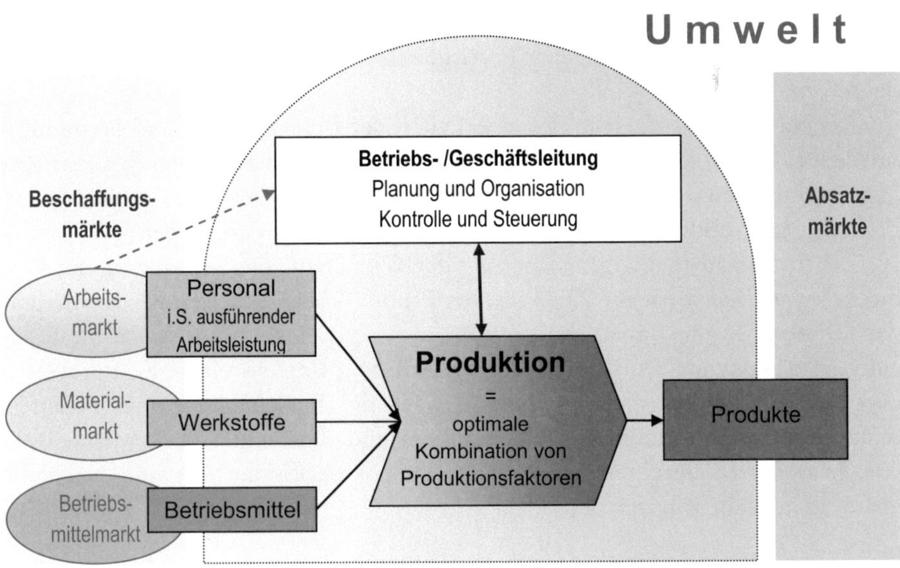

Abb. 5-13 *Modell des Unternehmens i.S. optimaler Kombination von Produktionsfaktoren*

men. Zum anderen muss geklärt werden, in welchem Umfang Kundenanfragen und Beschwerden per E-Mail und/oder über eine Telefon-Hotline entgegengenommen und beantwortet werden sollen.

Bevor ein Unternehmen seinen Leistungserstellungsprozess gestaltet, muss es zunächst ein eigenes Leistungsangebot entwickelt haben. Daher sind im Rahmen der Ausführungen zur Leistungserstellung als Erstes einige Aussagen über den aktuellen **Entwicklungsstand** sowie ggf. die weiteren Entwicklungsschritte **der eigenen Produkte und/oder Dienstleistungen** zu treffen. Es muss dargestellt werden, ob das Produkt/die Dienstleistung bisher nur auf dem Reißbrett existiert, ob bereits Prototypen hergestellt wurden oder ob es sich schon bei Kunden bewähren konnte. In diesem Zusammenhang ist ggf. auch auf einen eventuellen zeitlichen, technischen oder rechtlichen Vorsprung vor den Wettbewerbern einzugehen.

Auf technische Details ist an dieser Stelle aber in der Regel zu verzichten, da die Adressaten des Businessplans in den meisten Fällen keine Experten hinsichtlich der fachspezifischen Aspekte einer Geschäftsidee sind. Anschauliche Produktzeichnungen oder Fotos tragen daher oft wesentlich eher zur besseren Verständlichkeit bei als langwierige technische Erklärungen. Bereits vorhandene Prototypen helfen dabei, sowohl potenzielle Kapitalgeber und Geschäftspartner als auch zukünftige Kunden von der eigenen Unternehmensleistung zu überzeugen. Noch besser ist, wenn diese sogar schon bei Pilotkunden im Einsatz sind. Bestehen noch technische Probleme oder offene Fragen zur Produktentwicklung, so sind diese inklusive möglicher Lösungswege anzusprechen.

Nicht zu vernachlässigen ist auch die Tatsache, dass alle Unternehmensleistungen einem idealtypischen Produktlebenszyklus unterworfen sind, der sich in die vier Phasen Einführung, Wachstum, Reife und Degeneration gliedert. Je kürzer dieser Zyklus ist, desto eher ist bereits auch an die Entwicklung von Folgeprodukten zu denken.

Als Nächstes werden die **Besonderheiten der Beschaffungs- und Fertigungsprozesse** skizziert. Diese ergeben sich in Abhängigkeit des angestrebten Leistungsangebotes insbesondere auch aus den Entscheidungen über Eigenfertigung oder Fremdbezug (Make or Buy) sowie den verwendeten Fertigungstypen.

Die fortgeschrittene Spezialisierung der Wirtschaft, die Verkürzung der Produktlebenszyklen sowie die Zunahme der Produktkomplexität und Individualität der Kundenwünsche haben dazu geführt, dass in vielen Unternehmen die Fertigungstiefe reduziert wurde und der Fremdbezug der einzelnen Komponenten gegenüber der Eigenfertigung dominiert. Bei der Entscheidung über **Eigenfertigung oder Fremdbezug** von Teilprodukten und -leistungen sind eine Vielzahl von Kriterien zu beachten sowie unternehmensspezifische Vor- und Nachteile abzuwägen (siehe folgende Tabelle).

Für die Eigenfertigung	Für den Fremdbezug
Entscheidungskriterien 1. Ordnung (Ausschlusskriterien)	
▪ Geheimhaltung ▪ Unmöglichkeit der Beschaffung (fehlende Lieferanten/Transportmöglichkeiten) ▪ Qualitätsanforderungen nicht erfüllbar	▪ bestehende Schutzrechte ▪ fehlendes Know-how ▪ Engpässe des Unternehmens (Finanzen/Mitarbeiter/Technologie usw.)
Entscheidungskriterien 2. Ordnung (wirtschaftliche Kriterien)	
▪ Kostenvorteile ▪ Rentabilitätsvorteile ▪ Fertigungszeit ▪ Betriebsmittelauslastung	▪ Kostenvorteile ▪ Rentabilitätsvorteile ▪ Lieferzeit ▪ Liefertreue
Entscheidungskriterien 3. Ordnung (schwer quantifizierbare Kriterien)	
▪ Unabhängigkeit und Sicherheit (Termine, Produkt- u. Preisgestaltung) ▪ Prestige ▪ Nutzung des Lernkurveneffektes ▪ Nutzung vorhandener Kapazitäten	▪ Geschäftspolitische Vorteile (Gegengeschäfte, Sortimentsgestaltung) ▪ Risikominderung ▪ Lagerhaltung ▪ Erfüllung gesetzlicher Vorschriften ▪ Nutzung vorhandener Kapazitäten

(nach [Plümer 2003: S. 183])

Bei den Fertigungstypen (siehe Abb. 5–14) lassen sich grundsätzlich Einzel- und Mehrfachfertigung unterscheiden. Bei der **Mehrfachfertigung** kann nochmals zwischen Serienfertigung und **Massenfertigung** unterteilt werden. Letztere liegt vor, wenn ein Produkt über einen längeren unabsehbaren Zeitraum in hoher Stückzahl in identischer Ausführung in einem kontinuierlichen Fertigungsprozess hergestellt wird. Bei der **Serienfertigung** hingegen sind die Fertigungsprozesse letztlich durch die Stückzahlen der Serien absehbar zeitlich beschränkt und durch die oft aufwendige Umrüstung der Fertigungsanlagen unterbrochen. Bei der **Sortenfertigung** handelt es sich um eine Unterart der Serienfertigung, bei der einheitliche Fertigungsmaterialien verwendet werden und nur eine minimale Umstellung der Fertigungsanlagen notwendig ist. Weichen die Ergebnisse identischer Fertigungsvorgänge aufgrund wechselnder Ausgangsbedingungen ständig voneinander ab, so spricht man von einer **Chargenfertigung. Einzelfertigung** bedeutet, dass jeweils nur eine Einheit eines bestimmten Produktes hergestellt wird. Dies geschieht i.d.R. infolge eines konkreten individuellen Auftrages eines Kunden. Dabei kann es sich um eine echte Einzelanfertigung nach individuellen Vorgaben handeln oder aber um eine individuelle Fertigung auf Basis eines Baukastensystems. Letzteres wird als **Mass Customization** bezeichnet und erlaubt die gleichzeitige Verfolgung der beiden Wettbewerbsstrategien Differenzierung und Kostenführerschaft (vgl. Abschnitt 5.5.2.2). Das heißt, es erfolgt eine kundenindividuelle Bedürfnisbefriedigung zu niedrigen Kosten, die vergleichbar mit einer Massenfertigung standardisierter Produkte sind. Voraussetzungen für die Mass Customization sind allerdings die Fertigung großer Stückzahlen für einen Massenmarkt, um Skaleneffekte nutzen zu können, eine den jeweiligen Kundenbedürfnissen entsprechende Individualisierung der Nutzen stiftenden Leistungskonfiguration sowie ein im Vergleich zu ähnlichen Standardprodukten konkurrenzfähiger Preis.

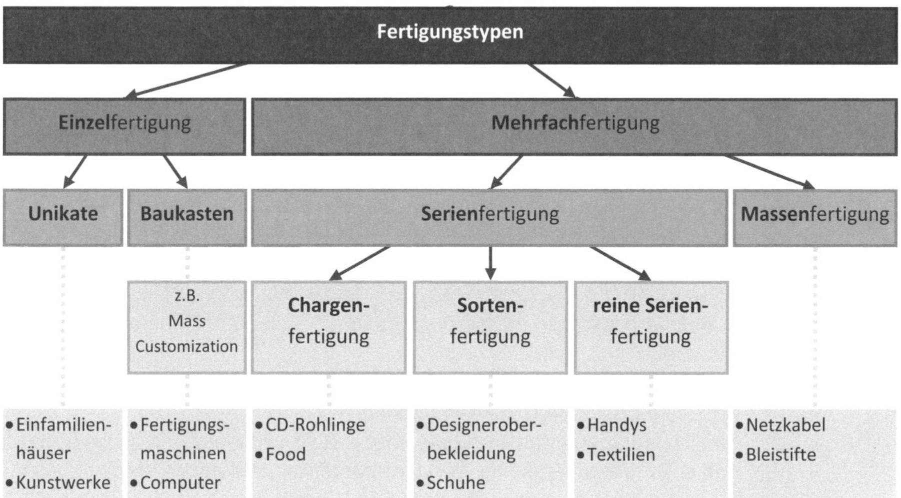

Abb. 5-14 *Fertigungstypen*

Die Beschaffungs- und Fertigungsprozesse des Unternehmens können z.B. durch die Beantwortung folgender Fragen charakterisiert werden:

- Welche Produktkomponenten bzw. Teilleistungen werden in Eigen- und welche in Fremdfertigung von Dritten erbracht?
- Welche Räumlichkeiten, Anlagen und Maschinen sowie Mitarbeiter werden benötigt?
- Wie sind ggf. die Kunden in die Wertschöpfung integriert?

- Erfolgt eine individuelle Anfertigung auf Bestellung oder eine Fertigung nach vordefinierten Mustern auf Lager?
- Welche Fertigungskapazitäten sind vorgesehen und sind weitere Ausbaustufen geplant?

Hierfür sind i.d.R. nur knappe Antworten nötig, die einen Überblick über den Aufwand und die Besonderheiten der Beschaffung und der Leistungserstellung vermitteln. Mögliche Beschaffungs- und Fertigungsrisiken sind dabei ebenso zu benennen wie Maßnahmen zu ihrer Vermeidung bzw. Minderung und zur Qualitätssicherung.

Die Erstellung einer Leistung ist jedoch nur ein Teil der Unternehmenstätigkeit, sie an den Kunden zu bringen, d.h. die **Bereitstellung bzw. Lieferung,** ein weiterer. Die Umsetzungsplanung einer Geschäftsidee muss daher im Sinne des Distributionsmodells nach Wirtz auch Aussagen darüber enthalten, ob bzw. wie das Produkt/die Dienstleistung des Unternehmens gelagert werden kann. Die Fragen, wie das Leistungsangebot für den Kunden bereitgestellt wird, welche Vertriebskanäle genutzt werden sollen oder welcher Transportaufwand notwendig wird, werden im Distributionsmodell erläutert (siehe Abschnitt 5.5.3.3).

Auch die Bereiche **Wartung und Service** können eine entscheidende Rolle im Geschäftsmodell spielen (siehe Abschnitt 5.5.3.1), insbesondere für Unternehmen, die eine Differenzierungsstrategie (siehe Abschnitt 5.5.2) verfolgen. In diesem Fall muss der Einfluss der wesentlichen Service- und Wartungsleistungen des Unternehmens auf die Gestaltung der Prozesse der Leistungserstellung und Beschaffung hier aufgeführt werden.

Leistungserstellung und Beschaffung
Produktionsfaktoren, Beschaffung und Fertigung

Leitfragen

- In welchem Entwicklungsstadium befinden sich die Produkte/Dienstleistungen?
- Welche Produktions- bzw. Dienstleistungsprozesse sind geplant?
- Welche Inputfaktoren werden benötigt?
- Welche Komponenten werden selbst erstellt und welche fremdbezogen?
- Wie sollen Abhängigkeiten von Lieferanten vermieden werden?
- Welche Fertigungstypen kommen zum Einsatz?
- Was sind die wesentlichen Fertigungsprozesse und welche Besonderheiten weisen diese auf?
- Mit welchen Produktions- bzw. Dienstleistungskapazitäten wird gerechnet?
- Auf welche Weise können Kapazitäten kurzfristig angepasst werden?
- Ist ein Lageraufbau notwendig?
- Was ist hinsichtlich der Lieferung und Bereitstellung der angebotenen Unternehmensleistung zu beachten?
- Welche Service- und Wartungsleistungen sollen erbracht werden?
- Welche Qualitätsmaßnahmen sind vorgesehen?
- Sind weitere Entwicklungsschritte bzw. Folgeprodukte geplant?

TIMEBUILDER 121

3 Leistungserstellung und Beschaffung

3.1 Produktionsfaktoren, Beschaffung und Fertigung

Unsere Geschäftsidee beinhaltet die Kombination existierender, am Markt bewährter Komponenten. Timebuilder121 stellt selbst weder Komponenten noch die daraus zusammengesetzten Uhren her, sondern beschränkt sich auf die Kundenkontakte und die Steuerung der Wertschöpfungspartner:

- Die Entwicklung der Uhrenmodelle bzw. ihrer Komponenten erfolgt durch externe Uhreningenieure und -designer, ihre informationstechnische Umsetzung in den Online-Uhrenkonfigurator intern durch eigene Mitarbeiter von Timebuilder121. Erste Modelle sind entworfen und in den Online-Uhrenkonfigurator integriert. Es findet eine permanente Weiterentwicklung der Produktpalette statt.
- Die Uhren werden gemäß »Make-to-Order-Prinzip« und im Sinne einer Mass Customization, d.h. einer Einzelfertigung auf Basis des Baukastenprinzips, hergestellt, wobei die Lagerung der Komponenten, die eigentliche Uhrenfertigung, die Qualitätsprüfung sowie der Versand der Uhren (über FedEx und die Post) durch die Rhodanus AG erfolgen. Diese ist fester Partner und Anteilseigner der Timebuilder121. Dies ermöglicht eine jederzeit hohe Qualität gemäß den »Swiss made«-Kriterien, kurze Lieferzeiten und flexible Kapazitätsanpassungen trotz des Customer-Designs.
- Die Zulieferbetriebe z.B. für Ziffernblatt- und Lünettendruck, Edelsteine und Uhrengravur liefern direkt nach Auftrag an die Rhodanus AG. Sie werden jedoch erst später in die IT-Plattform eingebunden. Ein eigenes Lager der Timebuilder121 ist nicht notwendig, weder für Teile noch fertige Uhren.
- Die Verkaufsabwicklung erfolgt durch Timebuilder121. Die IT-Plattform dazu ist bzw. wird von uns selbst (weiter)entwickelt und ermöglicht die direkte Weitergabe der Bestell- bzw. Uhrenkonfigurationsdaten (Rüstformular) der Kunden an den Uhrenfertiger Rhodanus AG. Die Verkaufsplattform selbst wird durch die Firma Cybercon gehostet.
- Die Uhren werden innerhalb von 10 Tagen ausgeliefert, und es gibt eine Geld-zurück-Garantie.
- Der Kunde ist durch die individuelle Designauswahl in die Wertschöpfung integriert.

5.3.2 Rechtliche Anforderungen

Geschäftsideen müssen sich i.d.R. nicht nur den Gesetzmäßigkeiten des Marktes hinsichtlich Angebot und Nachfrage stellen. Häufig existieren auch rechtliche Rahmenbedingungen. Anforderungen des Gesetzgebers stellen daher eine weitere Herausforderung für die erfolgreiche Umsetzung einer Geschäftsidee dar. Dabei kann es sich z.B. um **Gesetze, Richtlinien und Verordnungen** zu den Themen Umweltschutz, Arbeitsschutz oder Verbraucher- und Datenschutz sowie Urheberrecht handeln. Davon betroffen können dann ganz unterschiedliche Handlungsfelder des Unternehmens sein:

- **Geschäftstätigkeit**
  - Ist die Einholung einer tätigkeitsbezogenen Genehmigung bei einer zuständigen Behörde notwendig? (z.B. bei Gaststätten, Bauträgern, Maklern, im Bewachungsgewerbe)
  - ...
- **Produkt**
  - Muss das Produkt Kennzeichnungen erhalten (z.B. CE-Kennzeichen als Bestätigung der Konformität des Produktes mit den zugehörigen EG-Richtlinien, VDE-Prüfzeichen zur Sicherheit des Produktes hinsichtlich elektrischer, mechanischer, thermischer, toxischer, radiologischer und sonstiger Gefährdung, GS-Kennzeichen für durch staatliche Zertifizierungsstellen geprüfte Sicherheit)?
  - Sind vor dem Inverkehrbringen Abnahmen oder Prüfungen erforderlich?
  - Bestehen Risiken hinsichtlich der Produkthaftung? (ordnungsgemäße Dokumentation, ausreichend Versicherungsschutz)
  - ...
- **Lagerung, Transport, Entsorgung**
  - Existieren gesetzliche Bestimmungen hinsichtlich der Verwendung, der Lagerung, des Transports oder der Entsorgung der eingesetzten Roh-, Hilfs- und Betriebsstoffe sowie der Teil- oder Endprodukte?
  - (Gefahrstoffe, wassergefährdende Stoffe, gefährliche Güter, Sonderabfall)
  - ...
- **Produktion**
  - Sind Produktionsanlagen und/oder -verfahren genehmigungspflichtig?
  - Entstehen schadstoffhaltige Emissionen?
  - Sind die Mitarbeiter ausreichend informiert und qualifiziert?
  - Ist ein Qualitäts-, Arbeitssicherheits- und/oder Umweltmanagementsystem notwendig?
  - ...
- **Standort**
  - Ist der Standort für die geplante Nutzung geeignet bzw. zulässig? (ausgewiesene Industrie-, Gewerbe- oder gemischt genutzte Gebiete, Wasserschutzgebiete, ...)
  - ...

Sind spezielle **Zulassungen** erforderlich, so ist in diesem Abschnitt des Businessplans darzulegen, welche Zulassungen bereits vorliegen bzw. welche beantragt wurden oder noch zu beantragen sind, z.B. beim TÜV oder dem Bundesgesundheitsamt.

Die Entscheidung, von welchen rechtlichen Bestimmungen ein Unternehmen letztlich betroffen ist, erfordert häufig Spezialkenntnisse. Unterstützung in solchen Fragen kann bspw. bei IHK-Starterzentren oder Umwelt- und Innovationsberatungen sowie Gewerbeaufsicht und Umweltämtern gefunden werden.

Die Einhaltung gesetzlicher Bestimmungen sowie die Einholung notwendiger Zulassungen und Genehmigungen haben zwei Auswirkungen auf das Unternehmen. Zum einen kann sich dadurch in zeitlicher Hinsicht die Aufnahme bzw. Weiterentwicklung der Geschäftstätigkeit verzögern, was unter Umständen Geld kostet, zum anderen verursachen diese Verfahren selbst Kosten, mitunter in nicht unerheblicher Höhe. Beide Aspekte sind daher in der gesamten Businessplanung und speziell auch der Liquiditätsrechnung zu berücksichtigen.

Für Onlineshops und -plattformen gibt es in Deutschland mehrere einschlägige Gesetze. Das wichtigste ist das **Telemediengesetz** (TMG) vom 28. Februar 2007. Es gilt für die Anbieter von elektronischen Informations- und Kommunikationsdiensten ebenso wie für Webshops, Informationsportale oder Social Communities. Die Pflichten der Anbieter betreffen die Kennzeichnung des Anbieters selbst, den Datenschutz, den Jugendschutz, Werbung per E-Mail und Spam sowie Fragen der Haftung.

Wenn ein Unternehmen auch technische Telekommunikationsleistungen erbringt, sind zusätzlich die Vorschriften des **Telekommunikationsgesetzes** (TKG), zuletzt geändert am 22. Juni 2004, zu beachten. Diese betreffen u.a. Anforderungen zur technischen Sicherheit, zum Datenschutz und Kundenschutz. Für alle Unternehmen gelten in Bezug auf die Verarbeitung von Kundendaten die Bestimmungen des Bundesdatenschutzgesetzes (BDSG), die detaillierte Datenschutzhinweise, ggf. eine konkrete individuelle Einwilligung sowie bestimmte technische Schutzmaßnahmen vorschreiben. Speziell bei Onlineshops sind die Bestimmungen des Fernabsatzgesetzes und bestimmte Informations- und Rücknahmepflichten zu beachten.

Neben solchen gesetzlichen Bestimmungen können aber durch Kunden und Geschäftspartner auch vertragliche Anforderungen hinsichtlich bestimmter **Zertifizierungen oder freiwilliger Gütesiegel** gestellt werden. Zertifikate und Gütesiegel können im Gegensatz zu den gesetzlichen Kennzeichnungen zu Werbezwecken verwendet werden und erleichtern im Sinne von vertrauens- und imagebildenden Maßnahmen auch den Markteintritt für Unternehmen, die noch keine ausreichende eigene Reputation aufgebaut haben.

Zertifikate und Gütezeichen können auf produkt- bzw. leistungsspezifischen Kriterien basieren (z.B. das TCO-Siegel für Geräte der Büroausstattung), bestimmte Verhaltensweisen der beteiligten Unternehmen fordern (z.B. Fairtrade-Produktsiegel) oder aber Anforderungen an die Strukturen und Abläufe in Unternehmen stellen (wie die Normen zum Qualitätsmanagement DIN EN ISO 9001 oder für Umweltmanagementsysteme DIN EN ISO 14001).

Bei IT-bezogenen oder -gestützten Dienstleistungen ist die **IT-Sicherheit** ein wichtiges Qualitätskriterium, für das es eine freiwillige Zertifizierung durch das Bundesamt für Sicherheit in der Informationstechnik (BSI) und von diesem anerkannten Prüfstellen gibt. Bisher erfolgte die Prüfung und Zertifizierung nach dem sogenannten IT-Grundschutz, neuerdings nach der ISO-Norm 27001. Dabei geht es im Wesentlichen um die Prüfung der Gewährleistung von Vertraulichkeit, Verfügbarkeit und Integrität der Datenverarbeitung. Aktuell bereitet die Bundesregierung ein Gesetz für ein ebenfalls freiwilliges Datenschutzaudit vor. Eine solche Prüfung des internen Datenschutzmanagements durch anerkannte Sachverständige soll zum Erwerb eines Gütesiegels führen.

Für den **Datenschutz** bei Internetangeboten gibt es ein Gütesiegel nach dem Internet Privacy Standard (IPS) sowie ein Gütesiegel des Unabhängigen Landeszentrums für Datenschutz in Schleswig-Holstein. Eine Liste dieser und weiterer Gütesiegel führt die Initiative D21 unter www.internet-guetesiegel.de.

Verbunden mit den freiwilligen Gütesiegeln geht ein Unternehmen oft spezifische Selbstverpflichtungen ein bzw. verspricht, sich an bestimmte Verhaltenskodizes zu halten. Eine permanente Kontrolle der Einhaltung der übernommenen Verpflichtungen und Verhaltensmaßnahmen findet i.d.R. jedoch nicht statt. Erst infolge bekanntgewordener Verstöße wird das Gütesiegel ggf. wieder entzogen. Gütesiegel können von amtlichen Stellen initiiert sein wie das Europäische Umweltzeichen »Der blaue Engel« oder das »Bio«-Siegel für Lebensmittel aus ökologischer Landwirtschaft, aber auch von Branchen- und Interessenverbänden stammen wie die DLG-Prämierung für Lebensmittel besonders hoher Qualität oder der »Öko-Tex«-Standard.

Ebenso vielfältig sind die Vergabemöglichkeiten der Gütesiegel. Sie können das Ergebnis konkreter technischer Prüfungen sein (GS-geprüfte Sicherheit), ein Versprechen des verwendenden Unternehmens darstellen (CE-Kennzeichnung), nach erfolgreich bestandenen Audits (ISO-9001-Zertifizierung) oder aber auch durch eine Jury verliehen werden (Spiel-gut-Siegel).

Die Erlangung von freiwilligen Zertifikaten und Gütesiegeln kostet ebenfalls Geld, Zeit und personelle Ressourcen, was es ggf. bei der Unternehmensplanung zu berücksichtigen gilt. Mitunter müssen aber auch für die Verwendung von Gütesiegeln durch das Unternehmen Lizenzgebühren an den Siegelgeber gezahlt werden (bspw. »Naturland«-Zeichen).

Die Bedeutung und somit auch die Anzahl und Verbreitung von Zertifikaten und Gütesiegeln im wirtschaftlichen Handlungsbereich haben in den vergangenen Jahren stark zugenommen. So sind derzeit allein beim RAL Deutsches Institut für Gütesicherung und Kennzeichnung e. V. rund 160 Gütezeichen gelistet.

Gütesiegel existieren auch speziell im Onlinehandel, um Vertrauen gegenüber den Verbrauchern aufzubauen. Sie sollen beispielsweise einen sicheren Einkauf garantieren (z.B. »Trusted Shops Guarantee«) oder die Konformität mit den Datenschutzrichtlinien bestätigen (wie »ips – internet privacy standards«) und gewähren teilweise auch eine Geld-zurück-Garantie (bspw. »S@fer Shopping«).

Leistungserstellung und Beschaffung
Rechtliche Anforderungen

Leitfragen

- Sind Genehmigungs- und Zulassungsverfahren erforderlich?
- Sind Abnahmen, Prüfungen und/oder Kennzeichnungen vorgeschrieben?
- Existieren gesetzliche Regelungen hinsichtlich der Verwendung, der Lagerung, des Transports oder der Entsorgung der eingesetzten Roh-, Hilfs- und Betriebsstoffe sowie der Teil- oder Endprodukte?
- Welche gesetzlichen Bestimmungen sind hinsichtlich der Produktionsstandorte, -anlagen und -verfahren zu berücksichtigen?
- Welche Zertifizierungen und Gütesiegel sind branchenüblich bzw. würden einen Vorteil gegenüber den Konkurrenten erzielen?
- Fordern Kunden oder Geschäftspartner bestimmte Zertifikate und Gütezeichen vom Unternehmen bzw. dessen Leistungsangebot?
- Welche zeitlichen und finanziellen Auswirkungen haben solche gesetzlichen Anforderungen, Zertifizierungen und Gütezeichen?

TIMEBUILDER 121

3.2 Rechtliche Anforderungen

Hinsichtlich der Entwicklung und Herstellung sowie der Uhren selbst existieren keine besonderen gesetzlichen Anforderungen oder Zulassungsbestimmungen. Die Produktion der Uhren erfolgt allerdings nach den »Swiss made«-Qualitätskriterien, die durch den Verband der Schweizerischen Uhrenindustrie (FH) geschützt und reglementiert werden.

Für den ausschließlichen Online-Direktvertrieb gelten die gesetzlichen Bestimmungen für Telemediendienste und speziell Fernabsatz/Onlinehandel. Da relativ wenige personenbezogene Daten erhoben und verarbeitet werden und keine kritischen Prozesse und hohen Risiken über die IT-Plattform abgewickelt werden, erscheinen eine Zertifizierung der IT-Sicherheit und ein Datenschutzaudit nicht dringlich. Ein Gütesiegel für Onlineshops kann hingegen die Gewinnung des Vertrauens der potenziellen Kunden unterstützen.

5.3.3 Kosten und Preise

Wichtig für den wirtschaftlichen Erfolg einer Geschäftsidee ist natürlich, dass die Entwicklung, die Erstellung, der Vertrieb usw. einer Leistung zusammen weniger kosten, als die Kunden für diese Leistung zu zahlen bereit sind. Daher müssen bereits an dieser Stelle des Businessplans ein paar grundlegende Gedanken zu den finanziellen Aspekten angestellt werden. Allerdings soll jetzt noch keine detaillierte Finanzrechnung (siehe Abschnitt 5.9) erfolgen, sondern lediglich überblicksartig gesammelt werden, wodurch Kosten entstehen, ggf. wie das Verhältnis einzelner Kostenarten zueinander ist und mit welchen ungefähren Preisen für die angebotenen Unternehmensleistungen gerechnet wird.

Denn bei den ersten euphorischen Gedanken zur Umsetzung einer Geschäftsidee werden viele mit ihrer Umsetzung verbundene **Kosten** häufig übersehen oder falsch eingeschätzt. Dies beginnt bereits bei den Entwicklungskosten, etwaigen Lizenzgebühren oder benötigten Zulassungen. Im Rahmen der Leistungserstellung fallen Kosten für Werkstoffe, Betriebsmittel und die menschliche Arbeitsleistung an. Auch eine notwendige Lagerung sowie Bereitstellung bzw. Lieferung der Dienstleistung oder des Produktes ist mit Kosten verbunden. Und zuvor müssen die Kunden auch erst noch geworben werden. Sind Wartungs- und Serviceleistungen geplant, sind deren Kosten ebenfalls in der späteren finanziellen Unternehmensplanung zu berücksichtigen.

Grundlegend zu unterscheiden ist zwischen fixen und variablen Kosten. **Variable Kosten** ändern sich direkt mit der Produktionsmenge eines Unternehmens wie z.B. Kosten für Roh-, Hilfs- und Betriebsstoffe sowie Fertigungslöhne. Dem gegenüber werden die – zumindest für eine betrachtete Periode – unveränderlichen Kosten als **fixe Kosten** bezeichnet. Dies sind z.B. die Mieten für Büro- oder Gewerberäume, Versicherungen, Abschreibungen oder die Gehälter der Angestellten. Fixe Kosten entstehen also auch, wenn ein Unternehmen nicht produziert. Werden die fixen Kosten gleichmäßig auf die gesamte Ausbringungsmenge der Periode aufgeteilt, so sinken die fixen Stückkosten mit steigender Ausbringungsmenge. Die variablen Stückkosten hingegen bleiben unabhängig von der Ausbringungsmenge konstant. Aufgrund der sich somit ergebenden Kostendegression bei steigendem Beschäftigungsgrad (i.S. von Ausbringungsmenge) sind Unternehmen immer bestrebt, ihre Kapazität voll auszulasten. Sind in der Branche eines Unternehmens große Nachfrageschwankungen zu erwarten, so muss es deshalb seine Fixkosten möglichst minimieren. Das ursprünglich aus dem Fertigungsbereich stammende Outsourcing, das durch Auslagerung von Aufgaben helfen soll, fixe Kosten in variable Kosten umzuwandeln, da nur noch tatsächlich benötigte und erbrachte Leistungen bezahlt werden, statt dass teure Maschinen und Personal vorgehalten werden müssen, hat sich inzwischen auch auf den Vertriebs- und Verwaltungsbereich ausgedehnt. Als allgemeingültiges Patentrezept hat sich die Auslagerung an Fremdfirmen in der Vergangenheit jedoch nicht erwiesen, da sie häufig Probleme und Kosten an anderen Stellen des Unternehmens verursacht. Vielmehr müssen im Einzelfall die Kosten der eigenen Leistungserbringung und verschiedener Outsourcing-Lösungen verglichen werden. Dazu bietet sich das in Abschnitt 2.3.4 eingeführte Konzept der Transaktionskosten an, das ausdrücklich die für Outsourcing relevanten Kosten der Anbahnung (Suche geeigneter Partner), Vereinbarung (Aushandeln und Abschließen von Verträgen inkl. Rechtsberatung), Abwicklung (insbesondere Prozesssteuerung) sowie Kontrolle/Überwachung der Vertragserfüllung hervorhebt (vgl. zum Outsourcing auch [Strahringer 2005]).

Im Allgemeinen handelt es sich bei variablen Kosten um direkt einem Kostenträger zurechenbare **Einzelkosten** (z.B. Fertigungslöhne, Materialkosten) und bei den fixen Kosten eines Unternehmens um die sogenannten **Gemeinkosten** (z.B. Gehälter der Verwaltung, Büromaterial, Web-Hosting), die oft unterschätzt werden.

Langfristig muss beachtet werden, dass die für die erbrachten Unternehmensleistungen erzielten **Preise** auf Dauer höher liegen müssen als deren Herstellungskosten. Auch wenn die Festlegung der tatsächlich am Markt erzielbaren Preise unter Berücksichtigung weiterer Kriterien wie Kundennutzens und Konkurrenzsituation erst später erfolgt (siehe Abschnitt 5.5.3.2), kann mithilfe unterschiedlicher Kalkulationsverfahren eine erste Orientierung hinsichtlich der angestrebten Preise erreicht werden. Bei Handelsunternehmen ist die **einfache Zuschlagskalkulation** üblich. Dabei wird vom Einkaufspreis der Waren zuzüglich Fracht und abzüglich Skonti und Rabatt ausgegangen. Diesen Einstandskosten werden dann die Kosten für anteilige betriebliche Kosten sowie Frachtkosten zugeschlagen und ein Gewinnzuschlag hinzuaddiert:

Einkaufspreis	Einstandspreis
+ Fracht	+ anteilige Gemeinkosten
- Skonti	+ Frachtkosten
- Rabatt	+ Gewinnzuschlag
Einstandspreis	Verkaufspreis

Dann kann geprüft werden, ob der so kalkulierte Verkaufspreis am Markt erzielt werden kann. Die größte Schwierigkeit bei diesem und anderen Kalkulationsverfahren ist die Schätzung der Gemeinkosten, d.h. der Gesamtheit der Kosten für die betrieblichen Leistungen, von den Gehältern und Mieten bis zu Energiekosten u.Ä. Die Gesamtsumme dieser allen verkauften Produkten gemeinsamen Kosten wird durch die Anzahl der gekauften Waren geteilt und damit unterstellt, dass sie alle diese gemeinsamen Leistungen in etwa gleichem Umfang in Anspruch nehmen. Wenn mehrere Güter hergestellt werden, ist dies in der Regel nicht der Fall.

Daher wird in der industriellen Fertigung ein etwas **komplexeres Verfahren der Zuschlagskalkulation** eingesetzt. Ausgangspunkt sind die Material- und Lohneinzelkosten, die einem Produkt (= Fertigerzeugnis) direkt zugerechnet werden können. Daneben werden die gesamten Kosten für den Vertrieb und für die Verwaltung ermittelt. Die Lohn- und die Materialeinzelkosten werden den nicht zurechenbaren Kosten für Arbeitsleistungen und den nicht zurechenbaren Kosten für Material (Lagerhaltung u.a.) jeweils gegenübergestellt. So werden Gemeinkostenzuschlagssätze ermittelt. Die Zuschlagssätze für Verwaltung und Vertrieb werden aus den diesbezüglichen Gemeinkosten und den Herstellkosten als Summe aus Lohn- und Materialeinzel- und Gemeinkosten ermittelt.

Die Kalkulation eines bestimmten Produktes wird nach folgendem Schema vorgenommen:

Lohneinzelkosten (LEK) + Zuschlagssatz	
=	Lohnkosten
Materialeinzelkosten (MEK) + Zuschlagssatz	
=	+ Materialkosten
	= Herstellkosten (HK)
	+ Zuschlag Vertriebs-GK + Zuschlag Verwaltungs-GK + Vertriebs-EK
	= Selbstkosten

Ermittlung der Zuschlagssätze:

	Fertigungslöhne	Fertigungsmaterial	Vertrieb	Verwaltung
Zuschlagsbasis	LEK 200.000	MEK 300.000	HK 1.000.000	1.000.000
Gemeinkosten	LGK 400.000	MGK 100.000	100.000	200.000
Zuschlagssatz	200%	33%	10%	20%

Leistungserstellung und Beschaffung
Kosten und Preise

Leitfragen

- Verursachen eventuell Genehmigungs-, Zulassungs- oder Zertifizierungsverfahren Kosten?
- Müssen Lizenzen erworben werden?
- Welche Produktionsanlagen und sonstige Geschäftseinrichtungen müssen beschafft werden?
- Welche Roh-, Hilfs- und Betriebsstoffe werden benötigt?
- Welche Produktionsräumlichkeiten, Lagerflächen, Büroflächen und Verkaufsflächen sind bspw. notwendig?
- Welche Kosten entstehen im Personalbereich?
- Entstehen Kosten für Lagerung, Bereitstellung, Lieferung, Wartung und Service?
- Auf welche Art und Weise soll Werbung gemacht werden?
- Wie sollen die geforderten Preise kalkuliert werden?

TIMEBUILDER121

3.3 Kosten und Preise

Genehmigungen, Zulassungs- oder Zertifizierungsverfahren sind nicht erforderlich, ebenso wenig Lizenzen. Daher fallen dafür keine Kosten an. Eigene Produktionsanlagen werden nicht beschafft.

Kosten entstehen für Timebuilder121 vor allem durch

- die Entwicklung und das Design der Uhren (Entwicklungsaufträge),
- die Beschaffung von Zusatzkomponenten wie Edelsteine oder gravierte Teile (Zulieferer),
- Uhrenkomponenten, Fertigung, Qualitätskontrolle u. Verpackung der Uhren (Rhodanus AG),
- den Versand der Uhren zum Kunden (FedEx/Post),
- die Aktivitäten des Kundenservice (Timebuilder121),
- die (Weiter-)Entwicklung der IT-Plattform und Website (Timebuilder121),
- den Betrieb/das Hosting der IT-Plattform/der Website (Cybercon),
- alle Maßnahmen der Absatzförderung (insbesondere der Werbung im Internet wie Google Adwords und den Printmedien),
- Büroräume sowie Ausstattung, Arbeitsmittel und Betriebskosten (Timebuilder121),
- Gehälter für die Mitarbeiter und Geschäftsführung (Timebuilder121).

Die **Preise** der Uhren richten sich vor allem nach den Marktpreisen vergleichbarer »Swiss made«-Uhren im traditionellen stationären Handel, die aufgrund der niedrigeren Kosten des Online-Direktvertriebs um ein Drittel unterboten werden sollen.

5.4 Markt und Wettbewerb

Bei diesem Kapitel des Businessplans handelt es sich um den analytischen Teil des Marketingplans. Es gibt einen Überblick über die Attraktivität des Gesamtmarktes, die Auswahl der Zielkunden und einen Vergleich mit den Wettbewerbern. Ziel dabei ist es, die für das eigene Unternehmen wichtigen Teilmärkte zu ermitteln und so vorzustellen, dass einerseits die Leser des Businessplans die Realisierbarkeit und das Risiko der Geschäftsidee besser einschätzen können und andererseits diese Analyse als Grundlage für die Entwicklung der Marketingstrategie und -maßnahmen verwendet werden kann.

Eine gute Kenntnis des Marktes und Wettbewerbs ist entscheidend dafür, die Bedürfnisse der potenziellen Kunden besser zu befriedigen als die Konkurrenten. Und potenzielle Investoren sowie Geschäftspartner sollen überzeugt werden, dass die angestrebte Unternehmenstätigkeit, so wie im weiteren Verlauf des Businessplans beschrieben, dauerhaft wirtschaftlich erfolgreich verlaufen kann.

Folgende Fragen sollen daher geklärt werden:

- Wie sind die Marktstruktur und das Marktwachstum?
- Wer sind meine Kunden?
- Wie viele Kunden gibt es?
- Wie können Kunden in Gruppen zusammengefasst werden?
- Welches sind deren kaufentscheidende Kriterien?
- Welche Leistungen anderer Unternehmen stehen mit der eigenen Unternehmensleistung in Konkurrenz oder stellen Substitute dar?
- Wie sind die Wettbewerber einzuschätzen?

Da diese Fragen die Zukunft betreffen, müssen **Prognosen** erstellt und **Schätzungen** gemacht werden. Bei diesen gilt es, einige Regeln zu beachten, um sie für die Adressaten des Businessplans nachvollziehbar zu machen:

- Die Prognosen brauchen eine einfach zu verifizierende Quelle als Fundament.
- Sie müssen logisch aufgebaut sein, die zugrunde liegenden Annahmen müssen benannt sein, und es dürfen keine Gedankensprünge enthalten sein.
- Wichtige Informationen sollen nach Möglichkeit anhand verschiedener Quellen nachgeprüft werden.
- Wenn eine Größe unbekannt ist, sollte nach möglichen Ersatzgrößen gesucht werden.
- Die Ergebnisse sind nochmals auf Plausibilität zu prüfen.
- Es muss stets transparent sein, wie die Ergebnisse zustande gekommen sind.

Nach einer kurzen Einführung zum Thema Märkte werden drei sich ergänzende Teilanalysen vorgestellt:

- die **Marktanalyse** zur Untersuchung des Gesamtmarktes der Branche,
- die **Kundenanalyse** zur Bestimmung der Zielkunden und Marktsegmentierung,
- die **Wettbewerbsanalyse** zur Betrachtung der Konkurrenten sowie ihrer Stärken und Schwächen.

Grundlage aller drei Analyseschritte ist eine solide Informationsbeschaffung. Die benötigten **Informationen** können aus dem Unternehmen selbst oder – wie insbesondere im Falle von Unternehmensgründungen häufiger – **aus externen Quellen** seiner Umwelt stammen. Mit steigendem Alter eines Unternehmens nehmen aber die internen Informationen an Umfang und Bedeutung zu, die mit meist deutlich geringerem zeitlichem und finanziellem Aufwand nutzbar sind. Solche **internen Quellen** können Unterlagen aus dem Rechnungswesen, Statistiken aus dem Marketing oder Berichte von Außendienstmitarbeitern sein [Kußmaul 2005: S. 574].

Die Erhebung, Aufbereitung und Erschließung neuen, bisher nicht bekannten Datenmaterials wird als **Primärforschung** bezeichnet. Die verschiedenen Erhebungsverfahren wie bspw. Experimente, Beobachtungen und Befragungen und deren Auswertung sind meist zeitintensiv und erfordern Spezialwissen, sodass i.d.R. zunächst mit einer Sekundäranalyse begonnen werden sollte, die nur bei unbeantworteten Fragen ggf. durch eine Primärforschung ergänzt wird. Auf eine vertiefende Betrachtung der Primärforschung wollen wir daher an dieser Stelle verzichten.

In der Regel zeit- und kostengünstiger ist die **Sekundärforschung**, d.h. die Suche von Informationen in den bereits existierenden Daten unternehmensexterner Quellen (vgl. [Kußmaul 2005: S. 575 f.]). Auch wenn heutzutage eine solche Recherche meist bei den populären Suchmaschinen des Internets beginnt, so sollte letztlich immer auf Qualität, Herkunft und Zweck der verwendeten Daten geachtet werden. Hier eine Auswahl von üblichen Quellen:

- Amtliche Statistiken
  Statistische Bundesamt/Statistische Landesämter, Patentämter, Ministerien und sonstige staatliche Institutionen, ...
- Informationen von wirtschaftswissenschaftlichen Instituten
  Deutsches Institut für Wirtschaftsforschung (Berlin), Institut der deutschen Wirtschaft (Köln), Ifo-Institut (München), Gesellschaft für Konsumforschung GfK (Nürnberg), ...
- Veröffentlichungen von Wirtschafts- und Interessenverbänden
  Branchenstatistiken und -berichte, Betriebsvergleiche, IHK, ...
- Fachliches oder allgemeines Schriftgut
  Fachliteratur, Unternehmensveröffentlichungen, Publikationen über Medien, ...
- Informationen von Absatzhelfern und Werbeträgern
  Kreditinstitute, Auskunfteien, Zeitungs- und Zeitschriftenverlage, ...
- Spezielle Datenbanken
  Wirtschaftsdatenbanken, Branchenverzeichnisse, ...

Wichtig ist, aus all den vorhandenen Informationen die wesentlichen herauszufiltern und ermittelte Zahlen nicht nur anzugeben, sondern auch zu erläutern und zu interpretieren.

Sowohl Primär- als auch Sekundärforschung können entweder selbst (Eigenforschung) oder durch Dritte (Fremdforschung) durchgeführt werden. Als Kriterien für eine Entscheidung hinsichtlich **Eigen- oder Fremdforschung** können die Vertrautheit mit dem Forschungsgegenstand, die Gefahr und Bedeutung möglicher Indiskretionen, spezifische Kenntnisse der Mitarbeiter, Zugangsmöglichkeiten zu benötigtem Spezialistenwissen, die Unternehmensgröße, die Objektivität der Ergebnisse oder auch die prognostizierten Kosten infrage kommen [Kußmaul 2005: S. 575].

5.4.1 Märkte

5.4.1.1 Das Zusammentreffen von Nachfrage und Angebot

Wir haben bereits festgestellt, dass Menschen Bedürfnisse haben, und diese Bedürfnisse werden durch Güter befriedigt. Für uns von besonderer Relevanz ist dabei die Gruppe der knappen Güter, auch Wirtschaftsgüter genannt, die eben wegen ihrer Knappheit in einer Geldwirtschaft auch einen Preis besitzen. Dies führt dazu, dass das Ausmaß der tatsächlichen Befriedigung von Bedürfnissen auch vom Einkommen des jeweiligen Bedürfnisinhabers abhängig ist, mit dem die zur Bedürfnisbefriedigung notwendigen Wirtschaftsgüter nämlich erst erworben werden können. Daher werden im Zusammenhang mit Bedürfnissen noch die beiden Begriffe Bedarf und Nachfrage unterschieden:

Unter **Bedarf** ist die Gesamtheit derjenigen Bedürfnisse zu verstehen, welche die Menschen letztlich mit den vorhandenen Geldmitteln (ihrer Kaufkraft) auch befriedigen können, die also wirtschaftlich relevant werden.

Ein Bedarf, der dann im Wirtschaftsraum auch tatsächlich geäußert wird und erfüllt werden soll, wird zur **Nachfrage**.

(vgl.: [Töpfer 2007: S. 60])

Wenn also ein Bedarf durch Güter befriedigt werden soll, dann müssen die daraus resultierende Nachfrage und ein Angebot eben dieser Güter zusammengeführt werden:

Das Aufeinandertreffen von Angebot und Nachfrage (bzw. der Anbieter und Nachfrager) sowie der damit verbundene Austausch von Gütern erfolgt auf **Märkten**.

(vgl. [Jung 2006: S. 555], [Kuß 2001: S.25])

In einer Marktwirtschaft vollzieht sich dieser Austausch (siehe Abb. 5–15) i.d.R. in der Form Real- gegen Nominalgüter, also Ware gegen Geld. Ein tatsächlich räumliches und zeitliches Zusammentreffen von Anbietern eines Wirtschaftsgutes und dessen Nachfragern wie beispielsweise auf einem traditionellen Wochenmarkt wird in Zeiten globaler Vernetzung immer seltener.

Bedingung für einen Gütertausch und das Eingehen der damit verbundenen Verpflichtungen im Sinne einer Markttransaktion ist, dass die beteiligten Transaktionspartner, rationales Verhalten vorausgesetzt, durch diesen Tausch jeweils für sich einen Wertzuwachs oder Nutzen, d.h. eine Verbesserung ihrer bestehenden Situation, sehen. Dieser Nutzen muss dabei so hoch sein, dass er auch noch die durch eben diesen Austauschvorgang eventuell verursachten Anstrengungen bzw. Kosten überwiegt.

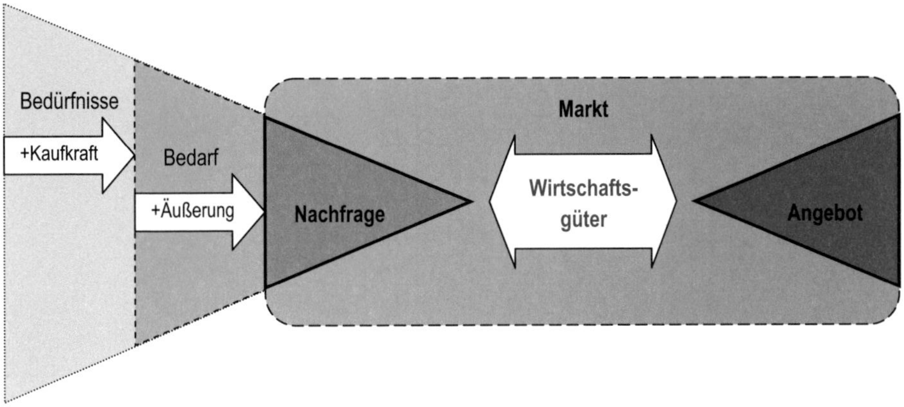

Abb. 5–15 *Aufeinandertreffen von Nachfrage und Angebot*

> *So tauscht beispielsweise der Hersteller von Notebooks diese gegen Geldbeträge ein, um damit weitere Notebooks zu produzieren, deren Herstellkosten möglichst wiederum unter den erzielbaren Preisen liegen, und er somit erneut einen für ihn vorteilhaften Austausch vornehmen kann. Für den Käufer des Notebooks hingegen stiften dessen Gebrauchsmöglichkeiten einen größeren Nutzen als der Besitz des gezahlten Geldbetrages bzw. dessen anderweitige Verwendung.*

Da Wirtschaften das planvolle Verfügen über knappe Güter bedeutet und mit diesen nicht nur unmittelbar, sondern auch mittelbar z.B. über Produktionsumwege Bedürfnisse befriedigt werden, treffen auf Märkten eine Vielzahl von Wirtschaftsteilnehmern zusammen.

Aufgabe eines Marktes ist dabei, die ökonomischen Entscheidungen und Verhaltensweisen der Wirtschaftssubjekte (Konsumenten, Unternehmen etc.) so zu koordinieren, dass zum einen die Menge der erstellten und angebotenen Wirtschaftsgüter auf den jeweiligen Bedarf bzw. die Nachfrage abgestimmt ist und zum anderen der für den Erwerb eines Gutes zu zahlende Preis (im Sinne einer Gegenleistung) dessen Knappheit angemessen ist. Von großer Bedeutung hierfür ist aber die Verteilung von relevanten Informationen zwischen den einzelnen Wirtschaftssubjekten, denn Markttransparenz ist eine wichtige Voraussetzung für die Koordinationsfunktion von Märkten (vgl. Abb. 5–16). Allerdings haben Unternehmen meist kein Interesse an voller Markttransparenz und Vergleichbarkeit ihrer Leistungen und Preise. Das kann man bspw. bei Finanzdienstleistungen, Versicherungen und Telekommunikationsdienstleistungen beobachten. In solchen Fällen können die Konsumenten kaum rational entscheiden. Trotzdem sind sie zum Erwerb dieser Dienstleistungen im Tausch gegen Geld bereit. Somit gibt es also Märkte, die ihre Aufgabe der effektiven Güterversorgung nicht erfüllen.

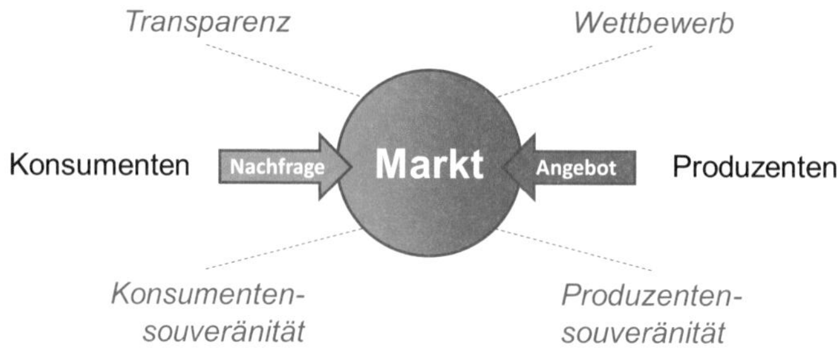

Abb. 5–16 *Voraussetzungen effektiver Märkte*

Im Sinne der sogenannten **Marktprozesstheorie** ist nun entscheidend, wie es den einzelnen Marktteilnehmern gelingt, die unvollkommenen bzw. ungleich verteilten Informationen und Informationslücken zu erkennen und zum eigenen Vorteil auszunutzen. Dies umfasst sowohl technisches bzw. fachliches Wissen als auch Kenntnisse über besondere örtliche und zeitliche Umstände oder Präferenzen der anderen Marktteilnehmer. Entsprechend den ihnen jeweils selbst zur Verfügung stehenden Technologien, Informationen und ihren individuellen Präferenzen agieren Anbieter und Nachfrager auf den Märkten, um einen Wertzuwachs für sich zu erzielen. Sie haben Erwartungen an die eigenen angebotenen Leistungen sowie die entsprechenden Gegenleistungen der anderen Marktteilnehmer und erstellen daraufhin Pläne, die sie innerhalb einer Marktperiode zu erfüllen versuchen. Können diese Pläne dann nicht erfüllt werden bzw. stellen sie sich in ihren Auswirkungen als unbefriedigend heraus oder aber hat sich der Informationsstand über den Markt inzwischen verändert, so werden die Pläne für die nächste Marktperiode entsprechend angepasst. Diese Änderungen im Sinne einer Lernfähigkeit der Marktteilnehmer folgt den Gesetzen von Angebot und Nachfrage, d.h., war ein Kaufangebot zu niedrig, wird es erhöht, war es zu hoch, wird es das nächste Mal geringer ausfallen.

Dabei werden diejenigen Marktteilnehmer, die erkennen, dass einige Anbieter, gemessen an der vorhandenen Preisbereitschaft einiger Nachfrager, zu niedrige Preise verlangen, diesen Preisunterschied für sich selbst nutzen, indem sie bei den einen günstig einkaufen und an die anderen teurer wieder verkaufen. Hierbei handelt es sich jedoch nur um eine temporäre Gewinngelegenheit, die nur so lange vorhält, bis weitere Marktteilnehmer diese auch erkennen und auszunutzen beginnen oder aber die ursprünglichen Anbieter und Nachfrager diese Information ebenfalls erlangen und ihr Verhalten entsprechend anpassen, also lernen.

In der Vergangenheit konnten sich solche Preisunterschiede zwischen verschiedenen Regionen relativ lange halten. Die weltweite Nutzung der Internettechnologie führt nun jedoch zu einer erheblich schnelleren und größeren Verbreitung von Informationen und somit auch zu einer deutlichen Beschleunigung der Lernprozesse der Marktteilnehmer.

Endkonsumenten werden nicht nur durch die Internetpräsentationen der Anbieter über potenzielle Güter zu ihrer Bedürfnisbefriedigung informiert, sondern auch durch unzählige Produktsuchmaschinen und Communities, die ihnen umfangreiche Preisvergleiche, Produkttests, Erfahrungsberichte u.v.a.m. bieten, wie beispielsweise preisvergleich.de, ciao.de oder kelkoo.

Im Bereich der Transaktionen zwischen Unternehmen haben sich inzwischen sogenannte Business-to-Business-Plattformen etabliert, also Webseiten, auf denen Firmenkunden umfangreiche Möglichkeiten zur leichteren Beschaffung von Informationen über potenzielle Lieferanten und letztlich auch den benötigten Wirtschaftsgütern haben.

Die Anbieter von Wirtschaftsgütern hingegen können sich in Zeiten des Internets relativ leicht umfangreiche Nutzer- bzw. Käuferprofile kaufen, die vor allem von Anbietern kostenloser Dienste im Internet (E-Mail-Provider wie GMX, Social-Networking-Websites wie Facebook, soeben genannte Produktvergleich-Communities oder Google mit seinen inzwischen zahlreichen Diensten) von ihren Nutzern gewonnen werden.

Die individuellen Pläne der Anbieter und Nachfrager werden immer schneller wechselseitig angepasst, Gewinngelegenheiten erodieren schneller, Ineffizienzen werden abgebaut und das Angebot von Wirtschaftsgütern verlagert sich immer mehr hin zu den Anbietern mit den geringsten Kosten für deren Her- und Bereitstellung. Ein Ende dieses Prozesses wird allerdings dadurch verhindert, dass sich einerseits grundlegende Marktdaten wie vorhandene Rohstoffe, verfügbare Technologien oder gesetzliche Bestimmungen ebenfalls ändern und andererseits Marktteilnehmer selbst durch die Einführung von Innovationen Märkte verändern.

5.4.1.2 Markttypologien

Nachdem die Frage, warum es Märkte gibt bzw. was ihre Aufgaben sind, grundlegend beantwortet wurde, sollen nun einige der unterschiedlichen Einteilungsmöglichkeiten von Märkten vorgestellt werden.

Vollkommene Märkte sind ein rein theoretisches Konstrukt zur Untersuchung von Gesetzmäßigkeiten bei Preisbildungsprozessen, da sie folgende Bedingungen erfüllen müssten (vgl. [Jung 2006: S. 557] und [Schierenbeck 2003: S. 285]):

- Die Nachfrager streben stets nach ihrem Nutzenmaximum, die Anbieter ausschließlich nach der Maximierung ihres Gewinns, also **Maximumstreben aller Marktteilnehmer.**
- Es existieren keinerlei persönliche oder sachliche sowie örtliche oder zeitliche Präferenzen, d.h., es gibt eine **Homogenitätsbedingung.**
- Alle Marktteilnehmer haben vollkommene Informationen über den Markt, es herrscht **vollständige Markttransparenz.**

- Mit **unendlich schneller Reaktionsgeschwindigkeit** wird auf Veränderungen der Marktbedingungen, wie z.B. Preise durch alle Anbieter und Nachfrager, reagiert.
- Außerdem dürfen **keine Markteintrittsbarrieren wie Zulassungen, Auflagen u.Ä.** bestehen.

Demzufolge gilt ein Markt als unvollkommen, wenn er eine dieser Bedingungen nicht erfüllt, bzw. als umso unvollkommener, je mehr Bedingungen er nicht erfüllt. Und bereits aus den Ausführungen des letzten Kapitels ergibt sich somit schon die Erkenntnis, dass es sich bei den real existierenden Märkten stets um **unvollkommene Märkte** handelt, auch wenn z.B. Aktienmärkte vollkommenen Märkten schon recht nahe kommen und das Internet zu erheblich mehr Markttransparenz und deutlich größerer Reaktionsgeschwindigkeit geführt hat.

Der Wettbewerb zwischen den Anbietern und insbesondere der Druck auf die Preise nehmen zu, je vollkommener ein Markt ist. Daher haben die Anbieter von Wirtschaftsgütern prinzipiell ein Interesse daran, die Erfüllung der genannten Bedingungen zu verhindern. Denn in unvollkommeneren Märkten können sie einen Preiswettbewerb zuungunsten ihres Gewinns vermeiden, da die Preispolitik hinter die Produkteigenschaften, Werbung und Distributionsmaßnahmen zurücktritt.

Aus diesem Grund versuchen die Anbieter stets die **Homogenitätsbedingung** außer Kraft zu setzen, für ihr Angebot also sachliche und/oder persönliche Präferenzen bei den Nachfragern zu erzeugen. Dies kann erreicht werden durch

- Differenzierung ihres Angebotes, bis die angebotenen Produkte nicht mehr mit denen der Konkurrenz verglichen werden können (tatsächlich heterogenes Produkt),
- Erscheinen des eigentlich homogenen Angebotes als Produkt eigener Art (Markenbildung),
- Schaffung persönlicher Kontakte und Maßnahmen zur verstärkten Kundenbindung.

Die Anbieter können ebenfalls versuchen, die **Markttransparenz** einzuschränken, beispielsweise durch eine Preisgestaltung, die einen vollständigen Preisvergleich für die Nachfrager erschwert.

> *Beispielhaft sei an die Vielzahl der Tarifmöglichkeiten im Mobilfunkbereich erinnert oder an Fluggesellschaften, die diverse Zuschläge für Treibstoff oder Gepäck sowie diverse Gebühren erheben, die den offiziell beworbenen Flugpreis mitunter bei Weitem übersteigen.*

Für den Aspekt der unendlich hohen **Reaktionsgeschwindigkeit** bleibt festzustellen, dass Nachfrager im Allgemeinen doch erst mit einer mehr oder weniger erheblichen zeitlichen Verzögerung auf preisliche Veränderungen reagieren. Für die Anbieter besteht somit zumindest für einen begrenzten Zeitraum die Möglichkeit, trotz niedrigerer Preise der Konkurrenz einen höheren Preis für ihr Angebot beizubehalten.

Ebenfalls aus der klassischen Preistheorie und dem Konstrukt des vollkommenen Marktes abgeleitet ist das sogenannte **Marktformenschema**, bei dem die Einteilung der Märkte von der Anzahl (und der relativen Größe) der Marktteilnehmer abhängt. Dazu folgende Tabelle:

		Anbieter		
		viele kleine	wenige mittelgroße	ein großer
Nachfrager	viele kleine	vollkommene Konkurrenz/ bilaterales Polypol	Angebotsoligopol	Angebotsmonopol
	wenige mittelgroße	Nachfrageoligopol/ Olygopson	bilaterales Oligopol	beschränktes Angebotsmonopol
	ein großer	Nachfragemonopol/ Monopson	beschränktes Nachfragemonopol/Monopson	bilaterales Monopol

(vgl. [Jung 2006: S. 558] und [Schierenbeck 2003: S. 286])

Der größtmögliche Wettbewerb herrscht dort, wo viele Nachfrager mit vielen Anbietern zusammentreffen. Wenn es für ein Gut nur wenige Anbieter gibt, besteht die Gefahr, dass diese Wettbewerb vermeiden und Preisabsprachen treffen. Wenn es nur einen Anbieter gibt, kann dieser die Preise allein an der Nachfrageelastizität ausrichten. Dabei spielt es eine Rolle, wie viele Nachfrager es gibt. Wenn es nur wenige Nachfrager gibt, können diese einen größeren Einfluss nehmen. Der Fall, dass es nur einen Nachfrager gibt, kommt unter den Bedingungen der Globalisierung nicht mehr vor.

5.4.1.3 Besonderheiten elektronischer Märkte

Die um die letzte Jahrtausendwende herum sehr populäre sprachliche und gedankliche Trennung von Unternehmen in die sogenannte Old Economy im Sinne traditioneller produzierender Unternehmen wie Maschinen- und Autobauer, Textilhersteller oder Supermarktketten, Banken und Versicherungen auf der einen und die New Economy der im direkten Zusammenhang mit dem Internet neu entstandenen Unternehmen wie Amazon, eBay oder AOL auf der anderen Seite ist inzwischen überwunden. Herausgebildet hat sich eine Art gemeinsamer Internetökonomie, in der fast alle Unternehmen mehr oder weniger stark die elektronische Infrastruktur des Internets nutzen.

Autobauer führen ihre Beschaffung und gemeinsame Entwicklung mit Zulieferern über elektronische Plattformen durch, Kleidungsproduzenten vertreiben unter Umgehung des Handels ihre Produkte teilweise direkt an die End-

kunden, Lebensmittel können online bestellt und Musikstücke sowie Software ohne Datenträger online gekauft und direkt auf den heimischen PC heruntergeladen werden.

Somit ist heute nur noch zu unterscheiden zwischen Märkten mit lediglich teilweise elektronischen Transaktionsprozessen, auf denen Handelsunternehmen wie Amazon oder Direktversicherer altbekannte Produkte auf neue Art und Weise verkaufen, und Märkten für elektronische Produkte wie Nachrichten, Onlinezugänge, E-Mail-Konten, Internetsuchmaschinen, Musik- oder Videodateien, deren Vorzeigeunternehmen wie AOL, GMX, Google oder YouTube tatsächlich neue elektronische Produkte und Geschäftsmodelle vorzuweisen haben. Für beide Arten von elektronischen Märkten gelten bestimmte gemeinsame Prinzipien.

Was ist unter elektronischen Märkten zu verstehen?

Auf einer sehr allgemeinen Ebene charakterisiert Schmid elektronische Märkte wie folgt:

a) Ein Markt ist institutionell ein Medium,

- das einer Gemeinschaft von Agenten Rollen zuweist, unter denen neben den notwendigen des Verkäufers oder Käufers weitere definiert sein können, etwa die von Intermediären, Rechtsinstanzen u.a.;
- in dem Protokolle und Prozesse definiert sind, welche die Interaktionen der Agenten regeln;
- das einen gemeinsamen Sprachraum zur Verfügung stellt, der ihnen die Verständigung ermöglicht;
- das ein Kanalsystem, d.h. ein Kommunikations- und Transportsystem bereithält, das den Austausch physisch ermöglicht.

b) Er besteht sozial aus einer Gemeinschaft von Agenten (Community), die

- sich in einem bestimmten Zustand befinden, der die Komponenten Wissen, Absichten, Kontrakte und Warenkorb umfasst;
- bestimmte Rollen mit ihren jeweiligen Rechten und Pflichten wahrnehmen;
- durch Transaktionen, d.h. Austausch und Kommunikationsakte über das Marktmedium, ihren Zustand gemäß ihren Absichten auf autonome Weise zu verändern trachten.

c) Er ist volkswirtschaftlich gekennzeichnet durch

- den Vektor der Warenkörbe der Agenten in einem bestimmten Zeitpunkt;
- die Angebote und Nachfragen der Agenten an diesem Zeitpunkt und ihre Summation, d.h. das aggregierte Angebot und die aggregierte Nachfrage;
- die Kontrakte, die in einem bestimmten Zeitintervall abgeschlossen werden;
- die Tauschrelationen, die für die Kontrakte zu einem bestimmten Typ von Gut bestehen, die Preise.

(nach [B.F. Schmid: 1999])

Elektronische Märkte unterscheiden sich heute von den in den vorherigen Abschnitten beschriebenen klassischen Märkten hauptsächlich dadurch, dass Angebot und Nachfrage über eine elektronische Infrastruktur wie das Internet zusammengebracht werden, wobei Anbieter und Nachfrager nicht mehr örtlich und/oder zeitlich zusammentreffen müssen. Welche Phasen einer marktlichen Transaktion unterstützt werden, zeigt die Abbildung 5–17:

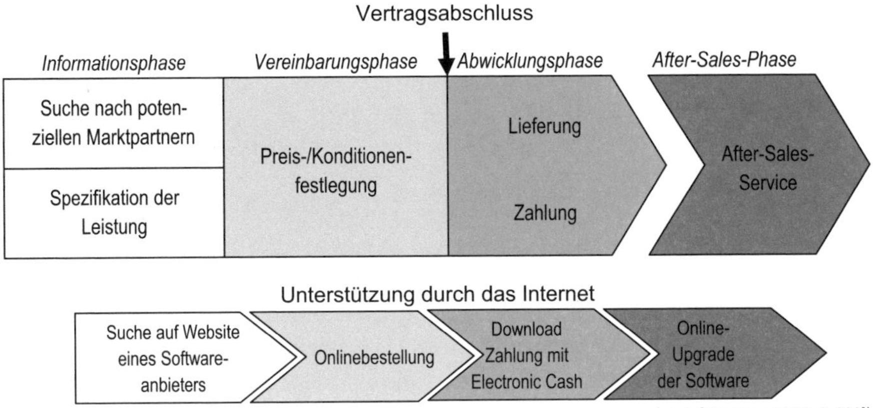

Abb. 5–17 *Phasen einer marktlichen Transaktion*

Darüber hinaus erfüllen elektronische Märkte aber auch einige der Bedingungen für vollkommene Märkte (Homogenität, Transparenz, Reaktionsgeschwindigkeit) besser, ohne allerdings tatsächlich den Zustand der Vollkommenheit zu erreichen.

Wie verändern sich Transparenz und Reaktionsgeschwindigkeit?

Zwar sind auf elektronischen Märkten wesentlich mehr Informationen und diese auch bedeutend schneller verfügbar, was Vergleiche der Nachfrager, Anbieter und angebotenen Wirtschaftsgüter vereinfacht, eine vollständige Markttransparenz oder gar unendlich hohe Reaktionsgeschwindigkeit werden jedoch trotz alledem keinesfalls erreicht (z.B. aufgrund der Indizierungszeiten und Rankingmechanismen von Suchmaschinen).

Grundlage für die höhere Markttransparenz ist die stark gestiegene einfache und günstige Verfügbarkeit von marktrelevanten Informationen. Die Ressourcen zur Aufnahme all dieser Informationen aufseiten der Nachfrager hat jedoch nicht im gleichen Maße zugenommen, sodass es für Anbieter auf elektronischen Märkten vor allem auch aufgrund der größeren Konkurrenz darauf ankommt, ausreichend Aufmerksamkeit der Nachfrager auf sich und ihr Angebot zu lenken.

Die höhere Transparenz führt auf Käufermärkten in der Regel zu verschärftem Wettbewerb mit fallenden Preisen wie zum Beispiel in der Branche der Unterhaltungselektronik; auf Verkäufermärkten dann zu Preissteigerungen wie die internationalen Ölmärkte oder die Leipziger Strombörse zeigen.

Wie wird die Homogenitätsbedingung erfüllt?

Viele örtliche und zeitliche Restriktionen von klassischen Märkten (wie etwa regionale Verfügbarkeit und Ladenöffnungszeiten) existieren auf ihren elektronischen Ausprägungen nicht. Sachliche und persönliche Präferenzen hingegen lassen sich bei den Nachfragern allerdings auch auf den elektronischen Märkten erzeugen (insbesondere durch Differenzierung, kundenindividuelle Massenfertigung, Markenbildung sowie vertrauensbildende und Kundenbindungsmaßnahmen). Dies muss jedoch aufgrund der meist fehlenden Face-to-Face-Kommunikation auf den elektronischen Märkten von den Anbietern besonders aktiv betrieben werden.

5.4.2 Marktanalyse

Die Marktanalyse bezieht sich zunächst auf eine ganze Branche und ihren Gesamtmarkt. Durch eine schrittweise Eingrenzung des tatsächlich bearbeitbaren Marktes soll dann verhindert werden, dass sich ein Unternehmen völlig falsche Vorstellungen von der Größe des potenziellen Marktes für seine Geschäftsidee macht. Ziel der Marktanalyse ist es, herauszufinden, wie viele Kunden in dem angestrebten Markt tatsächlich existieren und auch für das Unternehmen erreichbar sind bzw. für eine wirtschaftlich tragfähige Geschäftstätigkeit erreichbar sein müssten.

Schwierig bei der Marktanalyse ist zu entscheiden, wie eng oder weit der »Markt« definiert wird:

- *Steht z.B. eine Pizzeria nur im Wettbewerb mit anderen italienischen Restaurants oder auch mit dem Inder oder Dönerladen um die Ecke? Wirbt sie nur um die Kunden ihres Stadtteils oder z.B. aufgrund des Lieferservice auch um Kunden in der ganzen Stadt?*
- *Konkurriert der Händler eines Luxussportwagens nur mit Händlern der gleichen Marke oder aber allen Verkäufern von Luxussportwagen oder gar auch den Verkäufern von teuren prestigeträchtigen Motorrädern oder Sportbooten?*
- *Müssen die Hersteller von MP3-Playern oder digitalen Fotokameras nur untereinander um Kunden kämpfen oder z.B. auch mit Handyherstellern?*
- *Befindet sich z.B. der PC-Einzelhändler von nebenan nur im lokalen Wettbewerb mit anderen kleinen »Computerläden« bzw. den großen Elektronikmärkten oder agiert er mittels Internet und Onlineshopping gar landesweit bzw. auf globalen Märkten?*

In der Literatur gibt es verschiedene Konzepte zur Abgrenzung von Märkten. Sehr konkret und rechtlich bedeutsam wird die Marktabgrenzung, wenn Marktanteile bzw. eine Marktbeherrschung im kartellrechtlichen Sinne festgestellt werden sollen. In diesem Zusammenhang spricht man auch vom **relevanten Markt**. Die Definition des relevanten Marktes kann produktorientiert, anbieterorientiert oder nachfrageorientiert erfolgen und sie kann sich an objektiven Fakten oder an subjektiven Wahrnehmungen orientieren. In der nachstehenden Übersicht sind insgesamt neun verschiedene in der Literatur behandelte Möglichkeiten zur Abgrenzung des relevanten Marktes zusammengefasst.

Orientierung	Konzeptansatz	Beispiele
produktorientiert	**Elementarmarktkonzept** Jedes Gut hat einen eigenen relevanten Markt.	
produktorientiert	**Konzept der physisch-technischen Ähnlichkeit** Der relevante Markt umfasst alle Güter, die sich nach Stoff, Verarbeitung, Form, technischer Gestaltung gleichen.	Märkte für PCs oder Musikdownloads
produktorientiert	**Konzept der funktionalen Ähnlichkeit bzw. Grundbedürfniskonzept** Der relevante Markt umfasst alle Güter, die das gleiche Grundbedürfnis/die gleiche Funktion erfüllen.	Digitales Fernsehen: via DVB-S, DVB-T, Kabel digital, T-Home Entertain
anbieterorientiert	**Konzept der Kreuzpreiselastizität** Der relevante Markt umfasst alle Güter, die sich durch eine hohe Kreuzpreiselastizität auszeichnen, d.h., bei denen eine Preisänderung des einen Gutes zur Absatzänderung eines anderen Gutes führt.	Preis für Spielekonsolen → verkaufte Spiele und Zubehör
anbieterorientiert	**Konzept der konjekturalen Konkurrenzsituation bzw. Wirtschaftsplankonzept** Der relevante Markt umfasst alle Konkurrenzprodukte, die ein Anbieter in seinen Absatzplanungen berücksichtigt.	
nachfragerorientiert	**Konzept der verwenderorientierten/subjektiven Austauschbarkeit** Der relevante Markt umfasst alle Güter, die vom Verwender als subjektiv austauschbar angesehen werden.	Fastfoodprodukte oder Festplatten verschiedener Anbieter
nachfragerorientiert	**Substitution-in-Use-Ansatz** Der relevante Markt umfasst alle Güter, die für den Verwender in einer bestimmtem Ge- und Verbrauchssituation den gleichen Nutzen stiften.	Transport von A nach B: mit Taxi, S-Bahn, Bus, Pkw, …
nachfragerorientiert	**Kaufverhaltensansätze** Der relevante Markt umfasst alle Güter, die aufgrund des realen Kauf- u. Nutzungsverhaltens als substituierbar anzusehen sind.	
nachfragerorientiert	**Konzept der Kundentypendifferenzierung** Der relevante Markt umfasst alle Güter, die von den gleichen Kundentypen (Marktsegmenten) nachgefragt werden.	prestigeorientierter Kundentyp: Villa, Luxussportwagen, iPhone, …

(in Anlehnung an Meffert nach [Pufahl 2006: S. 68])

Daraus folgt, dass es nicht eine gültige Marktabgrenzung gibt. Aus dem Wort »relevant« folgt bereits, dass eine solche Abgrenzung relativ in Bezug auf einen bestimmten Zweck vorgenommen werden soll. Im Falle des Businessplans ist zunächst das Leistungsangebot des Unternehmens genau zu definieren und ggf. die Zielgruppe und Zielregion für das eigene Leistungsangebot einzuschränken. Dann erst ist die Abgrenzung des relevanten Marktes mit der für diesen Kontext sinnvollsten Methode vorzunehmen.

Quantitative Marktanalyse

Für den so definierten Markt sind dann folgende quantitative Marktgrößen (siehe Abb. 5–18) zu schätzen (vgl. [Runia u.a. 2007: S. 20]):

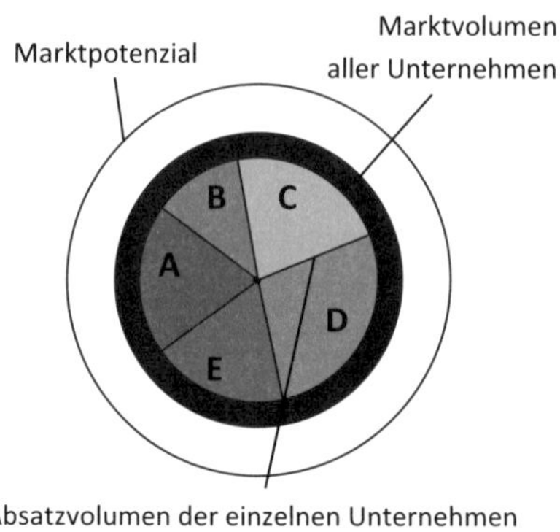

Abb. 5–18 *Quantitative Marktgrößen*

- **Marktpotenzial**
  Die Gesamtheit aller theoretisch möglichen Absatzmengen verschiedener Anbieter für ein Produkt ergibt das Marktpotenzial. Es kann als Absatzpotenzial in Stückzahlen oder als Umsatzpotenzial z.B. in Euro angegeben werden. Ein großes Marktpotenzial gilt als Voraussetzung für eine hohe Wertsteigerung eines Unternehmens.
- **Marktvolumen**
  Hierbei handelt es sich um die gesamte tatsächlich realisierte Absatzmenge vergleichbarer Produkte aller Anbieter im Markt. Sie basiert auf der Anzahl der tatsächlichen Kunden und den von ihnen verbrauchten Mengeneinheiten.
- **Marktsättigung**
  Das Verhältnis zwischen dem bereits erreichten Marktvolumen und dem Marktpotenzial lässt erkennen, wie stark ein Markt bereits gesättigt ist.
- **Marktwachstum**
  Das Marktwachstum, angegeben in Prozent, gibt Auskunft über die zukünftigen Veränderungen von Marktvolumen und -potenzial. Der betrachtete Zeitraum beträgt üblicherweise ca. 3–5 Jahre, bei rasanten Entwicklungen der Branche bzw. des Marktes und damit verbundenen hohen Unsicherheiten ggf. auch weniger.

Die Angabe des zukünftigen Marktwachstums kann natürlich nur eine Prognose sein, daher bietet es sich an, das Wachstum ähnlicher Märkte zurate zu ziehen.

Die Erwartungen hinsichtlich des zukünftigen Marktwachstums sind von großer Bedeutung für den (längerfristigen) wirtschaftlichen Erfolg eines Unternehmens und somit auch die Risikoeinschätzung potenzieller Kapitalgeber.

- **Absatzvolumen**
  Hierbei handelt es sich jeweils um die Absatzmenge eines Unternehmens bezogen auf ein Produkt. Das Absatzvolumen sollte nach Möglichkeit auch für alle Wettbewerber ermittelt werden. Aus den Stückzahlen des Absatzvolumens lässt sich auch das Umsatzvolumen z.B. in Euro ableiten.
- **Marktanteil**
  Das Verhältnis vom Absatzvolumen eines Unternehmens zum Marktvolumen ergibt dessen Marktanteil in Prozent. Je höher der Marktanteil eines Unternehmens im Vergleich zu seinen Wettbewerbern ist, desto stärker ist seine Position auf diesem Markt.

Die Daten der Marktanalyse dienen als Basis für die Strategiefindung des Unternehmens. Aussagen über Umsatzziele oder angestrebte Marktanteile können nun mit konkreteren Zahlen überprüft bzw. interpretiert werden:

- Lässt sich z.B. ein aus Kostengründen notwendiger Mindestumsatz auf diesem Markt überhaupt erreichen?
- Wie viele Produkte müssen denn tatsächlich an die Kunden gebracht werden, um einen Marktanteil von 20 % zu erreichen oder gar Marktführer zu werden?
- Wie viele Kunden muss das Unternehmen für den notwendigen bzw. angestrebten Umsatz gewinnen und welche Kosten sind damit verbunden?

Während auf Massenmärkten mit großem Marktvolumen bereits kleine Marktanteile ausreichen können, damit ein Unternehmen wirtschaftlich erfolgreich tätig ist, sind auf kleinen Nischenmärkten oft hohe Marktanteile Bedingung für ausreichende Umsätze und das finanzielle Überleben eines Unternehmens. Je kleiner das Potenzial eines Marktes und je gesättigter er bereits ist, desto schwieriger wird es i.d.R. auch für ein Unternehmen, zusätzlich zu den vorhandenen Wettbewerbern in diesen Markt einzutreten.

Nicht alle Aussagen zum Gesamtmarkt und seiner Entwicklung lassen sich jedoch in Zahlen ausdrücken. Zur Marktanalyse gehört daher auch eine Beschreibung der Haupteinflussfaktoren auf die Entwicklung einer Branche sowie etwaiger Trends und deren Bedeutung für das eigene Unternehmen (z.B. technologische Entwicklungen, Aktivitäten des Gesetzgebers). Darüber hinaus wichtig sind Aussagen zu den branchentypischen Renditen sowie die Entwicklung der Preise.

Qualitative Marktanalyse

Ein weitverbreitetes Schema für qualitative Marktanalysen ist das **Structure-Conduct-Performance-Paradigma** (siehe Abb. 5–19). Es geht zurück auf Untersuchungen in den 1930er-Jahren, die ergaben, dass nur diejenigen Unternehmen, die über eine große Marktmacht verfügen, eine aktive Preispolitik betreiben können, wobei sie sich jedoch auch weiterhin an den vorgegebenen Marktstrukturen orientieren müssen. Darunter sind etwa Art und Differenziertheit der Produkte, Anzahl und Größe der Wettbewerber und Nachfrager oder saisonale bzw. zyklische Schwankungen der Nachfrage zu verstehen. Somit beeinflusst die Struktur (structure) einer Branche das Verhalten (conduct) der ihr zugehörigen Unternehmen, und dieses Verhalten wiederum deren jeweilige Leistung (performance). Im Laufe der Zeit wechselte der Betrachtungsfokus vom einzelnen Unternehmen hin zum Verhalten und der kollektiven Leistung einer gesamten Branche, die für die Ressourcenallokation und gesellschaftliche Leistung einer Wirtschaft entscheidend sind.

Neben der Wirkungskette von der Struktur zum Verhalten und vom Verhalten zur Leistung existiert auch ein direkter Zusammenhang zwischen Struktur und Leistung eines Unternehmens bzw. einer Branche. Umgekehrt kann auch beobachtet werden, wie Unternehmen durch gezielte Aktionen mit ihrem Verhalten die Struktur eines Marktes bzw. einer Branche verändern, was in Abhängigkeit der jeweiligen Unternehmensleistung schwerer oder leichter fällt.

Eine zentrales Merkmal der Branchenstruktur sind **Markteintrittsbarrieren**. Sie verhindern den stetigen Eintritt weiterer Unternehmen bis hin zum Erreichen des ökonomischen Gleichgewichts, in dem kein Hersteller mehr einen Gewinn erzielen würde, und ermöglichen so auch langfristige überdurchschnittliche Profite. Solche Eintrittsbarrieren können sein: Produktdifferenzierungs- oder absolute Kostenvorteile, Skaleneffekte oder auch Kapitalanforderungen.

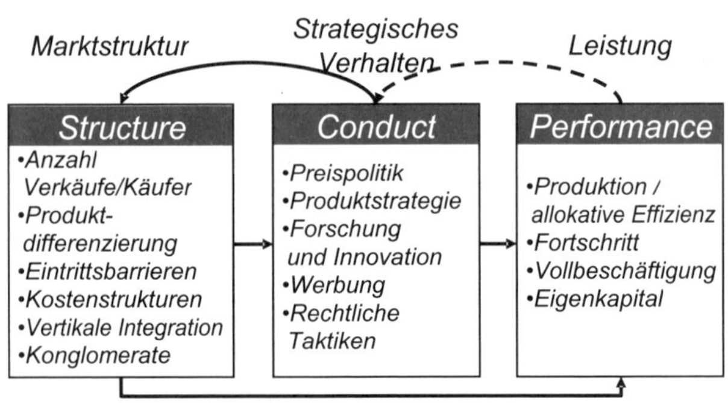

S-C-P-Paradigma von Porter (1981) nach [Haertsch 2000: S. 64]

Abb. 5–19 *S-C-P-Paradigma*

Da sich in der Realität nicht alle Unternehmen einer Branche in ihren wichtigen ökonomischen Dimensionen wie vertikale Integration, Angebotsbreite oder Rendite gleichen, wurde das traditionelle S-C-P-Paradigma Ende der 1970er-Jahre um das Konzept der strategischen Gruppen und Mobilitätsbarrieren erweitert (vgl. [Haertsch 2000: S. 65 ff.]). Das heißt, eine Branche besteht letztlich aus verschiedenen Gruppen von Unternehmen, die sich innerhalb ihrer jeweiligen Gruppe strukturell sehr ähnlich sind und gleiche Strategien verfolgen. Die Unternehmen einer **strategischen Gruppe** gleichen sich daher auch in ihrem Verhalten auf interne und externe Ereignisse bzw. Störungen. Die möglichen Profite eines einzelnen Unternehmens hängen demnach also nicht nur von den allgemeinen Branchenmerkmalen wie bspw. dem Marktwachstum ab, sondern auch von der Zugehörigkeit zu einer bestimmten strategischen Gruppe bzw. den Möglichkeiten des Wechsels zwischen verschiedenen strategischen Gruppen. Denn für jede Gruppe können unterschiedliche Eintrittsbarrieren bestehen, die leichter oder schwerer zu überwinden sind als bei anderen Gruppen. Diese gruppeninternen Eintritts- oder auch Wechselbarrieren werden als **Mobilitätsbarrieren** bezeichnet und sind dafür verantwortlich, dass die Unternehmen innerhalb einer Branche auch langfristig unterschiedlich profitable Strategien anwenden (müssen) und nicht einfach die erfolgreichsten Unternehmensstrategien imitieren können (vgl. [Hungenberg 2004: S. 126 ff.]).

	Markt und Wettbewerb **Marktanalyse**
Leitfragen	▪ Nach welcher Methode soll der relevante Markt definiert werden? ▪ Warum erscheint diese Methode dem Produkt und der Zielgruppe angemessen? ▪ Was sind die aktuellen Marktgrößen? (Marktpotenzial, Marktwachstum, Marktvolumen, Absatz- und Umsatzvolumen, Marktanteil) ▪ Welche Renditen werden in der Branche erzielt? ▪ Wie (dynamisch) entwickeln sich die Branche, Märkte, Preise? Gibt es Trends? ▪ Wodurch wird das Wachstum der Branche beeinflusst? (Ökonomische Entwicklungen, Aktivitäten des Gesetzgebers,...) ▪ Welche Markteintrittsbarrieren bestehen in der Branche? ▪ Wie verhalten sich die Wettbewerber, welche Gruppen existieren innerhalb der Branche und welche Strategien verfolgen sie?

TIMEBUILDER121

4 Markt und Wettbewerb

4.1 Marktanalyse

Der relative Markt wird für Timebuilder121 bzw. seine Uhren produktorientiert nach dem Konzept der physisch-technischen Ähnlichkeit definiert. Die Kunden von Timebuilder121 haben sich i.d.R. gezielt für den Kauf einer »Swiss made«-Uhr entschieden.

Da Timebuilder121 seine Uhren ausschließlich direkt über das Internet vertreibt, dafür aber weltweit, und 95% der Schweizer Uhrenproduktion in den Export gehen, sollen als Basis der Marktgrößen die Exportzahlen der Schweizer Uhrenindustrie dienen (Quelle: Verband der Schweizerischen Uhrenindustrie FH):

- Im Jahre 2001 wurden rund 26 Mio. Schweizer Armbanduhren exportiert, was einem Wert von rund 9,6 Mrd. CHF entspricht. Im Jahre 2002 steigt der Export mengenmäßig voraussichtlich um etwa 2 weitere Prozent an, wertmäßig jedoch nur um ca. 0,6%.
- Die USA und Hongkong stellen für die traditionelle Schweizer Uhrenindustrie die wichtigsten Exportmärkte dar; innerhalb Europas sind es Frankreich, Italien und Deutschland.
- Der Durchschnittspreis der Schweizer Exportuhren beträgt ca. 370 CHF im Vergleich zu ca. 260 CHF zwei Jahre zuvor. Es ist ein Trend hin zu luxuriöseren Uhren erkennbar.

Insgesamt wird mit einem moderaten weiteren Wachstum der Märkte für »Swiss made«-Uhren gerechnet, in aufstrebenden Ländern wie z.B. China auch mit einem starken Wachstum im 2- bis 3-stelligen Bereich. Beeinflusst wird das Marktwachstum vor allem durch die allgemeine globale wirtschaftliche Entwicklung sowie Sicherheit und Stabilität.

Markteintrittsbarrieren bestehen vor allem in Form der bereits etablierten imageträchtigen Marken der Wettbewerber sowie der blockierten Distributionskanäle des traditionellen Uhrenhandels. Derzeit herrscht in der Schweizer Uhrenbranche eine intensive Konkurrenz mit

- einem harten Verdrängungskampf zwischen etablierten Wettbewerbern,
- einem Graumarkt durch aus offiziellen Vertriebskanälen umgeleitete Originale und
- einem zusätzlichen illegalen Markt für Fälschungen.

Das Internet wird daher in der Schweizer Uhrenbranche eher als Gefahr denn Chance betrachtet.

5.4.3 Kundenanalyse

Nicht alle potenziellen Kunden des Gesamt- bzw. des abgegrenzten Zielmarktes haben das gleiche Interesse an einem Produkt/einer Dienstleistung, da sie sich in ihren Bedürfnissen voneinander unterscheiden. Nach der Marktanalyse folgt daher die **Bestimmung der einzelnen Zielgruppen** für die anzubietenden Unternehmensleistungen. Dazu wird der als Zielmarkt ausgewählte Bereich des Gesamtmarktes weiter in verschiedene Kundengruppen segmentiert.

Große Unterschiede bestehen zwischen Privat- und Geschäftskunden und bei letzteren noch einmal zwischen Endverbrauchern und Wiederverkäufern. Diese Unterscheidung kommt in den für den Onlinehandel geprägten Begriffen B2B (Business to Business) und B2C (Business to Consumer) zum Ausdruck. Es ist offenkundig, dass Privatpersonen als Kunden anders angesprochen werden müssen als Unternehmen, die Material beschaffen. Häufig müssen die Produkte selbst durch ihre Verpackung differenziert werden. Innerhalb dieser großen Bereiche bestehen meist noch relevante Unterschiede zwischen den Kunden. Diese sollen zu Gruppen zusammengefasst werden, die möglichst homogen reagieren und daher mit einheitlichen Marketingmaßnahmen erreicht werden können. Die Segmentierungskriterien der Gruppen untereinander hingegen sollten heterogen sein, um eine klare Abgrenzung voneinander zu ermöglichen. Die Segmente sind gut gewählt, wenn sich für jedes einzelne davon das Verhalten und die Anzahl der Kunden klar bestimmen sowie spezifische Erfolgsfaktoren und Bearbeitungsmaßnahmen daraus ableiten lassen (vgl. [Runia u.a. 2007: S. 92]).

Zur **Marktsegmentierung bei Konsumgütern und konsumtiven Dienstleistungen** werden häufig folgende Kriterien für Kundengruppen verwendet (vgl. auch [Klandt 2006: S. 196], [Meffert 2000: S. 185 ff.]:

- **Biologie und Demografie**
  z.B. Geschlecht, Alter, Familienstand, Kinder, Bildungsgrad, Beruf, Einkommen, Konfession
- **Geografie**
  z.B. Länder/Regionen, Sprachraum, Bevölkerungsdichte, Wohnort und Wohnortgröße
- **Psychografie**
  Die Bedeutung der psychologischen Kriterien resultiert aus der Tatsache, dass Präferenzen nicht nur aufgrund objektiver Produktmerkmale entstehen, sondern auch über subjektiv wahrgenommene Eigenschaften des Produktes. Sie hat in letzter Zeit stark zugenommen und umfasst:
  - Einstellung zum Leistungsobjekt (positiv, negativ, indifferent),
  - Motivation (z.B. Sorge um Gesundheit und Sicherheit, Prestigestreben, Teilhabe),
  - Lebensstil (z.B. Technofreak, ökologiebewusst, aktive Senioren)

- **Kaufmotive**
  z.B. Qualitäts- oder Preisbewusstsein, Bequemlichkeit, Prestige
- **Verhaltensmerkmale**
  Mediennutzung, Einkaufsstättenwahl (Betriebsform, Geschäftstreue,...), Produktwahl (Käufer/Nichtkäufer, Markenbewusstsein, Kaufvolumen, ...), Freizeitgestaltung

Für **Investitionsgüter bzw. investive Dienstleistungen** ergeben sich andere Segmentierungskriterien wie zum Beispiel:

- Firmengröße, Beschaffungskonzepte (zentraler/dezentraler Einkauf),
- Branchenzugehörigkeit (unterschiedliche Weiterverarbeitung),
- operative Faktoren (wie eingesetzte Technologien, Investitions- und Innovationszyklen, ...),
- situative Faktoren (wie Auftragsgrößen, Dringlichkeiten des Bedarfs, ...),
- Anforderungen an die Qualität der eingekauften Leistung oder auch Zertifizierungen.

Die Kundensegmentierung sollte jedoch nicht z.B. aus Branchenstatistiken oder von anderen Unternehmen ungeprüft übernommen werden, sondern stets unternehmensspezifisch erfolgen. Eine Kombination von verschiedenen Abgrenzungsmerkmalen ist dabei durchaus üblich. Allerdings sollte eine Übersegmentierung des Zielmarktes vermieden werden, da ein Unternehmen mit der Verfolgung einer großen Anzahl segmentspezifischer Absatzstrategien schnell überfordert ist und die entstehenden zusätzlichen Kosten, z.B. bei Produktentwicklung, Herstellung oder Werbung, den Nutzen der Segmentierung schließlich übersteigen. In der Praxis hat sich die Gliederung in nicht mehr als 6-7 Marktsegmente bewährt. Dabei müssen jedoch keinesfalls alle dieser Segmente auch tatsächlich aktiv bearbeitet werden. Einzelne Nachfragergruppen können auch ganz bewusst vernachlässigt werden, um bspw. Kosten zu senken, ein bestimmtes Image aufzubauen bzw. zu erhalten oder einen Preisverfall zu vermeiden.

Die Wahl, welche Segmente vorrangig bearbeitet werden sollen, hängt letztlich entscheidend von deren wirtschaftlicher Attraktivität ab. Kriterien dafür sind:

- die Größe des Marktsegments (Marktumsatz, Absatzmengen) sowie Wachstum,
- die Profitabilität des Segmentes,
- die nachhaltige Unterscheidung von den Wettbewerbern,
- die Überlegenheit des Produktes bzw. der Dienstleistung zur Erfüllung eines Kundenbedürfnisses in diesem Segment.

Nach der Auswahl der zu bearbeitenden Marktsegmente sind abschließend für alle diese Zielkundengruppen glaubwürdige unverwechselbare Nutzenversprechen und Leistungsangebote zu formulieren.

Die Segmentierung von Märkten anhand unterscheidbarer Kundengruppen dient also zugleich der Erfassung als auch der Bearbeitung dieser Märkte:

- Spezielle Lösungen für ausgewählte Kundenprobleme und die Formulierung eines unverwechselbaren Nutzenangebotes, z.B. Imagevorteil, eröffnen eine Preisautonomie.
- Eine bessere Bedürfnisbefriedigung und somit ein höherer Kundennutzen durch Fokussierung auf spezifische Kundenbedürfnisse bilden einen Wettbewerbsvorteil und führen zu stärkerer Kundenbindung.
- Eine wirtschaftlich sinnvolle Beschränkung auf einzelne Segmente bzw. der gezielte Einsatz des zur Verfügung stehenden Budgets in möglichst lukrativen Segmenten, beginnend schon im Bereich der Produktentwicklung, ermöglichen einen Kostenvorteil und führen zu höherer Rentabilität.

Nachdem der Zielmarkt analysiert und anhand der Kunden in homogenere Teilmärkte untergliedert worden ist und daraus die zu bearbeitenden Marktsegmente ausgewählt worden sind, gilt es im nächsten Abschnitt, der Wettbewerbsanalyse, auch die anderen Marktteilnehmer und deren Verhalten angemessen in der Businessplanung zu berücksichtigen.

	Markt und Wettbewerb **Kundenanalyse**
Leitfragen	▪ Wie wird der Zielmarkt definiert (B2B, B2C)? ▪ Wie wird der Zielmarkt segmentiert? Wer sind die Zielkundengruppen? ▪ Gibt es bereits (Referenz-)Kunden? ▪ Wie setzen sich die einzelnen Kundensegmente zusammen (z.B. Alter, Geschlecht, Einkommen, Beruf, Einkaufsverhalten, Privat- oder Geschäftskunden)? ▪ Welche Probleme, Erwartungen, Bedürfnisse haben die Zielkunden? ▪ Welchen Nutzen hat die angebotene Unternehmensleistung für potenzielle Kunden? ▪ Sind potenzielle Kunden an andere Wettbewerber gebunden? ▪ Was sind die kaufentscheidenden Faktoren auf Kundenseite? ▪ Wie unterscheiden sich die Segmente z.B. hinsichtlich des erwarteten Absatzvolumens, Wachstums oder der Marktanteile? ▪ Ist das Unternehmen von wenigen Großkunden abhängig?

TIMEBUILDER 121

4.2 Kundenanalyse

Zielgruppe für Timebuilder121 sind im Wesentlichen Privatpersonen (B2C) und Organisationen, die hochwertige Uhren zu günstigen Preisen für sich oder auch andere kaufen, aber keine echten Wiederverkäufer sind (B2B). Dabei ergibt sich folgende Kundensegmentierung:

- Privatkunden sind primär technikaffine und interneterfahrene, dabei meist jüngere Personen. Es handelt sich vor allem um sportliche, modebewusste und kreativ-verspielte Individualisten. Für Männer und Frauen werden unterschiedliche Kollektionen angeboten.
- Firmenkunden sind zum einen Unternehmen, die luxuriöse Kunden- u. Mitarbeitergeschenke suchen, und zum anderen Universitäten, welche die Uhren im Rahmen ihres Merchandisings verwenden.
- Beliefert werden grundsätzlich Kunden in der ganzen Welt, zunächst jedoch erfolgt die Fokussierung auf den deutschsprachigen Raum sowie nach dem dritten Geschäftsjahr schrittweise auch auf Frankreich und Italien.

Im Vordergrund der Bedürfniserfüllung stehen bei allen Kunden das Streben nach Individualität sowie die Möglichkeiten der Personalisierung und Gestaltung nach den eigenen Präferenzen.

Die potenziellen Kunden sind – wenn überhaupt – nur mental an andere Wettbewerber gebunden (Markentreue).

Der Geschäftserfolg von Timebuilder121 ist nicht von einzelnen Kundengruppen bzw. Großkunden abhängig.

5.4.4 Wettbewerbsanalyse

Die Chancen eines Unternehmens auf einem bestimmten Markt hängen nicht nur von den potenziellen Kunden ab, sondern auch von weiteren Marktteilnehmern wie ihren Lieferanten und insbesondere ihren **Konkurrenten**. Bei letzteren handelt es sich nicht nur um bereits existierende sowie zukünftige Anbieter von gleichen bzw. ähnlichen Produkten oder Dienstleistungen, sondern auch um diejenigen Wettbewerber, die Substitute anbieten, d.h. mit ihrem Leistungsangebot einen gleichen bzw. ähnlichen Kundennutzen auf andere Art und Weise erfüllen.

Anschaulich dargestellt sind diese externen Einflussfaktoren auf die Wettbewerbsintensität eines Marktes in dem Five-Forces-Modell von Michael E. Porter (siehe Abb. 5–20). Es zeigt die fünf Kräfte des Wettbewerbs, welche die Ertragschancen des Unternehmens bedrohen: die Rivalität zwischen den konkurrierenden Anbietern, die Verhandlungsstärke der Lieferanten und Kunden, potenzielle neue Mitbewerber und die sogenannten Substitutionsprodukte (vgl. [Porter 1999: S. 29]).

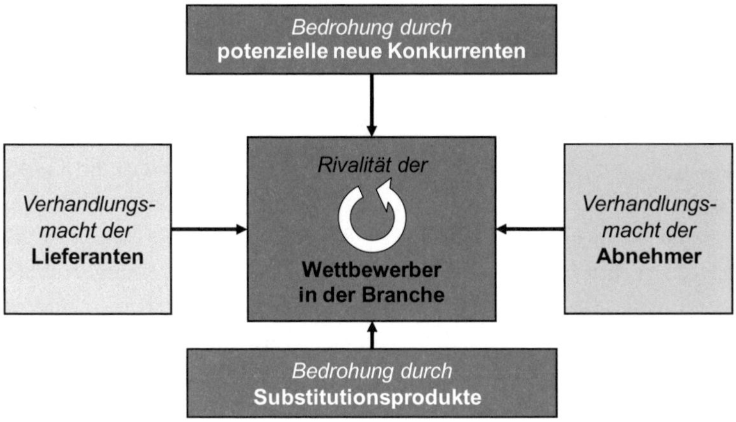

Abb. 5–20 *Die fünf Wettbewerbskräfte nach Porter (Five-Forces-Modell)*

Eine unmittelbare Bedrohung der erhofften Umsätze und Erträge resultiert aus der **Rivalität der bereits am Markt bestehenden Unternehmen** und ihrer Reaktion auf neue Markteintritte. Produktneueinführungen, Preissenkungen, kostenlose Zusatzleistungen oder in die Höhe schnellende Werbebudgets sind typische Reaktionen, die letztlich sogar zu einer schlechteren Ertragslage für alle etablierten Unternehmen der Branche führen können, und zwar nicht nur kurz-, sondern auch langfristig. Der Konkurrenzkampf sowie etwaige Gegen- und Vergeltungsmaßnahmen innerhalb der Branche fallen umso härter aus,

- je mehr Konkurrenten vorhanden und umso größer sie sind,
- je geringer das Marktwachstum,
- je höher der Fixkostendruck und die Marktaustrittsbarrieren,
- je niedriger die Produktdifferenzierung und die Umstellungskosten,
- je mehr strategische Interessen einzelner Unternehmen betroffen sind.

In diesem Abschnitt des Businessplans ist daher aufzuzeigen, wie solche Reaktionen vermieden bzw. abgemildert werden können und wie das Unternehmen seine angestrebte Position im Wettbewerb erreichen kann, z.B. durch

- Differenzierung der eigenen Produkte,
- Vermeidung eines Preiswettbewerbs,
- Übernahme von Wettbewerbern,
- Konzentration auf nicht umkämpfte Marktnischen.

In einer überzeugenden Wettbewerbsanalyse sind außerdem auch **potenzielle neue Konkurrenten** nicht zu vernachlässigen, denn ihr möglicher Markteintritt hat ebenfalls großen Einfluss auf die zukünftigen Gewinne des Unternehmens. Daher ist abzuschätzen, wie sich in diesem Falle die Produktionskapazitäten, Preise und Marktanteile innerhalb der Branche verändern könnten. Das Ausmaß der Bedrohung durch neue Konkurrenten hängt u.a. davon ab,

- wie hoch der Kapitalbedarf für ein Unternehmen dieser Branche ist,
- welcher Zugang zu Distributionskanälen besteht,
- welche Abwehr- und Vergeltungsmaßnahmen von den bereits etablierten Unternehmen zu erwarten sind.

Nach den möglichen Auswirkungen dieser Markteintritte weiterer Konkurrenten für das eigene Unternehmen sind dann ggf. Maßnahmen aufzuzeigen, wie diese Eintritte neuer Konkurrenten durch den Aufbau von entsprechenden **Markteintrittsbarrieren** verhindert bzw. die Bedrohungen durch sie verringert werden können oder zumindest zulasten der anderen Wettbewerber erfolgen und möglichst wenig negativen Einfluss auf die eigenen Marktanteile und Gewinnmargen haben, z.B. durch

- Kostenvorteile wie Economies of Scale,
- Produktdifferenzierung,
- Entwicklung von Marken,
- Schaffung von Umstellungskosten,
- Erreichen einer höheren Kundenloyalität,
- Blockierung von Distributionskanälen,
- Etablierung von Standards,
- Aufbau von Allianzen und Partnerschaften mit Lieferanten, Komplementierern und Distributoren,
- ggf. auch Anwendung rechtlicher Schritte.

Ähnliche Abwehrmöglichkeiten bestehen auch hinsichtlich der latenten **Bedrohung durch Substitutionsprodukte**. Dabei kann es sich durchaus auch um branchenfremde Güter handeln, die aber durch ihre Beschaffenheit bzw. ihr Nutzenangebot für den Kunden andere Produkte ersetzen können, insbesondere wenn sie über ein besseres Preis-Leistungs-Verhältnis verfügen (z.B. Tiefkühlpizza vs. Pizzalieferservice oder Zeitanzeige auf dem Handy vs. Armbanduhr). Auch hier gilt es also, mögliche Bedrohungen sowie Gegenmaßnahmen zu identifizieren, um den Adressaten des Businessplans von der Ernsthaftigkeit der Analysen und den Erfolgschancen des eigenen Geschäftsmodells zu überzeugen.

Ebenfalls erheblichen Einfluss auf die Rentabilität eines Unternehmens hat das Kräfteverhältnis zu seinen Geschäftspartnern auf den vor- und nachgelagerten Wertschöpfungsstufen.

Die **Verhandlungsmacht der Lieferanten** kann das Profitabilitätsniveau des Unternehmens bereits auf der Inputseite senken, wenn sie Leistungen geringerer Qualität anbieten oder höhere Preise für ihre Produkte fordern und diese Preisaufschläge der Lieferanten nicht an die eigenen Abnehmer des Unternehmens weitergegeben werden können.

Daher ist innerhalb der Wettbewerbsanalyse hinsichtlich der Verhandlungsmacht der Lieferanten zu untersuchen,

- wie viele potenzielle Lieferanten es tatsächlich gibt,
- wie diese untereinander im Wettbewerb stehen,
- wie viele Abnehmer den Lieferanten der Branche gegenüberstehen,
- ob die Lieferanten einzigartige Produkte anbieten,
- ob hohe Umstellungskosten bei einem Lieferantenwechsel bestehen,
- wie bedeutend die Branche bzw. das eigene Unternehmen überhaupt als Abnehmer für die Lieferanten ist,
- wie leicht die Lieferanten selbst eine Vorwärtsintegration vornehmen könnten.

Kann eine bestehende starke Verhandlungsposition der Lieferanten gegenüber den etablierten Wettbewerbern der Branche allerdings für das eigene Unternehmen verringert werden, bspw. durch

- Verwendung neuer Technologien oder Produktionsfaktoren,
- Übernahmen oder Partnerschaften,
- eine eigene Rückwärtsintegration,

so ergibt sich daraus gegenüber den eigenen Konkurrenten ein Wettbewerbsvorteil.

Die Abnehmer eines Unternehmens versuchen in der Regel, Rabatte bzw. niedrige Preise, eine bessere Leistung bzw. eine höhere Qualität oder kostenlose Zusatzleistungen zu fordern und, um dies zu erreichen, die Wettbewerber gegeneinander auszuspielen. Die **Verhandlungsmacht der Abnehmer** ist dann besonders stark, wenn

- die angebotenen Produkte bzw. Leistungen standardisiert bzw. undifferenziert sind
- oder einen wesentlichen Kostenbestandteil für die Abnehmer darstellen, die ihre eigenen Einkaufskosten senken müssen, da sie selbst nur geringe Profite erzielen,
- die Kundengruppe konzentriert ist,
- einzelne Kunden Produkte in großen Mengen abnehmen bzw. einen großen Teil des Gesamtumsatzes des Unternehmens ausmachen,
- den Abnehmern durch einen eventuellen Lieferantenwechsel nur geringe Umstellungskosten entstehen,
- die Abnehmer glaubhaft mit einer eigenen Rückwärtsintegration drohen können.

In diesen Fällen muss das Unternehmen versuchen,

- durch Anbieten von Anreizen und Zusatznutzen für die Abnehmer deren Kaufentscheidung auf andere Einflussfaktoren als den Preis zu verlagern

sowie durch

- Maßnahmen zur Erhöhung der Kundenloyalität,
- den Aufbau direkter Kundenbeziehungen unter Umgehung von Zwischenhändlern bis hin zu Partnerschaften mit den Abnehmern

deren Verhandlungsmacht zu reduzieren.

Da sich einerseits Unternehmen immer mehr spezialisieren und andererseits das Bedürfnis der Kunden nach sogenannten Problemlösungsbündeln immer mächtiger wird und dazu führt, dass ein einzelnes Unternehmen immer seltener in der Lage ist, dieses Bedürfnis ausreichend zu befriedigen, gewinnt neben den fünf klassischen Wettbewerbskräften zunehmend eine weitere Wettbewerbskraft an Bedeutung: die **Komplementierer** (siehe Abb. 5–21). Unternehmen veredeln nicht mehr nur einfach Produkte ihrer Lieferanten und verkaufen diese dann an ihre Abnehmer weiter, wobei sie sich in Konkurrenz mit anderen Wettbewerbern ihrer Branche befinden, sondern immer häufiger werden Produkte verschiedener Unternehmen in gebündelter Form an den Kunden weitergereicht, wodurch sich erst ein Nutzen für diesen ergibt oder auch ein zusätzlicher Mehrwert.

So kann bspw. Hardware (Computer, Spielekonsolen, Handys, ...) ohne entsprechende Software bestenfalls als Designobjekt dienen und nur im Zusammenspiel mit dieser volle Funktionalität und Nutzen entfalten. Software ohne Hardware ist ebenfalls nutzlos. Erst die gegenseitige Ergänzung schafft einen entsprechenden Mehrwert für den Abnehmer. Hard- und Softwareanbieter stehen in der Regel nicht in direkter Konkurrenz zueinander, sondern die Verbesserung der Hardware führt zur Entwicklung noch leistungsfähigerer Software, die wiederum zur verstärkten Nachfrage nach immer besserer Hardware führt.

Kreditkartengesellschaften benötigen Hersteller entsprechender Lesegeräte, die ohne diese Finanzdienstleister nicht gebraucht würden. Außerdem sind die Kreditkartengesellschaften darauf angewiesen, dass Händler diese Zahlungsmöglichkeit ihren Kunden auch anbieten. Diese tun dies in der Hoffnung, dadurch Umsatzwachstum zu erreichen oder zumindest Umsatznachteile zu vermeiden. Bei der Höhe der von den Händlern an die Kreditkartenunternehmen zu zahlenden Gebühren endet die Einigkeit bei dieser Zusammenarbeit aber oft recht schnell.

Zwischen solchen komplementierenden Unternehmen bestehen also wechselseitige Beziehungen, die dazu führen, dass zwar zunächst alle Parteien am Aufbau eines möglichst großen gemeinsamen Marktes interessiert sind, jedoch jedes dieser Unternehmen auch einen möglichst großen Anteil des gemeinsamen Markterfolges für sich behalten will. Die Aufteilung der erzielbaren Gewinne ist dann von der jeweiligen relativen Verhandlungsstärke der komplementierenden Unternehmen abhängig, d.h., wie leicht oder schwer der Komplementierer durch andere Anbieter ersetzt werden kann bzw. selbst andere Leistungspartner wählen kann.

Die Analyse dieser Wettbewerbskräfte dient einem Unternehmen zur **Identifizierung der eigenen Stärken und Schwächen** bezüglich seiner Branche. Darüber hinaus hilft sie bei der Festlegung offensiver oder defensiver Aktionen zur Beeinflussung des Gleichgewichts dieser Kräfte. Ziel dabei ist die Verbesserung der eigenen Unternehmensposition oder das Ausnutzen etwaiger Verschiebungen zwischen den Faktoren zum eigenen Vorteil, bevor die Konkurrenten dies tun.

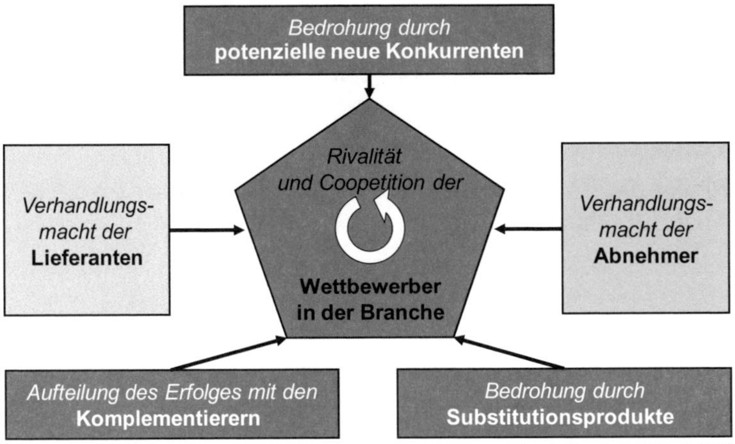

(nach [Haertsch 2000: S. 133])

Abb. 5–21 *Ergänzung der Wettbewerbskräfte um die Komplementierer*

	Markt und Wettbewerb **Wettbewerbsanalyse**
Leitfragen	- Wer sind die wichtigsten existierenden Wettbewerber? - Welche Marktanteile besitzen diese und wie profitabel sind sie? - Welche Strategien verfolgen die Wettbewerber? (z.B. Beschränkungen auf ausgewählte Produktlinien, regionale Märkte, Vertriebskanäle oder Kunden) - Welche grundlegenden Stärken und Schwächen bestehen im Vergleich zu den Wettbewerbern? - Existieren Markteintrittsbarrieren, die erst überwunden werden müssen? - Wie werden die Wettbewerber auf den Markteintritt reagieren? - Sind weitere Neuentwicklungen und Konkurrenten zu erwarten? - Werden vergleichbare oder Substitutionsprodukte/-leistungen angeboten? - Bestehen Abhängigkeiten von wenigen Großkunden oder bestimmten Lieferanten? - Wie kann ggf. verhindert werden, dass wichtige Abnehmer oder Lieferanten eine Rückwärts- bzw. Vorwärtsintegration durchführen und das eigene Unternehmen dadurch »überflüssig« wird?

TIMEBUILDER121

4.3 Wettbewerbsanalyse

Die Wettbewerbsanalyse für unser Unternehmen soll hier anhand des Five-Forces-Modells erfolgen (siehe Abb. 5–22):

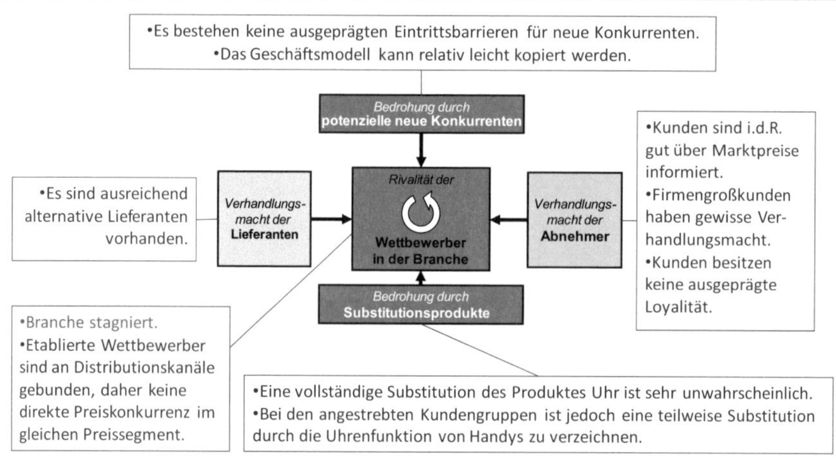

Abb. 5–22 *Wettbewerbsanalyse Timebuilder121*

Als mögliche Risiken für unseren Geschäftserfolg sind somit vor allem die Treue potenzieller Kunden zu anderen Uhrenmarken sowie die leichte Kopierbarkeit unseres Geschäftsmodells zu nennen.

Komplementierer sind für den Erfolg des Geschäftsmodells von Timebuilder121 nicht notwendig.

Um ein Kopieren des Geschäftsmodells zu verhindern, kann geprüft werden, ob die Funktion des Online-Uhrenkonfigurators nicht doch patentrechtlich geschützt werden kann.

5.4.5 Wettbewerbsvorteile

Der Bedrohung durch Wettbewerber weicht ein Unternehmen am besten dadurch aus, dass es sich mit seinem Leistungsangebot so weit von dem der Konkurrenten unterscheidet, dass es von den adressierten Kunden als anders, möglichst als besser wahrgenommen wird. Es begibt sich damit gewissermaßen auf einen anderen Markt. Auf jeden Fall verschafft es sich Wettbewerbsvorteile.

Solche Wettbewerbsvorteile lassen sich in zwei Bestandteile gliedern: den Kundenvorteil als Ausmaß des Kundennutzens und der Effektivität sowie den Anbietervorteil als Ergebnis geringer Selbstkosten und hoher Effizienz.

- **Kundenvorteile** sind dabei als relative und vom Abnehmer subjektiv wahrgenommene Größe beim Vergleich zwischen Unternehmen bzw. ihrem Leistungsangebot und dessen Merkmalen anzusehen. Wichtig ist daher zu beachten, dass eine tendenzielle technologische Überlegenheit eines Produktes allein dem produzierenden Unternehmen noch längst keinen Kundenvorteil garantiert.
- **Anbietervorteile** betreffen z.B. die Kostenbasis des Unternehmens und sich daraus eventuell ergebende größere Preisspielräume oder aber Kriterien wie Schnelligkeit und Flexibilität. Auch hierbei handelt es sich um das Ergebnis eines relativen Vergleichs gegenüber den Wettbewerbern.

Anhand der Abbildung 5–23 soll die Entstehung von Wettbewerbsvorteilen erläutert werden:

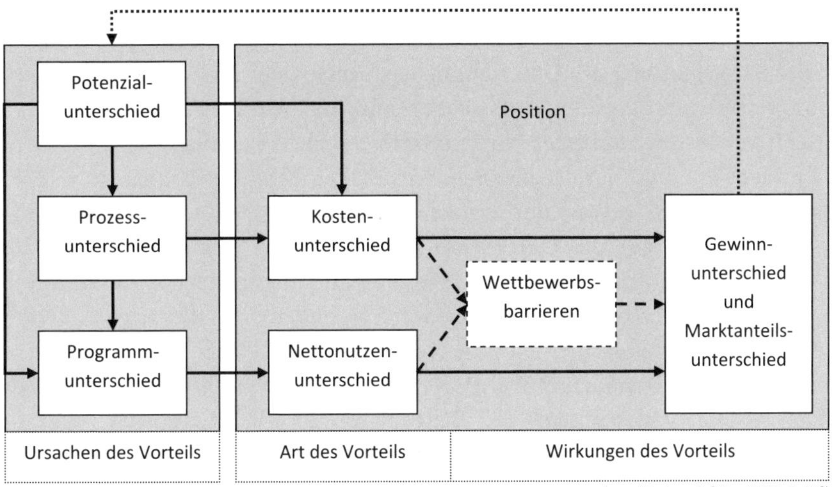

Abb. 5–23 *Die Entstehung von Wettbewerbsvorteilen*

Jedes Unternehmen verfügt über Ressourcen und Fähigkeiten im Sinne von Mitarbeitern und Kenntnissen, Maschinen oder auch Kundenbeziehungen. Diese bestimmen sein **Potenzial** zur Erreichung der angestrebten Ziele, das sich gleich dreifach im Unternehmen auswirkt: erstens direkt auf die Kosten, zweitens auf die Ausprägung des Leistungsangebotes und somit auf die Bedürfnisbefriedigung bzw. den Nutzen der Kunden sowie drittens auf die Gestaltung der Prozesse der Leistungserstellung. Potenzialunterschiede können mithilfe von Stärken- und Schwächenanalysen ermittelt werden.

Die konkrete Ausgestaltung der **Prozesse** eines Unternehmens, d.h. die spezifische Verknüpfung seiner Potenzialfaktoren, kann eine weitere Quelle für Wettbewerbsvorteile sein, wenn hierdurch wieder Kosten verringert oder mehr Kundennutzen generiert werden können und diese Unternehmensprozesse gar nicht oder nur schwer durch die Wettbewerber imitierbar sind. Wettbewerbsrelevante Unterschiede in den Prozessen von Unternehmen können durch die Analyse der Wertschöpfungsketten der Unternehmen oder ebenfalls im relativen Vergleich aufgedeckt werden.

Das **Programm** eines Unternehmens ergibt sich aus seinen Potenzialen und Prozessen und stellt das nach außen sichtbare Differenzierungsmerkmal im Wettbewerb dar. Es umfasst neben dem eigentlichen Produkt und dessen Merkmalen sowie dem Preis auch eventuelle Dienstleistungen, die Kommunikation und den Vertrieb. Das Programm ist diejenige Komponente, die direkten Einfluss auf den vom Kunden empfundenen Nutzen ausübt, also letztlich im Vergleich der Wettbewerber den Nettonutzenunterschied ausmacht. Im Zusammenhang mit Geschäftsmodellen hatten wir diese Aspekte als Value Proposition bezeichnet (vgl. Abschnitt 2.2).

Wettbewerbsvorteile eines Unternehmens liegen also letztlich entweder in niedrigeren **Kosten** gegenüber den Wettbewerbern infolge des eigenen Potenzials bzw. der Ausgestaltung der Unternehmensprozesse oder aber in dem von Kunden im direkten Angebotsvergleich als größer empfundenen **Nettonutzen**.

Relative Kosten- und/oder Nutzenvorteile wirken sich über die Zufriedenheit der Kunden, Produkt- und Unternehmensimage, Wiederverkaufsrate und Kundenloyalität letztlich positiv auf wirtschaftliche Erfolgsgrößen wie **Marktanteile**, Umsätze und **Gewinne** des Unternehmens aus. Höhere Marktanteile und insbesondere höhere Gewinne eines Unternehmens sind aber nicht nur Indikatoren für eine vorteilhafte Wettbewerbsposition, sondern bieten auch die Möglichkeit, weitere finanzielle Mittel in den Ausbau von Potenzialen, Prozessen und Programm zu investieren, um bestehende Wettbewerbsvorteile zu halten bzw. zu vergrößern.

Der Aufbau von nachhaltigen Wettbewerbsvorteilen lässt sich i.d.R. nicht kurzfristig erreichen, sondern kann durchaus einen Zeitraum von mehreren Jahren benötigen. Während aus Sicht der Kunden nur die persönliche Nutzenstiftung, also der Kundenvorteil, von Interesse ist, ergibt sich der **Wettbewerbsvorteil** für ein Unternehmen erst **aus der Summe von Kunden- und Anbietervorteil**. Darüber hinaus beeinflussen sich Anbieter- und Kundenvorteil gegenseitig, denn bspw. kann ein Effizienzvorteil des Anbieters dazu verwendet werden, den Preis zu senken oder die Qualität zu erhöhen, was wiederum den Effektivitätsvorteil des Kunden erhöht.

Die Analyse der Wettbewerbskräfte kann somit um die Darstellung der eigenen Positionen im Wettbewerb in Form matrixförmiger **Stärken-Schwächen-Profile** ergänzt werden, wie die folgenden Beispiele zeigen. Dabei ist es prinzipiell möglich, ganze Unternehmen (siehe Abb. 5–24) oder aber auch einzelne Leistungsangebote (siehe Abb. 5–25) miteinander zu vergleichen, um Wettbewerbsvorteile bzw. ggf. Verbesserungspotenziale zu finden. Die hier aufgeführten Vergleichskriterien sind nur als Beispiel zu verstehen und sind auf die jeweilige spezifische Unternehmenssituation anzupassen. Zum Erkennen von Anbietervorteilen wird das Unternehmen mit seinen wichtigsten Wettbewerbern verglichen.

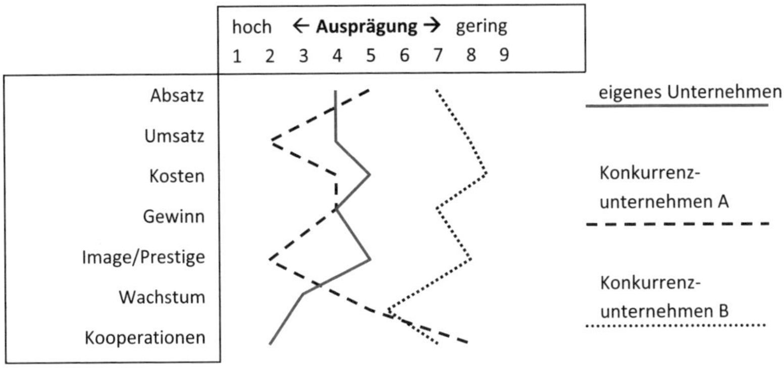

Abb. 5–24 *Beispiel einer unternehmensbezogenen Konkurrenzanalyse*

Die Beobachtung der Wettbewerber, der Entwicklung ihrer Stärken und Schwächen, darf nicht nur einmalig im Rahmen der Unternehmensgründung, sondern muss kontinuierlich erfolgen, um Maßnahmen zur Sicherung des eigenen wirtschaftlichen Erfolgs planen zu können. Es ist allerdings auch stets zu prüfen, ob ausgewählte Wettbewerber statt zu Konkurrenten zu Kooperationspartnern gemacht werden können.

Der Vergleich des eigenen Leistungsangebotes mit denen der Konkurrenten inklusive etwaiger Substitute kann hingegen helfen, bestehende oder anzustrebende Kundenvorteile zu identifizieren.

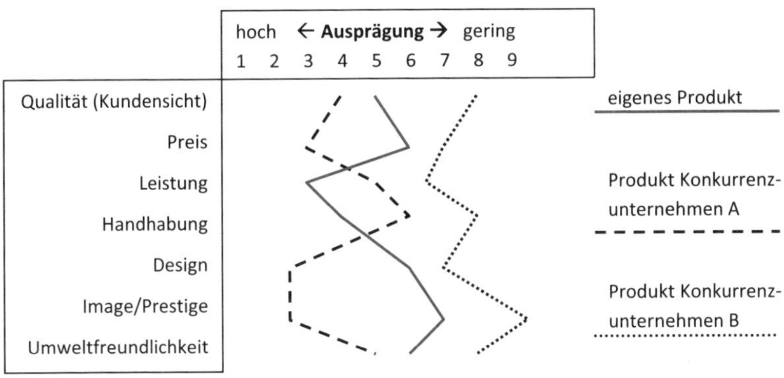

Abb. 5–25 *Beispiel einer produktbezogenen Konkurrenzanalyse*

Auch wenn es sich um ein bisher »konkurrenzloses« Produkt, ein neues Herstellungsverfahren oder z.B. einzigartige Vertriebswege handelt, sind in diesem Abschnitt des Businessplans daher für potenzielle Kapitalgeber die eigenen Wettbewerbsvorteile nicht nur aufzuzählen und zu beschreiben, sondern es ist möglichst auch darzulegen, wie lange und durch welche Mittel sich dieser vorteilhafte Zustand zukünftig erhalten lässt (z.B. durch die Erlangung von Schutzrechten, den Aufbau von Markteintrittsbarrieren).

Markt und Wettbewerb
Wettbewerbsvorteile

Leitfragen

- Sind bereits vergleichbare Produkte/Dienstleistungen bzw. Substitute auf dem Markt oder in der Entwicklung? Wenn nein, warum nicht?
- Welche Kundenvorteile bieten bzw. welche Alleinstellungsmerkmale haben die angebotenen Produkte bzw. Dienstleistungen?
- Über welche Anbietervorteile verfügt das Unternehmen?
- Wie können die Wettbewerbsvorteile dauerhaft gesichert werden?
- Existieren Patente oder andere Schutzrechte für das eigene Leistungsangebot?
- Besitzen Wettbewerber wichtige Schutzrechte?
- Wird durch das Service- und Wartungsangebot eine Differenzierung angestrebt?
- Welche Produkt-/Dienstleistungsgarantien werden gegeben?

TIMEBUILDER 121

4.4 Wettbewerbsvorteile

Timebuilder121-Uhren konkurrieren mit anderen ebenfalls qualitativ hochwertigen »Swiss made«-Uhren, können jedoch von den Kunden genau ihren aktuellen individuellen Bedürfnissen angepasst und 24 Stunden am Tag, sieben Tage die Woche nahezu weltweit gekauft werden. In dieser Kombination ist Timebuilder121 einmalig.

Timebuilder121 kann schneller und risikofreudiger auf Trends reagieren, da die neuen Designmöglichkeiten zunächst nur in den Onlinekonfigurator integriert werden müssen, aber noch keine kostenintensive Vorausproduktion stattfindet. Da die Lagerung fertiger Uhren entfällt, wird auch eine Alterung der Produkte vermieden und es kommt zu weiteren Kosteneinsparungen.

Ein wichtiger Anbietervorteil sind die niedrigeren Endverbraucherpreise.

Die »normalen« Distributionskosten einer »Swiss made«-Uhr machen rund 70% des Kaufpreises aus. Somit ergeben sich ein erhebliches Einsparpotenzial sowie ein größerer Preisspielraum durch den Online-Direktvertrieb. Außerdem werden so Abhängigkeiten von mächtigen Distributoren vermieden und das Preissegment zwischen 100 und 330 € (150 und 500 CHF) kann von traditionellen Wettbewerbern aufgrund der hohen Margen innerhalb der stationären Distributionswege nicht besetzt werden.

Relevante Schutzrechte existieren nicht. Es soll jedoch geprüft werden, ob der Uhrenkonfigurator patentrechtlich geschützt werden kann.

Den Kunden soll eine Zufriedenheitsgarantie gegeben werden, die über die Regelungen des Fernabsatzgesetzes hinausgeht.

5.5 Marketing

Die in den Analysen identifizierten Potenziale müssen in eine produkt- und marktbezogene Konzeption umgesetzt werden. Das Distributionsmodell als Teil des Geschäftsmodells definiert dazu einige Eckpunkte. Passender ist jedoch der Ausdruck Marketingkonzeption, die aus der Definition konkreter Marketingziele, einer Marketingstrategie sowie der Kombination unterschiedlicher Marketingmaßnahmen zu einem Marketing-Mix besteht (vgl. Abb. 5–26).

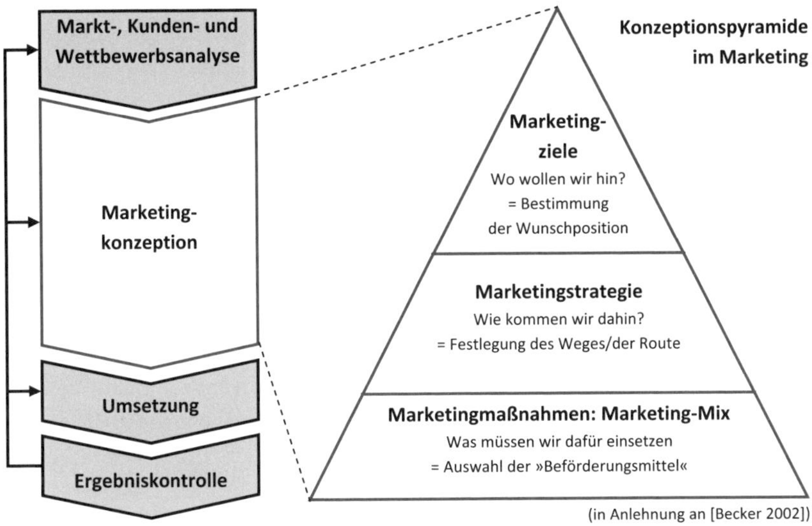

Abb. 5–26 *Die Marketingkonzeption als Teil des Marketingprozesses*

5.5.1 Marketingziele

Aus einer umfassenden Marktanalyse lassen sich insbesondere **quantitative Ziele** ableiten, wie z.B.

- bestimmte Absatzmengen,
- konkrete Vorgaben zur Steigerung des Marktanteils,
- Erreichung einer bestimmten Kundenzahl, Kundenloyalität und/oder Kauffrequenz.

Vernachlässigt wird jedoch häufig die Vorgabe **qualitativer Ziele,** für die ebenfalls messbare Zielwerte bestimmt werden müssen. Denn sie spielen häufig eine entscheidende Rolle bei der langfristigen Entwicklung des Unternehmens. Beispiele hierfür sind

- die Bekanntheit des eigenen Leistungsangebotes und Unternehmens,
- der Image- und Markenaufbau des Unternehmens und seiner Leistungen,
- die Definition der angestrebten Kundenzufriedenheit.

Marketingziele müssen **möglichst konkret und positiv formuliert** werden **sowie Möglichkeiten zur Erfolgskontrolle** beinhalten. Dazu sollen sie folgende Eigenschaften aufweisen:

- quantifizierbar: z.B. 15 % Marktanteil, 20 % Umsatzwachstum, ein Bekanntheitsgrad von 50 %
- terminiert: z.B. »in 5 Jahren«, »für einen Zeitraum von n Jahren«
- realistisch: da sonst (intern) demotivierend und (extern) unglaubwürdig
- personifiziert: d.h. mit festgelegten Verantwortlichkeiten

Beispiele sind:

- »Wir wollen in 4 Jahren Marktführer für Produkt X sein!«
- »Wir sind 24 Stunden am Tag für unsere Kunden erreichbar!«
- »Jedes 5. Angebot führt zu einem Kaufabschluss!«
- »Wir wollen das beste Preis-Leistungs-Verhältnis am Markt anbieten!«
- »Der Bekanntheitsgrad unseres Produktes A soll am Jahresende in der Zielgruppe Jugendliche zwischen 14 und 18 Jahren bei 75 % liegen!«

Insbesondere für Unternehmensgründungen reichen ein hoher Bekanntheitsgrad oder ein tolles Image allein jedoch noch nicht aus, um wirtschaftlich zu überleben. Wichtig ist hier vor allem, möglichst schnell ausreichend viele Erstkunden zu finden, welche die angebotene Unternehmensleistung auch tatsächlich kaufen. Eng damit verbunden ist dann das Ziel der Sicherung der Kundenzufriedenheit, um Wiederholungskäufe, langfristige Kundenbindung und weitere Absatz- bzw. Umsatzsteigerungen zu erreichen.

	Distribution **Marketingziele**
Leitfragen	- Wie sieht die angestrebte Wunschposition in der Unternehmenszukunft aus? - Welche quantitativen Ziele werden gesteckt? (z.B. Absatzmengen, Marktanteile, Kundenzahlen, Kauffrequenz) - Welche qualitativen Ziele werden gesteckt? (z.B. Markenaufbau, Kundenzufriedenheit)

TIMEBUILDER121

5 Marketing

5.1 Marketingziele

Für die ersten Geschäftsjahre stellen wir uns folgende quantitative Ziele:

- 2003 sollen 2000 Uhren verkauft werden, 2004 ca. 5000 Uhren.
- Im 3. Geschäftsjahr sollen ein Umsatz von über 1 Million € und der Break-even erreicht werden!
- Wir bieten hohe Qualität zu attraktiven Preisen, d.h., wir sind bestrebt, unsere Uhren ein Drittel günstiger anzubieten, als vergleichbare Uhren im Uhrengeschäft erhältlich sind!

In dieser Zeit will sich Timebuilder121 als die führende »Swiss made«-Uhrenmarke im Bereich der onlinegestützten Mass Customization etablieren.

Unsere Marktpräsenz bauen wir schrittweise aus, beliefern aber von Beginn an Kunden in der ganzen Welt!

5.5.2 Marketingstrategien

Nachdem nun mit den Marketingzielen die Wunschposition des Unternehmens bestimmt ist, muss anschließend festgelegt werden, auf welchen Wegen diese erreicht werden soll. Dies erfolgt durch die Entwicklung von Marketingstrategien.

Hierbei handelt es sich um **mittel- bis langfristige Grundsatzregelungen** für das Unternehmen, die für eine bestimmte Zeit festlegen, mittels welcher Verhaltensweisen die anvisierten Ziele erreicht werden sollen. Dabei gilt es, sowohl die unternehmensinternen Möglichkeiten als auch die unternehmensexternen Rahmenbedingungen zu berücksichtigen.

Die Marketingstrategien beinhalten **zwei Kernaussagen:**

- Zum einen, welche Leistungen welchen Kunden auf welchen Märkten angeboten werden sollen. Diese kundenbezogene Marktsegmentierung wurde bereits im Rahmen der Kundenanalyse getroffen und ergänzt sich mit der Marktfeldstrategie.
- Zum anderen, welche Wettbewerbsvorteile durch welches grundsätzliche Verhalten gegenüber den Wettbewerbern genutzt werden sollen, um welche Positionierung im Wettbewerb zu erreichen.

In den folgenden Unterkapiteln zu den Marketingstrategien wird daher näher auf die Teilaspekte der möglichen Marktfeld- und Wettbewerbs- sowie der notwendigen Markteintrittsstrategien eingegangen.

5.5.2.1 Marktfeldstrategien

Die Grundlage der Marktfeldstrategien bildet die Produkt-Markt-Matrix von Ansoff, nach der sich vier grundlegende Marktfeldstrategien wie in Abbildung 5–27 ergeben:

Alternative Marketingstrategien zur Erschließung von Wachstumsquellen

Märkte / **Produkte Leistungen**	bestehende	neue
bestehende	**Marktdurchdringung** Marktbesetzung Verdrängung	**Marktentwicklung** Internationalisierung Marktsegmentierung
neue	**Produktentwicklung** Produktinnovation Produktdifferenzierung	**Diversifikation** • vertikal • horizontal • lateral

(nach [Jung 2006, S. 577])

Abb. 5–27 *Produkt-Markt-Matrix von Ansoff*

Hierbei geht es um die Entscheidung, gegenwärtige oder neue Märkte mit gegenwärtigen oder neuen Produkten zu bedienen, wobei »neu« lediglich im Sinne von neu für das betreffende Unternehmen zu verstehen ist, nicht unbedingt auch neu für den Markt bzw. die Kunden.

In diesem Zusammenhang wird auch von der »Z-Strategie« gesprochen, die sich auf die Reihenfolge bezieht, in der diese vier Marktfeldstrategien unter dem Aspekt größtmöglicher Synergienutzung günstigerweise durchlaufen werden sollten (vgl. [Runia u.a. 2007: S. 76]).

Die Strategie der **Marktdurchdringung**, d.h. die Besetzung der bereits vom Unternehmen bearbeiteten Märkte mit den bestehenden Produkten und die Verdrängung der Wettbewerber durch die Verstärkung der bisherigen Anstrengungen, das Marktvolumen sowie den eigenen Marktanteil zu vergrößern, steht nur den bereits auf diesem Markt agierenden Unternehmen zur Verfügung. Die Marktdurchdringung kann dabei erreicht werden durch:

- **Intensivierung des Verbrauchs bei Stammabnehmern**
  z.B. durch den Verkauf von CD/DVD-Rohlingen in 50er-Spindeln, Mengenrabattstaffeln oder Kundenkarten, die nach Erreichen einer bestimmten Anzahl von Käufen Gratisprodukte versprechen
- **Abwerben von Abnehmern der Konkurrenz**
  z.B. durch Produktverbesserungen, Preispolitik, Verkaufsförderung u.a.

- **Gewinnung bisheriger Nichtverwender**
  z.B. durch gezielte Werbekampagnen wie eBay's »3... 2... 1... meins!«, zeitlich und funktionell eingeschränkte Gratistestversionen von Softwareprodukten oder Werbepartnerschaften mit anderen Unternehmen (z.B. die Einführungsangebote diverser Onlineanbieter in den gelieferten Amazon-Paketen oder die Sammelpunkte für den Bezug von Brettspielen von Amigo auf den Verpackungen der Tiefkühlprodukte von McCain)

Bei der Strategie der **Marktentwicklung** ist das Ziel, die bisherigen Unternehmensleistungen auf bislang noch nicht bzw. noch nicht ausreichend bearbeiteten oder erkannten Märkten anzubieten. Insofern ähneln sich die Vorgehensweisen von neu gegründeten und etablierten Unternehmen beim Versuch, auf diesen unbekannten Märkten Fuß zu fassen, wobei letztere jedoch auf einen entsprechenden Erfahrungsschatz bezüglich ihrer Produkte, Kunden und Wettbewerber aufbauen können. Die Marktentwicklung kann erfolgen durch:

- **Zusätzliche Markträume** (→new markets),
  z.B. durch regionale, nationale oder internationale Ausweitung des Vertriebs durch zusätzliche Onlineshops oder aber auch stationäre Filialen,
- **Erschließen neuer Teilmärkte** (→new users),
  z.B. durch spezielle Designs und Werbekampagnen bei Handys oder Notebooks für weibliche Kundengruppen,
- **Eindringen in Zusatzmärkte** (→ new uses),
  z.B. durch die kostenpflichtigen Onlinezugänge von PC-Spielen oder gezielte Funktionsausweitungen von Handys im Bereich Musik-Player oder Digitalkamera.

Eine weitere strategische Möglichkeit ist die **Produktentwicklung**, d.h. die Bearbeitung bestehender Märkte mit neuen Produkten:

- **Me-too-Produkte** sind Imitationen bereits auf den Märkten vorhandener Güter, wenn auch mit Unterschieden im Detail. Sie sind nur für das eigene Unternehmen neu, d.h., die Kunden kennen diese Produkte durch die Angebote anderer Anbieter bereits und können sie vergleichen, wodurch es unter Umständen schwieriger wird, die Kunden zum Wechsel auf das eigene Produkt zu überzeugen. Die Kopie bereits erfolgreicher Produkte birgt zwar weniger Ungewissheit und Risiken, bedeutet aber aufgrund des größeren Konkurrenzangebotes bei mangelnder Differenzierung auch geringere Gewinnchancen.
- **Quasi-Innovationen** hingegen stellen Versionen eines bereits vorhandenen Produktes dar (z.B. DVD-RW oder Drucker mit WLAN-Modul) und können durch ein erweitertes Nutzenangebot leichter zu mehr Kunden und größeren Marktanteilen führen.

- Um **echte Innovationen** handelt es sich, wenn es solche Produkte tatsächlich noch nie (auf den betroffenen Märkten) gegeben hat, womit das anbietende Unternehmen, einen wahrnehmbaren Nutzen für den Kunden vorausgesetzt, automatisch einen Wettbewerbsvorteil erhält. Das Marktrisiko, aber auch die Gewinnchancen sind bei diesen Produkten am größten.

Bei der **Diversifikation** werden die Unternehmensaktivitäten sowohl mit neuen Produkten als auch auf neuen Märkten ausgeweitet. Daher bestehen zwischen etablierten Unternehmen mit dieser Strategie und neu gegründeten Unternehmen auch die größten Gemeinsamkeiten. Zwar kann bei einem Gründungsunternehmen sicherlich nicht von einer Diversifikation gesprochen werden, da keine bestehenden Aktivitäten ausgeweitet werden, doch stehen beide Unternehmenstypen vor den gleichen Ungewissheiten bezüglich des Verhaltens der Wettbewerber und Kunden sowie der Akzeptanz ihrer Produkte.

Je nach ihrer Verwandtschaft zum bisherigen Produktionsprogramm können folgende Typen unterschieden werden:

- **Vertikale** Diversifikation bezieht sich auf vor- und nachgelagerte Produkte,

  z.B. die Erweiterung der Microsoft-Betriebssysteme um Anwendungsprogramme wie Office, oder ein Softwarehaus, das Beratung, Softwareentwicklung sowie Wartung und Service aus einer Hand anbietet.
- **Horizontale** Diversifikation bedeutet eine Erweiterung des Produktprogramms um Produkte, die einen sachlichen Zusammenhang zu den bislang hergestellten Produkten aufweisen,

  z.B. das Produktprogramm eines Hardwareherstellers mit Druckern, Scannern, Digitalkameras oder die Erweiterung des klassischen GMX-Angebotes von E-Mail-Produkten um DSL-Produkte.
- **Laterale** Diversifikation liegt vor, wenn kein Zusammenhang zum bisherigen Produktangebot besteht. Sie stellt daher den risikoreichsten Vorstoß in neue Märkte und Produkte dar,

  z.B. im Falle eines Mischkonzerns (sony), der Spielekonsolen, Notebooks, CD-Rohlinge, Autoradios u.v.a.m. herstellt, oder eines Baumaschinenherstellers (Caterpillar), der eine eigene Bekleidungskollektion (CAT) auf den Markt bringt.

Der Aufwand und die Erfolgsaussichten der vier verschiedenen Strategien nach Ansoff unterscheiden sich nach empirischen Untersuchungen recht erheblich, sodass die Entscheidung für eine der vier Marktfeldstrategien auch von der Kapitalsituation und Finanzstärke sowie Risikofähigkeit und -bereitschaft eines Unternehmens abhängig ist (vgl. [Jung 2006, S. 579]):

Strategie	Erfolgschancen	Ressourcenbedarf
Marktdurchdringung	50%	100%
Marktentwicklung	33%	400%
Produktentwicklung	20%	800%
Diversifikation	5%	1.200-1.600%

5.5.2.2 Wettbewerbsstrategien

Nachdem innerhalb der Marktsegmentierung bereits die Zielkundengruppen bestimmt worden sind, wird mit der Wettbewerbsstrategie das grundsätzliche Verhalten gegenüber den Wettbewerbern auf den ausgewählten Teilmärkten festgelegt. Zur Beantwortung der Frage, wie eine günstige Position im Wettbewerb erreicht werden kann, die eine überdurchschnittlich hohe Rentabilität ermöglicht, stehen den Unternehmen nach Michael E. Porter drei grundsätzliche Möglichkeiten offen (siehe Abb. 5–28): die Strategie der Kostenführerschaft, die Strategie der Differenzierung und die Nischenstrategie im Sinne einer Konzentration auf Schwerpunkte.

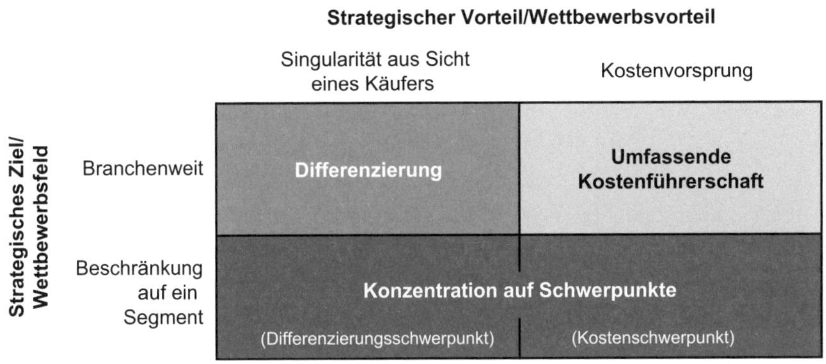

(nach [Schubert u.a. 2003: S. 48])

Abb. 5–28 *Die drei generischen Strategien nach Porter*

Die **Strategie der umfassenden Kostenführerschaft**, also das Bestreben, der kostengünstigste Anbieter auf dem Markt zu sein, erfordert z.B. die Produktion großer Stückzahlen, Erfahrungskurveneffekte, weitgehend standardisierte Produkte oder auch permanente Kostenreduktion in allen Wertaktivitäten, angefangen bei Forschung und Entwicklung über die Herstellung bis hin zu Vertrieb und Service.

Sich im Sinne einer solchen Kostenführerschaft rein aufgrund des Preisvorteils von den Wettbewerbern abzuheben, erfordert i.d.R. einen dauerhaften Kostenvorteil gegenüber den Wettbewerbern und somit eine ständige Kontrolle und ggf. auch weitere Senkung der eigenen Kosten. Dabei muss der Preisabstand zu den Konkurrenzprodukten umso größer sein, je größer der Differenzierungsnachteil des eigenen Produktes ist. Für ausreichend hohe Gewinne sind außerdem genügend Kunden, die allein den niedrigeren Preis als kaufentscheidendes Kriterium betrachten, sowie meist auch ein hoher Marktanteil des Kostenführers erforderlich. Da es letztlich jeweils nur einen Kostenführer im (Teil-)Markt geben kann, entwickelt sich ein längerer Kampf um diese Wettbewerbsposition – oft ruinös für die betroffenen Unternehmen oder auch die ganze Branche.

Aufgrund all dieser Bedingungen muss ein Unternehmen, das diese Strategie erfolgreich verfolgen will, im Businessplan überzeugend darlegen, wie es den damit verbundenen hohen Innovations- und Investitionsbedarf zu erfüllen gedenkt, denn insbesondere Gründungsunternehmen fehlen für die Umsetzung dieser Strategie zunächst häufig sowohl die Ressourcen als auch die Erfahrung, sodass sie eher versuchen, über eine Differenzierungsstrategie in den Markt einzudringen.

Denn die **Strategie der Differenzierung** zielt darauf ab, gegenüber den Kunden statt eines preisbasierten Vorteils die Leistungsaspekte des Unternehmensangebotes herauszustellen, die aus Kundensicht als so einzigartig und kaufentscheidend wahrgenommen werden, dass tatsächlich auch eine höhere Kauf- und Preisbereitschaft sowie Kundenbindung als bei den Wettbewerbern erreicht werden kann.

Im Businessplan ist dazu genau auszuführen, welche Alleinstellungsmerkmale, wie bspw. bestimmte Produkteigenschaften, eingesetzte Technologien, Innovationen im Bereich der Distribution, überdurchschnittlicher Kundenservice oder der Bekanntheitsgrad und das Image des Unternehmens bzw. seiner Produkte, als Basis für die Differenzierungsstrategie dienen sollen. Unterschiedliche Differenzierungsmerkmale vorausgesetzt, können in einem Markt durchaus mehrere Unternehmen gleichzeitig eine Differenzierungsstrategie erfolgreich verfolgen. Eine Differenzierungsstrategie schließt einen hohen Marktanteil häufig aus, aber nicht immer. Überdurchschnittliche Gewinne lassen sich allerdings nur erzielen, solange die höheren Preise die Zusatzkosten der Differenzierung von den Wettbewerbern bzw. deren Produkten übersteigen. Daher muss auch ein Unternehmen, das die Differenzierungsstrategie verfolgt, zumindest langfristig auf seine Kosten achten.

Die dritte Alternative bildet die **Konzentrationsstrategie**. Hierbei konzentriert das Unternehmen seine Aktivitäten bewusst auf bestimmte Abnehmergruppen bzw. abgegrenzte Segmente, die sogenannten Marktnischen, um dort Differenzierungs- und/oder Kostenvorteile zu erlangen, die den Wettbewerbern verwehrt bleiben oder von diesen nicht beachtet werden. Will ein Unternehmen dabei einen **Differenzierungsschwerpunkt** setzen, ist es wichtig, herauszustellen, welche Abnehmer mit außergewöhnlichen und bisher von den Wettbewerbern unbefriedigten Bedürfnissen in dem Nischensegment existieren. Werden hingegen von den Konkurrenten nicht unzureichende, sondern im Gegenteil überdurchschnittlich hohe, aber unverlangte Leistungen erbracht, so ergibt sich die Möglichkeit, einen **Kostenschwerpunkt** zu setzen, indem ausschließlich die tatsächlich vorhandenen

Bedürfnisse des gewählten Segments befriedigt werden, wodurch sich die Kosten im Vergleich zur Konkurrenz reduzieren lassen.

Voraussetzung für die erfolgreiche Konzentration auf ein ausgewähltes Segment ist, dass sich dieses auch ausreichend von den restlichen Segmenten unterscheidet, denn sonst kann es von den am breiten Wettbewerb orientierten Wettbewerbern mindestens genauso gut und meist auch noch kostengünstiger abgedeckt werden. Solange sie verschiedene Segmente auswählen, können innerhalb einer Branche auch mehrere Unternehmen gleichzeitig eine Konzentrationsstrategie verfolgen.

Da die drei Strategien der Differenzierung, Kostenführerschaft und Konzentration auf Schwerpunkte oft einander widersprechende Maßnahmen erfordern, sollte sich jedes Unternehmen eindeutig für eine der Strategien entscheiden, um tatsächlich ausreichende bzw. aus Kundensicht auch wahrnehmbare Wettbewerbsvorteile zu erreichen und zu vermeiden, zwischen die Stühle zu geraten (stuck in the middle).

5.5.2.3 Markteintrittsstrategien

Jeder Markt verfügt über **Widerstände, die** beim Eintritt in diesen Markt erst **überwunden werden müssen.** Die etablierten Wettbewerber haben unterschiedliche Markteintrittsbarrieren errichtet und verteidigen diese, um weitere potenzielle Konkurrenten vom Markteintritt abzuhalten. Je frühzeitiger diese Barrieren und Abwehrmaßnahmen erkannt werden, desto leichter ist es, einen geeigneten Weg zu ihrer Überwindung zu finden.

Dabei wird ein Unternehmen, das sich mit innovativen Produkten, Herstellungsverfahren oder Vertriebsformen auf einen existierenden Markt begibt, anderen Barrieren gegenüberstehen als ein Unternehmen, das die bestehenden Produkte und Strukturen imitiert. Ein Unternehmen, das die Kostenführerschaft anstrebt, hat andere Widerstände zu überwinden als jenes, das sich im Wettbewerb differenzieren will.

Typische **Markteintrittsbarrieren** sind:

- Politisch-rechtliche Barrieren:
  z.B. Zulassungsbeschränkungen, Genehmigungspflichten, Beschränkungen bei Unternehmensbeteiligungen, Zölle, gewerbliche Schutzrechte
- Marktstrukturbedingte Barrieren:
  z.B. hohe Anfangsinvestitionen, Skalenerträge und mindestoptimale Betriebsgrößen, geforderte Programmbreiten, fallende Preise, negatives Wachstum, Überkapazitäten
- Produktdifferenzierungsbarrieren:
  z.B. Produkt- oder Imagevorsprünge, Wahrnehmungsschwellen oder Kostendruck aufseiten der potenziellen Abnehmer

- Kompatibilitätsbarrieren:
  z.B. Standardisierungen von Produkten und Verfahren, Zertifizierungen, Schnittstellen/Dateiformate bei IT-Lösungen
- Distributionsbarrieren:
  z.B. besetzte Vertriebskanäle
- Kaufwiderstände beim Kunden:
  z.B. Zweifel am Nutzen, der Zuverlässigkeit oder der Sicherheit, »sunk and switching costs«, Bekanntheitsgrade, nicht überzeugte Meinungsführer, ausgeprägte Markenloyalität
- Referenzbarrieren:
  z.B. Mangel an Pilot- bzw. Referenzkunden

Für die anvisierten Märkte müssen im Businessplan die Markteintrittsstrategien beschrieben werden, und es muss aufgezeigt werden, wie die vorhandenen Markteintrittsbarrieren überwunden werden sollen. Dazu gehören auch ein Zeitplan und wichtige Meilensteine. Allerdings lassen sich Markteintrittsstrategien nicht einfach kopieren, da sie letztlich von den jeweiligen Stärken und Schwächen, den Ressourcen und Fähigkeiten des eintretenden, aber auch der auf dem Markt etablierten Unternehmen abhängen.

	Marketing **Marktfeldstrategie**
Leitfragen	▪ Handelt es sich bei der angebotenen Unternehmensleistung um Me-too-Produkte, Quasi- oder echte Innovationen? ▪ Wird damit auf new markets, new users oder new uses fokussiert? ▪ Können Marktanteile erreicht werden, ohne Wettbewerber aktiv verdrängen zu müssen? ▪ Welche Prognosen können hinsichtlich der Akzeptanz der angebotenen Unternehmensleistung durch die Kunden gemacht werden?

	Marketing **Wettbewerbsstrategie**
Leitfragen	▪ Durch welche Wettbewerbsstrategie (Kostenführerschaft, Differenzierung, Konzentration) soll eine günstige Position im Vergleich zu den Wettbewerbern erreicht werden? ▪ Welche Argumente sprechen für die gewählte Strategie? ▪ Was muss bei der Verfolgung der gewählten Strategie beachtet werden?

Marketing
Markteintrittsstrategie

Leitfragen

- Welche Markteintrittsbarrieren bestehen auf den anvisierten Märkten?
- Mit welchen Abwehrmaßnahmen seitens der etablierten Wettbewerber ist beim Markteintritt zu rechnen?
- Wie und wann können diese Barrieren und Abwehrmaßnahmen überwunden werden?

TIMEBUILDER 121

5.2 Marketingziele

Marktfeldstrategie

Bei den von Timebuilder121 angebotenen Uhren handelt es sich um eine Quasi-Innovation. Zwar gibt es bereits zahlreiche »Swiss made«-Uhren, aber die hohe Individualisierbarkeit der Uhren erweitert das Nutzenangebot für die Kunden erheblich.

Es werden für das Unternehmen neue Markträume erschlossen, wobei sich Timebuilder121 auf spezielle Teilmärkte konzentrieren wird.

Da der europäische Markt für »Swiss made«-Uhren eher stagniert, können Marktanteile dort nur zulasten der Wettbewerber errungen werden.

In den anvisierten Kundenzielgruppen wird insbesondere aufgrund des hohen Grades der Bedürfnisbefriedigung sowie des herausragenden Preis-Leistungs-Verhältnisses und der gegebenen Zufriedenheitsgarantie mit einer hohen Akzeptanz gerechnet.

Wettbewerbsstrategie

Timebuilder121 verfolgt mit seinen Uhren eine Konzentrationsstrategie in dem von den etablierten Wettbewerbern nicht bearbeitbaren Marktsegment der »Swiss made«-Uhren im Preisbereich von 100-330 € (150-500 CHF).

Dieses Preissegment kann durch die Einsparungen innerhalb der Wertschöpfungskette infolge des Direktvertriebs erschlossen werden, wobei sogar ein Kostenvorteil entsteht. Gleichzeitig hebt sich Timebuilder121 durch die starke Individualisierbarkeit seiner Uhren durch die Kunden selbst (beste Anpassungsmöglichkeiten an deren Bedürfnisse) von den Wettbewerbern ab, was einen Differenzierungsvorteil ermöglicht.

Markteintrittsstrategie

Durch die Konzentration auf den Online-Direktvertrieb kann Timebuilder121 die Barrieren besetzter Distributionskanäle des stationären Handels umgehen.

Durch Aufbau der eigenen Marke sollen marken-, aber gleichzeitig auch Preis-Leistungs-bewusste Kunden zu Timebuilder121 umgelenkt werden.

Eine sehr große Differenzierung gegenüber den Produkten der Wettbewerber ist durch die starke Individualisierbarkeit der Timebuilder121-Uhren durch die Kunden selbst (Design-by-Customer) gewährleistet.

Gewonnene Referenzkunden und Persönlichkeiten des öffentlichen Interesses werden aktiver Marketingbestandteil.

5.5.3 Der Marketing-Mix

Die Umsetzung der Marketingstrategien erfordert geeignete Maßnahmen in Form sinnvoll kombinierter Marketinginstrumente. Wie in der Abbildung 5–29 dargestellt, werden vier klassische Marketinginstrumente unterschieden, die zusammen den sogenannten Marketing-Mix ergeben und aufgrund ihrer englischen Bezeichnungen häufig auch als die »4P« des Marketing-Mix bezeichnet werden (vgl. [Runia u.a. 2007: S. 125]):

Abb. 5–29 *Die »4P« des Marketing*

Jedes Unternehmen muss anhand seiner gesetzten Ziele und gewählten Strategien entscheiden, wann und in welcher Art und Weise welche Instrumente aus diesen vier Kategorien konkret einzusetzen sind, d.h. seinen eigenen optimalen Marketing-Mix gestalten.

5.5.3.1 Produktpolitik (product)

Da die Gestaltung der angebotenen Unternehmensleistung auch einen erheblichen Einfluss auf ihren Preis, die Vertriebsmöglichkeiten sowie die notwendigen Kommunikationsmaßnahmen hat, besitzt die Produktpolitik eine herausragende Stellung im Marketing-Mix. Unter die Produktpolitik fallen dabei alle Maßnahmen, die direkt mit der Entwicklung oder Veränderung von angebotenen Unternehmensleistungen im Zusammenhang stehen, wie die Abbildung 5–30 zeigt:

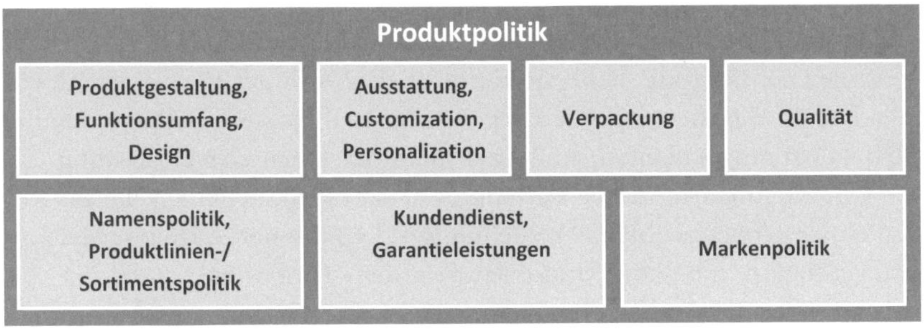

Abb. 5–30 *Teilbereiche der Produktpolitik*

Erste Vorstellungen von den wesentlichen Eigenschaften des Produktes im Sinne der angebotenen Unternehmensleistung wurden bereits mit der ursprünglichen Geschäftsidee erläutert (siehe Abschnitte 5.2.1 und 5.2.2). Im Rahmen dieses Kapitels des Businessplans gilt es nun, diese gezielt weiterzuentwickeln, um einen hohen Kundennutzen und somit Wettbewerbsvorteile zu erreichen. Dabei ist angesichts knapper Ressourcen zunächst genau zu überlegen, ob bzw. für welche Marktsegmente die Unternehmensleistung gezielt an die verschiedenen speziellen Bedürfnisse der jeweiligen Kunden angepasst werden soll.

Neben den offensichtlich beim Kunden Nutzen stiftenden Produktmerkmalen wie **Funktionsumfang** oder **Bedien- und Haltbarkeit** spielen auch ein funktionelles und emotional ansprechendes **Design** sowie die **Qualität** der angebotenen Unternehmensleistung eine besonders wichtige Rolle. Letztere spiegelt sich jedoch weniger in Berechnungen, Produktvergleichen, Gütesiegeln oder technischen Prüfmerkmalen wider, sondern letztlich in der erreichten Kundenzufriedenheit und Kundentreue.

Ebenfalls zur Produktpolitik gehören Entscheidungen über die **Ausstattung** des Kernproduktes, z.B. mit gedruckten Handbüchern, benötigten Anschlusskabeln oder zusätzlichen Speichermedien. In diesem Zusammenhang sei auch auf die zunehmende Bedeutung von (individuellen) Kundenanpassungen unter den Stichworten der **Customization** oder gar **Personalization** hingewiesen.

Die **Verpackung** ist ein weiterer Aspekt, der zur Befriedigung von Kundenbedürfnisse beitragen kann, bspw. durch besonders sichere Beschaffenheit, optimale Transport- und Präsentationseigenschaften, unterschiedliche Packungsgrößen, ein imageträchtiges Design oder als Informations- bzw. Werbemedium in eigener Sache bzw. für weitere Angebote des Unternehmens oder von Werbepartnern. Verpackungen können durchaus auch bei gleichem Inhalt je nach Marktsegment und Kundenzielgruppe variieren.

Da Unternehmen selten nur ein einziges unverändertes Produkt anbieten, fallen auch Überlegungen zur **Namens-** sowie **Produktlinien-/Sortimentsgestaltung** in den Bereich der Produktpolitik. Hiermit können verschiedene Aspekte wie einheitliche oder stärkere Außenwirkung, Standardisierung oder Differenzierung, Kostensenkung oder Abgrenzung von Konkurrenten beeinflusst werden.

Die Produktpolitik endet jedoch noch nicht bei Entwicklung bzw. Herstellung der Unternehmensleistung, denn sie erstreckt sich auch auf die Gebiete des angebotenen **Kundendienst**es (wie Wartungen, Ersatzteilservice, Hotlines, Schulungen oder Downloadmöglichkeiten) sowie der übernommenen **Gewährleistung**.

Ein Unternehmen kann sich auch dafür entscheiden, in der Psyche des Konsumenten ein unverwechselbares Vorstellungsbild von seiner Ware oder Dienstleistung zu verankern, d.h., eine **Marke** »zu schaffen« (Branding).

Gesetz über den Schutz von Marken und sonstigen Kennzeichen (Markengesetz – MarkenG)

§ 3 Als Marke schutzfähige Zeichen

(1) Als Marke können alle Zeichen, insbesondere Wörter einschließlich Personennamen, Abbildungen, Buchstaben, Zahlen, Hörzeichen, dreidimensionale Gestaltungen einschließlich der Form einer Ware oder ihrer Verpackung sowie sonstige Aufmachungen einschließlich Farben und Farbzusammenstellungen geschützt werden, die geeignet sind, Waren oder Dienstleistungen eines Unternehmens von denjenigen anderer Unternehmen zu unterscheiden.

(2) Dem Schutz als Marke nicht zugänglich sind Zeichen, die ausschließlich aus einer Form bestehen,

1. die durch die Art der Ware selbst bedingt ist,
2. die zur Erreichung einer technischen Wirkung erforderlich ist oder
3. die der Ware einen wesentlichen Wert verleiht.

(Quelle http://bundesrecht.juris.de/markeng/index.html)

Nach der Legaldefinition des Markengesetzes, das die Voraussetzungen, Hindernisse und Verfahrensweisen nicht nur für Marken, sondern auch geschäftliche Bezeichnungen und geografische Herkunftsangaben regelt, ist eine Marke wie bereits erwähnt (siehe Abschnitt 2.1.4) ein Kennzeichen, das rechtlich geschützt werden kann und es dem legitimen Verwender sodann erlaubt, seine Waren im Sinne eines Exklusivrechts von denen der Wettbewerber abzusetzen. Marken können aber von der Eintragung ausgeschlossen werden, z.B. wenn ihnen das notwendige Maß an Unterscheidungskraft fehlt bzw. sie »geeignet sind, das Publikum insbesondere über die Art, die Beschaffenheit oder die geographische Herkunft der Waren oder Dienstleistungen zu täuschen« (§8 (2) MarkenG).

Mithilfe einer Markenpolitik werden Ziele verfolgt wie beispielsweise

- höhere Wiedererkennung,
- bessere Unterscheidbarkeit von den Leistungen der Wettbewerber,
- Standardisierung,
- Schaffung eines Kommunikationsmittels zur Gewinnung öffentlichen Vertrauens,
- Qualitätsversprechen,
- stärkere Kundenbindung und
- höhere Preise,
- bei Dachmarken die Übertragung positiver Aspekte auf weitere Produkte.

Mit einer Markenpolitik verbunden ist jedoch i.d.R. auch ein höherer Aufwand z.B. für

- die Entwicklung der Kennzeichen,
- Werbekampagnen,
- (verstärkte) Qualitätssicherung/-kontrolle,
- (intensivere) Kundenbetreuung.

Standen Markennamen in der Vergangenheit häufig in engem Zusammenhang mit den Bestandteilen eines Produktes (Cocaine → Coca-Cola), dessen Zweck (Global Message Exchange → GMX) oder seinem Erfinder bzw. Produzenten (Hans Riegel aus Bonn → Haribo; International Business Machines → IBM), erfolgt die Findung neuer Markennamen heutzutage oft durch spezielle Agenturen in interdisziplinären Teams aus Marketingexperten, Sprach- und Kulturwissenschaftlern, Historikern, Juristen u.v.a.m. Dies liegt zum einen an den erhöhten Anforderungen eines globalisierten Wirtschaftsraumes, zum anderen an der Vielfalt der Ausprägungen von Marken. Denn es gibt Wortmarken, Wort-Bild-Marken, Bildmarken, Farbmarken, Hörmarken, Geruchsmarken, 3D-Marken und Slogans.

Dabei scheint es besonders erfolgversprechend, wenn verbale und visuelle, aber auch weitere Reize für die potenziellen Kunden im Sinne eines **integrierten Branding** aufeinander abgestimmt werden, d.h., alle Markenelemente wie Markenname, Markenbild, aber ggf. auch die Gestaltung der Verpackung sowie verwendete Hör- oder Geruchsmarken die gleichen Assoziationen beim Rezipienten hervorrufen und sich dadurch gegenseitig unterstützen.

Beim **fraktalen Branding** hingegen bestehen bspw. zwischen Markenname und Markenbild Diskrepanzen bzw. Inkongruenzen, welche die Kommunikationswirkung verringern und es erschweren, die gewünschte Positionierung der Marke aufzubauen.

Ein gelungenes Beispiel für ein integriertes Branding ist Expedia.de, wo sowohl Markenname als auch Markenbild und der verwendete Slogan auch bei einem Betrachter, der das Unternehmen noch nicht kennt, eindeutig Assoziationen im Bereich Expeditionen und Reisen hervorrufen.

Wesentlich schwieriger, wenn nicht gar unmöglich, entstehen die richtigen Assoziationen beim Betrachten des Logos des Unternehmens GMX. Dass sich hinter diesem Akronym (Global Message Exchange) einer der erfolgreichsten deutschsprachigen Kommunikationsdienste im Internet (E-Mail, Multi-Messenger, DSL, ...) verbirgt, ist alles andere als leicht erkennbar.

Langner und Esch [Langner, Esch 2006: S. 101 ff.] schlagen für die Entwicklung eines integrierten Branding folgende Vorgehensweise vor:

1. **Festlegung der Markenidentität**
   Hiermit sind die Gründe für den Kauf dieser Marke sowie die für den Kunden entstehenden Nutzenaspekte gemeint, aber auch die angestrebten emotionalen Eindrücke der potenziellen Kunden. Letzteres wird oft vernachlässigt, obwohl hier viel größere Möglichkeiten der Differenzierung liegen als in den rationalen Merkmalen der Marke/des Produktes.
2. **Ableitung der Markenpositionierung**
   In diesem Schritt steht die weitere Fokussierung auf die für die jeweiligen Zielgruppen relevantesten Markenattribute sowie die Abgrenzung zu den Wettbewerbern im Mittelpunkt. Die festgelegte Markenpositionierung ist dann die Zielvorgabe für die Anwendung der Instrumente des Marketing-Mix.
3. **Analyse des Branding konkurrierender Marken**
   Dies ist wichtig, da sich die aufzubauende Marke ausreichend von den konkurrierenden Marken differenzieren muss, um die nötige Beachtung zu finden. Die Elemente der Marke wie Name, Zeichen oder Slogan dürfen nicht stereotyp und austauschbar erscheinen, sondern sich deutlich positiv abheben.
4. **Entwicklung des Markennamens**
   Zwar vermitteln Markennamen mit lexikalisierter Bedeutung am leichtesten eine klare und bildliche Assoziation, finden aber aufgrund ihrer oft mangelhaften rechtlichen Schutzfähigkeit selten Anwendung. Neu geschaffene Kunstwörter sind i.d.R. wesentlich leichter schützbar und noch dazu international einsetzbar. Allerdings muss hierbei z.B. über die Phonetik versucht werden, trotz ihrer Abstraktheit die gewünschten Assoziationen zu wecken. Hinsichtlich der Namensgenerierung für die Marke bieten sich drei Ansätze:

- Der Name **als beschreibendes Adjektiv** bezieht sich auf eine positionierungsrelevante und möglichst dauerhaft von den Wettbewerbern abgrenzende Eigenschaft des Unternehmens bzw. seines Leistungsangebotes, wobei es sich dann ebenfalls wieder um ein abgeleitetes Kunstwort handeln kann.
- Der Name **als Analogie** soll die herausragenden Eigenschaften eines mit der Marke assoziierten Objektes auf das Unternehmen bzw. sein Leistungsangebot leicht und eindeutig übertragen.
- Der Name **als erläuternde Kontextinformation** stellt einen thematischen Bezug zum Unternehmen und/oder seinem Leistungsangebot her. Hierbei kann es sich z.B. um Angaben zur Herkunft, dem Zweck oder der Art des Unternehmens bzw. seines Leistungsangebotes handeln. Dabei besteht jedoch häufig die Gefahr, branchentypische Stereotype zu verwenden, welche die nachhaltige Abhebung von den Wettbewerbern behindern.

5. **Entwicklung des Corporate Brand Design**
Passend zum gewählten Markennamen sind dann das Markenbild sowie die sonstigen Form-, Farb- und Hörmerkmale der Marke zu entwickeln. Hierbei sind Redundanzen im Sinne gleicher Assoziationen ausdrücklich gewünscht bzw. gefordert, um eine eindeutige Positionierung der Marke erreichen zu können. Die einzelnen Elemente der Marke sind letztlich eng miteinander verknüpft und können daher nicht losgelöst voneinander betrachtet oder gar verändert werden.
6. **Controlling des Branding**
Da gemeinsam vermittelte Reize aufgrund der Ganzheitlichkeit der menschlichen Wahrnehmung nicht losgelöst voneinander aufgenommen und beurteilt werden können, muss auch die abschließende Analyse der Wirkungen der entwickelten Marke ganzheitlich erfolgen.

Aufgegebene, d.h. nicht mehr verlängerte, **bzw. verfallene**, d.h. wegen fünfjähriger Nichtbenutzung im Geschäftsverkehr auf Antrag eines Dritten gelöschte **Marken** können übrigens von jedem wieder neu angemeldet werden.

Eines der bekanntesten Beispiele hierfür in den letzten Jahren war der Getränkesirup »Tritop«, dessen Produktion in den 1980er-Jahren vom einstigen Hersteller Unilever aufgegeben wurde, dessen Markenname aber rund 20 Jahre später von einem Getränkehersteller mit großem Erfolg wiederverwendet wurde.

Im Rahmen der Produktpolitik ist auch auf den sogenannten **Produktlebenszyklus** zu achten (siehe Abb. 5–31), d.h., es müssen rechtzeitig neue Leistungsangebote entwickelt werden, bevor die Gewinne und Umsätze aus dem bestehenden Leistungsspektrum des Unternehmens einbrechen, und es müssen Entscheidungen getroffen werden, zu welchem Zeitpunkt die alten eigenen Produkte durch die neuen abzulösen sind. Die Dauer der einzelnen Phasen des Produktlebenszyklus ist allerdings produktabhängig und kann nicht allgemeingültig vorhergesagt werden.

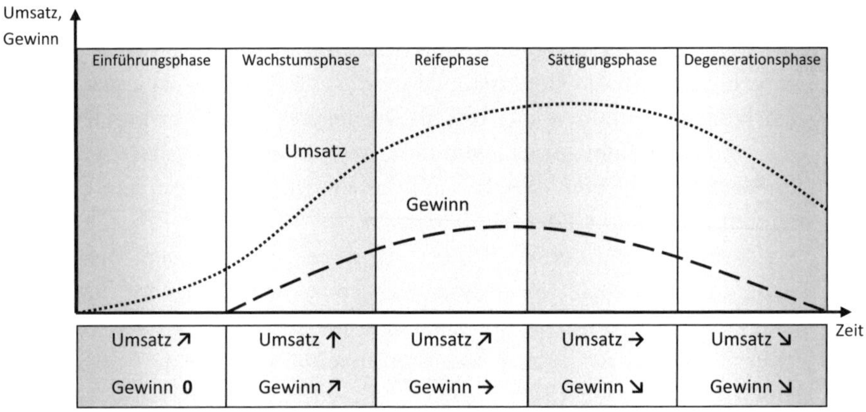

Abb. 5–31 *Der Produktlebenszyklus*

Marketing
Marketing-Mix: Produktpolitik

Leitfragen

- Welche Auswirkungen hat die gewählte Wettbewerbsstrategie (Differenzierung, Kostenführerschaft, Konzentration) auf die Produktpolitik?
- Wie sollen ggf. unterschiedliche Kundenbedürfnisse und -erwartungen an Nutzen und Qualität des Leistungsangebotes in den einzelnen Kundensegmenten berücksichtigt werden?
- Sind unterschiedliche Produktvarianten vorgesehen, mit welcher Ausstattung?
- Gibt es sogar Customization oder Personalization?
- Gibt es Besonderheiten bei der Produktverpackung?
- Wie sehen die Namens- und Sortimentspolitik aus?
- Welcher Kundendienst und welche Gewährleistung werden geboten?
- Wird eine Markenpolitik verfolgt?
- In welchen Phasen des Produktlebenszyklus befinden sich die angebotenen Unternehmensleistungen?

TIMEBUILDER I2I

5.3 Marketing-Mix

5.3.1 Produktpolitik

Die gewählte Wettbewerbsstrategie der Konzentration auf eine Nische mit gleichzeitigen Kosten- und Differenzierungsschwerpunkten verlangt nach einem Baukastensystem, das einerseits den Kunden ausreichende Möglichkeiten zur Individualisierung und ggf. auch Personalisierung bietet, dessen Teilevielfalt aber andererseits auch ökonomisch vertretbar ist.

Der Timebuilder121-Uhrenkonfigurator ermöglicht daher eine umfangreiche individuelle Customization durch den Kunden (Design-by-Customer) aus ca. 500 wählbaren Komponenten sowie eine ergänzende Personalisierung mittels individueller Gravuren und Logos. Dabei ist eine Vorauswahl aufeinander abgestimmter Komponenten in sogenannten Kollektionen zusammengefasst, um das Designen der eigenen Uhr zu erleichtern.

Für Kleinserien bei Firmenkunden lassen sich nicht nur zahlreiche Komponenten mit Logos und Gravuren versehen, sondern auch spezielle Verpackungen entwickeln. Darüber hinaus gibt es limitierte, einzeln nummerierte Exemplare (Limited Editions).

Alle Timebuilder121-Uhren entsprechen den »Swiss made«-Qualitätskriterien, wobei Timebuilder121 neben der zweijährigen internationalen Gewährleistung noch eine Zufriedenheitsgarantie in Form eines 30-Tage-Rückgaberechts gibt, um die beim Onlinekauf fehlenden sinnlichen Eindrücke eines Einkaufs im Uhrengeschäft auszugleichen.

Timebuilder121 ist als Marke registriert, verwendet den Slogan »create your own time« und soll als führende »Swiss made«-Uhrenmarke im Bereich der onlinegestützten Mass Customization etabliert werden.

Während sich die traditionelle Armbanduhr sicherlich in die Sättigungsphase des Produktlebenszyklus einordnen lässt bzw. gemessen an der jüngeren Kundengeneration (Teenager-Handygeneration) sogar in die Degenerationsphase, so kann die Designed-by-Customer-Uhr noch in der Wachstumsphase verortet werden.

5.5.3.2 Preispolitik (price)

Hauptaufgabe der Preispolitik ist die Festlegung der Verkaufspreise für die angebotenen Unternehmensleistungen. Diese Preisfestlegung hängt von mehreren unternehmensinternen und -externen Faktoren ab, wie die Abbildung 5–32 verdeutlichen soll:

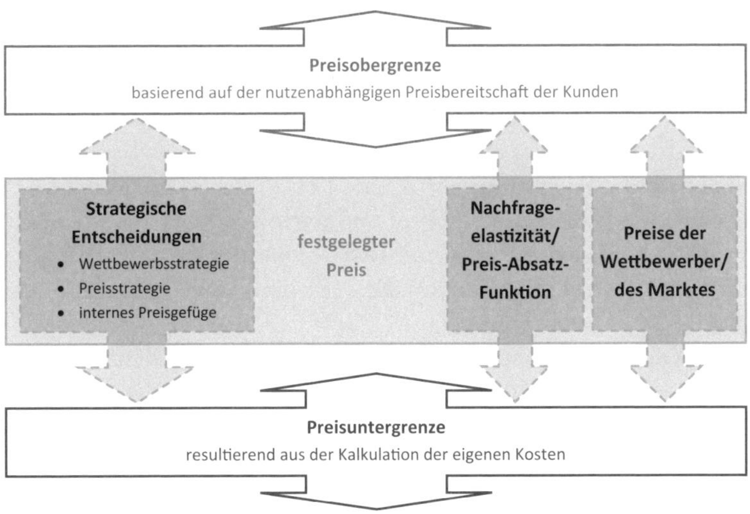

Abb. 5–32 *Unternehmensinterne und -externe Faktoren der Preisfestlegung*

Die weiter oben beschriebene an den Kosten orientierte Kalkulation mit einem prozentualen Gewinnaufschlag ist nur eine erste Orientierung bei der Preisbestimmung. Sich nur an den aktuellen Marktpreisen der Wettbewerber zu orientieren, ist ebenfalls nicht sinnvoll, da somit eventuell vorhandene Preisspielräume nach oben nicht ausgenutzt werden. Diese können durchaus bestehen, wenn der für den Kunden erzeugte Nutzen und somit auch seine Zahlungs- und Preisbereitschaft höher sind als die bisher verlangten Preise. Dies kann daran liegen, dass dieser Umstand von den Wettbewerbern noch nicht erkannt wurde bzw. genutzt werden konnte oder dieser höhere Nutzen nur bei ausgewählten Kundengruppen entsteht.

Der maximal erzielbare Preis, die **Preisobergrenze**, hängt also von der Preisbereitschaft der Kunden ab, diese wiederum vor allem von dem vom jeweiligen Kunden individuell empfundenen Nutzen. Im Sinne einer solchen Nutzenorientierung sind höhere Preise prinzipiell nur insoweit erzielbar, wie sich die angebotene Leistung aus Kundensicht positiv von den Angeboten der Wettbewerber unterscheidet.

Wenn der auf dem Markt erzielbare Preis mittel- und langfristig die entstehenden Kosten nicht deckt, kann ein Unternehmen wirtschaftlich nicht überleben. Zeichnet sich solch eine mangelnde Deckung bereits bei der Erstellung des Businessplans ab, ist von der Umsetzung der Geschäftsidee, zumindest in dieser Form, abzusehen. Es ist zu prüfen, ob entweder die Kundenbedürfnisse zwecks einer höheren Zahlungsbereitschaft besser befriedigt oder aber durch Veränderungen in der Wertschöpfungskette die Kosten gesenkt werden können. Die berechneten Stückkosten im Sinne der auf die einzelnen Produkte umgelegten gesamten Kosten des Unternehmens stellen dabei die **langfristige Preisuntergrenze** für die angebotene Leistung dar.

Wo genau zwischen dieser aus den eigenen Kosten resultierenden Preisuntergrenze und der auf der nutzenabhängigen Preisbereitschaft basierenden Preisobergrenze der Preis für die angebotene Leistung dann tatsächlich festgelegt wird, ist **von den Preisen der Wettbewerber, den eigenen strategischen Entscheidungen und der Nachfrageelastizität abhängig.**

Wird als **Wettbewerbsstrategie** z.B. eine **Kostenführerschaft** angestrebt, sollte der Preis näher an der Preisuntergrenze und unter den Preisen der Konkurrenten festgelegt werden. Bei einer verfolgten **Differenzierung** bzw. Markenpolitik hingegen bewegt sich der Preis näher an die Preisobergrenze heran und liegt i.d.R. oberhalb der Konkurrentenpreise.

Bei der Wahl der **Preisstrategie** gibt es zwei grundsätzliche Möglichkeiten: zum einen die rasche Marktdurchdringung von (Massen-)Märkten mittels relativ niedriger Preise, **Penetrationsstrategie** genannt, und zum anderen die schnelle Abschöpfung möglicher Gewinne durch hohe Anfangs- und erst später mit der Marktdurchdringung langsam sinkende Preise im Sinne einer **Skimmingstrategie**. Da die Penetrationsstrategie höhere Anfangsinvestitionen erfordert, ist mit ihr auch ein höheres Investitionsrisiko verbunden. Sie kann aber helfen, potenzielle Konkurrenten abzuschrecken. Werden hingegen wie bei der Abschöpfungsstrategie Produkte als hochwertiger bzw. leistungsfähiger angeboten und somit auch höhere Preise erreicht, ist eine schnellere Amortisation möglich und das Unternehmenswachstum aus den erzielten Gewinnen leichter selbst zu finanzieren.

Bei diesen Überlegungen ist es für die Anbieter von Wirtschaftsgütern interessant, herauszufinden, wie sich eine Preisänderung auf die absetzbare Menge auswirkt. Ausgangspunkt für solche Betrachtungen ist die Preis-Absatz-Funktion, auch **Nachfragefunktion** genannt (siehe Abb. 5–33). Diese lässt sich vereinfacht als linear fallende Funktion darstellen. Die Preisobergrenze gibt an, ab wann die Nachfrage nach dem Wirtschaftsgut auf null sinkt (nachfragewirksame Preisschwelle). Bei einem Preis von null hingegen ergibt sich die Mengenobergrenze im Sinne der gesamten Bedarfsmenge dieses Wirtschaftsgutes.

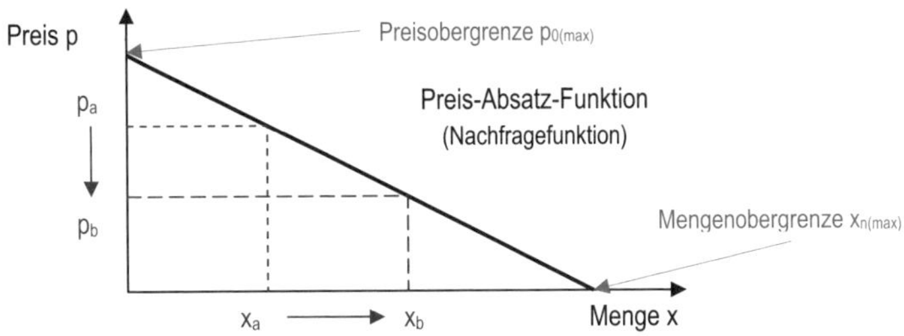

Abb. 5–33 *Preis-Absatz-Funktion (Nachfragefunktion)*

Eine empirische Bestimmung einer vollständigen Preis-Absatz-Funktion ist allerdings praktisch nicht möglich. Empirisch lassen sich nur einzelne Werte oder Wertebereiche mithilfe folgender Möglichkeiten ermitteln:

- Kundenbefragungen
  Diese Methode ist recht einfach, weist aber starke Validitätsprobleme aufgrund möglicher Differenzen zwischen den Äußerungen und dem tatsächlichen Kaufverhalten der potenziellen Kunden auf.
- Verwendung realer Marktdaten
  Voraussetzungen hierfür ist, dass der Preis in dem beobachteten Zeitraum in dem entsprechenden (Teil-)Markt auch Schwankungen unterworfen war.
- Preisexperimente
  In diesem Fall experimentiert man in ausgewählten Verkaufsgebieten oder auch einzelnen Geschäften mit der Variable Preis und beobachtet die daraus resultierenden Änderungen der Absatzmenge.

Wenn man mehrere Punkte einer Preis-Absatz-Funktion kennt, kann man die **Preiselastizität der Nachfrage** ermitteln (siehe Beispiele in Abb. 5–34). Dabei handelt sich um die Relation zwischen relativer Mengenänderung und der sie auslösenden Preisänderung:

- Ist die Mengenänderung größer als die zugehörige Preisänderung, d.h., reagiert die Nachfrage bereits auf kleine Preisänderungen relativ stark, so spricht man von einer **elastischen Nachfrage.**
- Haben hingegen deutliche Preisänderungen kaum Auswirkungen auf die nachgefragte Menge, also ist die relative Mengenänderung kleiner als die relative Preisänderung, so handelt es sich um eine **unelastische Nachfrage.**
- Als zwei Extremfälle existieren noch die **starre Nachfrage**, bei der Preisänderungen keine Veränderungen der Nachfragemenge bewirken, und die **vollkommen elastische Nachfrage**, die aussagt, dass zu einem bestimmten Preis jede beliebige Menge eines Wirtschaftsgutes abgesetzt werden kann, jedoch bei der noch so geringfügigen Preisänderung die Nachfrage vollständig erlischt.

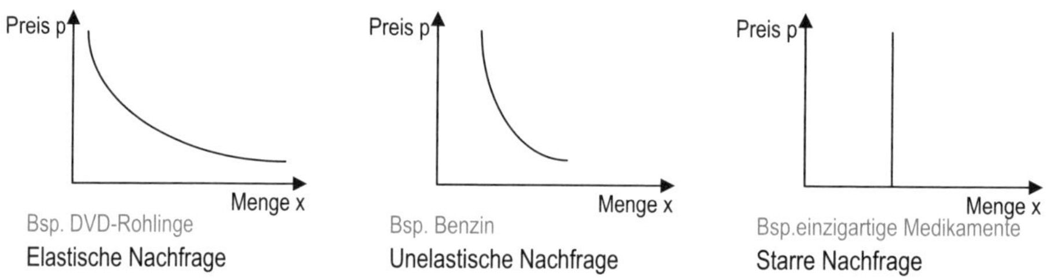

Abb. 5–34 *Beispiele unterschiedlich elastischer Preis-Absatz-Funktionen*

So bieten z.B. Treibstoffe wie Benzin oder Diesel, auf die ja Berufspendler und Spediteure mehr oder weniger angewiesen sind, einen größeren Preisspielraum als beispielsweise DVD-Rohlinge, bei denen die Kunden rein preisorientierte Kaufentscheidungen treffen und zu den Konkurrenten wechseln oder auch auf den Kauf verzichten können. Bei einzigartigen Medikamenten, die für Patienten vielleicht lebenswichtig sind, kann der Preis hingegen sogar nahezu willkürlich hoch festgelegt werden.

Die Preiselastizität der Nachfrage wird u.a. von folgenden Faktoren beeinflusst:

- **Substituierbarkeit des Produktes**
  Die Preiselastizität ist umso höher, je leichter ein Produkt durch andere ersetzt werden kann, da mit steigendem Preis schneller zu dem Ersatzprodukt gewechselt wird. Allerdings wird die Substituierbarkeit durch Markenbindung und Kosten eines Anbieterwechsels eingeschränkt.
- **Notwendigkeit des Produktes/Dringlichkeit des Bedarfs**
  Je lebensnotwendiger ein Gut ist, desto geringer fällt seine Preiselastizität aus. So hat z.B. eine Wohnung eine geringere Preiselastizität als ein Luxussportwagen.

- **Geldwert des Produktes**
  Je größer der Anteil des Einkommens ist, der für den Erwerb eines Produktes aufgewendet werden muss, desto höher ist dessen Preiselastizität. Dies liegt daran, dass bei Preisveränderungen unter bzw. über die Einkommensgrenze schnell neue Käufergruppen hinzugewonnen oder auch verloren werden können. Bei geringwertigen Gütern des täglichen Bedarfs ist die Preiselastizität i.d.R. eher niedrig.

Ebenfalls Einfluss auf die Preisfestlegung hat die als **Preisstrukturpolitik** bezeichnete bewusste Gestaltung des Preisgefüges innerhalb des gesamten angebotenen Leistungsspektrums eines Unternehmens. Gibt es bspw. ein niedrigpreisiges Basisprogramm und teurere Premiumangebote? Wie hoch sollen die Preisunterschiede zwischen verschiedenen Produktlinien ausfallen?

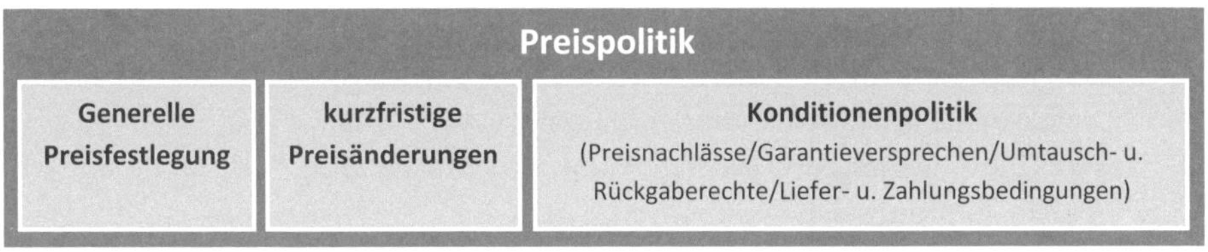

Abb. 5-35 *Teilbereiche der Preispolitik*

Die Preispolitik legt nicht nur die generellen Preise fest, sie entscheidet auch über **kurzfristige Preisänderungen**. Bei Sonderangeboten handelt es sich im Gegensatz zur Niedrigpreispolitik einer angestrebten Kostenführerschaft nur um eine zeitlich begrenzte Preisreduzierung. Die Gründe für solche Angebote können vielfältig sein, z.B.

- Akquisition neuer Kunden,
- Reaktion auf Sonderangebote der Konkurrenten,
- Erschwerung des Markteintritts neuer Konkurrenten,
- Förderung des Abverkaufs von Saisonware, Lagerbeständen oder auch anderen Produkten durch eine erhöhte Kundenfrequenz.

Erfolgt der Vertrieb über mehrere Vertriebskanäle gleichzeitig, z.B. per Direktvertrieb im Internet und über ein herkömmliches externes Händlernetz oder eigene Filialen, so müssen die Preise aufeinander abgestimmt werden, um negative Reaktionen der Absatzmittler oder Kannibalisierungseffekte zu deren Lasten zu vermeiden.

Die Bedeutung des reinen Kaufpreises für eine Kaufentscheidung wird aber häufig überschätzt. Daher dürfen die übrigen Aufgaben der Preispolitik, die hier unter dem Begriff der **Konditionenpolitik** zusammengefasst werden, keinesfalls vernachlässigt werden.

Noch recht preisverbunden sind die Entscheidungen über verschiedene **Preisnachlässe** wie z.B.

- Treuerabatte als Belohnung dauerhafter Geschäftsbeziehungen,
- Mengenrabatte aufgrund größerer Abnahmemengen,
- Rabatte nach Zielgruppen, z.B. ermäßigte Eintrittspreise für Kinder oder preisgünstigere Softwareversionen für Schüler, Studenten und Lehrkräfte,
- diverse zeitlich befristete Sonderrabatte.

Die Konditionenpolitik beinhaltet aber auch über die gesetzlichen Vorgaben hinausgehende Entscheidungen zu den **Umtausch- und Rückgaberechten** der Kunden sowie die **Garantieversprechen** des Unternehmens. Ebenfalls festzulegen sind mögliche Servicedienstleistungen.

Auch die **Liefer- und Zahlungsbedingungen** des Unternehmens können die Kaufentscheidung der Kunden maßgeblich beeinflussen:

- Welche Zahlungsmittel werden akzeptiert? (Bargeld, EC- bzw. Kreditkarten, Überweisung, Lastschrift, Schecks, paypal, ...)
- Welche Zahlungsfristen werden gewährt? (Vorauszahlung, Rechnung mit z.B. 2 Wochen Zahlungsziel, Zahlpausen, ...)
- Gibt es Nachlässe für bestimmte Zahlungsarten oder -fristen? (Skonti)
- Werden Kredite gewährt? (Raten- bzw. Kreditkauf, Lieferantenkredite)
- Was für Lieferfristen gibt es?
- Kann der Kunde zwischen verschiedenen Lieferarten wählen? (Selbstabholung, Postversand, Spedition, Expressversand, ...)
- Wie und wohin wird geliefert? (bis zur Haustür, in die Wohnung, inkl. Installation und Einrichtung, ...)
- Was muss der Kunde für diese Lieferung bezahlen?

Die Preispolitik darf also nicht nur auf die reine Preisfestlegung beschränkt bleiben (siehe Abb. 5–35), sondern bietet noch weiteren Gestaltungsspielraum für die Verfolgung der festgelegten Marketingstrategien, was in diesem Abschnitt des Businessplans zu erläutern ist.

Marketing
Marketing-Mix: Preispolitik

Leitfragen

- Welche Auswirkungen hat die gewählte Wettbewerbsstrategie (Differenzierung, Kostenführerschaft, Konzentration) auf die Preispolitik?
- Sollen schnelle Gewinne erzielt oder zunächst der Markt durchdrungen werden?
- Wie ist die Nachfrageelastizität für die angebotene Unternehmensleistung?
- Welche weiteren Kriterien sind bei der Festlegung des Endverkaufspreises zu berücksichtigen? (internes Preisgefüge, Margen der Vertriebskanäle, ...)
- Gibt es unterschiedliche Preise für unterschiedliche Kundenzielgruppen?
- Wie hoch liegt die Gewinnspanne, wenn »Zwischenhändler« etc. berücksichtigt werden?
- Welche begleitenden Konditionen werden den Kunden angeboten? (Rabatte, Garantieversprechen, Umtausch- und Rückgaberechte, Liefer- und Zahlungsbedingungen, ...)

TIMEBUILDER 121

5.3.2 Preispolitik

In dem ausgewählten Nischensegment zwischen 100 und 330 € (bzw. 150 und 500 CHF) strebt Timebuilder121 die Kostenführerschaft an, indem die Preise ca. ein Drittel unter den Preisen in Ladengeschäften gewählt werden.

Timebuilder121 bietet den Kunden im Online-Uhrenkonfigurator ein transparentes Preissystem. Der Kunde sieht den Preis jeder einzelnen Komponente/Ausführung und kann eine Uhr seinem persönlichen Budget entsprechend konfigurieren. Für Einzel- und Geschäftskunden gibt es unterschiedliche Preise.

Ebenfalls im Kaufpreis berücksichtigt werden unterschiedliche Mehrwertsteuern und Zollgebühren.

Die Lieferung der Uhren erfolgt für die Kunden weltweit kostenfrei und Timebuilder121 gewährt eine 30-Tage-Geld-zurück-Garantie.

Die Kunden können per Kreditkarte oder auf Rechnung bezahlen, auf Vorauszahlungen werden 5% Rabatt gewährt.

Zusätzlich wird Timebuilder121 einlösbare Promotions- und Rabattcodes anbieten.

5.5.3.3 Distributionspolitik (place)

Die Distributionspolitik befasst sich mit den Entscheidungen und Maßnahmen, die notwendig sind, die angebotene Unternehmensleistung in der vereinbarten Menge und zur vereinbarten Zeit zum Abnehmer zu bringen. Hilfreich dabei sind die **Intermediäre**, die zwischen den Anbietern und Nachfragern von Wirtschaftsgütern agieren. Ihre Aufgabe ist es, das Funktionieren des Marktes zu erleichtern bzw. ggf.

überhaupt erst zu ermöglichen. Im Gegenzug für diese Leistungen erhalten sie entsprechende Provisionen, wodurch die Gewinne für die Anbieter sinken und/oder die Preise für die Nachfrager steigen. Typische Intermediäre sind Groß- und Einzelhändler, Makler, Auktionshäuser und Logistikdienstleister sowie Banken.

Im Zusammenhang mit der Nutzung des Internets für den elektronischen Handel wurde zunächst die These vertreten, dass auf diesem Wege die Produzenten direkt mit den Konsumenten in Verbindung treten können und die Intermediäre daher weitgehend umgangen werden können. Diese ursprünglich vorhergesagte Verdrängung von Intermediären hat jedoch nicht stattgefunden und ist auch nicht zu erwarten. Die Art der Erbringung ihrer Leistungen hat sich jedoch durchaus geändert in Bezug auf die Abläufe, aber auch in Bezug auf den Aufgabenumfang. Etwas vereinfacht kann man sagen, die Arbeitsteilung und Spezialisierung bei den Intermediären hat zugenommen. Während auf klassischen Märkten der Groß- und Einzelhandel in der Rolle eines Generalintermediärs mit umfangreichem Aufgabenspektrum auftrat und auftritt, findet auf elektronischen Märkten eher eine **Funktionsspezialisierung bei den Intermediären** statt. Dies soll Abbildung 5–36 darstellen, die sich bei den elektronischen Märkten an dem Phasen- bzw. Prozessmodell orientiert.

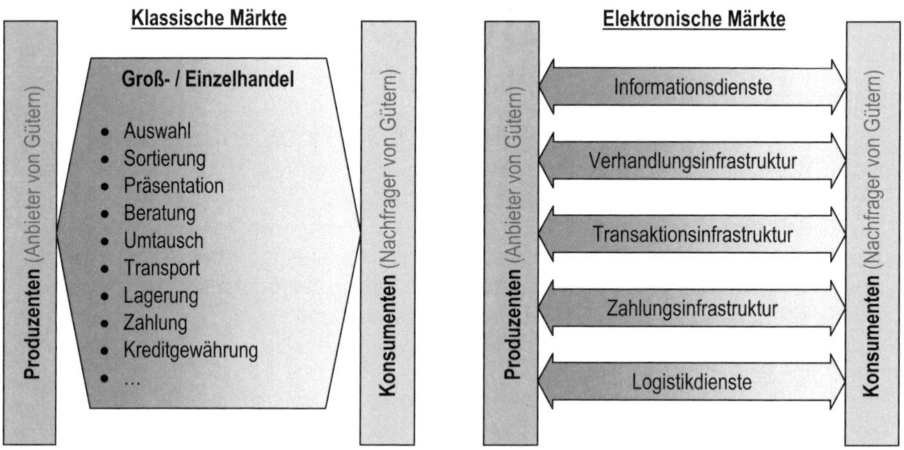

Abb. 5–36 *Rolle der Intermediäre auf klassischen und elektronischen Märkten*

In der Literatur werden insbesondere die folgenden **fünf Aufgaben von Intermediären** hervorgehoben (vgl. die Übersicht bei [Tietz 2007: S. 29 ff.]):

- Bereitstellung von Informationen über angebotene und nachgefragte Wirtschaftsgüter und vorhandene Marktteilnehmer

  Traditionell geschieht dies durch Verlage, welche die »Gelben Seiten« oder ähnliche Branchenverzeichnisse herausgeben, durch Kataloge, aber auch durch Makler und unabhängige Agenten (z.B. Versicherungen). Über das Internet kann man zwar Versicherungen direkt online abschließen. Aber man benutzt eine Suchmaschine, um die verschiedenen Anbieter und ihre Leistungen und Preise zu vergleichen. Die Funktion von Intermediären als Informationsvermittler ist keineswegs überflüssig geworden, sondern im elektronischen Handel sogar in ihrem Umfang und Variantenreichtum erheblich ausgeweitet worden. Für viele Wirtschaftsgüter gibt es Anbieter von Preisvergleichen, Auktionsplattformen u.Ä., die die Markttransparenz ganz erheblich verbessern können.

- Organisation der Zusammenstellung und Distribution von Wirtschaftsgütern

  Dies ist die traditionelle Aufgabe des Einzel- und Großhandels in seinen vielfältigen Formen vom individuellen Fachgeschäft über die Filialkette und den Supermarkt bis zum Warenhaus und Einkaufszentrum. So stellt etwa ein Supermarkt aus der Vielzahl verfügbarer Wirtschaftsgüter ein ausgewähltes Sortiment zusammen, das den Bedürfnissen bestimmter Zielgruppen möglichst optimal entspricht, präsentiert es entsprechend und stellt es dann diesen Nachfragern vor Ort zur Mitnahme bereit. Auf elektronischen Märkten findet an dieser Stelle eine Arbeitsteilung statt: Onlineshops stellen die Wirtschaftsgüter zusammen, aber zum Nachfrager transportiert werden sie dann von einem Logistikdienstleister.

- Bereitstellung der notwendigen Infrastruktur

  Der Wirtschaftskreislauf besteht aus Güter- und Zahlungsströmen. In Bezug auf die Zahlungsströme haben wir schon auf die Banken als Intermediäre hingewiesen, die ein eigenes Netz für die Entgegennahme, Weiterleitung und Ausgabe von Geld, Krediten u.Ä. mit Erfolg betreiben. Daran hat sich im elektronischen Handel nichts geändert. Eine Zeitlang wurde die These vertreten, im Internet würden sich völlig neue Zahlungsmittel (u.a. Micro Payment) etablieren. Die entsprechenden Anbieter sind inzwischen fast alle wieder aus dem Wirtschaftsleben ausgeschieden. Die traditionellen Banken haben den Zahlungsverkehr im Internet voll im Griff.

  Für die Güterströme hat die Logistikbranche eine Infrastruktur mit Auslieferungslagern und Speditionen geschaffen, welche die etablierten Verkehrsträger Bahn, Straße und Flugzeuge benutzen. Soweit physische Güter über das Internet gekauft werden, hat sich daran nichts geändert. Nur der auf den gesamten Handelsumsatz bezogen relativ kleine Anteil digitaler Güter wird ohne diese Intermediäre verteilt. Aber dies geht nur mithilfe von Netzbetreibern und Internet Service Providern, welche die technische Infrastruktur bereitstellen.

- Vertrauensbildung bei den Marktteilnehmern

  Diese Funktion fällt traditionell oft zusammen mit der oben genannten Informationsfunktion (Makler und unabhängige Berater). Wo Vertrauen fehlt, will man sich gegen Risiken absichern. Diese Leistung bieten Versicherungen an. Bei bestimmten Wirtschaftsgütern wie Immobilien ist die Zwischenschaltung von Intermediären (Notare) gesetzlich vorgeschrieben. Auch die Vergabe von Gütesiegeln ist hier zu nennen.

Dies alles gibt es im Internet und auch über das Internet abgewickelte Geschäfte. Früher wurde die These vertreten, dass wegen der fehlenden persönlichen Kontakte zwischen Anbieter und Nachfrager der Bedarf nach solchen Vertrauensinstanzen stark zunehmen werde. So bietet u.a. eBay einen entsprechenden Treuhandservice als vertrauenswürdigen Dritten an. Dieser wird allerdings weniger in Anspruch genommen als erwartet.

- Übernahme von Zusatzleistungen

  Eigentlich sind alle zuvor genannten Leistungen von Intermediären solche, die zusätzlich zum Austausch Ware gegen Geld erbracht werden. Neben den bereits genannten sind im elektronischen Geschäftsverkehr die sogenannten Trustcenter zu nennen, die digitale Signaturen vergeben und Verzeichnisdienste anbieten, über die sich Empfänger signierter elektronischer Dokumente der Zuordnung zu einer bestimmten Person vergewissern können. Die ursprünglich hohen Erwartungen in Bezug auf die Nachfrage nach solchen Zusatzleistungen haben sich bisher allerdings nicht bestätigt.

Zumindest dann, wenn es sich nicht um Dienstleistungen, sondern um physische Produkte auf Massenmärkten handelt, wird ein Unternehmen daher in den seltensten Fällen diese selbst direkt bis zum Käufer befördern, sondern bedient sich dafür externer Unterstützung durch Intermediäre.

Dies sind zum einen **Absatzmittler**, wie z.B. Groß-, Einzel- und auch der Versand- sowie Onlinehandel, die Wirtschaftsgüter im eigenen Namen und auf eigene Rechnung kaufen und wieder verkaufen. Sie kommen vor allem beim Vertrieb von anspruchsloseren und selbsterklärenden Massenprodukten zum Einsatz. Wichtig ist, dass das eigene Unternehmensangebot bei diesen Absatzmittlern einen guten Zugang zum Kunden erhält, wofür der Handel jedoch mit entsprechend hohen Margen belohnt werden will.

Zum anderen können **Absatzhelfer** wie Handelsvertreter, Makler, Kommissionäre, Speditionen oder Paketdienste vom Unternehmen in Anspruch genommen werden, die zwar ebenfalls rechtlich selbstständig sind, jedoch im Gegensatz zum Handel kein Eigentum an der abzusetzenden bzw. zu transportierenden Ware erwerben.

Bei komplexeren beratungsintensiven Produkten werden eher **eigene Vertriebsmitarbeiter** eingesetzt. Kundenbesuche sind jedoch relativ aufwendig und teuer, sodass dieser Vertriebsweg meist nur dann gewählt wird, wenn die Anzahl der Kunden überschaubar und/oder eine große eigene Kundennähe wichtig für den wirtschaftlichen Erfolg des Unternehmens ist oder aber möglichst wenig Know-how nach außen abgegeben werden soll. Außerdem sollte eine realistische Kapazitätsplanung bezüglich der Anzahl möglicher Kundenbesuche pro Mitarbeiter und Jahr, Erfolgsquote etc. aufgestellt werden, um festzustellen, wie viele

Vertriebsmitarbeiter tatsächlich notwendig sind, um die angestrebte Kundenzahl akquirieren zu können. Gegebenenfalls können auch **eigene Vertriebsstellen** sinnvoll sein, wenn den Kunden und/oder dem Unternehmen ein zusätzlicher Nutzen entsteht.

Externe Vertreter sind zwar meist noch teurer, aber von Vorteil, wenn sie nur auf Erfolgsbasis bezahlt werden und das Risiko des Unternehmens somit reduziert wird. Nachteilig ist jedoch, dass das Unternehmen somit keinen direkten Kundenkontakt mehr hat. Der Einsatz von **Callcentern** ist zwar meist eine recht kostengünstige Alternative, ruft jedoch aufseiten der Kunden und Öffentlichkeit je nach Verhaltensweisen oft auch kritische Reaktionen für das Unternehmen hervor.

Eine inzwischen verbreitete Vertriebsform ist das **Franchising** (z.B. bei Obi, Burger King). Zwar wird die Geschäftsidee dann von rechtlich selbstständigen Franchisenehmern umgesetzt, der Franchisegeber erhält dafür aber eine Lizenzgebühr und bestimmt weiterhin die Geschäftspolitik.

Die Entwicklungen der modernen Informations- und Kommunikationstechnik bieten den Unternehmen jedoch immer bessere Möglichkeiten, ihre Leistung dem Kunden **per Internet direkt** selbst anzubieten, und zwar mit planbaren Kosten und entsprechender Kundennähe. Wie bei den eigenen Vertriebsmitarbeitern lässt sich hier am schnellsten auf die Kundenbedürfnisse und deren Veränderungen reagieren.

Wie der Vertrieb im konkreten Fall am besten zu organisieren ist (vgl. Abb. 5–37), hängt dabei von vielen **Einflussfaktoren** ab:

- In welchem Preissegment befindet sich das Produkt?
- Wie hoch ist die Anzahl der potenziellen Kunden und welche Möglichkeiten der Akquise neuer Kunden gibt es?
- Handelt es sich um Privat- oder Firmenkunden, Endabnehmer oder Weiterverarbeiter?
- Was ist deren bevorzugte Einkaufsart?
- Wer trifft die Kaufentscheidungen?
- Ist das Produkt erklärungsbedürftig?
- Kann das Produkt gelagert werden?
- Sind die nötigen Lager-, Vertriebs-, Versandkapazitäten vorhanden?
- Wo ist der Standort des Unternehmens bzw. der Leistungserstellung?

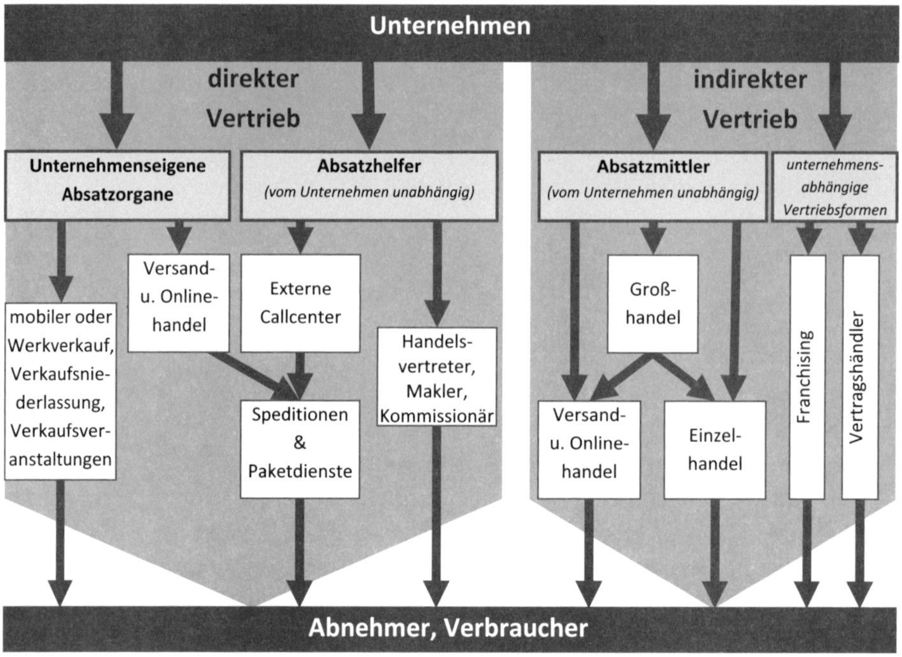

Abb. 5-37 *Mögliche Vertriebswege*

Ebenfalls im Rahmen der Distributionspolitik betrachtet werden kann die Entscheidung über die **Standortfrage** des Unternehmens. Von besonderer Bedeutung ist diese, wenn sich das Unternehmen mit seinem Angebot im direkten physischen Kontakt an den Kunden wendet wie bspw. in der Gastronomie, beim Optiker oder Friseurgeschäft, dem Handyshop oder dem Internetcafe. Für die Standortwahl sind dann Antworten auf Fragen wie die folgenden entscheidend:

- Ist die örtliche Nachfrage groß genug?
- Wie hoch ist die Kundenfrequenz?
- Wie hoch sind die Miet- oder Kaufpreise für die benötigten Räumlichkeiten?
- Sind alle Produktionsfaktoren (Betriebsmittel, Mitarbeiter, ...) verfügbar?
- Ist die Infrastruktur ausreichend?
- Wie ist die Konkurrenzsituation vor Ort?
- Wie werden sich all diese Standortfaktoren in der Zukunft entwickeln?

In diesem Abschnitt des Businessplans wird also das eigene Vertriebssystem beschrieben, das alle betrieblichen Aktivitäten und insbesondere die Auswahl der Absatzwege sowie Handels- und Logistikpartner umfasst, die dazu beitragen, die angebotene Unternehmensleistung vom Ort ihrer Entstehung unter Berücksichtigung von Vertriebskanälen dorthin zu bringen, wo sie vom Kunden gewünscht werden.

Marketing
Marketing-Mix: Distributionspolitik

Leitfragen

- Welche Kundenzielgruppen sollen mit welchen Vertriebskanälen erreicht werden?
- Welche Marktanteile, Absätze/Umsätze sollen jeweils erreicht werden?
- Soll eine eigene Vertriebsorganisation aufgebaut werden?
- Welche Absatzhelfer sind ggf. notwendig?
- Welche Absatzmittler sollen genutzt werden?
- Kommen unternehmensgebundene Vertriebsformen wie Franchising infrage?
- Welche Ausgaben entstehen im Rahmen der Distribution?

TIMEBUILDER 121

5.3.3 Distributionspolitik

Der Verkauf der Timebuilder121-Uhren erfolgt per Direktvertrieb:

- an Privatkunden ausschließlich online über die firmeneigene Website mit Uhrenkonfigurator,
- an Firmenkunden/Universitäten ggf. auch über persönliche Kontakte.

Timebuilder121 verfügt über keine eigene Vertriebsorganisation, die fertiggestellten Uhren werden direkt vom Fertiger (Rhodanus AG) per FedEx oder Post zum Kunden versendet.

5.5.3.4 Kommunikationspolitik (promotion)

Sind die Entscheidungen hinsichtlich des Leistungsprogramms, der Preise sowie der distributionspolitischen Maßnahmen getroffen, so müssen diese im Rahmen der Kommunikationspolitik an die Kunden und die anderen Interessengruppen weitervermittelt werden. Die Kommunikationspolitik umfasst daher alle Entscheidungen, die mit der **Gestaltung und Übermittlung der an relevante Bezugsgruppen gerichteten Informationen** zusammenhängen:

Wer – sagt was – über welchen Kanal – zu wem – mit welcher Wirkung?

Die Erreichung der angestrebten Marketingziele im Rahmen der Kommunikationspolitik basiert dabei auf drei Säulen wie Abbildung 5–38 zeigt:

Abb. 5–38 *Teilbereiche der Kommunikationspolitik*

Der primäre Aufgabenbereich der Kommunikationspolitik betrifft die Verankerung eines unverwechselbaren Angebotes im Gedächtnis der potenziellen Kunden, also die **Werbung** für das unternehmenseigene Leistungsangebot. Es gilt so aufzufallen, Interesse zu wecken, zu informieren und zu überzeugen, dass die Bedürfnisse der Kunden besser erfüllt werden als durch die Angebote der Konkurrenz, sodass daraus auch ein tatsächlicher Kauf resultiert. Darüber hinaus ist angestrebt, ein langfristiges Vertrauen der Kunden aufzubauen und zu erhalten.

Die Werbung beeinflusst jedoch nicht nur die Kunden der angebotenen Unternehmensleistungen, sondern dient auch als **Informations- und Kommunikationsmittel gegenüber Marktpartnern** wie Groß- und Einzelhändlern, aber auch Zulieferern. Kann sich das Unternehmen hiermit als interessanter und langfristig vorteilhafter Geschäftspartner präsentieren, lassen sich sowohl Absatz als auch Beschaffung fördern. Die Werbemaßnahmen sollen insgesamt dazu führen, ein der geplanten Positionierung im Wettbewerb entsprechendes Image bei allen Marktteilnehmern zu etablieren und zu festigen.

Dazu müssen Werbebotschaften gestaltet und gebündelt sowie zu den Zielgruppen übertragen werden. Insgesamt existiert eine Vielzahl von möglichen Werbemaßnahmen:

- Klassische Werbung:
  Printmedien, Rundfunk/Fernsehen, Kino, Schaufenster, Flyer, Plakate, ...
- Nutzung der Verpackung:
  Design, zusätzliche Werbefläche, ...
- Verkaufsförderung:
  Aktionen am Ort des Verkaufsgeschehens, Gewinnspiele, Proben, ...
- Direktmarketing:
  Direkt-Mailings, Telefonanrufe, Antwortkarten, Treueaktionen, ...
- Internetwerbung:
  Werbebanner, Suchmaschineneinträge, ...
- Ausstellungen, Messen, Kundenbesuche
- Product Placement:
  Platzierung von Produkten z.B. in Kinofilmen

Hinzu kommen noch in eingeschränktem Maße bzw. mehr für das Unternehmen als solches:

- Event-Werbung:
  im Rahmen von (größeren) Veranstaltungen
- Sponsoring:
  insbesondere im Sportbereich
- Public Relations:
  Presseinformationen, Unternehmensreputation, ...

Die folgende Übersicht fasst zentrale Begriffe zusammen und erläutert diese:

Werbeträger	Werbemittel	Werbeobjekt	Werbetreibende
Überträger der Werbebotschaft an die Zielgruppe	Darstellungsform der (gebündelten) Werbebotschaft	Bezugsobjekt der Werbebotschaft	Absender der Werbebotschaft
■ Zeitungen und Zeitschriften ■ Rundfunk- und Fernsehanstalten ■ Kino ■ Internet ■ Plakatflächen ■ Schaufenster ■ Verpackungen ■ Mitarbeiter des Unternehmens	■ Anzeigen und Artikel ■ Werbespots ■ Plakate ■ Kataloge ■ Prospekte ■ Handzettel ■ E-Mails ■ Werbebanner ■ Suchmaschinen-einträge	■ Produktwerbung für ein Einzelerzeugnis ■ Programm-werbung für ganze (Teil-) Sortimente ■ Firmenwerbung als Imagewerbung für das gesamte Unternehmen	■ Individualwerbung eines einzelnen Unternehmens ■ Kollektivwerbung als gemeinsame Werbung mehrerer Unternehmen

Insbesondere bei neuen Produkten und Dienstleistungen ist die Gewinnung von sogenannten Schlüssel- oder Referenzkunden wichtig, der Zeitbedarf für deren Akquise wird aber oft unterschätzt.

Da die potenziellen Kunden täglich einer enormen Flut von Werbeappellen ausgesetzt sind, werden nur noch die auffälligsten Maßnahmen wahrgenommen. **Effektive Werbung** erfordert daher

- eine Fokussierung auf die tatsächlichen Zielgruppen anstelle von Maßnahmen nach dem Schrotflintenprinzip,
- professionelle Gestaltung,
- wiederholte Appelle statt unkoordinierter Einzelaktionen,
- konkrete Ziele für jede Maßnahme sowie eine entsprechende Erfolgskontrolle,
- finanzielles Durchhaltevermögen und
- ggf. auch einen Mehrwert für die örtliche Presse, Fachzeitschriften oder sonstige Medien.

Da sich immer mehr Menschen im Internet über Warenangebote informieren und dabei Suchmaschinen, insbesondere von Google, benutzen, ist es sehr wichtig, die Platzierung des eigenen Angebotes in den Suchmaschinen zu überprüfen und nach Optimierungsmöglichkeiten zu suchen. Diese betreffen sowohl die Gestaltung des eigenen Webangebotes als auch andere Maßnahmen, wie die Erhöhung von externen Verweisen auf das eigene Angebot.

Der zweite Bereich der Kommunikationspolitik, die **Verkaufsförderung (Sales Promotion)**, soll die Werbung unterstützen und die Absatzchancen zusätzlich und auf direktem Wege positiv beeinflussen. Dies kann zum einen in Form von **Verbraucher-Promotions** wie die Verteilung von Produktproben oder Gutscheinen,

Gewinnspielen oder Umtausch- und Rücknahmeaktionen durchgeführt werden, die zusätzliche Kaufanreize schaffen sollen. Zum anderen kann mit sogenannten **Außendienst-Promotions** wie Schulungs- und Informationsveranstaltungen, Wettbewerben oder zur Verfügung gestellten Verkaufshilfen die Motivation der Vertriebsmitarbeiter gesteigert werden.

Der dritte große Aufgabenbereich der Kommunikationspolitik wird als **Öffentlichkeitsarbeit (Public Relations)** bezeichnet. Hierbei richtet sich das Unternehmen nicht nur an die potenziellen Kunden, sondern an die gesamte Öffentlichkeit, um die öffentliche Meinung über das Unternehmen und/oder seine Produkte positiv zu beeinflussen. Durch eine Erhöhung des Bekanntheitsgrades verbunden mit großen Sympathieanteilen soll ein sogenannter Goodwill gegenüber dem Unternehmen geschaffen werden. Dazu informiert das Unternehmen die Öffentlichkeit über die Gesamtheit seiner wirtschaftlichen und gesellschaftlichen Aktivitäten z.B. mittels

- Herausgabe von Informationen und Dokumentationen,
- Organisation von Vorträgen und Symposien,
- Teilnahme an Ausstellungen,
- (aktive) Beteiligung an gemeinnützigen Einrichtungen oder Aktionen,
- Sponsoring,
- Herstellung guter Kontakte zu Presse, Rundfunk, Fernsehen.

Nicht nur eine prinzipielle Ablehnung der angebotenen Leistung, sondern bereits eine zeitlich verzögerte Akzeptanz kann zu erheblichen wirtschaftlichen Problemen wie finanziellen Engpässen des Unternehmens führen. Potenzielle Kunden müssen sich oft erst an das Neue gewöhnen, der Widerstand gegen das Unbekannte muss überwunden werden.

Bei Beschaffungen im Investitionsgüterbereich kommen noch weitere Verzögerungsfaktoren hinzu: Es handelt sich häufig um langwierigere Gruppenentscheidungen und außerdem sehen sich die Einkäufer der Gefahr ausgesetzt, für falsche Kaufentscheidungen (spätere Unzufriedenheit, mögliche Reklamationen, mangelnder Support, ...) persönlich verantwortlich gemacht zu werden. **Zeitbedarf und Marktwiderstände** dürfen also bei der Konzeption der Kommunikationsmaßnahmen ebenfalls nicht unterschätzt werden.

Kommunikationsmaßnahmen kosten Geld. Daher muss ausreichend überlegt werden,

- wie viel Werbung pro Verkaufsabschluss finanziell erlaubt ist,
- wie der kaufentscheidende Kundennutzen am besten kommuniziert werden kann,
- welche Kommunikationsmaßnahmen angemessen sind,
- wer der Kaufentscheider ist bzw. wer den größten Einfluss auf die Kaufentscheidung hat und wie dieser am besten zu erreichen ist,

- wie viele Wiederholungen der Werbeappelle notwendig sind, um eine ausreichende Wirkung zu erzielen,
- wie die einzelnen Maßnahmen der Werbung, Verkaufsförderung und Öffentlichkeitsarbeit am effektivsten und effizientesten aufeinander abgestimmt werden können.

Marketing
Marketing-Mix: Kommunikationspolitik

Leitfragen

- Wie werden die Kundenzielgruppen auf die angebotene Unternehmensleistung aufmerksam gemacht?
- Wer sind die maßgeblichen Kaufentscheider?
- Wie soll geworben werden? (Werbeträger, Werbemittel, ...)
- Wie ist die Platzierung des eigenen Angebotes in den Internetsuchmaschinen?
- Welche Maßnahmen der Verkaufsförderung sind geplant?
- Wie wird die Öffentlichkeitsarbeit gestaltet?
- Welche Ausgaben fallen im Rahmen der Kommunikationspolitik an?
- Wie wird die Unternehmensentwicklung in den Maßnahmen der Kommunikationspolitik berücksichtigt?

TIMEBUILDER 121

5.3.4 Kommunikationspolitik

Aufgrund unseres ausschließlichen Online-Direktvertriebes ist das Hauptwerbemedium für die Timebuilder121-Uhren das Internet (ständige Optimierung der Suchmaschinenplatzierung, monatlicher E-Mail-Newsletter, Bannerwerbung, Werbung mit Google-Adwords).

Die Website soll von Beginn an in deutscher, englischer, französischer und italienischer Sprache verfügbar sein. Allerdings wird die Markterschließung bzw. -bearbeitung mit aktiven Marketingmaßnahmen schrittweise erfolgen: zunächst Deutschland (2003), dann Österreich und die deutschsprachige Schweiz (2004), gefolgt von Frankreich und der französischsprachigen Schweiz (2005) sowie Italien und der italienischsprachigen Schweiz (2006).

Dazu wird in den Vorweihnachtsmonaten zusätzlich auch in verschiedenen zielgruppenspezifischen Printmedien des jeweiligen Landes geworben, und zwar sowohl in männer- und frauenorientierten Themenzeitschriften als auch einem renommierten Nachrichtenmagazin.

Timebuilder121 wird nach Möglichkeit mit dem Geschäftsmodell und der Website an Wettbewerben z.B. von Förderinstitutionen oder Internetorganisationen teilnehmen, um somit möglicherweise zusätzliche Aufmerksamkeit bei potenziellen Kunden zu erzielen.

Prominente Persönlichkeiten sollen zu Botschaftern der Marke Timebuilder121 und ggf. gleichzeitig auch zu Designern einer Collection gemacht werden.

5.6 Management und Organisation

Ein erfolgreiches Unternehmen benötigt nicht nur eine gute Geschäftsidee und ein entsprechendes Geschäftsmodell, sondern auch die richtigen Personen zu deren Umsetzung. Auf letztere legen daher insbesondere professionelle Investoren meist großen Wert. Der Businessplan muss daher nicht nur Aussagen zur Rechtsform und dem organisatorischen Aufbau des Unternehmens enthalten, sondern auch ausreichend detaillierte Angaben zu dessen Gründern bzw. Managern und ggf. weiteren Schlüsselpersonen.

5.6.1 Unternehmerteam/Management

Alle zum Aufbau eines Unternehmens notwendigen Fähigkeiten und Fertigkeiten sind nur selten in einer einzigen Person vereint. Insbesondere wenn es sich um die Realisierung einer neuen Geschäftsidee handelt, lassen sich dann auch nicht einfach irgendwelche Handlungsleitfäden bzw. Patentrezepte problemlos von einem Einzelnen abarbeiten. So ist es meist von großem Vorteil, wenn es mehrere Personen gibt, die sich mit ihren Fähigkeiten gegenseitig ergänzen.

Investoren wie Risikokapitalgeber lesen daher gerade die Ausführungen über die bisherigen Lebenswege, Qualifikationen und Erfahrungen der potenziellen Unternehmensgründer bzw. des Managements mit größter Aufmerksamkeit und oft unmittelbar als Erstes nach dem Executive Summary. Oft wird aber dieser Abschnitt des Businessplans zu kurz und oberflächlich abgehandelt. Somit wird häufig die Chance vergeben, das Vorhandensein wichtiger Erfolgsfaktoren wie berufliche Qualifikationen und Erfahrungen sowie vorhandenes Branchenwissen, eventuelle gute vorherige Zusammenarbeit und bestehende externe Kontakte aufzuzeigen. Benötigt werden allerdings keine kompletten Lebensläufe, sondern nur das, was für die erfolgreiche Umsetzung des Geschäftsmodells von Bedeutung ist.

Es muss deutlich werden, dass das Team der Gründer bzw. des Managements in seiner Gesamtheit hinsichtlich der umzusetzenden Geschäftsidee sowohl über ausreichend Kompetenzen in den technischen oder wissenschaftlichen Fachbereichen, im Projektmanagement sowie in den betriebswirtschaftlichen und ggf. rechtlichen Disziplinen verfügt als auch über notwendige Soft Skills wie Durchsetzungsvermögen, Zielstrebigkeit oder interpersonelle Kommunikationsfähigkeiten. Fehlende Kompetenzen können teilweise durch externe Quellen, wie z.B. Wirtschaftsprüfer, Anwälte, PR-Agenturen oder Unternehmensberater, ersetzt werden. Wenn unerfahrene Personen für Schlüsselpositionen vorgesehen sind, so besteht in diesem Abschnitt des Businessplans die Möglichkeit, dies ausreichend zu begründen, indem auf andere Stärken hingewiesen wird. Sind für das Geschäftsmodell wichtige Positionen im Unternehmen noch nicht besetzt, so sollte hier dargelegt werden, wie diese Lücken gefüllt werden sollen.

Bei allen Ausführungen zu den Gründern bzw. Managern sowie weiteren Schlüsselpersonen ist stets auf den konkreten Bezug zu dem im Businessplan beschriebenen Vorhaben zu achten. Angemerkt werden soll an dieser Stelle noch, dass Unternehmensgründer häufig intuitiver und emotionaler entscheiden als angestellte Manager. Dies mag u.a. auch daran liegen, dass sie weniger Rechenschaft über ihr Handeln ablegen müssen und durch ihr eingebrachtes Kapital ein größeres finanzielles Risiko als die gehaltempfangenden Manager eingehen, gleichzeitig aber auch stärker an den möglichen Gewinnen bzw. Verlusten des Unternehmens partizipieren. Die jeweiligen Rechte und Pflichten der Gründer bzw. Manager im Rahmen ihrer Geschäftstätigkeit ergeben sich aus der gewählten Rechtsform des Unternehmens.

Management und Organisation
Unternehmerteam/Management

Leitfragen

- Wer sind die Gründer bzw. die Mitglieder des Managementteams?
- Über welche Ausbildung, Erfahrungen und sonstige Qualifikationen verfügen sie? (fachliche, unternehmerische, praktische, Markt- und Branchenkenntnisse, ...)
- Wo, für wen, als was haben sie bisher gearbeitet?
- Gab es bereits eine frühere Zusammenarbeit zwischen den Gründern/Managern?
- Wer ist für welche Bereiche verantwortlich und was qualifiziert ihn für diesen?
- Welche Schlüsselpositionen müssen noch besetzt werden? Welche Maßnahmen sind dafür vorgesehen?
- Wofür soll externe Hilfe und Unterstützung in Anspruch genommen werden?
- Was ist die jeweilige Motivation der Teammitglieder?
- Gibt es eine gemeinsame Vision?
- Sind die Aufgaben und Kompetenzen eindeutig und einvernehmlich verteilt?
- Wie soll der längerfristige Zusammenhalt des Teams gewährleistet werden?
- Wen kennt das Management? Wer kennt das Management? Wie ist dessen Ruf?

TIMEBUILDER121

6 Management und Organisation

6.1 Unternehmerteam/Management

Das Unternehmen Timebuilder121 wird gemeinsam gegründet von Frédérik Pollite, Daniel Morfing und Jean-Loup Ribordeaux. Daniel Morfing und Frédérik Pollite kennen sich bereits aus ihrer Tätigkeit bei British American Tobacco. Jean-Loup Ribordeaux und Frédérik Pollite kennen sich bereits privat.

Die drei Gründer übernehmen jeweils 25% der Aktien der Timebuilder121 AG.

Zu den Gründern im Einzelnen:

Frédérik Pollite

verfügt über einen B.Sc. in Finanzen und Buchhaltung von der Universität Genf und ein MBA in internationalem Marketing und Recht von der Duquesne University in Pittsburgh-USA sowie zehn Jahre Erfahrung im Management von multinationalen Unternehmen aus der Konsumgüter- und der Chemischen Industrie. Zuletzt war er als Trade Developer bei British American Tobacco (BAT) tätig.

Er stammt aus einer Unternehmerfamilie und strebt schon seit einiger Zeit nach der Selbstständigkeit. So betrieb er bspw. in den Jahren 1998/99 eine Art Vorläufer zu Timebuilder121, bei dem den Kunden verschiedene Ziffernblätter (aus einer Bilddatei) und Armbänder zur Kombination angeboten wurden.

Als Vorsitzender des Vorstandes der Timebuilder121 ist Frédérik Pollite zuständig für

- die Umsetzung der Firmenvision,
- die Finanzierung und die Suche neuer Geschäftsideen,
- den Aufbau der Handels- und Verkaufsstrukturen (als Vertriebschef).

Daniel Morfing

ist Dipl. Marketingplaner mit Fachausweis des Schweizerischen Ausbildungszentrums für Marketing, Werbung und Kommunikation (SAWI) und hat sechs Jahre Erfahrung in der Konsumgüterindustrie, wo er mehrere Managementfunktionen im Marketing und Verkauf bei British American Tobacco (BAT) wahrnahm. Zuletzt war er als Brand Marketing Executive und Projektleiter für die Einführung von CRM in der Schweizer Niederlassung von BAT tätig.

Daniel Morfing ist als Vorstandsmitglied der Timebuilder121 AG verantwortlich für

- die Innovation und Verbesserung der Produktlinien sowie die Zusammenarbeit mit den externen Fachleuten wie Uhreningenieuren und -designern,
- die kundengewinnende Verbreitung der Idee der personalisierbaren Uhren übers Internet.

Jean-Loup Ribordeaux

ist promovierter Jurist und Betriebswirt mit MBA. Er war als Vertriebsleiter in der Modeindustrie sowie einem internationalen Versicherer tätig und hat bereits wichtige Kontakte in die Uhrenindustrie.

Als Vorstandsmitglied der Timebuilder121 ist Jean-Loup Ribordeaux zuständig für

- Einkauf, Recht und Buchhaltung sowie den Kundenservice.

Noch unbesetzt sind die Schlüsselpositionen für den Bereich IT. Da die IT-Plattform jedoch das zentrale Element im Geschäftsmodell der Timebuilder121 darstellt (Kundenkontakt, Teil der Leistungserstellung, Koordination der Geschäftspartner, einziger Absatzkanal), werden dringend noch Kompetenzen in folgenden Bereichen benötigt:

- IT-Entwicklung, IT-Projektmanagement,
- Server- und Datenbankadministration,
- Webtechnologie und E-Business.

Diese Lücke soll durch Einstellung entsprechender IT-Spezialisten, ggf. auch mit Unternehmensbeteiligung, umgehend geschlossen werden.

5.6.2 Rechtsform

Die Wahl der Rechtsform eines Unternehmens ist nicht nur eine Formsache, sondern entscheidet langfristig über die rechtlichen Beziehungen des Unternehmens im Innen- und Außenverhältnis und hat auch konkrete steuerliche sowie wirtschaftliche Auswirkungen. Sie ist daher von vielen verschiedenen Gesichtspunkten abhängig, z.B.

- dem eigentlichen Unternehmenszweck,
- der Anzahl der Unternehmensgründer,
- der Art der Gewinnbeteiligung/Verlustbeteiligung,
- von Fragen der Geschäftsführung/Leitungsbefugnis,
- bestehenden Gewährleistungs- und sonstigen Risiken und somit den Haftungsmöglichkeiten,
- gesetzlich gefordertem Mindestkapital,
- den Möglichkeiten der Kapitalbeschaffung/Finanzierung,
- der Gefahr der Überschuldung in der Anfangsphase (Insolvenzgrund bei GmbH und AG!),
- von den Bestimmungen zur Namensgebung,
- dem jeweiligen rechtsformbedingten Verwaltungsaufwand und Buchführungspflichten,
- den bestehenden Publizitäts- sowie Prüfpflichten und Kontrollmöglichkeiten,
- den steuerlichen Vor- und Nachteilen,
- dem Image der Unternehmensform im Geschäftsverkehr (z.B. hinsichtlich Seriosität, Kreditwürdigkeit, Anpassung an die üblichen Branchenstrukturen),
- der geplanten Entwicklung des Unternehmens (z.B. möglicher Unternehmensverkauf).

Einen Überblick über die häufigsten Rechtsformen privater Unternehmen gibt die Abbildung 5–39:

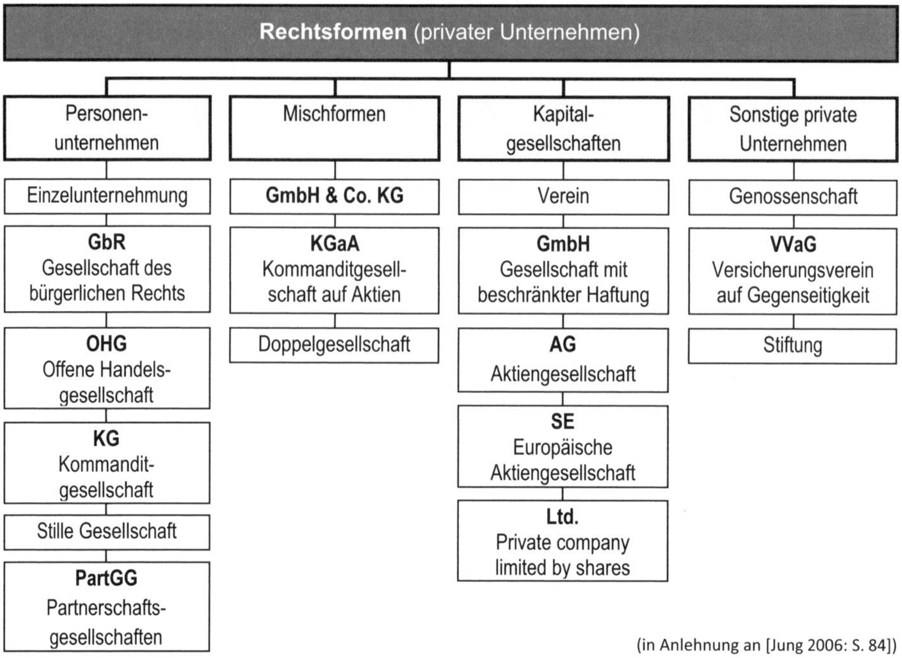

Abb. 5–39 *Rechtsformen privater Unternehmen*

Vor der Vorstellung einzelner Rechtsformen folgt zunächst noch eine Übersicht der grundlegenden Unterschiede zwischen Personenunternehmen und Kapitalgesellschaften:

Allgemein geltende Regelungen für	
Personenunternehmen	**Kapitalgesellschaften**
Allg. Kennzeichen	
■ Sie basieren auf enger Bindung des Unternehmens an seine(n) Inhaber. ■ Vertretung erfolgt durch Gesellschafter.	■ Sie basieren auf Trennung von Personen und Kapital. ■ Vertretung erfolgt durch spezielle Organe.
Haftung	
■ Mindestens ein Gesellschafter haftet persönlich mit dem gesamten Privatvermögen. ■ Gläubiger können die Gesellschafter und/oder die Gesellschaft verklagen.	■ Die Gesellschafter haften nur mit einem begrenzten Betrag. ■ Gläubiger können nur die Gesellschaft verklagen, nicht die Gesellschafter. ■ Vollstreckt werden kann nur bei der Gesellschaft.
Dauer des Unternehmens	
■ Bei mehreren Gesellschaftern existieren Unternehmen nach dem Tod eines Inhabers (Gesellschafters) grundsätzlich weiter. ■ Ein Wechsel der Gesellschafter ist grundsätzlich nicht vorgesehen. ■ Der Konkurs eines Gesellschafters führt zum Konkurs des Unternehmens hinsichtlich seines Anteils.	■ Das Unternehmen existiert unbefristet und unabhängig von der persönlichen Existenz der Gesellschafter. ■ Ein Wechsel der Gesellschafter ist vorgesehen und hat keinen Einfluss auf den Bestand der Gesellschaft. ■ Der Konkurs eines Gesellschafters hat keinen Einfluss auf die Gesellschaft, es sei denn, die den Anteil erwerbenden Gläubiger erhalten eine auflösungsveranlassende Mehrheit.
Persönlicher Kontakt	
■ Die Gesellschafter arbeiten mit und führen das Unternehmen gemeinsam. ■ Abgestimmt wird nach Kopfzahl. ■ Die Anzahl der Gesellschafter ist gering.	■ Die Führung erfolgt durch angestellte Geschäftsführer, die allerdings identisch mit den Gesellschaftern sein können. ■ Abgestimmt wird nach der Höhe der Kapitalanteile. ■ Die Anzahl der Gesellschafter kann hoch sein. ■ Einwirkungs- und Mitwirkungsrechte der Gesellschafter sind begrenzt.
Gründung, Besteuerung, Mindestkapital	
■ Es gibt keine formalen Vorschriften für die Gründung. ■ Die Gesellschaften als solche unterliegen weder der Einkommenssteuer noch der Körperschaftssteuer. ■ Aufgrund der besonderen Haftungsregelungen muss kein Mindestkapital aufgebracht werden.	■ Es gibt grundsätzlich formale Vorschriften für die Gründung. ■ Die Gesellschaften selbst unterliegen als juristische Personen der Einkommens- und der Körperschaftssteuer. ■ Aufgrund der besonderen Haftungsregelungen muss ein Mindestkapital aufgebracht werden.

(zusammengefasst nach [Jung 2006: S. 85 und 94])

Bei den folgenden Ausführungen zu ausgewählten Unternehmensformen handelt es sich um Informationen zur Existenzgründung und -sicherung des deutschen Bundesministeriums für Wirtschaft und Technologie, veröffentlicht in »GründerZeiten Nr. 33« [BMWi 2007], die an einigen Stellen ergänzt bzw. überarbeitet wurden.

Einzelunternehmen			
Für wen und was?	**Wie gründen?**	**Leitung?**	**Höhe der Haftung?**
Kleingewerbe-treibende, Handwerker, Dienstleister, freie Berufe	▪ 1 Unternehmer ▪ entsteht bei Geschäftseröffnung, wenn keine andere Rechtsform gewählt wurde ▪ bei Kaufleuten Eintrag ins Handelsregister Pflicht, bei Kleingewerbetreibenden freiwillig ▪ kein Mindestkapital	Inhaber allein	Unternehmer haftet unbeschränkt mit seinem gesamten Vermögen, auch Privatvermögen.
▪ Es gibt nur einen Betriebsinhaber. Diese Rechtsform eignet sich zum Einstieg. ▪ Einzelunternehmer können klein anfangen, als sogenannte Kleingewerbetreibende, d.h., Umsätze und Geschäftsverkehr erfordern keine vollkaufmännische Einrichtung, wie z.B. Buchhaltung. ▪ Auch als Kleingewerbetreibender kann man sich ins Handelsregister eintragen lassen (gilt nicht für freie Berufe). ▪ Mit dem Eintrag ins Handelsregister werden alle Rechte und Pflichten eines Kaufmanns übernommen. Bei dem eingetragenen Kaufmann handelt es sich nicht um eine Rechtsform, sondern um einen Firmenbestandteil.			

Gesellschaft des bürgerlichen Rechts (GbR- oder BGB-Gesellschaft)			
Für wen und was?	**Wie gründen?**	**Leitung?**	**Höhe der Haftung?**
Kleingewerbe-treibende, Freiberufler	▪ mind. 2 Gesellschafter ▪ formfreier Gesellschaftsvertrag ▪ kein Mindestkapital	per Gesellschaftsvertrag festgelegte(r) Gesellschafter/Vertretung, sonst einstimmige Beschlüsse aller Gesellschafter	Gesellschafter haften für die Verbindlichkeiten der Gesellschaft gegenüber Gläubigern als Gesamtschuldner persönlich.
▪ Jede Geschäftspartnerschaft kann die Form einer GbR annehmen: Kleingewerbetreibende, Praxisgemeinschaften, freie Berufe, Arbeitsgemeinschaften. ▪ Besondere Formalitäten sind nicht erforderlich, sogar eine mündliche Vereinbarung reicht, wenn auch ein schriftlicher Vertrag empfehlenswert ist. ▪ Für die Kompetenzen der Gesellschafter bietet die GbR einen breiten Spielraum. ▪ **Achtung** Fehlen im Gesellschaftsvertrag Regeln über die Gewinnauszahlung, so erfolgen diese wie gesetzlich vorgeschrieben nur jährlich. Änderungen dieses Auszahlungsrhythmus, z.B. im Falle des Bedarfs für die laufende Lebensführung, sind nur durch Zustimmung aller Gesellschafter möglich.			
vgl. §§ 705-740 BGB → http://www.bundesrecht.juris.de/bgb/index.html			

Offene Handelsgesellschaft (OHG)			
Für wen und was?	**Wie gründen?**	**Leitung?**	**Höhe der Haftung?**
mehrere Personen, die gemeinsam ein kaufmännisches Gewerbe betreiben	▪ mind. 2 Gesellschafter ▪ formfreier Gesellschaftsvertrag ▪ Eintragung ins Handelsregister ▪ kein Mindestkapital	alle Gesellschafter (Ausnahmen im Gesellschaftsvertrag möglich)	Gesellschafter haften für die Verbindlichkeiten der Gesellschaft gegenüber Gläubigern als Gesamtschuldner persönlich.
▪ Wegen der Bereitschaft zur persönlichen Haftung steht eine OHG bei Kreditinstituten und Geschäftspartnern in höherem Ansehen als z.B. eine GmbH. ▪ **Achtung** Fehlen im Gesellschaftsvertrag Regeln über die Gewinnauszahlung, so erfolgen diese wie gesetzlich vorgeschrieben nur jährlich. Änderungen dieses Auszahlungsrhythmus, z.B. im Falle des Bedarfs für die laufende Lebensführung, sind nur durch Zustimmung aller Gesellschafter möglich.			
vgl. §§ 1-3, 105-160 HGB → http://www.bundesrecht.juris.de/hgb/index.html			

Kommanditgesellschaft (KG)			
Für wen und was?	**Wie gründen?**	**Leitung?**	**Höhe der Haftung?**
Kaufleute, die zusätzliches Kapital benötigen, oder Gesellschafter, die keine persönliche Haftung übernehmen wollen und von der Geschäftsführung ausgeschlossen werden können.	▪ ein oder mehrere Komplementär(e) und ▪ ein oder mehrere Kommanditist(en) ▪ formfreier Gesellschaftsvertrag ▪ Eintragung ins Handelsregister ▪ kein Mindestkapital für voll haftende Komplementäre, aber ins Handelsregister einzutragende Haftungseinlagen der Kommanditisten	nur durch Komplementär(e), lediglich bei außergewöhnlichen Geschäften besteht Zustimmungsbedarf der Kommanditisten	Komplementär (persönlich haftender Gesellschafter) haftet für die Verbindlichkeiten der Gesellschaft gegenüber Gläubigern persönlich als Gesamtschuldner. Kommanditist haftet bis zur Höhe seiner Einlage. Die persönliche Haftung ist ausgeschlossen, soweit die Einlage geleistet ist.
▪ Die KG ermöglicht die finanzielle Beteiligung von Partnern (Kommanditisten) am Unternehmen, die nicht in die Geschäfte hinein reden können, aber auch nur in der Höhe ihrer Einlagen haften. ▪ Der Komplementär behält in der Regel alleiniges Entscheidungsrecht, haftet dafür aber mit seinem gesamten Privatvermögen. ▪ **Achtung** Kommanditisten haften persönlich/zusätzlich mit Privatvermögen in voller Höhe für finanzielle Verbindlichkeiten, die durch Handlungen vor Eintragung ins Handelsregister entstehen (Mietverträge, Aufträge, ...). ▪ Rechtsform z.B. für Familienmitglieder, die nicht persönlich haften wollen/sollen.			
vgl. §§ 161-177a HGB → http://www.bundesrecht.juris.de/hgb/index.html			

Gesellschaft mit beschränkter Haftung (GmbH)

Für wen und was?	Wie gründen?	Leitung?	Höhe der Haftung?
Unternehmer, die die Haftung beschränken oder nicht aktiv mitarbeiten wollen.	■ mind. 1 Gesellschafter (Ein-Personen-GmbH) ■ notariell beurkundeter Gesellschaftsvertrag ■ Eintragung ins Handelsregister ■ Mindeststammkapital: 25.000 €	Geschäftsführer, Gesellschafterversammlung, evtl. Aufsichtsrat	in Höhe der Stammeinlage bzw. in Höhe des Gesellschaftsvermögens

- Gründungsformalitäten sind aufwendiger als bei den oben genannten Rechtsformen.
- Es kann einen oder mehrere Gesellschafter geben, von denen einer oder mehrere als Geschäftsführer ausgewiesen sind (auch angestellte Geschäftsführer sind möglich).
- Per Vertrag werden der/die Geschäftsführer bestellt und Befugnisse sowie die Gewinnverteilung festgelegt.
- Wer die Führung in einer GmbH für sich sicherstellen will, sollte mehr als 50% der Einlagen leisten!
- Trotz beschränkter Haftung: Kreditgeber achten i.d.R. darauf, dass ihnen bei der Aufnahme von Krediten private Sicherheiten angeboten werden.
- **Achtung**
  Gesellschafter haften persönlich/zusätzlich mit Privatvermögen bei
  - persönlichen Krediten oder Bürgschaften,
  - Verstößen gegen die strengen Regeln über das GmbH-Kapital,
  - der sogenannten Durchgriffshaftung (z.B. bei bestimmten Schadenersatzansprüchen),
  - Handlungen, die sie vor Eintragung ins Handelsregister vornehmen (Mietverträge, Aufträge, ...).
- **Achtung**
  Zum Zeitpunkt der Eintragung ins Handelsregister muss das Startkapital bis auf die Ausgaben für Notar und Handelsregister in voller Höhe vorhanden sein. Sind im Rahmen der Gründungsaktivitäten bereits weitere Ausgaben getätigt worden, so ist das fehlende Kapital einschließlich etwaiger Schulden von den Gesellschaftern wieder aufzufüllen.
  Die Anrechnung von Investitionsgütern gestaltet sich in der Praxis oft als sehr schwierig.

vgl. GmbHG → http://www.bundesrecht.juris.de/gmbhg/index.html

GmbH & Co. KG

Für wen und was?	Wie gründen?	Leitung?	Höhe der Haftung?
Wie KG, mit der Besonderheit, dass der persönlich haftende Gesellschafter eine GmbH ist.	■ ein oder mehrere Komplementär(e) ■ ein oder mehrere Kommanditist(en) ■ formfreier Gesellschaftsvertrag ■ Eintragung ins Handelsregister ■ Mindestkapital für die GmbH	Komplementär	GmbH haftet als Komplementär mit ihrem Gesamtvermögen. Im Ergebnis haftet die GmbH & Co. KG wie eine GmbH zuzüglich der Kommanditeinlage.

- Gründungsformalitäten sind aufwendiger als bei den oben genannten Rechtsformen.
- Es handelt sich um eine KG, bei der statt einer natürlichen Person eine GmbH persönlich haftende Gesellschafterin (Komplementärin) ist. Daher ist die Haftung im Ergebnis wie bei einer GmbH beschränkt.
- Die Gesellschafter der GmbH sind meist gleichzeitig die Kommanditisten der KG.
- Von der Höhe der Vermögenseinlage der GmbH (Komplementärin) und der jeweiligen Kommanditisten hängen die jeweiligen Entscheidungsbefugnisse und auch die Verteilung der Gewinne/Verluste ab.

<table>
<tr><th colspan="4">Kleine Aktiengesellschaft (AG)</th></tr>
<tr><th>Für wen und was?</th><th>Wie gründen?</th><th>Leitung?</th><th>Höhe der Haftung?</th></tr>
<tr><td>Unternehmer, die zusätzliches Kapital benötigen und/oder zum ausschließlichen Zweck der Unternehmensübertragung.</td><td>■ AG ohne Börsennotierung
■ Anleger sind i.d.R. Mitarbeiter, Kunden oder Nachfolger.
■ Unternehmer kann alleiniger Aktionär und Vorstand sein.
■ Vorstand: Entscheidungsbefugnis
■ Aufsichtsrat: Kontrollbefugnis
■ notarielle Satzung
■ Eintragung ins Handelsregister
■ Grundkapital: 50.000 €</td><td>Vorstand, Aufsichtsrat, Hauptversammlung</td><td>beschränkt auf Gesellschaftsvermögen</td></tr>
<tr><td colspan="4">■ Existenzgründer haben auch die Möglichkeit, eine kleine AG allein zu gründen (als alleiniger Aktionär und Vorstand, sie benötigen jedoch zusätzlich drei Aufsichtsräte).
■ Durch die Ausgabe von Aktien oder durch die Aufnahme von Kunden als Gesellschafter können weitere Anleger an dem Vorhaben beteiligt werden.
■ Bis 500 Mitarbeiter ist keine Mitbestimmung im Aufsichtsrat vorgesehen.</td></tr>
<tr><td colspan="4">vgl. §§ 1-277 AktG → http://www.bundesrecht.juris.de/aktg/index.html</td></tr>
</table>

<table>
<tr><th colspan="4">Eingetragene Genossenschaft (eG)</th></tr>
<tr><th>Für wen und was?</th><th>Wie gründen?</th><th>Leitung?</th><th>Höhe der Haftung?</th></tr>
<tr><td>Rechtsform für Gründungsteams und Kooperationsmodell für kleine und mittlere Unternehmen. Vorstand erfüllt im Auftrag seiner Mitglieder Aufgaben wie Einkauf, Auftragsakquisition und Abwicklung, Werbung, Sicherung von Qualitätsstandards, Fortbildungsmaßnahmen.</td><td>■ mind. 3 Mitglieder
■ schriftliche Satzung
■ weitere Mitglieder durch einfache schriftliche Beitrittserklärung
■ Jedes Mitglied muss mindestens einen Geschäftsanteil zeichnen, dessen Höhe in der Satzung festgelegt wurde.
■ Jedes Mitglied hat eine Stimme, unabhängig von der Zahl der gezeichneten Geschäftsanteile.
■ Eintragung ins Genossenschaftsregister
■ Genossenschaft muss zuständigem Genossenschaftsverband angehören, der berät und Geschäfte sowie wirtschaftliche Verhältnisse prüft.</td><td>Vorstand, Aufsichtsrat</td><td>■ eG haftet gegenüber Gläubigern in Höhe ihres Vermögens.
■ Genossenschaftsmitglieder haften nicht persönlich.
■ Das Genossenschaftsgesetz sieht zwar eine unbeschränkte Nachschusspflicht für Mitglieder vor, diese kann jedoch durch die Satzung beschränkt oder ausgeschlossen werden.</td></tr>
<tr><td colspan="4">■ Eine Genossenschaft besteht aus drei Organen: der Generalversammlung aller Mitglieder bzw. Vertreterversammlung, die u.a. über den Jahresabschluss, die Wahl der Aufsichtsratsmitglieder und Satzungsänderungen entscheiden; dem Vorstand, der die Genossenschaft eigenverantwortlich leitet, und dem Aufsichtsrat, der die Tätigkeit des Vorstands kontrolliert. Bei bis zu 20 Mitgliedern kann auf einen Aufsichtsrat verzichtet werden.
■ Die Gründung selbst muss nicht notariell beurkundet werden.
■ Die eG muss ins Genossenschaftsregister beim Amtsgericht eingetragen werden.
■ Eine öffentliche Existenzgründungsförderung ist nur möglich, wenn die Genossenschaft als gewinnorientiert wirtschaftendes kleines oder mittleres Unternehmen auftritt.</td></tr>
</table>

Private company limited by shares (Ltd.)			
Für wen und was?	**Wie gründen?**	**Leitung?**	**Höhe der Haftung?**
Unternehmer in der EU, die Haftung beschränken wollen	■ Antrag beim Companies House (zentrales englisches Gesellschaftsregister) ■ kein Notar notwendig		■ kein nennenswertes Stammkapital notwendig ■ in Höhe der Stammeinlage (mindestens ein britisches Pfund)
■ Sonderkosten fallen an für die Unterhaltung eines »registered office« (offizieller Aufbewahrungs- und Zustellungsort) sowie eines »company secretary« (Erstellung und Aufbewahrung der internen gesellschaftsrechtlichen Dokumentationen): jeweils ca. 200 £ bis 300 £ pro Jahr. ■ Innerhalb der Europäischen Union besteht gesellschaftsrechtlich Niederlassungsfreiheit für Unternehmen, die ihren Sitz in einem der EU-Staaten haben. ■ Rechnungslegung erfolgt nach englischem Recht, jährliche Bilanz in England erforderlich.			

Der handelsrechtliche Begriff »**Firma**« bezeichnet den Namen eines kaufmännischen Betriebes. Somit können auch nur diejenigen Unternehmen, die im Handelsregister eingetragen sind, eine Firma besitzen. Bei den Namen aller übrigen Unternehmen handelt es sich dann lediglich um eine Unternehmensbezeichnung.

Bei der Namensgebung des Unternehmens sind die von der jeweiligen Rechtsform abhängigen rechtlichen Bestimmungen zu beachten:

- Nicht im Handelsregister eingetragene Unternehmen
  - Kleingewerbetreibende müssen im Geschäftsverkehr (Briefpapier, Rechnungen, Angebote, ...) stets mit bürgerlichem Vor- und Zunamen (mindestens ein Vorname ausgeschrieben!) auftreten. Jedoch sind nicht irreführende Zusätze wie Tätigkeits- oder Branchenbezeichnungen sowie Fantasie- oder Etablissementbezeichnungen möglich. Bei offenen Betriebsstätten (wie Ladengeschäften, Gaststätten, Reisebüros) müssen mindestens ein Vorname sowie der Zuname am Eingang der Betriebsstätte angebracht sein.
  - Freiberufler brauchen, von diesen Bestimmungen abweichend, nur ihren Zunamen anzugeben. Etwaige Partnerschaftsgesellschaften können als einzige Rechtsform den Zusatz »und Partner«, »Partnerschaft« oder »Partners« führen.
  - Gesellschaften des bürgerlichen Rechts müssen im Geschäftsverkehr all ihre Gesellschafter mit Vor- und Zunamen angeben.
- Im Handelsregister eingetragene Unternehmen
  - Aufgrund der bereits im Handelsregister zum Unternehmen veröffentlichten Informationen kann hier bei der Namensgebung freier zwischen Personen, Sach- und Fantasienamen bzw. deren Kombinationen gewählt werden. Lediglich als Einzelkaufmann muss ein entsprechender Zusatz (e.K. bzw. e.Kfm.) hinzugefügt werden.
  - Jede neue Firma muss sich aber von den am selben Ort befindlichen bzw. bereits im Handelsregister eingetragenen Firmen unterscheiden.

Abschließend noch ein paar Anmerkungen zu einigen allgemeineren Gesichtspunkten für die Wahl des Unternehmensnamens:

- Der Name dient der Identifikation mit dem Unternehmen, z.B. im Sinne einer Kurzzusammenfassung der Unternehmenstätigkeit bzw. der Marketingstrategie.
- Wichtig sind ebenfalls die kommerzielle Nutzbarkeit des Namens sowie sein Zusammenspiel mit dem Unternehmensdesign (Schriftart/-form, Farben, Symbole, ...).
- Name und ggf. Logo sowie Slogan sind die sichtbarsten Bestandteile in der gesamten externen Unternehmenskommunikation und dienen auch der Abgrenzung gegenüber Wettbewerbern.
- Insofern sind ggf. auch weiterreichende Schutzmöglichkeiten des Namens (Eintragung einer Marke) zu prüfen, denn der mit Aufnahme der Geschäftstätigkeit eines Unternehmens automatisch entstehende Schutz seines Namens bezieht sich nur auf den Raum, in dem es bekannt ist bzw. in dem mit seiner werbenden Tätigkeit zu rechnen ist.

	Management und Organisation **Rechtsform**
Leitfragen	- Welche Rechtsform wird für das Unternehmen gewählt? Warum? - Welche Auswirkungen hat diese auf die Beteiligung an der Leitung sowie an den Gewinnen oder Verlusten des Unternehmens? - Welche Haftungsbeschränkungen ergeben sich aus der Rechtsform? - Kann das ggf. gesetzlich vorgeschriebene Mindestkapital aufgebracht werden? - Welche Möglichkeiten der Finanzierung/Beteiligung sind angestrebt? - Welchen Namen soll das Unternehmen erhalten? Warum? - Ist der Unternehmensname rechtlich geschützt?

TIMEBUILDER I2I

6.2 Rechtsform

Das Unternehmen wird als nicht börsennotierte Aktiengesellschaft gegründet. Die drei Unternehmensgründer Frédérik Pollite, Daniel Morfing, Jean-Loup Ribordeaux bilden den Vorstand. Den Vorsitz übernimmt Frédérik Pollite.

Das geforderte Mindestkapital beträgt 50.000 €. Zur Gründung wird jedoch ein Grundkapital von 100.000 € eingebracht, davon jeweils 25% von den drei Gründern, die restlichen 25% der Aktien werden zunächst vom Geschäftspartner Rhodanus AG als Beteiligung übernommen. Die Haftung ist aufgrund der gewählten Rechtsform einer Aktiengesellschaft auf das Gesellschaftsvermögen beschränkt. Später soll auch eine Venture-Capital-Gesellschaft über Kapitalerhöhungen beteiligt werden.

Als Name der Aktiengesellschaft wird Timebuilder121 gewählt. Der Namensbestandteil »121« (one-to-one) soll dabei auf die Individualität jeder einzelnen nach Kundenwunsch gefertigten und direkt gelieferten Uhr hinweisen.

Timebuilder121 wird als Marke geschützt, entsprechende Domainnamen (www.Timebuilder121.com / de / ...) werden registriert.

5.6.3 Organisation

Wichtig für den Erfolg eines Unternehmens ist nicht nur, was es produziert (Nutzenunterschied), sondern auch wie all seine Arbeitsabläufe strukturiert und ausgestaltet sind (Kostenunterschied). Dabei sind insbesondere auch alle Berührungspunkte mit Kunden, Lieferanten und sonstigen Wertschöpfungspartnern zu berücksichtigen.

Die Organisationsstruktur eines Unternehmens ergibt sich aus der Zerlegung größerer Aufgabenkomplexe in kleinere Teilaufgaben (Arbeitsteilung), die anschließend wieder nach Abhängigkeiten, die zwischen ihnen bestehen, neu zusammengefasst und aufeinander abgestimmt werden (Kooperation). Unter der Organisation des Unternehmens wird daher hier die zielgerichtete Strukturierung von Personen und Sachmitteln sowie der Kommunikations- und Informationswege im Unternehmen verstanden, wobei zwei Aspekte (vgl. Abb. 5–40) zu unterscheiden sind:

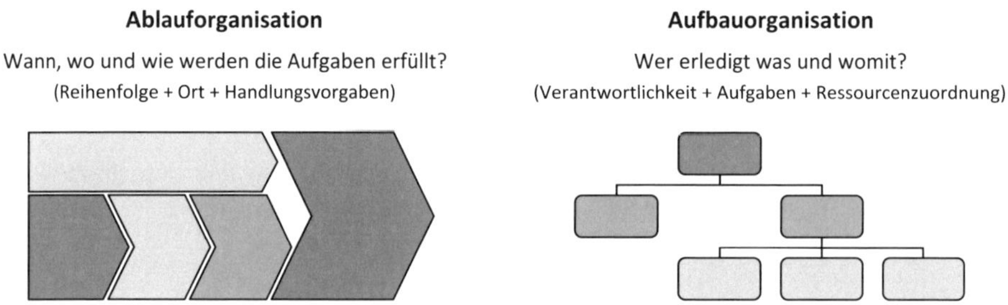

Abb. 5–40 *Die zwei Aspekte der Unternehmensorganisation*

Als **Ablauforganisation** bezeichnet man die Organisation der Geschäftsprozesse. Sie beinhaltet die zeitliche, räumliche und methodische Regelung der Unternehmenstätigkeit, gibt also Antwort auf die Frage, wann, wo und wie die wichtigsten Aufgaben erledigt werden sollen (Reihenfolge, Ort und Art und Weise der Aufgabenerfüllung).

Die Geschäftsprozesse wurden bereits im Geschäftsmodell grob benannt und skizziert. Sie werden im Businessplan in der Regel nicht näher detailliert.

In dem Abschnitt Organisation geht es um die Aufbauorganisation. Die **Aufbauorganisation**, auch einfach Organisationsstruktur genannt, beschreibt die Gliederung der für die Zielerreichung erforderlichen Aufgaben in Teilaufgaben und dafür zuständige Stellen einschließlich der zwischen diesen bestehenden hierarchischen Beziehungen. Dabei ist zwischen einer logischen hierarchischen Beziehung zwischen Aufgaben und Teilaufgaben und weisungsbezogenen hierarchischen Beziehungen zwischen Stellen bzw. Stelleninhabern zu unterscheiden.

Zunächst wird überlegt, welche Aufgaben für die Erreichung der Unternehmensziele erforderlich sind. Dabei orientiert man sich an den traditionellen Funktionsbereichen Beschaffung, Produktion, Absatz sowie Personal, Finanzen und ggf. Forschung und Entwicklung. Für jeden dieser Aufgabenbereiche wird dann geprüft, welche Teilaufgaben zu seiner vollständigen Erfüllung erforderlich sind. Bei umfangreicheren Teilaufgaben kann eine weitere Zerlegung sinnvoll sein. Diese kann ebenfalls nach Tätigkeiten oder auch nach Produkten oder Kundengruppen erfolgen, je nachdem, welche Art der Spezialisierung für eine erfolgreiche Aufgabenerfüllung als relevant angesehen wird. So kann es zweckmäßig sein, dass bei der Beschaffung nach Komponenten (Uhrwerke, Diamanten) unterschieden wird.

Es entsteht dadurch ein hierarchisches Aufgabengefüge wie in Abbildung 5–41.

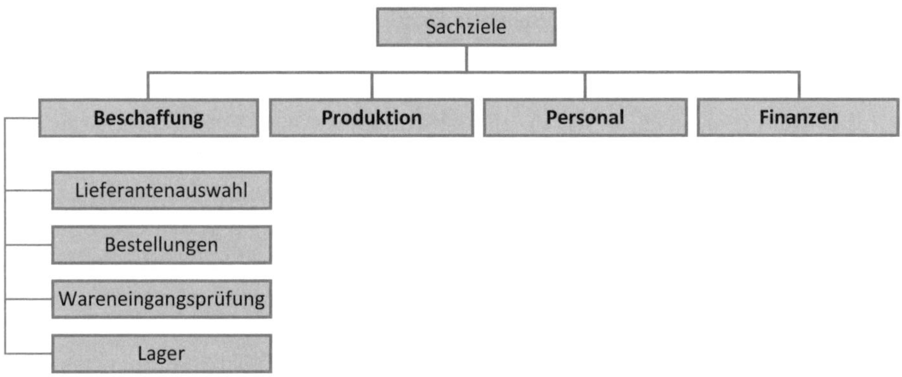

Abb. 5–41 *Hierarchisches Aufgabengefüge*

In einem weiteren Schritt wird daraus ein **hierarchisches Stellengefüge** entwickelt. Eine Stelle ist die auf die Kapazität einer Person bezogene Aufgabengesamtheit. Die kleinsten Elemente der Aufgabenhierarchie werden daraufhin überprüft, ob sie vom Umfang her von einer Person dauerhaft bewältigt werden können und andererseits eine Person auch auslasten. Dann werden diese Aufgaben entweder auf zwei oder mehr Stellen verteilt bzw. mehrere Teilaufgaben zu einer Stelle zusammengefasst.

Bei der Bildung der Stellenhierarchie ist dann noch zu entscheiden, wie viele ausführende Stellen einer Leitungsstelle unterstellt werden sollen. Im einfachsten Fall bildet man Stellen für die Geschäftsleitung und ordnet diesen alle ausführenden Stellen unter. Dann hätte man eine zweistufige, sehr flache Hierarchie. Leitung bedeutet jedoch auch, grundsätzliche Entscheidungen zu treffen, Anweisungen und Beratung zu erteilen, die Aufgabenerfüllung zu kontrollieren und sich um die Entwicklung der Personen auf den untergeordneten Stellen zu kümmern. Daher ist auch die Kapazität von Leitungsstellen, den sogenannten Instanzen, begrenzt. Man spricht hier von der **Leitungs- oder Kontrollspanne**. Deren Größe ist abhängig von der Komplexität der Aufgaben und den generell eingesetzten Koordinationsinstrumenten. In der Literatur werden als Maximum Werte zwischen 6 und 12 empfohlen. Das heißt, wenn man 30 ausführende Stellen gebildet hat, braucht man 3 bis 5 Instanzen. Wenn man allerdings in einem Aufgabenbereich 30 ausführende Stellen hat, dann wird dort eine Ebene von Zwischeninstanzen eingezogen, die je nach Aufgabenbereich Gruppenleiter, Projektleiter, Meister oder Vertriebsleiter für Region X heißen kann.

Eine zentrale Funktion der Leitungsstellen ist die Koordination der Tätigkeiten der ihnen untergeordneten Stellen untereinander sowie mit den Stellen in anderen Bereichen.

Eine ergänzende Koordinationsleistung geht von **Programmen und Plänen** aus. Wenn zwischen regelmäßig wiederkehrenden Aufgaben ein Abstimmungsbedarf entsteht, muss dieser nicht immer wieder neu besprochen oder durch Anweisung bewältigt werden. Vielmehr kann einmal festgelegt werden, wie die betroffenen Stellen ihre jeweiligen Teilaufgaben erfüllen, damit die Abstimmung so erfolgt, dass die übergeordneten Ziele bestmöglich erreicht werden. Dabei werden **Handlungsprogramme** für die Abwicklung von Geschäftsprozessen entwickelt und vorgegeben. Im Zusammenhang mit IT-gestützten Geschäftsmodellen spricht man statt von Handlungsprogrammen auch von Prozessmodellen (vgl. z.B. [Scheer 1997]). Darin wird etwa festgelegt, in welchen Schritten ein eingehender Auftrag bzw. eine Bestellung bearbeitet wird, indem zunächst die Verfügbarkeit des Artikels und dann die Bonität des Kunden geprüft werden, sowie die Verantwortlichkeiten, wer dann was bestätigt.

Weil Programme auch das Wie der Aufgabenerfüllung beinhalten, beruhen sie auf Annahmen, die nicht alle Fälle abdecken oder bei Änderungen der Umwelt nicht mehr effektiv sein können. Wenn mit größerer Varianz und Dynamik zu rechnen ist, ist es angemessener, eine Koordination durch **Pläne** vorzunehmen. Pläne sind Vorgaben für die Erreichung bestimmter quantitativer Ziele in einem definierten Zeitraum. Wenn der Umsatz von 1.000 Uhren in einem Monat als Ziel definiert worden ist, kann daraus abgeleitet werden, wie viele Uhrwerke und Diamanten beschafft werden bzw. Rahmenvereinbarungen getroffen werden müssen, ohne dass bei jedem eingehenden Auftrag abgestimmt werden muss, welcher Lieferant beauftragt werden soll.

Neben diesen formalen Regelungen beeinflussen jedoch auch »weiche« Faktoren in Form von vorherrschenden Werten und Normen die Vorstellungs- und Handlungsmuster der Unternehmensmitglieder. Diese sogenannte **Unternehmenskultur** betrifft dann auch Aspekte wie Mitarbeiterqualifikation, Anreiz- und Vergütungssysteme sowie Maßnahmen der Personalbindung. Gibt es hierzu bereits klare Vorstellungen, so sind sie in diesem Abschnitt des Businessplans ebenso darzulegen wie die Aufbaustruktur des Unternehmens.

Das **Organigramm** der Aufbauorganisation sollte die geplanten Unternehmensbereiche sowie die ihnen zugeordneten Mitarbeiter aufzeigen und ggf. auch bereits geplante Weiterentwicklungen. In diesem Zusammenhang ist auch zu erläutern, wie organisatorisch und personell auf etwaige Kapazitätsänderungen reagiert werden soll, denn es muss stets ausreichend Personal mit der benötigten Qualifikation verfügbar sein. Ob es sich dabei um eigene Mitarbeiter, Aushilfskräfte oder letztlich vielleicht auch bezogene Fremdleistung handelt, muss ebenfalls bereits im Businessplan durchdacht werden. Was passiert, wenn wichtige Mitarbeiter ausfallen oder das Unternehmen verlassen? Wie sollen wichtige Mitarbeiter an das Unternehmen gebunden werden?

Management und Organisation
Organisation

Leitfragen

- Was sind die für das Geschäftsmodell erforderlichen Unternehmensbereiche?
- Was sind die Kernkompetenzen des Unternehmens? Was ist innerhalb der Organisation zu tun und welche Bereiche sind ausgelagert?
- Wie soll die Organisationsstruktur aussehen und sich ggf. weiterentwickeln?
- Wer übernimmt welche Aufgaben und Verantwortung im Unternehmen?
- Wie soll organisatorisch auf Kapazitätsänderungen reagiert werden?
- Welche Maßnahmen der Mitarbeiterbindung sind geplant?
- Welche Qualifikationen und Schulungsmaßnahmen sind ggf. erforderlich?
- Gibt es Besonderheiten der Unternehmenskultur?

TIMEBUILDER 121

6.3 Organisation

Da die komplette Herstellung inklusive Lagerung der Komponenten ausgelagert ist, ebenso wie der Versand der Uhren, konzentriert sich Timebuilder121 auf die Produktentwicklung, das Marketing und den Vertrieb, den Kundenservice und die Finanzierung sowie den Bereich IT, der von substanzieller Bedeutung für das Unternehmen ist. Das Hosting ist allerdings wieder ausgelagert (vgl. Abb. 5–42).

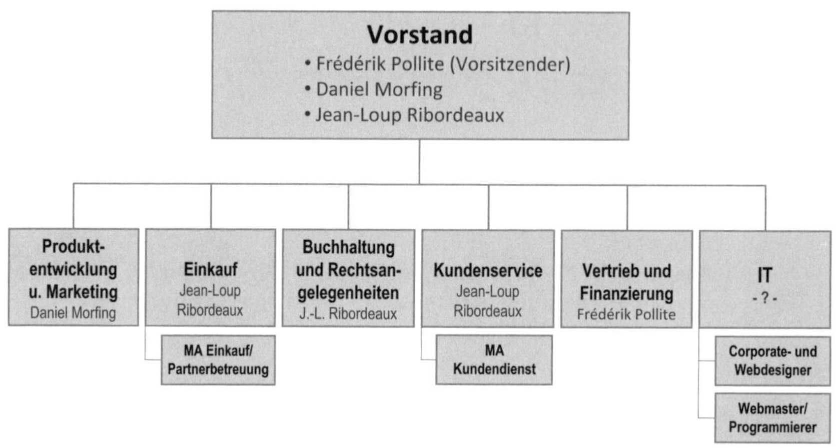

Abb. 5–42 *Organigramm Timebuilder121*

5.7 Realisierungsplan und Meilensteine

Ziel dieses Abschnittes des Businessplans ist die zeitliche Darstellung der bisher vorwiegend inhaltlich beschriebenen Aufgaben und Vorhaben des Unternehmens.

Aus den im zweiten Kapitel des Businessplans (»Unternehmenszweck«) aufgestellten Unternehmenszielen bzw. deren Unterzielen können die wichtigsten **Meilensteine** für die Umsetzung des Geschäftsmodells abgeleitet werden. Dabei gibt es verschiedene Arten von Meilensteinen:

- technische Meilensteine
  (z.B. erster Prototyp, Ende der Testphase, neue Versionen),
- organisatorische Meilensteine
  (z.B. Gründungszeitpunkt, Mitarbeiterrekrutierung),
- finanzielle Meilensteine
  (z.B. Finanzierungszeitpunkte, Investitionen, Umsatzschwellen).

Die Erfüllung eines solchen Meilensteines erfordert i.d.R. verschiedene **Aktivitäten** seitens des Unternehmens, deren jeweiliger Zeit- und Ressourcenbedarf daher entsprechend zu analysieren ist.

Ein erfolgreiches Marketing bspw. benötigt zuerst eine Konzeption. Soll diese extern entwickelt werden, muss erst die passende Werbeagentur gefunden werden. Liegen dann mehrere Entwürfe vor, muss erneut entschieden werden. Anschließend beanspruchen die Herstellung, Verteilung und Durchführung der gewünschten Werbemittel bzw. -maßnahmen ebenfalls Zeit und Ressourcen.

Die Aufstellung der Meilensteine und ihrer Aktivitäten soll helfen, **Zusammenhänge und Auswirkungen** einzelner Umsetzungsschritte zu durchdenken und verbindliche Vorgaben zu machen, anhand derer Fortschritte in Richtung auf die Zielerreichung kontrolliert werden können. Dabei ist dann u.a. zu klären:

- Welche Aktivitäten können parallel verlaufen und welche sind miteinander verknüpft?
- Wo sind Prioritäten zu setzen und wo entstehen sogenannte kritische Pfade, d.h., wirken sich Verzögerungen einzelner Aktivitäten auf den gesamten Zeitplan aus?
- Werden risikominimierende Aktivitäten sichtbar (z.B. Marktuntersuchungen) und können diese vorgezogen werden, um das wirtschaftliche Risiko zu verringern?

Bei der Ermittlung bzw. Angabe der entsprechenden Erfüllungszeitpunkte von Meilensteinen ist daher auch auf die Sinnhaftigkeit und Plausibilität der zugehörigen Aktivitäten untereinander zu achten.

So sollten bspw. Marketingmaßnahmen nicht erst nach Aufnahme der (neuen) Geschäftstätigkeit erfolgen, Prototypen vor Beginn der Serienproduktion erstellt und getestet sein oder auch (wichtiges) Personal rechtzeitig rekrutiert werden.

Meilensteine treffen also Aussagen sowohl über das, was getan bzw. erreicht werden soll, als auch darüber (bis) wann. Dies gibt allen an der Umsetzung des Geschäftsmodells Beteiligten eine Handlungsorientierung. Für die Realisierungsplanung gilt dabei der im Rahmen eines Businessplans übliche **Zeithorizont** von drei bis fünf Jahren.

Als besonders geeignet zur übersichtlichen Darstellung der Meilensteine bzw. der zu ihrer Realisierung notwendigen Unternehmensaktivitäten hat sich im Rahmen von Businessplänen das sogenannte **Gantt-Diagramm** erwiesen. Dieses listet auf der linken Seite die zu koordinierenden Aktivitäten auf und zeigt dazu im rechten Bereich in Form von Balken deren zeitliche Lage, Dauer sowie Abhängigkeiten. Dort können die Meilensteine mit ihrem geplanten Erfüllungszeitpunkt eingezeichnet werden (siehe untere Leiste in Abb. 5–43).

Als Beispiel soll hier das Gantt-Diagramm des Businessplans von CityScape im Rahmen des Münchener Businessplan-Wettbewerbs 2006 dienen (siehe Abb. 5–43). Das Unternehmen wollte das Problem der im WWW oft nur mühsam auffindbaren lokalen Informationen (z.B. über Veranstaltungen, Restaurants, Adressen, Geschäfte) durch deren Bündelung und sinnvolle Aufbereitung lösen. Angeboten werden sollten ein interaktives WWW-Verzeichnis sowie eine kommerzielle Plattform (Kontaktadressen, Werbung, Verkauf) für kleine und mittlere Unternehmen, zunächst für eine Stadt und dann für weitere.

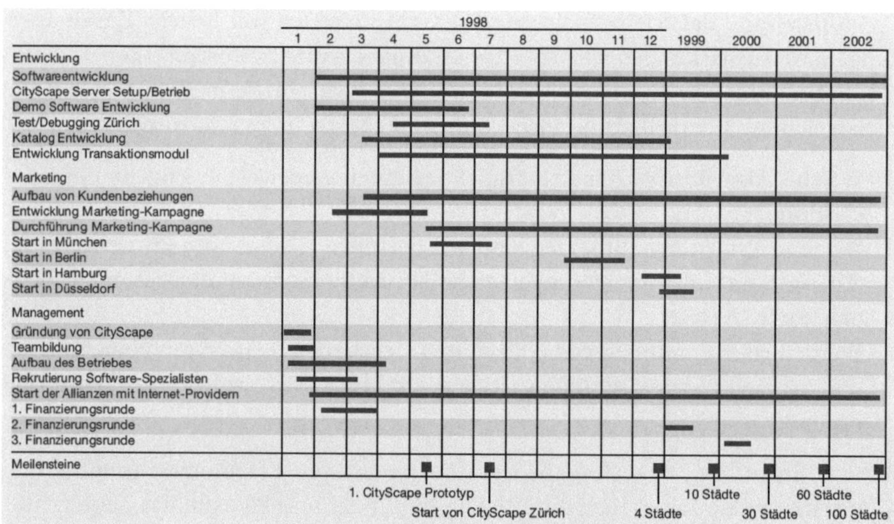

(Quelle: Handbuch Münchener Businessplanwettbewerb 2006, S. 63)

Abb. 5–43 *Beispiel Gantt-Diagramm einer Unternehmensgründung*

Realisierungsplan und Meilensteine

Leitfragen

- Welche technischen Meilensteine sind vorgesehen? (Entwicklungs- und Testphasen, Prototypen, neue Produktversionen, ...)
- Welche organisatorischen Meilensteine ergeben sich? (Unternehmensgründung, Unternehmensaufbau/-entwicklung, Personal, ...)
- Welche finanziellen Meilensteine sind geplant? (Finanzierungen, größere Investitionsvorhaben, Umsatzschwellen, Break-even, ...)
- Sind allen Meilensteinen ihre entsprechenden Aktivitäten zugeordnet?
- In welchen Arbeitspaketen sind die Aktivitäten zusammengefasst?
- Stehen die Meilensteine im richtigen zeitlichen Zusammenhang?
- Sind alle Inkonsistenzen zwischen den Meilensteinen beseitigt?
- Sind die Aktivitäten und Meilensteine übersichtlich dargestellt (Gantt-Diagramm)?

TIMEBUILDER I2I

7 Realisierungsplan und Meilensteine

Die technischen Meilensteine betreffen die Spezifikation der E-Business-Plattform und Designtools (Online-Uhrenkonfigurator) sowie deren Abnahme bzw. Inbetriebnahme vor Aufnahme der Online-Geschäftstätigkeit mit Beginn des Jahres 2003. Allerdings findet eine permanente Weiterentwicklung statt, da es sich hierbei um einen zentralen Bestandteil unseres Geschäftsmodells handelt.

Ein erster organisatorischer Meilenstein ist die Rekrutierung des IT-Personals, das in zwei Stufen erfolgt: Der Leiter IT wird bereits zum Mai 2002 eingestellt, damit die Entwicklung der IT-Systeme konzeptionell begonnen werden kann, das übrige IT-Personal folgt einen Monat später. Der zweite große organisatorische Meilenstein ist dann die Aufnahme der Geschäftstätigkeit in 2003.

Finanzielle Meilensteine sind zunächst die Finanzierungsvereinbarungen, dann die Partnerverträge und später die Erreichung des Break-even am Ende des dritten Geschäftsjahres.

Die Website soll von Beginn an (2003) in deutscher, englischer, französischer und italienischer Sprache verfügbar sein. Allerdings wird die Markterschließung bzw. -bearbeitung mit aktiven Marketingmaßnahmen schrittweise erfolgen: zunächst Deutschland (2003), dann Österreich und die deutschsprachige Schweiz (2004), gefolgt von Frankreich und der französischsprachigen Schweiz (2005) sowie Italien und der italienischsprachigen Schweiz (2006).

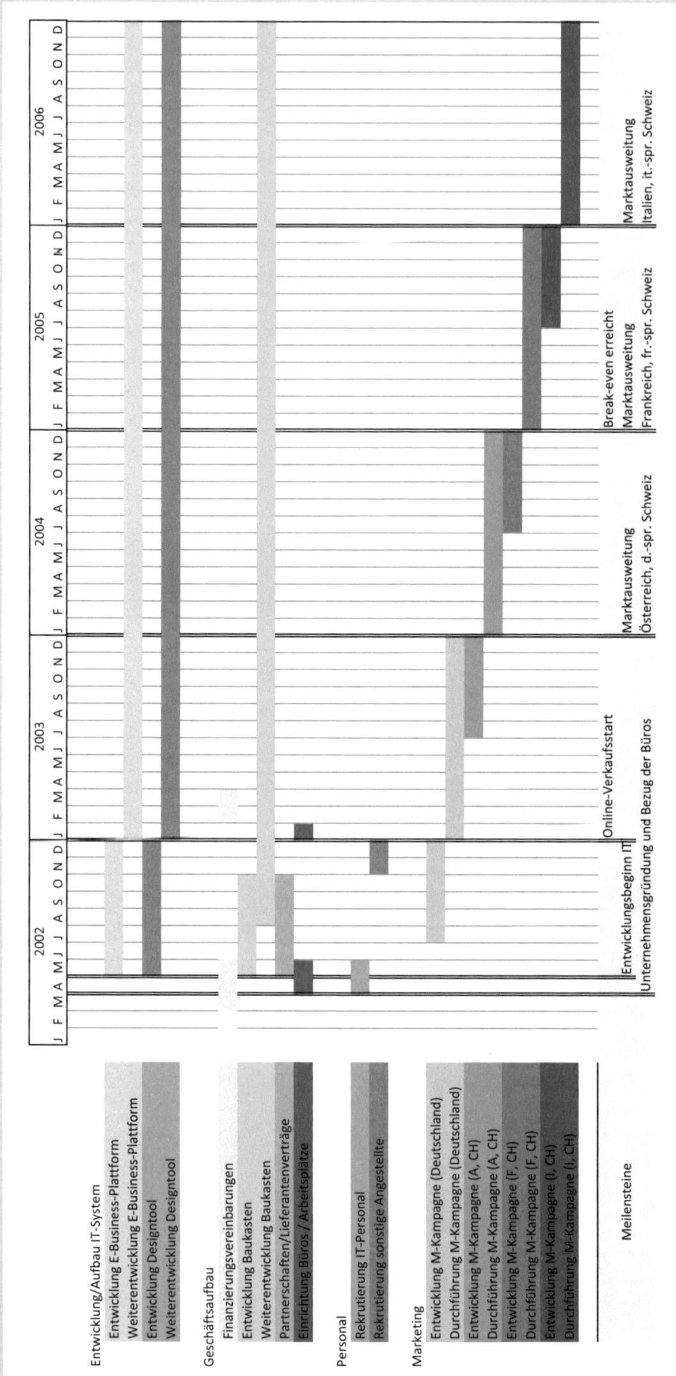

Abb. 5–44 *Gantt-Diagramm Timebuilder121*

5.8 Chancen und Risiken

Unternehmen agieren in einer Umwelt, die nur begrenzt beeinflussbar und nicht mit Sicherheit vorhersehbar ist. Deshalb ist immer mit mehreren möglichen Entwicklungen wichtiger externer Faktoren zu rechnen. Diese können mehr oder weniger positiv für die Umsetzung der Planung sein, aber auch mehr oder weniger wahrscheinlich. Daher gehört zu einer realistischen Einschätzung der Erreichung der Ziele eine Abschätzung positiver und negativer Einflüsse und der Wahrscheinlichkeit ihres Eintretens. Denn nur erkannte Chancen können auch tatsächlich wahrgenommen werden, und nur für früh identifizierte Risiken lassen sich rechtzeitig Lösungsmöglichkeiten entwickeln.

5.8.1 Die SWOT-Analyse

Besonders erfolgversprechend ist es, diese Chancen und Risiken mit den eigenen Stärken und Schwächen abzustimmen, um die günstigsten Handlungsoptionen auszuwählen. Ein hierfür geeignetes und innerhalb von Businessplänen inzwischen weitverbreitetes Hilfsmittel ist die sogenannte **SWOT-Analyse** mit ihrer Betrachtung der **S**trengths, **W**eaknesses, **O**pportunities und **T**hreats des betreffenden Unternehmens. Bei dieser Analyse handelt es sich um eine zusammenfassende Bewertung der internen Ressourcen und Fähigkeiten (Stärken und Schwächen) eines Unternehmens sowie seiner externen Einflussfaktoren (Chancen und Risiken) (siehe Abb. 5–45).

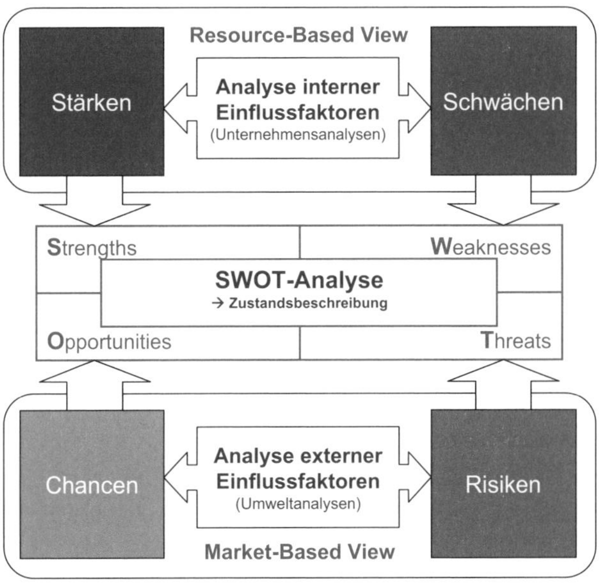

Abb. 5–45 *Elemente einer SWOT-Analyse*

Unter **Stärken** sind dabei all diejenigen unternehmensinternen Ressourcen und Fähigkeiten zu verstehen, die das Erreichen der gesetzten Unternehmensziele fördern. Als **Schwächen** sind die Mängel zu bezeichnen, die diese Zielerreichung infrage stellen können. Diese Betrachtung besitzt insofern relativen Charakter, als die internen Stärken und Schwächen des Unternehmens stets in Bezug zu den Ergebnissen der bereits erfolgten Wettbewerbsanalyse stehen. Sie ergeben sich zum einen im Vergleich zu den Wettbewerbern bzw. den Konkurrenz- sowie auch möglichen Substitutionsprodukten und zum anderen aus dem Verhältnis zu den Lieferanten und den Abnehmern (siehe Abschnitte 5.4.4 und 5.4.5).

Während Stärken und Schwächen interne Faktoren betreffen und vom Unternehmen selbst beeinflusst werden können, kann auf die **Chancen** und **Risiken** kaum oder kein Einfluss genommen werden. Dabei handelt es sich um positive oder negative Auswirkungen von Veränderungen der Makro-Umwelt des Unternehmens, insbesondere politische und gesetzliche, demografisch-ökonomische, sozial-kulturelle, technologische sowie natürlich-ökologische Einflüsse, und der Mikro-Umwelt wie Kunden, Konkurrenten, Lieferanten, Komplementierer und Intermediäre. Für die Untersuchung der Umweltfaktoren kann auf die PEST(LE)-Analyse (**p**olitical, **e**conomical, **s**ocial-cultural, **t**echnological, **l**egal, **e**cological) (siehe z.B. [Macharzina, Wolf 2008: S. 302 f.]) zurückgegriffen werden und für die Betrachtung der Akteure der Mikro-Umwelt auf das Five-Forces-Modell von Porter (siehe Abschnitt 5.4.4).

Die typischen internen Einflussfaktoren, aus denen sich die Stärken und Schwächen ergeben, sind:

- *die Qualifikationen/Fähigkeiten der eigenen Mitarbeiter,*
- *Führung, Motivation und Unternehmenskultur,*
- *die Qualität der internen Abläufe und des Leistungsangebotes,*
- *Zugriff auf natürliche Ressourcen und beherrschte Technologien,*
- *Kostenstrukturen sowie Finanzierungsmöglichkeiten,*
- *die Beziehungen zu Lieferanten, Intermediären und Kunden,*
- *die Wahrnehmung durch die Kunden und eventuelle Markennamen*
- *oder auch die Marktposition.*

Beispiele für externe Rahmenbedingungen, die Chancen und Risiken bergen, sind insbesondere:

- *demografische Entwicklungen sowie Veränderungen der Kundenstruktur,*
- *Veränderungen bei den menschlichen Bedürfnissen und der resultierenden Nachfrage,*
- *Zahlungsbereitschaft und -moral der Kunden,*
- *Wettbewerbsstrukturen und -verhalten sowie Veränderungen von Branchen,*
- *Gegenmaßnahmen der vorhandenen Konkurrenz auf den eigenen Markteintritt,*

- *die Wahrscheinlichkeit des Hinzutretens weiterer Konkurrenten,*
- *Veränderungen des Arbeitsmarktes (z.B. hinsichtlich Verfügbarkeit, Qualifikation, Flexibilität, Kosten und Loyalität von Mitarbeitern),*
- *die Entwicklung der Rohstoffpreise,*
- *Änderungen rechtlicher Rahmenbedingungen (z.B. durch Wahlen, EU-Gesetzgebung), die das Unternehmen bzw. sein Leistungsangebot betreffen (z.B. Sicherheitsvorschriften, Exportbestimmungen, Regulierungen, Steuern und Subventionen).*

Wie geht man bei einer SWOT-Analyse vor?

Erster Schritt einer SWOT-Analyse ist also das Sammeln von Informationen über die internen und externen Schlüsselfaktoren sowie deren Zuordnung zu den vier Feldern der SWOT-Matrix: Strengths, Weaknesses, Opportunities und Threats.

Wichtige Grundlagen sind die durchgeführten Markt- und Wettbewerbsanalysen (vgl. Abschnitt 5.4.2 und 5.4.4). Stammen die benötigten Informationen nicht direkt aus bereits durchgeführten Unternehmens- und Umweltanalysen, ist es sinnvoll, die Analyse der Stärken, Schwächen, Chancen und Risiken in einem heterogenen Team vorzunehmen, um die Subjektivität solcher Einschätzungen zu mindern. Außerdem ist die Unterscheidung zwischen den internen selbst beeinflussbaren auf der einen und den weitestgehend fest vorgegebenen externen Faktoren auf der anderen Seite und somit auch zwischen Stärken und Chancen sowie Schwächen und Risiken in der Praxis häufig nicht eindeutig.

So ist beispielsweise der Zustand einer hohen oder auch niedrigen Kundenbindung eine Stärke bzw. Schwäche. Eine Veränderung im allgemeinen Kundenverhalten im Sinne eines Trends hin zu mehr oder weniger Kundenloyalität ist hingegen eine Chance bzw. ein Risiko. Ein Erfolg versprechendes Leistungsangebot mit Vorteilen im Wettbewerb stellt eine Stärke dar, eine Chance besteht, wenn sich eine Nachfrage der Kunden nach genau dieser Leistung zur Befriedigung ihrer Bedürfnisse entwickelt.

Mit der Gegenüberstellung von Stärken, Schwächen, Chancen und Risiken ist bisher jedoch lediglich eine Art Zustandsbeschreibung vorgenommen worden. Der zweite Schritt und das eigentliches Ziel der SWOT-Analyse ist die Überprüfung bestehender Strategien bzw. die Entwicklung neuer Strategien, um aus den möglichen Umweltveränderungen resultierende Chancen optimal nutzen und Risiken minimieren zu können. Echte Stärken führen zu Wettbewerbsvorteilen und somit einer starken Wettbewerbsposition, relevante Schwächen verhindern genau dies. Nur jene Chancen sind von Bedeutung, die sich mit den vorhandenen Fähigkeiten und Ressourcen auch wirklich nutzen lassen, echte Risiken nur diejenigen, denen nicht entsprechend begegnet werden kann.

Welche Konsequenzen zieht man aus einer SWOT-Analyse?

Aus der Kombination der ermittelten relevanten Stärken und Schwächen mit den Chancen und Risiken lassen sich vier Strategien ableiten (vgl. [Witte 2007: S. 147 f.]), wie die folgende Tabelle zeigt. Dabei können Stärken mit Chancen verbunden, Schwächen und Risiken zu Stärken und Chancen umgewandelt oder Risiken und Schwächen neutralisiert werden.

SWOT-Analyse → Strategien		Analyse der internen Ressourcen und Fähigkeiten	
		Stärken (Strength) 1. … 2. … 3. … 4. … …	Schwächen (Weaknesses) 1. … 2. … 3. … 4. … …
Analyse der externen Einflussfaktoren	Chancen (Opportunities) 1. … 2. … 3. … 4. … …	**Ausbeuten** Welche Stärken können eingesetzt werden, um die bestehenden Chancen erfolgreich und optimal nutzen zu können? → SO-Strategien	**Suchen** Welche Schwächen können Chancen ermöglichen oder müssen überwunden werden, um Chancen wahrnehmen zu können? Durch die Wahrnehmung welcher Chancen können Schwächen verringert oder beseitigt werden? → WO-Strategien
	Risiken (Threats) 1. … 2. … 3. … 4. … …	**Konfrontation** Welche Stärken können genutzt werden, um Risiken abzuschwächen oder zu neutralisieren? → ST-Strategien	**Ausweichen** Welche Risiken stellen durch welche Schwächen ernsthafte Bedrohungen dar? Wie können diese Schwächen abgebaut bzw. diese Risiken vermieden werden? → WT-Strategien

Häufig bestehen Wechselwirkungen zwischen Schwächen und Stärken, sodass nicht immer Schwächen abgebaut werden können, ohne gleichzeitig auch bei den Stärken einzubüßen. Als Beispiel seien hier Kleinunternehmen mit ihrer größeren Flexibilität zulasten ihrer eingeschränkteren Beschaffungsmöglichkeiten von Fremdkapital angeführt. Für die Strategiefindung ist stets auch die zeitliche Komponente, also die Entwicklung der Stärken und Schwächen sowie Chancen und Risiken im zeitlichen Verlauf, zu berücksichtigen.

5.8.2 Die Szenariotechnik

Zukunftsplanungen sind immer mit Unsicherheiten verbunden, insbesondere da mehrjährige Prognosen immer vom tatsächlichen Eintreten vorgelagerter ungewisser Ereignisse abhängen. Eine Möglichkeit, diese Unsicherheiten bei der Unternehmensplanung angemessen zu berücksichtigen und ein Gespür für die Sensitivität einzelner Aspekte der Unternehmens- und Umweltentwicklung zu erlangen, bietet die **Szenariotechnik**. Dieser Begriff wird in der Literatur allerdings sehr unterschiedlich verwendet (vgl. [Wilms 2006]). Er entstand, als die Firma Shell in den 70er-Jahren anlässlich der Ölkrise verschiedene Entwicklungslinien der Ölvorkommen und Preisentwicklung erkundete und gegenüberstellte. Der Club of Rome hat in seiner Studie zu den Grenzen des Wachstums mit umfangreichen statistischen Datenanalysen und Simulationen verschiedene Szenarien der Rohstoffverfügbarkeit und der Folgen für Produktion und Konsum erarbeitet. Auch für einzelne Branchen oder neue Technologien werden verschiedene Entwicklungspfade und zukünftige Konstellationen auf der Basis quantitativer Analysen und qualitativer Annahmen gegenübergestellt. In der Informatik hingegen werden auch unterschiedliche hypothetisch angenommene Nutzungssituationen von Anwendungssoftware mal als Use Cases, mal als Szenarien bezeichnet. In der strategischen Unternehmensplanung, um die es hier geht, stellt man häufig die erwartete finanzielle Unternehmensentwicklung unter den günstigsten und den ungünstigsten Bedingungen als Best-Case- und Worst-Case-Szenario gegenüber und bildet daraus einen Mittelwert, der als Normal-Case-Szenario bezeichnet wird (vgl. z.B. [Pillkahn 2007]).

Als Grundlage dieser Szenarien können die bereits ermittelten Stärken und Schwächen des Unternehmens sowie die aus seinen Umweltentwicklungen resultierenden Chancen und Risiken dienen, was Abbildung 5–46 noch einmal verdeutlichen soll.

Abb. 5–46 *Von der SWOT-Analyse zum Szenarienvergleich*

Aus der vollständigen Verwirklichung aller Chancen und der Nutzung der eigenen Stärken bei der positiven Entwicklung aller Rahmenbedingungen lässt sich das günstigste Szenario ableiten (**Best Case**). Aus dem Eintreten (fast) aller Risiken und ungünstigen Rahmenbedingungen, bei dem auch noch die eigenen Schwächen zum Tragen kommen, erhält man dementsprechend das ungünstigste Szenario (**Worst Case**). Im weiteren Verlauf des Businessplans konzentriert man sich dann aber auf den als wahrscheinlich angenommenen Normalfall (**Normal Case**), also auf das zwischen diesen beiden Extremen liegende, nach bestem Wissen und Gewissen als am realistischsten eingeschätzte Szenario im Sinne einer Mischung aus nutzbaren Chancen und eintretenden Risiken sowie bedeutsamen Stärken und Schwächen. Die Annahme, dass die zwischen den Extremen liegende Variante auch die wahrscheinlichste ist, lässt sich allerdings weder theoretisch noch empirisch beweisen.

Szenarien der finanziellen Entwicklung

Um die finanzielle Machbarkeit des Vorhabens prüfen und begründen zu können, müssen Rechnungen unter bestimmten Annahmen durchgeführt werden. Die quantitativen Angaben aus dem **Normal-Case-Szenario** (Kunden-, Absatzprognosen, Preise/Erlöse, Kosten für Betriebsmittel, Material, Personal,...) bilden die **Datengrundlage für** die nachfolgende **Finanzplanung** (Liquiditätsrechnung, Gewinn- und Verlustrechnung, Bilanz, Finanzbedarf). Die Position dieses Normal Case zwischen den beiden Extremen und der Abstand zwischen dem Best und dem Worst Case helfen potenziellen Kapitalgebern, die Planungsqualität und das Investitionsrisiko besser abschätzen zu können, und sie verdeutlichen ein kritisches reflektiertes Vorgehen und erhöhen so die Glaub- und Kreditwürdigkeit der Autoren dieser Planung.

Eine einfache Form der Gegenüberstellung quantitativer Szenarien ist in Abbildung 5–47 wiedergegeben. Für die angenommenen ungünstigsten, günstigsten und mittleren Bedingungen wird die Entwicklung der Kosten und Erlöse in den ersten fünf Jahren geschätzt. Man kann dann erkennen, dass sich die Szenarien im Hinblick auf die Erreichung des Break-even-Punktes unterscheiden, d.h. in dem Jahr, in dem zum ersten Mal die Erlöse die laufenden Kosten decken. Diese Punkte liegen auch unterschiedlich hoch, weil bis dahin unterschiedlich hohe Kosten angefallen sind und es dementsprechend länger dauert, bis die früheren Verluste durch spätere Gewinne kompensiert werden. Die insgesamt zunächst angefallenen Verluste werden jeweils durch die Fläche zwischen Erlös- und Kostenkurve vor dem Break-even-Punkt ausgedrückt. Sie werden kompensiert, wenn jenseits dieses Punktes eine gleich große Fläche zwischen den beiden Kurven erreicht wird, und dies liegt beim Worst Case deutlich später als beim Best Case.

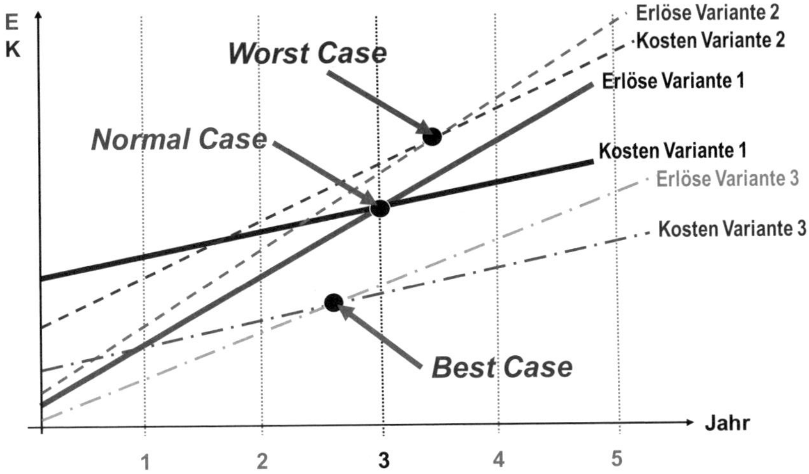

Abb. 5–47 *Szenarien der Kosten- und Erlösentwicklung*

	**Chancen und Risiken**
Leitfragen	▪ Was sind die Stärken des Unternehmens und wie können diese genutzt und ausgebaut werden? ▪ Was sind die Schwächen des Unternehmens und wie können diese überwunden werden? ▪ Welche besonderen Chancen bestehen für das Unternehmen und wie können sie genutzt werden? ▪ Welche Risiken sind zu beachten und welche möglichen Gegenmaßnahmen werden eingeplant? ▪ Wie wahrscheinlich sind Veränderungen in der Unternehmensumwelt? ▪ Wie sehen die Szenarien (Best, Normal und Worst Case) für die nächsten 3-5 Jahre aus? ▪ Was sind die bedeutenden Unterschiede? ▪ Welche Konsequenzen ergeben sich daraus für die Umsetzung der Geschäftsidee?

TIMEBUILDER 121

8 Chancen und Risiken

Die Chancen und Risiken der Umsetzung unseres Geschäftsmodells wollen wir anhand folgender SWOT-Analyse kurz erläutern:

Die Stärken von Timebuilder121 ergeben sich vor allem aus der Gestaltung unseres Geschäftsmodells heraus, wie die sehr zielgenaue Befriedigung der Kundenwünsche durch die Einbeziehung der Kunden in die Wertschöpfung, eine hohe Reaktionsschnelligkeit bezüglich wechselnder Kundenbedürfnisse sowie ein flexibel gestaltetes Zulieferernetz, und auch aus dem Vergleich zu unseren derzeitigen Wettbewerbern (günstigeres Preis-Leistungs-Verhältnis).

Diese Stärken können insbesondere dann ausgeschöpft werden, wenn das Interesse an »Swiss made«-Uhren anhält und der gesellschaftliche Trend zur Individualisierung und Personalisierung sich weiter verstärkt, ebenso wie das Interesse am Onlinekauf allgemein. Eine große Chance ergibt sich auch durch die 2- bis 3-stelligen Wachstumsraten beim Uhrenexport in wirtschaftlich aufstrebende Länder wie z.B. China.

Die Schwächen unseres Unternehmens liegen darin, dass die Gründer selbst nicht über ausreichend IT-Know-how verfügen und dass durch den ausschließlichen Onlinevertrieb weniger direkte persönliche Beziehungen zu den Kunden existieren. Dies könnte sich insbesondere durch die Anti-Online-Kampagne der Schweizer Uhrenindustrie als nachteilig erweisen. Auch ist zu beobachten, ob bzw. wie Kunden und Wettbewerber darauf reagieren, dass Timebuilder121 »Swiss made«-Uhren anbietet, seinen Geschäftssitz aber in Deutschland hat. Allgemeine Risiken bestehen in einer sinkenden Nachfrage nach »Swiss made«-Uhren sowie dem Kopieren unseres Geschäftsmodells durch andere Wettbewerber.

Strengths	Weaknesses
■ günstige Verkaufspreise möglich durch Umgehung der traditionellen Vertriebskanäle ■ Reaktionsschnelligkeit auf Marktforderungen ■ zielgenaue Befriedigung der Kundenwünsche ■ kompetentes Management ■ flexibles Zulieferernetz	■ IT-Know-how muss beschafft/ gebunden werden ■ Fehlen persönlicher Beziehungen zum Kunden ■ Kunden müssen komplett durch eigene Marketingaktivitäten erreicht werden
■ Marktführerschaft in der onlinegestützten Mass Customization für »Swiss made«-Uhren ■ Verstärkung des Trends zur Individualisierung ■ Hinwendung der potenziellen Kunden zu Onlinekäufen ■ 2- bis 3-stellige Wachstumsraten für »Swiss made«-Uhrenexporte in Länder wie China	■ Anti-Online-Kampagnen der Schweizer Uhrenindustrie ■ Nachfrage nach »Swiss made«-Uhren sinkt ■ Wettbewerber kopieren das Geschäftsmodell (ggf. auch Anbieter von Billiguhren)
Opportunities	**Threats**

Auf Basis der bisher aus den verschiedenen Analysen gewonnenen Daten lassen sich folgende szenarische Eckdaten ableiten (siehe auch Abb. 5–48, Abb. 5–49 und5–50 Abb. 5–50):

Best-Case-Szenario

- Marktführerschaft im Online Mass Customizing von »Swiss made«-Uhren nach drei Jahren erreicht,
- Marktsättigung ist noch nicht erreicht, der Markt wächst noch weiter,
- hohe Kundenbindung (Wiederholungskäufer 10%) und Produktakzeptanz,
- Absatz von etwa 15.000 bzw. 30.000 Uhren im 3. bzw. 5. Jahr,
- durchschnittlicher Verkaufspreis steigt von 230 auf 330 € (350 auf 500 CHF) pro Uhr,
- günstige Einkaufskonditionen der Uhrenkomponenten aufgrund hoher Abnahmemengen sowie Kostendegressionseffekte auch für Fremdleistungen,
- durchschnittliche Kosten von 80-100 € (120-150 CHF) pro Uhr,
- Aufwand für Marketing kann schrittweise reduziert werden.

Normal-Case-Szenario

- Es gibt keine bedrohliche Konkurrenten,
- Marktsättigung ist noch nicht erreicht, der Markt wächst langsam weiter,
- durchschnittliche Kundenbindung (Wiederholungskäufer 5%) und Produktakzeptanz,
- Absatz von etwa 10.000 bzw. 15.000 Uhren im 3. bzw. 5. Jahr,
- durchschnittlicher Verkaufspreis recht konstant bei 230 € (350 CHF) pro Uhr, ab dem fünften Geschäftsjahr bei 265 € (400 CHF),
- Einkaufskonditionen der Uhrenkomponenten und Kosten für Fremdleistungen ermöglichen durchschnittliche Kosten von 80 € (120 CHF) pro Uhr,
- Marketingaufwand kann konstant gehalten und auf die jeweilige Marktausweitung konzentriert werden.

Worst-Case-Szenario

- Konkurrenten kopieren das Geschäftsmodell,
- eine Marktsättigung ist nach drei Jahren erreicht,
- niedrige Kundenbindung (Wiederholungskäufer 1%) und Produktakzeptanz,
- Absatz von etwa 5.000 Uhren im dritten und folgenden Jahren,
- durchschnittlicher Verkaufspreis von 180 € (270 CHF) pro Uhr,
- ungünstige Einkaufskonditionen der Uhrenkomponenten aufgrund niedriger Abnahmemengen, kaum Kostendegressionseffekte,
- durchschnittliche Kosten verharren bei 70 € (105 CHF) pro Uhr trotz niedrigerem durchschnittlichem Verkaufspreis,
- sehr hoher Marketingaufwand notwendig.

Szenarienübersicht:

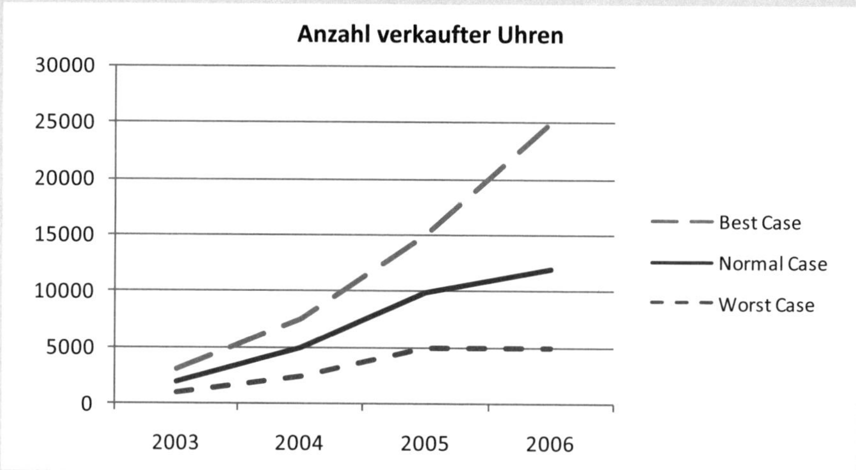

Abb. 5–48 *Absatzszenarien Timebuilder121*

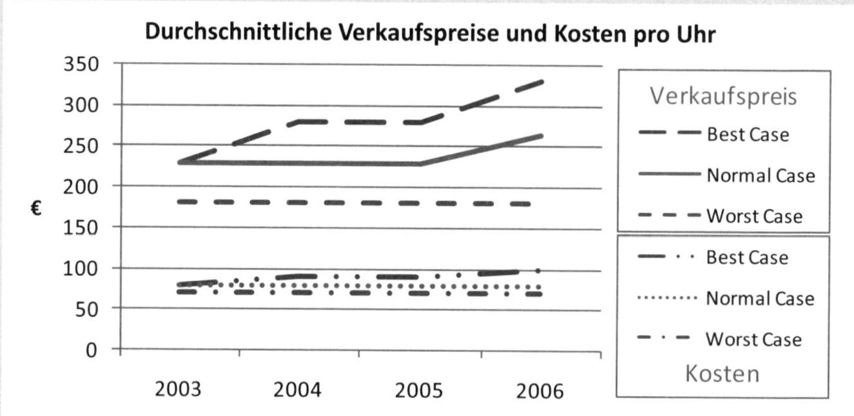

Abb. 5–49 *Preis- und Kostenszenarien Timebuilder121*

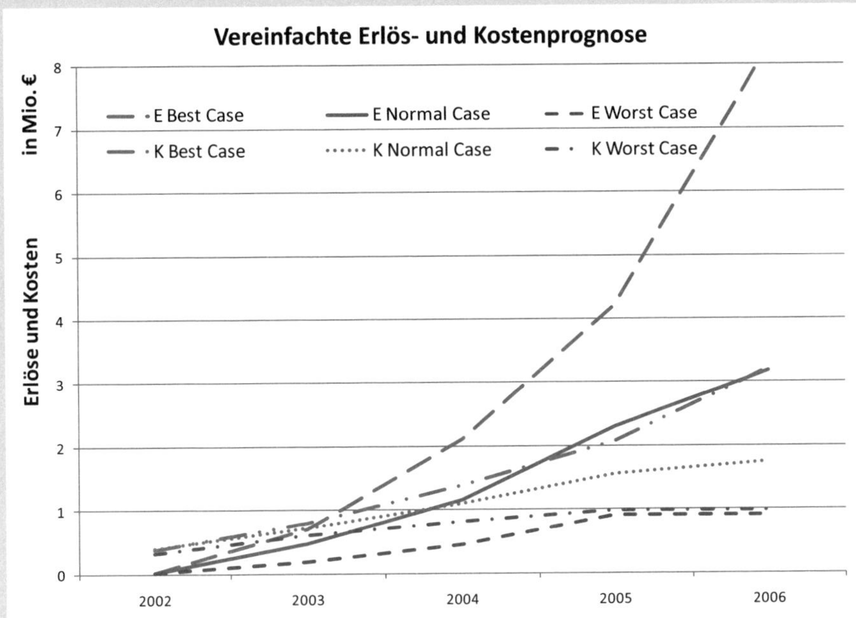

Abb. 5-50 *Vereinfachte Erlös- und Kostenszenarien Timebuilder121*

5.9 Erfolg und Finanzierung

Nachdem die Geschäftsidee und ihre mögliche Umsetzung bisher überwiegend verbal beschrieben und vor allem die qualitativen Aspekte betrachtet wurden, wird in diesem Abschnitt der quantitative Teil der Unternehmensplanung dargestellt. Dieser dient der **finanziellen Überprüfung der umzusetzenden Geschäftsidee in zweierlei Hinsicht:** Zum einen soll mittels einer Plan-Gewinn- und Verlustrechnung sowie Planbilanz gezeigt werden, dass die Geschäftsidee wirtschaftlich erfolgreich umzusetzen ist, d.h., ab wann das Unternehmen welche **Gewinne erzielen** wird. Zum anderen aber muss sichergestellt werden, dass das Unternehmen **zu jedem Zeitpunkt zahlungsfähig** ist. Ein Unternehmen kann zwar vorübergehend mit Verlust arbeiten, was insbesondere für Unternehmensneugründungen oder -umstrukturierungen nicht unüblich ist, wenn dies durch spätere Gewinne wieder ausgeglichen werden kann. Seinen Zahlungsverpflichtungen muss es jedoch jederzeit nachkommen können, denn Zahlungsunfähigkeit (Illiquidität) stellt nach der Insolvenzordnung (vgl. §§ 17,18 InsO) für alle Unternehmen einen Konkursgrund dar.

Als Basis für die im Rahmen einer solchen Finanzplanung verwendeten Planzahlen dienen die Prognosewerte des im vorausgegangenen Abschnitt ermittelten Normal-Case-Szenarios. Als Ergebnis entstehen dann konkretere Aussagen zur Liquidität, zu erwarteten Gewinnen bzw. Verlusten sowie zu dem jeweiligen

Finanzbedarf des Unternehmens, den es ggf. durch eine geeignete Kapitalbeschaffung zu decken gilt (siehe Abb. 5–51).

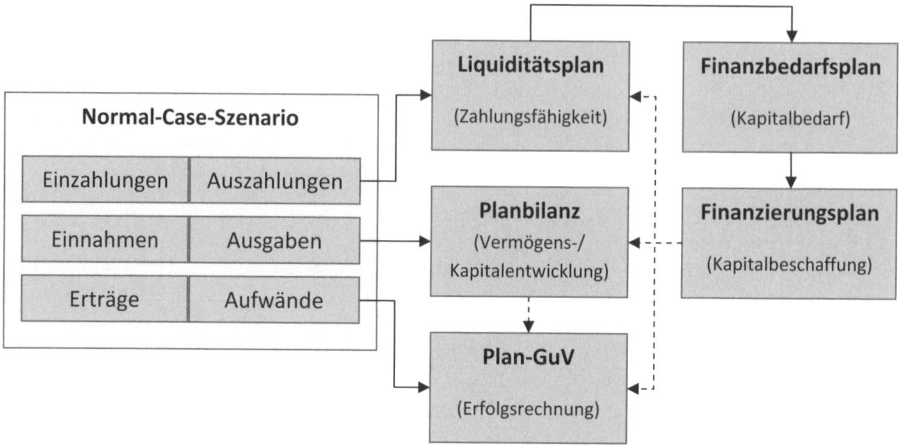

Abb. 5–51 *Zusammenhänge der Finanzplanung*

Während für die ersten ein bis zwei Jahre der Liquiditätsrechnung und seltener auch der Gewinn- und Verlustrechnung Monatsangaben verwendet werden, kommen aufgrund der zunehmenden Unsicherheit und Ungenauigkeit von Zukunftsprognosen ab dem zweiten oder dritten Jahr dann Viertel- bzw. Halbjahres- und schließlich Jahresangaben zur Anwendung. Die Bilanz als stichtagsbezogene Rechnung erfolgt i.d.R. im Jahresrhythmus. Üblicherweise werden innerhalb der Finanzplanung die ersten drei bis fünf Jahre betrachtet bzw. ein Jahr über den Zeitpunkt hinaus, an dem sich Kosten und Erlöse decken (Break-even-Punkt).

Gewinn- und Verlustrechnung sowie Bilanz sind Teil des gesetzlich vorgeschriebenen Jahresabschlusses der Unternehmen. Grundlegender Unterschied zwischen diesen beiden ist dabei, dass es sich bei der Gewinn- und Verlustrechnung, welche die Erträge und Aufwendungen einer Abrechnungsperiode gegenüberstellt, um eine zeitraumbezogene Betrachtung handelt, während die Bilanz zu einem bestimmten Zeitpunkt (Stichtag ist i.d.R. Beginn bzw. Ende der Abrechnungsperiode) Kapital und Vermögen gegenüberstellt (siehe Abb. 5–52).

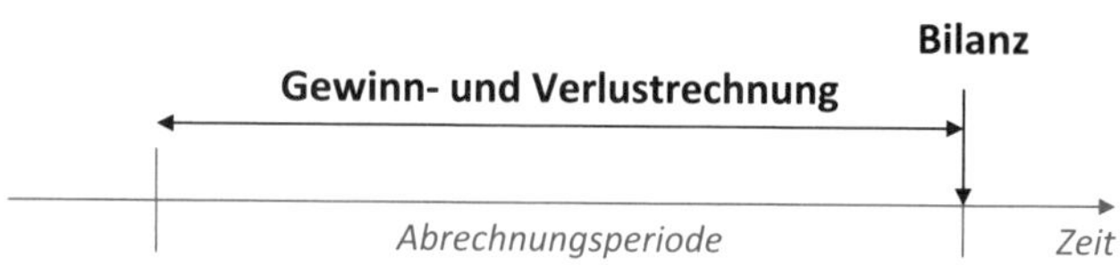

Abb. 5–52 *Zeitbezug von Gewinn- und Verlustrechnung sowie Bilanz*

Da Kapital und Vermögen für einen ganz bestimmten Zeitpunkt ermittelt und in Geldeinheiten bewertet werden, handelt es bei ihnen um sogenannte **Bestandsgrößen.** Das **Kapital**, unterschieden in Eigen- und Fremdkapital, bezeichnet dabei die Herkunft der Mittel, mit denen das Unternehmen und seine Geschäftstätigkeit finanziert werden. Das **Vermögen** hingegen gibt Auskunft über die Verwendung (z.B. Gebäude, Maschinen, Rohstoffe) des in das Unternehmen investierten Kapitals.

Neben diesen zeitpunktbezogenen Bestandsgrößen existieren zeitraumbezogene **Stromgrößen**, welche die Zahlungs- und Leistungsvorgänge innerhalb einer zu betrachtenden Periode abbilden und die Bestandsgrößen unmittelbar verändern. Dabei handelt es sich um folgende vier Begriffspaare (siehe Abb. 5–53):

- Auszahlungen und Einzahlungen,
- Ausgaben und Einnahmen,
- Aufwendungen und Erträge,
- Kosten und Leistungen.

Diese beziehen sich auf unterschiedliche Sachverhalte, die in unterschiedlichen Rechenwerken zum Ausdruck kommen. In der Alltagssprache werden diese Unterschiede oft verwischt und es wird z.B. nicht zwischen Ausgaben und Kosten unterschieden. Wenn Kosten als bewerteter Güterverzehr oder Ressourcenverbrauch verstanden werden und Ausgaben als Abfluss von Geldmitteln, dann gibt es z.B. keine kostenlose Werbung, sondern nur eine unentgeltliche, weil ja ein Güterverzehr oder Ressourcenverbrauch stattfindet, auch wenn dafür keine Ausgaben getätigt werden. Der angesprochene Unterschied zwischen wirtschaftlichem Erfolg und Liquidität wird also genau mit dieser begrifflichen Differenzierung präzisiert.

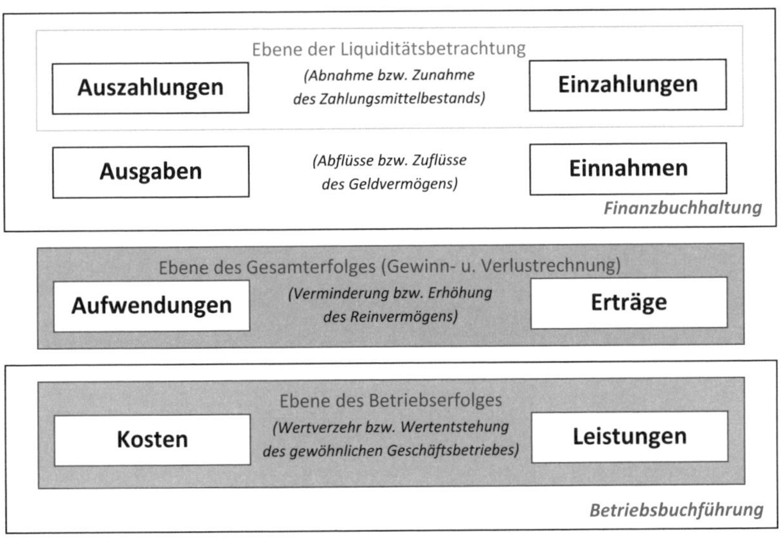

Abb. 5–53 *Übersicht der Stromgrößen*

- Unter **Aus- bzw. Einzahlungen** sind dabei alle Zahlungsmittelbeträge zu verstehen, die das Unternehmen per Kasse, Bank oder Postscheck verlassen bzw. erreichen und seinen Zahlungsmittelbestand beeinflussen. Aus- und Einzahlungen werden von der Finanzbuchhaltung erfasst und vor allem im Rahmen der Liquiditätsrechnung betrachtet.
- Die **Ausgaben bzw. Einnahmen** entsprechen dem Wert aller eingekauften bzw. verkauften Produkte bzw. Leistungen und Produktionsfaktoren des Unternehmens (inklusive Verbindlichkeiten und Forderungen) und verändern dessen Geldvermögen.
- Unter **Aufwendungen und Erträgen** ist der Wert aller verbrauchten Güter, Leistungen und öffentlichen Abgaben bzw. aller erbrachten Leistungen des Unternehmens zu verstehen. In der Gewinn- und Verlustrechnung wird dann noch zwischen Aufwendungen und Erträgen der gewöhnlichen Geschäftstätigkeit sowie außerordentlichen Aufwendungen und Erträgen unterschieden.
- **Kosten und Leistungen** sind kalkulatorische Begriffe. Dabei umfassen die Kosten im Gegensatz zu Aufwendungen stets nur einen betriebs-(zweck-)bedingten Werteverzehr (z.B. für die Entwicklung, Erstellung und den Absatz der Unternehmensleistung oder auch die Aufrechterhaltung der »Betriebsbereitschaft« des Unternehmens) und können auch ohne Ausgaben erfolgen. Leistungen sind dementsprechend das bewertete Ergebnis dieser betrieblichen Tätigkeiten, ohne dass hieraus zwangsläufig Einnahmen entstehen müssen.

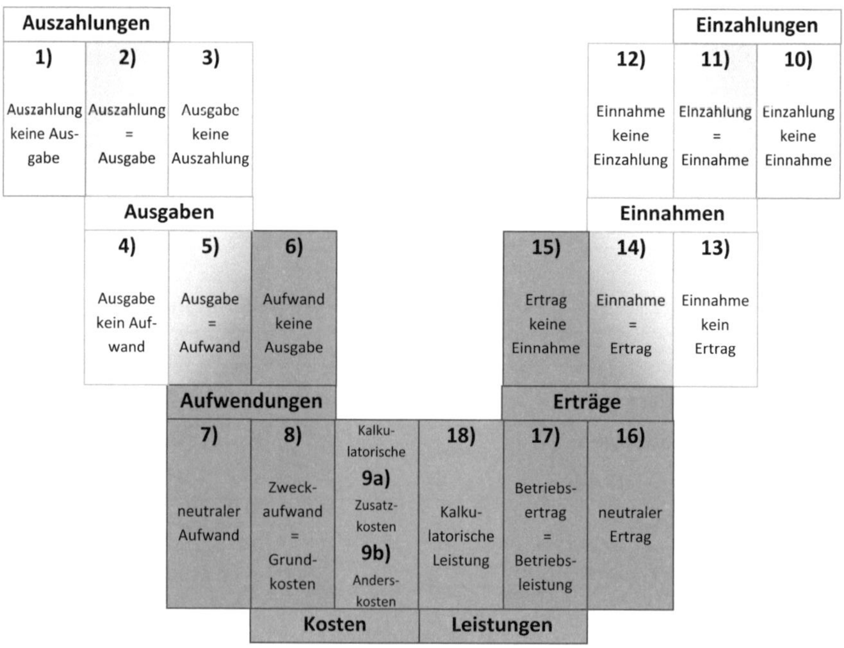

(nach [Jung 2006: S. 1038 f.])

Abb. 5-54 *Abgrenzung der Stromgrößen*

1.	Bartilgung eines in einer früheren Periode aufgenommenen Kredits
2.	Kauf von Materialien gegen Barzahlung
3.	Wareneinkauf auf Ziel (z.B. 30-Tage-Zahlfrist)
4.	Zahlung v. Ruhegeldern aus eigener Pensionskasse
5.	Kauf, Bezahlung, Verbrauch von Produktionsfaktoren in einer Periode
6.	Verbrauch von Produktionsfaktoren, die erst in einer späterer Periode bezahlt werden
7.	Spende an eine gemeinnützige Einrichtung
8.	Materialverbrauch für die Produktion
9.a	Verrechnung von kalkulatorischen Zinsen
9.b	Verrechnung von kalkulatorisch höheren Abschreibungen als in Bilanzabschreibung
10.	Aufnahme eines Kredites
11.	Verkauf von Waren gegen Barzahlung
12.	Warenverkauf auf Ziel (z.B. 30-Tage-Zahlfrist)
13.	Verkauf von gelagerten Produkten früherer Perioden
14.	Verkauf produzierter Erzeugnisse
15.	Erbringen von betrieblichen Leistungen, die erst in Folgeperioden veräußert werden
16.	Erträge aus Spekulationsgeschäften
17.	Verkauf von Waren
18.	Bewertung der Waren, deren Werte über den Anschaffungskosten liegen

(nach [Jung 2006: S. 1038 f.])

5.9.1 Liquiditätsrechnung

Die Erstellung eines Liquiditätsplans verfolgt das Ziel, rechtzeitig zu erkennen, ob bzw. wann die ständige **Zahlungsfähigkeit** des Unternehmens nicht mehr gewährleistet wäre und wie hoch der jeweilige zusätzliche Finanzierungsbedarf in diesen Fällen ist, um die sonst drohende Insolvenz des Unternehmens zu vermeiden. Hieraus lässt sich dann ein eigener Finanzbedarfsplan für die gesamten Jahre des Planungshorizonts aufstellen und der zugehörige Finanzierungsplan zur Beschaffung des »fehlenden« Kapitals entwickeln.

Da die Existenz des Unternehmens von den tatsächlichen finanziellen Zahlungsströmen abhängt, dürfen im Rahmen der Liquiditätsrechnung nur die **konkreten Ein- und Auszahlungen** des Unternehmens mit ihrer jeweiligen Höhe und ihrem Zeitpunkt erfasst und gegenübergestellt werden. Diese können von den Käufen und Verkäufen des Unternehmens zum Teil erheblich abweichen. Für das erste Planjahr ist ein monatliches Zeitraster üblich, für das zweite und dritte Jahr werden die Ein- und Auszahlungen dann zu Quartalszahlen zusammengefasst. Allerdings sollte ein Liquiditätsplan entsprechend der Entwicklung des Unternehmens und aktuellen Erkenntnissen ständig kontrolliert, ggf. korrigiert sowie auch fortgeschrieben werden.

Liquiditätsengpässe entstehen, wenn die kumulierten Auszahlungen die kumulierten Einzahlungen übersteigen. Ist ein entsprechender **Kapitalbedarf**

dabei im Voraus erkennbar, ist dieser durch entsprechende weitere Zuflüsse von Eigen- oder Fremdkapital zu decken. Für unerwartete Liquiditätsengpässe, z.B. wenn die prognostizierten Umsätze nicht erreicht werden, Kunden die gekauften Produkte nicht oder zu spät bezahlen oder aber wichtige Produktionsmittel unerwartet ausfallen und wiederbeschafft werden müssen, ist außerdem eine ausreichend hohe **Liquiditätsreserve** vorzusehen. Meist handelt es sich dabei um einen **Kontokorrentkredit**. Diese Kreditlinie sollte bereits rechtzeitig in ausreichender Höhe mit der Bank vereinbart werden und dann auch nur bei Notfällen in Anspruch genommen und keineswegs dauerhaft genutzt werden. Denn zum einen ist ein solcher Kredit mit Zinsen zwischen ca. 10-20 % ein recht teures Fremdkapital und zum anderen steht er dann im Falle eines echten existenzgefährdenden finanziellen Notfalls nicht mehr bzw. nur noch eingeschränkt zur Verfügung. Um die Gefahr von Liquiditätsengpässen zu verringern, empfiehlt es sich unter Umständen, gewährte Zahlungsziele der Lieferanten auszunutzen und gleichzeitig den eigenen Kunden keine allzu langen Zahlungsziele einzuräumen bzw. diese durch Anreize wie Skonti zu schneller Bezahlung zu motivieren. Anzahlungen oder Teilzahlungen können ebenfalls die Liquidität des Unternehmens erhöhen.

Die Liquidität zum Ende einer Periode (Monat, Quartal) ergibt sich aus dem Saldo vom Anfangsbestand der liquiden Mittel zum Periodenanfang, den Einzahlungen und den Auszahlungen. Dieser Saldo stellt dann selbst wiederum den Anfangsbestand der nächsten Periode dar.

Unter den **liquiden Mitteln eines Unternehmens** sind vor allem Kassenbestände und Unternehmensgirokonten zu verstehen, ggf. noch schnell liquidierbare Wertpapiere, Rohstoffe o.Ä.

Im Sinne einer besseren Übersicht sollten sowohl bei den Ein- als auch den Auszahlungen in getrennten Abschnitten unterschieden werden, ob die jeweiligen Zahlungsströme aus dem laufenden gewöhnlichen Geschäftsbetrieb resultieren oder nicht.

Den größten Teil der **betrieblichen Einzahlungen** stellen die Umsätze sowie die erhaltene Umsatzsteuer dar. Zu beachten ist dabei aber, dass eventuell gewährte Skonti oder Rabatte entsprechend abzuziehen sind und die Zahlungseingänge häufig auch deutlich verzögert zum eigentlichen Kaufdatum erfolgen. Daher ist bei der zeitlichen Verteilung das Datum des prognostizierten Zahlungseingangs zu verwenden. Durch die monatliche Aufschlüsselung der Einzahlungen werden dann zum Beispiel die Auswirkungen saisonaler Schwankungen auf die Liquidität deutlich.

Ebenfalls dem regulären Geschäftsbetrieb zuzurechnen sind erhaltene Anzahlungen, aber auch Steuerrückerstattungen. Insbesondere für Gründungsunternehmen, die hohe Anfangsinvestitionen tätigen und somit mehr Vorsteuern an ihre Lieferanten abführen, als sie zunächst selbst Umsatzsteuer für ihre Umsätze einnehmen, ergibt sich in der Anfangszeit des Unternehmens oft eine für die Liquidität recht bedeutsame Umsatzsteuerrückerstattung, auch wenn diese i.d.R. erst mit 2-3-monatiger Verzögerung vom Finanzamt gezahlt wird.

Die Umsatzsteuer wird letztlich nur vom privaten Endverbraucher bezahlt, da ein Unternehmen den beim Einkauf selbst gezahlten Umsatzsteueranteil als Vorsteuer von der beim Verkauf erhaltenen Umsatzsteuer wieder abziehen kann. Das Unternehmen überweist somit lediglich den Mehrwertsteueranteil an das Finanzamt, der der jeweiligen Wertsteigerung auf dieser Wertschöpfungsstufe entspricht.

Sonstige betriebliche Erträge können z.B. durch Mieterträge, Abgänge von Gegenständen des Anlagevermögens oder den Verkauf von Forderungen entstehen.

Liquiditätsplan	Monat 1 GJ1	Monat 2 GJ1	...	Monat 12 GJ1	Q1 GJ2	Q2 GJ2	...	Q4 GJ3
Einzahlungen (betrieblich)								
Umsatzerlöse (o. USt.)								
Anzahlungen (o. USt.)								
Sonstige betriebliche Erträge (o. USt.)								
Erhaltene USt.								
Umsatzsteuererstattung								
Summe Einzahlungen (betrieblich)								

Zu den Einzahlungen, die nicht aus dem laufenden Geschäftsbetrieb resultieren, sondern **Finanzierungen** darstellen, zählen das bar eingebrachte Eigenkapital (Privateinlagen und Beteiligungskapital) sowie das Fremdkapital in Form von Kreditauszahlungen (langfristige Darlehen) oder in Anspruch genommenen Dispositionskrediten, aber auch Subventionen bzw. Fördermittel und Zinserträge.

Liquiditätsplan	Monat 1 GJ1	Monat 2 GJ1	...	Monat 12 GJ1	Q1 GJ2	Q2 GJ2	...	Q4 GJ3
Einzahlungen (Finanzierung)								
Stammkapital/Privateinlage								
Beteiligungskapital								
langfristige Kredite/Darlehen								
Dispositionskredit (in Anspruch genommen)								
Zinserträge								
Subventionen/Fördermittel (Zuschüsse)								
Summe Einzahlungen (Finanzierung)								

Unter den **betrieblichen Auszahlungen** sind zunächst sämtliche Zahlungsmittelabflüsse für den **Material- und Wareneinkauf** zu nennen. Dies betrifft nicht nur Rohstoffe und Fertigprodukte, sondern auch Hilfs- und Betriebsstoffe. Auch die in Anspruch genommenen Fremdleistungen anderer Unternehmen sind an dieser Stelle zu berücksichtigen.

Je nach Branche des Unternehmens kann der größte Block der Auszahlungen aber auch im Bereich **Personal** liegen. Dies betrifft sowohl regelmäßige Löhne und Gehälter als auch die sonstigen Zahlungen wie Prämien- oder Provisionszahlungen, Weihnachts- und Urlaubsgeld. Möglichst getrennt auszuweisen sind dann noch die Personalnebenkosten wie die Arbeitgeberanteile (50 %) an den Sozialversicherungen (Renten-, Kranken-, Pflege-, Arbeitslosenversicherung) oder Beiträge zu den Berufsgenossenschaften (100 %). Da das Personal sowohl einen wichtigen Produktions- als auch Kostenfaktor darstellt, ist eine genaue Planung der Personalentwicklung (Personalbedarf, Einstellungszeitpunkte, benötigte Qualifikationen, Gehaltssteigerungen etc.) erforderlich, die sich an der angestrebten Unternehmensentwicklung orientiert.

Zu den **sonstigen Auszahlungen** aus dem laufenden Geschäftsbetrieb zählen Mieten sowie Heiz- und Nebenkosten, Kommunikationskosten (Porto, Telefon, Internet), Bürobedarf und Arbeitsmittel sowie Kosten für Wartung und Reparaturen. Hinzu kommen Kfz-, Reise- und Beratungskosten (z.B. in den Bereichen Recht und Steuern).

Nicht zu unterschätzen sind auch für Unternehmensgründungen die Aufwendungen für Werbung und Marketing. Beispielsweise kostet eine einmalige halbseitige Anzeige in überregionalen Printmagazinen schnell zwischen 5.000 und 30.000 €. Bei einer entsprechenden Werbekampagne vervielfachen sich solche Kosten trotz möglicher Rabatte dementsprechend.

Liquiditätsplan	Monat 1 GJ1	Monat 2 GJ1	…	Monat 12 GJ1	Q1 GJ2	Q2 GJ2	…	Q4 GJ3
Auszahlungen (betrieblich)								
Material-/Wareneinkauf (o. USt.)								
Fremdleistungen (o. USt.)								
Personal – Löhne und Gehälter								
Personal – Sozialabgaben								
Mieten (o. USt.)								
Heiz-/Nebenkosten (o. USt.)								
Telefon, Internet, Porto (o. USt.)								
Bürobedarf, Arbeitsmittel (o. USt.)								
Wartung und Reparaturen (o. USt.)								
Kfz-Kosten (o. USt.)								
Reisekosten (o. USt.)								

→

Liquiditätsplan	Monat 1 GJ1	Monat 2 GJ1	...	Monat 12 GJ1	Q1 GJ2	Q2 GJ2	...	Q4 GJ3
Beratungskosten (Recht, Steuer, ...) (o. USt.)								
Versicherungen, Leasing (o. USt.)								
Werbung (o. USt.)								
Sonstige betriebliche Kosten (o. USt.)								
Zwischensumme Auszahlungen								

Analog zu den Einzahlungen entstehen auch einige **Auszahlungen außerhalb des gewöhnlichen Geschäftsbetriebs**. Hierunter fallen vor allem größere Investitionen in Gebäude, die Geschäftsausstattung, IKT-Anlagen, Maschinen oder Fahrzeuge. Relevant im Rahmen der Liquiditätsrechnung sind dabei die tatsächlichen Zeitpunkte und Beträge der Zahlungsabflüsse. Die zugehörigen Abschreibungen (siehe Abschnitt 5.9.3) sind erst für die Gewinn- und Verlustrechnung (→Aufwand) und Bilanz (→Vermögensminderung) relevant und werden in der Liquiditätsrechnung nicht erfasst. Auch die Unternehmensgründung oder -veränderung an sich verursacht Kosten, z.B. für diverse Beratungen (Gründung, Steuern, Recht, Patente,...), Anmeldungen, Eintragungen, Genehmigungen, Zulassungen, notarielle Tätigkeiten, Gutachten und Analysen oder auch einfach für die Entwicklung des Corporate Design des neuen Unternehmens.

Hinzu kommen noch die bei den Einkäufen gezahlte Vorsteuer, aber auch die vorzunehmenden Zahlungen der Umsatz- und Ertragssteuern gemäß den monatlichen bzw. vierteljährlichen Vorausmeldungen bzw. Vorauszahlungen sowie der jährlichen Erklärung, wie sie sich auch anhand der Gewinn- und Verlustrechnung ermitteln lassen (Details dazu siehe Abschnitt 5.9.3).

Liquiditätsplan	Monat 1 GJ1	Monat 2 GJ1	...	Monat 12 GJ1	Q1 GJ2	Q2 GJ2	...	Q4 GJ3
Auszahlungen (betrieblich)								
...								
Zwischensumme Auszahlungen								
Einrichtung/Investitionen (o. USt.)								
Gründungskosten (o. USt.)								
Rekrutierung, Ausbildung, Weiterbildung (o. USt.)								
Gezahlte Vorsteuer								
Umsatzsteuervorauszahlungen								
Ertragssteuer(voraus)zahlungen								
Summe Auszahlungen (betrieblich)								

Zu den Auszahlungen, die sich im Finanzbereich ergeben, zählen zum einen Privatentnahmen oder Gewinnausschüttungen und zum anderen die Tilgung von Krediten sowie die zugehörigen Zinszahlungen.

Häufig werden Zinsen und Tilgung bei Krediten in gleichbleibenden Annuitäten zusammengefasst, wobei sich deren Verhältnis zueinander während der Kreditlaufzeit verschiebt. Der zunächst viel höhere Zinsanteil sinkt kontinuierlich, während der Tilgungsanteil entsprechend ansteigt. Da sowohl Zinsen als auch Tilgung im Sinne zu tätigender Auszahlungen liquiditätswirksam sind, ist dies im Rahmen der Liquiditätsrechnung zunächst unerheblich. Bei der Gewinn- und Verlustrechnung sind jedoch nur die Zinsen relevant, sodass ggf. eine Auftrennung der Annuitäten erforderlich werden kann.

Liquiditätsplan	Monat 1 GJ1	Monat 2 GJ1	…	Monat 12 GJ1	Q1 GJ2	Q2 GJ2	…	Q4 GJ3
Auszahlungen (Finanzierung)								
Kredittilgung/Darlehensrückzahlung								
Zinsaufwände								
Privatentnahmen								
Gewinnausschüttungen								
Summe Auszahlungen (Finanzierung)								

Bei der Liquiditätsrechnung ist also zum einen zu beachten, stets die tatsächlichen (wenn auch prognostizierten) Zahlungszeitpunkte zu verwenden, und zum anderen, dass alle Vorgänge, die nicht tatsächlich zu einer Veränderung des Barmittelbestandes des Unternehmens führen wie bspw. Abschreibungen oder Rückstellungen, nicht relevant sind.

Aus den entsprechenden Salden der Einzahlungen und Auszahlungen lässt sich somit die Liquidität des Unternehmens berechnen:

Liquiditätsplan	Monat 1 GJ1	Monat 2 GJ1	…	Monat 12 GJ1	Q1 GJ2	Q2 GJ2	…	Q4 GJ3
Summe Einzahlungen (betrieblich)								
Summe Auszahlungen (betrieblich)								
Saldo Ein- und Auszahlungen (betrieblich)								
Summe Einzahlungen (Finanzierung)								
Summe Auszahlungen (Finanzierung)								
Saldo Ein- und Auszahlungen (Finanzierung)								
Saldo Ein- und Auszahlungen (Gesamt)								
Zahlungsmittelbestand:								
Anfangsbestand (=Endestand Vorperiode)								
Endbestand (=Anfangsbestand + Saldo(Gesamt))								
Endstand Kontokorrent								
Kontokorrentlinie								
Liquiditätsreserve								

Die Liquiditätsreserve ergibt sich aus der mit der Bank vereinbarten Kontokorrentlinie abzüglich der Höhe eines eventuell davon bereits genutzten Anteils des Kontokorrentkredits.

TIMEBUILDER121

9 Erfolg und Finanzierung

9.1 Liquiditätsplan

Damit die jederzeitige Zahlungsfähigkeit von Timebuilder121 sichergestellt ist, haben wir in folgendem Liquiditätsplan alle geplanten Ein- und Auszahlungen für die ersten 5 Geschäftsjahre geschätzt.

Hinweis:
Wichtige Grunddaten (wie Berechnungsgrundlagen oder prognostizierte Aufwände und Erträge), die für die Herleitung der jeweiligen Ein- bzw. Auszahlungen benötigt werden, sind jeweils in den weißen Zeilen dargestellt. Diese dienen jedoch nur der besseren Nachvollziehbarkeit und ggf. Vorbereitung der Gewinn- und Verlustrechnung. Für die Liquidität des Unternehmens relevant sind die tatsächlichen Zahlungszeitpunkte, sodass in die Liquiditätsberechnung selbst nur die eingerahmten grauen Zeilen einfließen, die teilweise in den darüberstehenden hellgrauen Zeilen mit rechtsbündiger kursiver Schrift noch näher aufgeschlüsselt sind, und in den dunkelgrauen Zeilen aufsummiert bzw. saldiert werden.

Betriebliche Einzahlungen

- Der Absatz beginnt im 2. Geschäftsjahr und beträgt 2.000 Uhren. Er steigt in den darauffolgenden 3 Jahren auf 5.000, 10.000 bzw. 13.000 Uhren. Absatzschwerpunkte liegen dabei jeweils im März und vor allem im 4. Quartal (Weihnachtsgeschäft). Der durchschnittliche Verkaufspreis pro Uhr beträgt 230 € (350 CHF) in den ersten Geschäftsjahren und steigt im 5. Geschäftsjahr auf 265 € (400 CHF).
- Zu diesen getätigten Umsätzen erhält das Unternehmen von den Kunden zusätzlich noch die Umsatzsteuer von 19%.
- Sowohl bei den Umsatzerlösen als auch bei der erhaltenen Umsatzsteuer ergibt sich eine Verschiebung der tatsächlichen Einzahlungen um 10 Tage, was bei der Liquiditätsrechnung und in der Bilanz zu berücksichtigen ist.
- Wenn die erhaltene Umsatzsteuer geringer als die von uns gezahlte Vorsteuer ist, erhält unser Unternehmen die überzahlte Umsatzsteuer erstattet. Allerdings ebenfalls frühestens im Folgemonat, da die Umsatzsteuervoranmeldung ja auch stets erst im Folgemonat erfolgt.

Hinweis: Die im Folgenden durch eine wie hier angegebene Ziffer **1** gekennzeichneten Tabellen finden Sie in vergrößerter Form in Anhang B des Buches sowie auf der Website des Buches: *www.dpunkt.de/businessplaene*

Liquiditätsplan **1**				April 2002	Mai 2002	Juni 2002	Juli 2002	August 2002	Sept. 2002	Okt. 2002	Nov. 2002	Dez. 2002
Einzahlungen (betrieblich)												
Uhrenanzahl				0	0	0	0	0	0	0	0	0
Durchschnittspreis												
Umsatzerlöse (o. USt.) als Ertrag				0	0	0	0	0	0	0	0	0
Umsatzerlöse (o. USt.) als Einzahlung				0	0	0	0	0	0	0	0	0
Anzahlungen (o. USt.)												
Sonstige betriebliche Erträge (o. USt.)												
Erhaltene USt.				0	0	0	0	0	0	0	0	0
Erhaltene USt. als Einzahlung				0	0	0	0	0	0	0	0	0
Umsatzsteuererstattung				9.266	5.493	1.647	2.217	1.647	1.647	1.695	1.666	2.046
Umsatzsteuererstattung als Einzahlung				0	9.266	5.493	1.647	2.217	1.647	1.647	1.695	1.666
Summe Einzahlungen (betrieblich)				9.266	5.493	1.647	2.217	1.647	1.647	1.695	1.666	2.046
Summe Einzahlungen (betrieblich)				0	9.266	5.493	1.647	2.217	1.647	1.647	1.695	1.666

Liquiditätsplan 2	Januar 2003	Februar 2003	März 2003	April 2003	Mai 2003	Juni 2003	Juli 2003	August 2003	Sept. 2003	Okt. 2003	Nov. 2003	Dez. 2003
Einzahlungen (betrieblich)												
Uhrenanzahl	100	100	150	100	150	150	150	150	200	200	250	300
Durchschnittspreis	230	230	230	230	230	230	230	230	230	230	230	230
Umsatzerlöse (o. USt.) als Ertrag	23.000	23.000	34.500	23.000	34.500	34.500	34.500	34.500	46.000	46.000	57.500	69.000
Umsatzerlöse (o. USt.) als Einzahlung	15.333	23.000	30.667	26.833	30.667	34.500	34.500	34.500	42.167	46.000	53.667	65.167
Anzahlungen (o. USt.)												
Sonstige betriebliche Erträge (o. USt.)												
Erhaltene USt.	4.370	4.370	6.555	4.370	6.555	6.555	6.555	6.555	8.740	8.740	10.925	13.110
Erhaltene USt. als Einzahlung	2.913	4.370	5.827	5.098	5.827	6.555	6.555	6.555	8.012	8.740	10.197	12.382
Umsatzsteuererstattung	1.240	0	0	0	0	0	0	0	0	0	1.742	469
Umsatzsteuererstattung als Einzahlung	2.046	1.240	0	0	0	0	0	0	0	0	0	1.742
Summe Einzahlungen (betrieblich)	28.610	27.370	41.055	27.370	41.055	41.055	41.055	41.055	54.740	54.740	70.167	82.579
Summe Einzahlungen (betrieblich)	20.293	28.610	36.493	31.932	36.493	41.055	41.055	41.055	50.178	54.740	63.863	79.290

Liquiditätsplan 3	Q1 2004	Q2 2004	Q3 2004	Q4 2004	Q1 2005	Q2 2005	Q3 2005	Q4 2005	Q1 2006	Q2 2006	Q3 2006	Q4 2006
Einzahlungen (betrieblich)												
Uhrenanzahl	1.000	1.000	1.000	2.000	2.500	2.000	2.000	3.500	3.500	2.500	2.500	4.500
Durchschnittspreis	230	230	230	230	230	230	230	230	265	265	265	265
Umsatzerlöse (o. USt.) als Ertrag	230.000	230.000	230.000	460.000	575.000	460.000	460.000	805.000	927.500	662.500	662.500	1.192.500
Umsatzerlöse (o. USt.) als Einzahlung	227.444	230.000	230.000	434.444	562.222	472.778	460.000	766.667	913.889	691.944	662.500	1.133.611
Anzahlungen (o. USt.)												
Sonstige betriebliche Erträge (o. USt.)												
Erhaltene USt.	43.700	43.700	43.700	87.400	109.250	87.400	87.400	152.950	176.225	125.875	125.875	226.575
Erhaltene USt. als Einzahlung	43.214	43.700	43.700	82.544	106.822	89.828	87.400	145.667	173.639	131.469	125.875	215.386
Umsatzsteuererstattung	0	0	0	0	0	0	0	0	0	0	0	0
Umsatzsteuererstattung als Einzahlung	469	0	0	0	0	0	0	0	0	0	0	0
Summe Einzahlungen (betrieblich)	273.700	273.700	273.700	547.400	684.250	547.400	547.400	957.950	1.103.725	788.375	788.375	1.419.075
Summe Einzahlungen (betrieblich)	271.128	273.700	273.700	516.989	669.044	562.606	547.400	912.333	1.087.528	823.414	788.375	1.348.997

Betriebliche Auszahlungen

- Für durchschnittlich jede zehnte Uhr müssen Diamanten im Wert von 65 € eingekauft werden, und für durchschnittlich jede dritte Uhr fallen Kosten für gravierte Komponenten von 8 € an. Die Bezahlung dieser Uhrenkomponenten erfolgt jeweils im Folgemonat in einer Rechnung.
- Die Kosten für die Uhrenfertigung und deren Versand durch die Rhodanus AG betragen im gesamten Betrachtungszeitraum durchschnittlich 80 € pro Uhr. Die Bezahlung der produzierten Uhren erfolgt jeweils im Folgemonat in einer Rechnung.
- Für die Uhrenentwicklung durch externe Auftragnehmer fallen im 1. Geschäftsjahr Kosten von 1.500 € monatlich an, in den folgenden Geschäftsjahren jeweils 750 € pro Monat.
- Für das Hosting durch Cybercon sind eine einmalige Einrichtungsgebühr von 150 € im Oktober 2002 sowie ein monatlicher Grundbetrag von 100 € und ein an das Datenvolumen geknüpfter Aufschlag zu zahlen. Da dieses letztlich auch mit der Anzahl der abgesetzten Uhren zusammenhängt, wird hier mit einem Aufschlag von 0,10 € pro verkaufter Uhr gerechnet. Rechnungsstellung und Bezahlung erfolgen jeweils im Folgemonat.
- 90% der Uhren werden auf Kreditkarte verkauft, wofür Gebühren in Form einer Transaktionsgebühr von 0,10 € sowie einer Umsatzbeteiligung von 3% fällig werden.
- Folgende Löhne bzw. Gehälter fallen an:
  - 3 Vorstandsmitglieder (Unternehmensgründer) mit monatlich jeweils 4.000 € in den ersten beiden Geschäftsjahren (2002 u. 2003) und 6.000 € ab GJ 3 (2004)
  - 1 Leiter IT ab 05/2002 mit 4.000 € monatlich
  - 1 Webmaster/Programmierer ab 06/2002 mit 3.000 € monatlich
  - 1 (Web-)Designer ab 06/2002 mit 3.000 € monatlich, für GJ 2 (2003) nur halbe Stelle
  - 1 Mitarbeiter Einkauf ab 01/2003 mit 2.500 € monatlich, in den beiden Geschäftsjahren 2 und 3 (2003 u. 2004) aber nur halbe Stelle
  - 1 Mitarbeiter Kundendienst ab 01/2003 mit 2.000 € monatlich, in den beiden Geschäftsjahren 2 und 3 (2003 u. 2004) aber nur halbe Stelle

- Zusätzlich sind soziale Abgaben, Aufwendungen für Altersversorgung u.Ä. zu berücksichtigen. (z.B. Rentenversicherung 20,0%; Krankenversicherung 15,0%; Arbeitslosenversicherung 5,0%; Pflegeversicherung 2,5%). Von diesen Sozialabgaben (hier 42,5% auf den Jahres-Bruttolohn) zahlt die Hälfte der Arbeitnehmer von seinem Bruttolohn, die andere Hälfte führt der Arbeitgeber zusätzlich zum Bruttolohn ab.
- Im Raum Konstanz beträgt die durchschnittliche Jahresmiete für Büroflächen ca. 75 € je m². Pro Mitarbeiter sind 20 m² vorgesehen. Die Heiz- und Nebenkosten werden noch einmal mit ca. 2/5 der Miete angesetzt. Für das 1. GJ ergibt sich somit eine monatliche Miete von 750 € (= 75 € × 6 Mitarbeiter × 20 m² / 12 Monate). Ab dem 2. GJ beträgt die monatliche Miete dann aufgrund der zwei weiteren Mitarbeiter 1.000 €.
- Für Bürobedarf und ähnliche Arbeitsmittel werden monatlich für jede Person 50 € sowie 0,10 € für jede verkaufte Uhr geplant.
- Für Telefon und Internet besitzt Timebuilder121 eine Flatrate für 200 € monatlich.
- Für Porto werden monatlich 50 € veranschlagt, für jede 5. verkaufte Uhr weitere 1,50 €.
- Für Wartung und Reparaturen werden ca. 50 € pro Mitarbeiter und Monat gerechnet.
- Im 1. Geschäftsjahr fallen durch den Geschäftsaufbau verstärkt Reisekosten an. Es wird daher mit jeweils 4 Reisen der Unternehmensgründer pro Monat mit durchschnittlichen Kosten von je 400 € gerechnet (insgesamt 4.800 € pro Monat). Ab dem 2. Geschäftsjahr verringert sich die Anzahl der Reisen um die Hälfte, die Anzahl der Personen und die durchschnittlichen Kosten ändern sich nicht (insgesamt 2.400 € pro Monat).
- Im ersten Geschäftsjahr reichen aufgrund der noch fehlenden Verkaufsaktivitäten 250 € monatlich für Beratungskosten in rechtlichen und Steuerfragen. Ab dem 2. Geschäftsjahr werden monatlich 500 € kalkuliert.
- Der Beitrag der gesetzlich vorgeschriebenen Unfallversicherung beträgt in unserem Fall 1% der Bruttolohnsumme (Prozentsatz variiert je nach Branche und ist unternehmensindividuell).
- Werbekosten fallen wie folgt an:
  - Werbung mit Google Adwords:
    - max. Tagesbudget von 50-100 € bei max. CPC von 0,20 €
    - mit Beginn der Verkaufstätigkeit ab 1.1.2003 max. Tagesbudget von 50 €
    - ab dem Weihnachtsgeschäft Okt. 2003 max. Tagesbudget von 75 €
    - ab dem Weihnachtsgeschäft Okt. 2004 max. Tagesbudget von 100 €
    - wobei die Bezahlung aus abrechnungstechnischen Gründen stets im Folgemonat erfolgt
  - Bannerwerbung auf ausgesuchten Websites
    - ab Beginn der Verkaufstätigkeit 1.1.2003
    - von Januar bis September monatlich 1.000 €
    - im Weihnachtsgeschäft Oktober bis Dezember monatlich 2.000 €

- Anzeigen in überregionalen Printmedien
  - während des Weihnachtsgeschäftes in den Monaten November und Dezember ab GJ 2 in dem jeweils aktiv bearbeiteten Markt/Land
  - sowohl in einer männer- als auch in einer frauenorientierten Themenzeitschrift bei 14-tägigem Erscheinen monatlich eine Anzeige zu 10.000 € bzw. bei wöchentlichem Erscheinen monatlich zwei Anzeigen zu je 5.000 € (Größe 1/6- bis 1/3-Seite)
  - in beiden Monaten jeweils eine Anzeige (1/6-Seite) in einem renommierten wöchentlichen Nachrichtenmagazin (wie Stern/ Spiegel) zu je 12.000 €

- Für Büroeinrichtung/Geschäftsausstattung fallen folgende Auszahlungen an:
  - Kauf 04/2002 4 × Büroeinrichtungen Bereichsleiter à 5.000 € = 20.000 €
  - Kauf 05/2002 2 × Büroeinrichtungen Mitarbeiter à 2.500 € = 5.000 €
  - Kauf 01/2003 2 × Büroeinrichtungen Mitarbeiter à 2.500 € = 5.000 €
- Für ITK (Arbeitsplätze&allgemein) fallen folgende Auszahlungen an:
  - Kauf 04/2002 4 × Notebookarbeitsplatz à 4.000 € = 16.000 €
  - Kauf 05/2002 2 × Entwicklerarbeitsplatz à 6.000 € = 12.000 €
  - Kauf 04/2002 ITK allgemein (Telefone, Drucker) für 2.000 €
  - Kauf 05/2002 ITK allgemein (WLAN-Ausrüstung, Fax) für 1.500 €
  - Kauf 07/2002 ITK allgemein (2. Drucker, Druck-&Dateiserver) für 3.000 €
  - Kauf 01/2003 2 × Mitarbeiter-PC-Arbeitsplatz à 2.000 € = 4.000 €
  - Kauf 01/2003 ITK allgemein (Telefone, 3. Drucker) für 2.000 €
- Unter sonstigen Aufwendungen fallen noch an:
  - Kosten für Rekrutierung, Ausbildung, Weiterbildung von Mitarbeitern:
    - Einstellung des IT-Leiters im April 2002: 1.000 €
    - Einstellung der (Web-)Designers und Webmasters/Programmierers im Mai 2002 mit je 1.000 €
    - Einstellung des Mitarbeiters Einkauf sowie des Kundendienstmitarbeiters im Dezember 2002 mit ebenfalls jeweils 1.000 €
  - Gründungskosten im April 2002 für einmalige Beratung hinsichtlich der Unternehmensgründung in Höhe von 1.500 €
- Im Liquiditätsplan aufzuführen sind auch die zu zahlenden Vorsteuerbeträge auf alle getätigten Einkäufe.
- Ebenfalls zu berücksichtigen sind ggf. die übrigen Steuer(voraus)zahlungen:
  - Vorauszahlung Gewerbesteuer (zum 15. Februar, 15. Mai, 15. August, 15. November),
  - Vorauszahlung Körperschaftssteuer, Solidaritätszuschlag (zum 10. März, 10. Juni, 10. September, 10. Dezember),
  - Umsatzsteuervorauszahlung (bis zum 10. des Folgemonats).
  - Die Zahlung der eigentlichen Gewerbe- und Körperschaftssteuer sowie des Solidaritätszuschlags abzüglich der getätigten Vorauszahlungen erfolgt im März des Folgejahres (in Höhe der Steuerrückstellungen in der Bilanz).

Liquiditätsplan 4	April 2002	Mai 2002	Juni 2002	Juli 2002	August 2002	Sept. 2002	Okt. 2002	Nov. 2002	Dez. 2002
Auszahlungen (betrieblich)									
Edelsteine	0	0	0	0	0	0	0	0	0
Uhrenkomponenten mit Gravur	0	0	0	0	0	0	0	0	0
Material-/Wareneinkauf (o. USt.) als Aufwand	0	0	0	0	0	0	0	0	0
Material-/Wareneinkauf (o. USt.) Auszahlung	0	0	0	0	0	0	0	0	0
Uhrenmontage u. -versand Rhodanus als A.	0	0	0	0	0	0	0	0	0
Uhrenmontage u. -versand Rhodanus	0	0	0	0	0	0	0	0	0
Uhrenentwicklung	1500	1500	1500	1500	1500	1500	1500	1500	1500
Hosting als Aufwand							250	100	100
Hosting	0	0	0	0	0	0	0	250	100
Kreditkartengebühr	0	0	0	0	0	0	0	0	0
Fremdleistungen (o. USt.) als Aufwand	1.500	1.500	1.500	1.500	1.500	1.500	1.750	1.600	1.600
Fremdleistungen (o. USt.) als Auszahlung	1.500	1.500	1.500	1.500	1.500	1.500	1.500	1.750	1.600
Gründer	12.000	12.000	12.000	12.000	12.000	12.000	12.000	12.000	12.000
Leiter IT		4.000	4.000	4.000	4.000	4.000	4.000	4.000	4.000
(Web-)Designer			3.000	3.000	3.000	3.000	3.000	3.000	3.000
Webmaster/Programmierer			3.000	3.000	3.000	3.000	3.000	3.000	3.000
MA Einkauf									
MA Kundendienst									
Personal - Löhne und Gehälter	12.000	16.000	22.000	22.000	22.000	22.000	22.000	22.000	22.000
Personal - Sozialabgaben	2.550	3.400	4.675	4.675	4.675	4.675	4.675	4.675	4.675
Mieten (o. USt.)	750	750	750	750	750	750	750	750	750
Heiz-/Nebenkosten (o. USt.)	300	300	300	300	300	300	300	300	300
Telefon, Internet	200	200	200	200	200	200	200	200	200
Porto	50	50	50	50	50	50	50	50	50
Telefon, Internet, Porto (o. USt.)	250	250	250	250	250	250	250	250	250
Bürobedarf, Arbeitsmittel (o. USt.)	150	200	300	300	300	300	300	300	300
Wartung und Reparaturen (o. USt.)	150	200	300	300	300	300	300	300	300
Kfz-Kosten (o. USt.)	0	0	0	0	0	0	0	0	0
Reisekosten (o. USt.)	4.800	4.800	4.800	4.800	4.800	4.800	4.800	4.800	4.800
Beratungskosten (Recht, Steuer,...)(o. USt.)	250	250	250	250	250	250	250	250	250
gesetzliche Unfallversicherung	120	160	220	220	220	220	220	220	220
Versicherungen, Leasing (o. USt.)	120	160	220	220	220	220	220	220	220
Anzeigen Printmedien	0	0	0	0	0	0	0	0	0
Bannerwerbung	0	0	0	0	0	0	0	0	0
Google Adwords als Aufwand	0	0	0	0	0	0	0	0	0
Google Adwords	0	0	0	0	0	0	0	0	0
Werbung (o. USt.) als Aufwand	0	0	0	0	0	0	0	0	0
Werbung (o. USt.) als Auszahlung	0	0	0	0	0	0	0	0	0
Sonstige betriebliche Kosten (o. USt.)	0	0	0	0	0	0	0	0	0
Zwischensumme Auszahlungen als Aufwand	22.820	27.810	35.345	35.345	35.345	35.345	35.595	35.445	35.445
Zwischensumme Auszahlungen für Bilanz	22.820	27.810	35.345	35.345	35.345	35.345	35.345	35.595	35.445
Büroeinrichtung Leiter	20.000								
Büroeinrichtung MA		5.000							
ITK-Arbeitsplatz Leiter (Notebook,...)	16.000								
ITK-Entwicklerabeitsplatz		12.000							
ITK-Mitarbeiter-PC-Arbeitsplatz									
ITK allgemein (Telefon, Drucker, Scanner,...)	2.000	1.500		3.000					
Einrichtung/Investitionen (o. USt.)	38.000	18.500	0	3.000	0	0	0	0	0
Gründungskosten (o. USt.)	1.500	0	0	0	0	0	0	0	0
Rekrutierung, Aus- u. Weiterbildung (o. USt.)	1.000	2.000	0	0	0	0	0	0	2.000
Gezahlte Vorsteuer	9.266	5.493	1.647	2.217	1.647	1.647	1.695	1.666	2.046
Gezahlte Vorsteuer als Auszahlung	9.266	5.493	1.647	2.217	1.647	1.647	1.647	1.695	2.046
Umsatzsteuervorauszahlungen	0	0	0	0	0	0	0	0	0
Umsatzsteuervorauszahlungen als Auszahlung	0	0	0	0	0	0	0	0	0
Gewerbesteuervorauszahlung		0			0			0	
Körperschaftssteuervorauszahlung			0			0			0
Solidaritätszuschlag			0			0			0
Ertragssteuer(voraus)zahlungen	0	0	0	0	0	0	0	0	0
Summe Auszahlungen (betrieblich)	72.586	53.803	36.992	40.562	36.992	36.992	37.290	37.111	39.491
Summe Auszahlungen (betrieblich)	72.586	53.803	36.992	40.562	36.992	36.992	36.992	37.290	39.491

Liquiditätsplan 5	Januar 2003	Februar 2003	März 2003	April 2003	Mai 2003	Juni 2003	Juli 2003	August 2003	Sept. 2003	Okt. 2003	Nov. 2003	Dez. 2003
Auszahlungen (betrieblich)												
Edelsteine	650	650	975	650	975	975	975	975	1.300	1.300	1.625	1.950
Uhrenkomponenten mit Gravur	267	267	400	267	400	400	400	400	533	533	667	800
Material-/Wareneinkauf (o. USt.) als Aufwand	917	917	1.375	917	1.375	1.375	1.375	1.375	1.833	1.833	2.292	2.750
Material-/Wareneinkauf (o. USt.) Auszahlung	0	917	917	1.375	917	1.375	1.375	1.375	1.375	1.833	1.833	2.292
Uhrenmontage u. -versand Rhodanus als A.	8.000	8.000	12.000	8.000	12.000	12.000	12.000	12.000	16.000	16.000	20.000	24.000
Uhrenmontage u. -versand Rhodanus	0	8.000	8.000	12.000	8.000	12.000	12.000	12.000	12.000	16.000	16.000	20.000
Uhrenentwicklung	750	750	750	750	750	750	750	750	750	750	750	750
Hosting als Aufwand	110	110	115	110	115	115	115	115	120	120	125	130
Hosting	100	110	110	115	110	115	115	115	115	120	120	125
Kreditkartengebühr	630	630	945	630	945	945	945	945	1.260	1.260	1.575	1.890
Fremdleistungen (o. USt.) als Aufwand	9.490	9.490	13.810	9.490	13.810	13.810	13.810	13.810	18.130	18.130	22.450	26.770
Fremdleistungen (o. USt.) als Auszahlung	1.480	9.490	9.805	13.495	9.805	13.810	13.810	13.810	14.125	18.130	18.445	22.765
Gründer	12.000	12.000	12.000	12.000	12.000	12.000	12.000	12.000	12.000	12.000	12.000	12.000
Leiter IT	4.000	4.000	4.000	4.000	4.000	4.000	4.000	4.000	4.000	4.000	4.000	4.000
(Web-)Designer	1.500	1.500	1.500	1.500	1.500	1.500	1.500	1.500	1.500	1.500	1.500	1.500
Webmaster/Programmierer	3.000	3.000	3.000	3.000	3.000	3.000	3.000	3.000	3.000	3.000	3.000	3.000
MA Einkauf	1.250	1.250	1.250	1.250	1.250	1.250	1.250	1.250	1.250	1.250	1.250	1.250
MA Kundendienst	1.000	1.000	1.000	1.000	1.000	1.000	1.000	1.000	1.000	1.000	1.000	1.000
Personal - Löhne und Gehälter	22.750	22.750	22.750	22.750	22.750	22.750	22.750	22.750	22.750	22.750	22.750	22.750
Personal - Sozialabgaben	4.834	4.834	4.834	4.834	4.834	4.834	4.834	4.834	4.834	4.834	4.834	4.834
Mieten (o. USt.)	1.000	1.000	1.000	1.000	1.000	1.000	1.000	1.000	1.000	1.000	1.000	1.000
Heiz-/Nebenkosten (o. USt.)	400	400	400	400	400	400	400	400	400	400	400	400
Telefon, Internet	200	200	200	200	200	200	200	200	200	200	200	200
Porto	80	80	95	80	95	95	95	95	110	110	125	140
Telefon, Internet, Porto (o. USt.)	280	280	295	280	295	295	295	295	310	310	325	340
Bürobedarf, Arbeitsmittel (o. USt.)	410	410	415	410	415	415	415	415	420	420	425	430
Wartung und Reparaturen (o. USt.)	400	400	400	400	400	400	400	400	400	400	400	400
Kfz-Kosten (o. USt.)	0	0	0	0	0	0	0	0	0	0	0	0
Reisekosten (o. USt.)	2.400	2.400	2.400	2.400	2.400	2.400	2.400	2.400	2.400	2.400	2.400	2.400
Beratungskosten (Recht, Steuer,...)(o. USt.)	500	500	500	500	500	500	500	500	500	500	500	500
gesetzliche Unfallversicherung	228	228	228	228	228	228	228	228	228	228	228	228
Versicherungen, Leasing (o. USt.)	228	228	228	228	228	228	228	228	228	228	228	228
Anzeigen Printmedien	0	0	0	0	0	0	0	0	0	0	32.000	32.000
Bannerwerbung	1.000	1.000	1.000	1.000	1.000	1.000	1.000	1.000	1.000	2.000	2.000	2.000
Google Adwords als Aufwand	1.500	1.500	1.500	1.500	1.500	1.500	1.500	1.500	1.500	2.250	2.250	2.250
Google Adwords	0	1.500	1.500	1.500	1.500	1.500	1.500	1.500	1.500	1.500	2.250	2.250
Werbung (o. USt.) als Aufwand	2.500	2.500	2.500	2.500	2.500	2.500	2.500	2.500	2.500	4.250	36.250	36.250
Werbung (o. USt.) als Auszahlung	1.000	2.500	2.500	2.500	2.500	2.500	2.500	2.500	2.500	3.500	36.250	36.250
Sonstige betriebliche Kosten (o. USt.)	0	0	0	0	0	0	0	0	0	0	0	0
Zwischensumme Auszahlungen als Aufwand	46.109	46.109	50.907	46.109	50.907	50.907	50.907	50.907	55.705	57.455	94.254	99.052
Zwischensumme Auszahlungen für Bilanz	35.682	46.109	46.444	50.572	46.444	50.907	50.907	50.907	51.242	56.705	89.790	94.589
Büroeinrichtung Leiter												
Büroeinrichtung MA	5.000											
ITK-Arbeitsplatz Leiter (Notebook,...)												
ITK-Entwicklerabeitsplatz												
ITK-Mitarbeiter-PC-Arbeitsplatz	4.000											
ITK allgemein (Telefon, Drucker, Scanner,...)	2.000											
Einrichtung/Investitionen (o. USt.)	11.000	0	0	0	0	0	0	0	0	0	0	0
Gründungskosten (o. USt.)	0	0	0	0	0	0	0	0	0	0	0	0
Rekrutierung, Aus- u. Weiterbildung (o. USt.)	0	0	0	0	0	0	0	0	0	0	0	0
Gezahlte Vorsteuer	5.610	3.520	4.431	3.520	4.431	4.431	4.431	4.431	5.343	5.675	12.667	13.579
Gezahlte Vorsteuer als Auszahlung	3.629	3.520	3.583	4.368	3.583	4.431	4.431	4.431	4.495	5.533	11.819	12.731
Umsatzsteuervorauszahlungen	0	850	2.124	850	2.124	2.124	2.124	2.124	3.397	3.065	0	0
Umsatzsteuervorauszahlungen als Auszahlung	0	0	850	2.124	850	2.124	2.124	2.124	2.124	3.397	3.065	0
Gewerbesteuervorauszahlung		0			0			0			0	
Körperschaftssteuervorauszahlung			0			0			0			0
Solidaritätszuschlag			0			0			0			0
Ertragssteuer(voraus)zahlungen	0	0	0	0	0	0	0	0	0	0	0	0
Summe Auszahlungen (betrieblich)	62.718	50.479	57.462	50.479	57.462	57.462	57.462	57.462	64.445	66.195	106.921	112.631
Summe Auszahlungen (betrieblich)	50.310	49.628	50.877	57.063	50.877	57.462	57.462	57.462	57.861	65.635	104.674	107.319

Liquiditätsplan 6	Q1 2004	Q2 2004	Q3 2004	Q4 2004	Q1 2005	Q2 2005	Q3 2005	Q4 2005	Q1 2006	Q2 2006	Q3 2006	Q4 2006
Auszahlungen (betrieblich)												
Edelsteine	6.500	6.500	6.500	13.000	16.250	13.000	13.000	22.750	22.750	16.250	16.250	29.250
Uhrenkomponenten mit Gravur	2.667	2.667	2.667	5.333	6.667	5.333	5.333	9.333	9.333	6.667	6.667	12.000
Material-/Wareneinkauf (o. USt.) als Aufwand	9.167	9.167	9.167	18.333	22.917	18.333	18.333	32.083	32.083	22.917	22.917	41.250
Material-/Wareneinkauf (o. USt.) Auszahlung	8.861	9.167	9.167	15.278	21.389	19.861	18.333	27.500	32.083	25.972	22.917	35.139
Uhrenmontage u. -versand Rhodanus als A.	80.000	80.000	80.000	160.000	200.000	160.000	160.000	280.000	280.000	200.000	200.000	360.000
Uhrenmontage u. -versand Rhodanus	77.333	80.000	80.000	133.333	186.667	173.333	160.000	240.000	280.000	226.667	200.000	306.667
Uhrenentwicklung	2.250	2.250	2.250	2.250	2.250	2.250	2.250	2.250	2.250	2.250	2.250	2.250
Hosting als Aufwand	400	400	400	500	550	500	500	650	650	550	550	750
Hosting	397	400	400	467	533	517	500	600	650	583	550	683
Kreditkartengebühr	6.300	6.300	6.300	12.600	15.750	12.600	12.600	22.050	25.358	18.113	18.113	32.603
Fremdleistungen (o. USt.) als Aufwand	88.950	88.950	88.950	175.350	218.550	175.350	175.350	304.950	308.258	220.913	220.913	395.603
Fremdleistungen (o. USt.) als Auszahlung	86.280	88.950	88.950	148.650	205.200	188.700	175.350	264.900	308.258	247.613	220.913	342.203
Gründer	54.000	54.000	54.000	54.000	54.000	54.000	54.000	54.000	54.000	54.000	54.000	54.000
Leiter IT	12.000	12.000	12.000	12.000	12.000	12.000	12.000	12.000	12.000	12.000	12.000	12.000
(Web-)Designer	9.000	9.000	9.000	9.000	9.000	9.000	9.000	9.000	9.000	9.000	9.000	9.000
Webmaster/Programmierer	9.000	9.000	9.000	9.000	9.000	9.000	9.000	9.000	9.000	9.000	9.000	9.000
MA Einkauf	3.750	3.750	3.750	3.750	7.500	7.500	7.500	7.500	7.500	7.500	7.500	7.500
MA Kundendienst	3.000	3.000	3.000	3.000	6.000	6.000	6.000	6.000	6.000	6.000	6.000	6.000
Personal - Löhne und Gehälter	90.750	90.750	90.750	90.750	97.500	97.500	97.500	97.500	97.500	97.500	97.500	97.500
Personal - Sozialabgaben	19.284	19.284	19.284	19.284	20.719	20.719	20.719	20.719	20.719	20.719	20.719	20.719
Mieten (o. USt.)	3.000	3.000	3.000	3.000	3.000	3.000	3.000	3.000	3.000	3.000	3.000	3.000
Heiz-/Nebenkosten (o. USt.)	1.200	1.200	1.200	1.200	1.200	1.200	1.200	1.200	1.200	1.200	1.200	1.200
Telefon, Internet	600	600	600	600	600	600	600	600	600	600	600	600
Porto	350	350	350	650	800	650	650	1.100	1.100	800	800	1.400
Telefon, Internet, Porto (o. USt.)	950	950	950	1.250	1.400	1.250	1.250	1.700	1.700	1.400	1.400	2.000
Bürobedarf, Arbeitsmittel (o. USt.)	1.300	1.300	1.300	1.400	1.450	1.400	1.400	1.550	1.550	1.450	1.450	1.650
Wartung und Reparaturen (o. USt.)	1.200	1.200	1.200	1.200	1.200	1.200	1.200	1.200	1.200	1.200	1.200	1.200
Kfz-Kosten (o. USt.)	0	0	0	0	0	0	0	0	0	0	0	0
Reisekosten (o. USt.)	7.200	7.200	7.200	7.200	7.200	7.200	7.200	7.200	7.200	7.200	7.200	7.200
Beratungskosten (Recht, Steuer,...)(o. USt.)	1.500	1.500	1.500	1.500	1.500	1.500	1.500	1.500	1.500	1.500	1.500	1.500
gesetzliche Unfallversicherung	908	908	908	908	975	975	975	975	975	975	975	975
Versicherungen, Leasing (o. USt.)	908	908	908	908	975	975	975	975	975	975	975	975
Anzeigen Printmedien	0	0	0	64.000	0	0	0	64.000	0	0	0	64.000
Bannerwerbung	3.000	3.000	3.000	6.000	3.000	3.000	3.000	6.000	3.000	3.000	3.000	6.000
Google Adwords als Aufwand	6.750	6.750	6.750	9.000	9.000	9.000	9.000	9.000	9.000	9.000	9.000	9.000
Google Adwords	6.750	6.750	6.750	8.250	9.000	9.000	9.000	9.000	9.000	9.000	9.000	9.000
Werbung (o. USt.) als Aufwand	9.750	9.750	9.750	79.000	12.000	12.000	12.000	79.000	12.000	12.000	12.000	79.000
Werbung (o. USt.) als Auszahlung	9.750	9.750	9.750	78.250	12.000	12.000	12.000	79.000	12.000	12.000	12.000	79.000
Sonstige betriebliche Kosten (o. USt.)	0	0	0	0	0	0	0	0	0	0	0	0
Zwischensumme Auszahlungen als Aufwand	235.159	235.159	235.159	400.375	389.610	341.627	341.627	552.577	488.885	391.973	391.973	652.796
Zwischensumme Auszahlungen für Bilanz	232.183	235.159	235.159	369.870	374.733	356.505	341.627	507.944	488.885	421.728	391.973	593.285
Büroeinrichtung Leiter												
Büroeinrichtung MA												
ITK-Arbeitsplatz Leiter (Notebook,...)												
ITK-Entwicklerarbeitsplatz												
ITK-Mitarbeiter-PC-Arbeitsplatz												
ITK allgemein (Telefon, Drucker, Scanner,...)												
Einrichtung/Investitionen (o. USt.)	0	0	0	0	0	0	0	0	0	0	0	0
Gründungskosten (o. USt.)	0	0	0	0	0	0	0	0	0	0	0	0
Rekrutierung, Aus- u. Weiterbildung (o. USt.)	0	0	0	0	0	0	0	0	0	0	0	0
Gezahlte Vorsteuer	23.774	23.774	23.774	55.165	51.564	42.448	42.448	82.528	70.427	52.013	52.013	101.570
Gezahlte Vorsteuer als Auszahlung	23.208	23.774	23.774	49.369	48.738	45.274	42.448	74.048	70.427	57.667	52.013	90.263
Umsatzsteuervorauszahlungen	19.926	19.926	19.926	32.235	57.686	44.952	44.952	70.422	105.798	73.862	73.862	125.005
Umsatzsteuervorauszahlungen als Auszahlung	13.284	19.926	19.926	28.132	49.202	49.197	44.952	61.932	94.006	84.507	73.862	107.957
Gewerbesteuervorauszahlung	0	0	0	0	0	0	0	0	3.665	3.665	3.665	3.665
Körperschaftssteuervorauszahlung	0	0	0	0	0	0	0	0	6.545	6.545	6.545	6.545
Solidaritätszuschlag	0	0	0	0	0	0	0	0	360	360	360	360
Ertragssteuer(voraus)zahlungen	0	0	0	0	0	0	0	0	52.847	10.569	10.569	10.569
Summe Auszahlungen (betrieblich)	278.859	278.859	278.859	487.775	498.860	429.027	429.027	705.527	717.957	528.417	528.417	889.941
Summe Auszahlungen (betrieblich)	268.675	278.859	278.859	447.371	472.672	450.976	429.027	643.924	706.165	574.472	528.417	802.075

Einzahlungen aus Finanzierungen

- Die drei Unternehmensgründer bringen folgendes Eigenkapital ein:
  - jeweils 25.000 € im April 2002
  - jeweils 50.000 € im Juni 2002
  - jeweils 30.000 € im Januar 2003
- Als Beteiligungskapital an Timebuilder121 sind geplant:
  - 25.000 € im April 2002 vom Geschäftspartner Rhodanus AG
  - 150.000 € im Juni 2002 und noch einmal 90.000 € im Januar 2003 von einer Venture-Capital-Gesellschaft
- Zur Finanzierung der Geschäftstätigkeit wird von Timebuilder121 zu Beginn des 3. Geschäftsjahres noch ein Kredit in Höhe von 50.000 € aufgenommen werden. Für diesen müssen vierteljährlich Zinszahlungen in Höhe von 8% p.a. aufgewendet werden. Der Kredit läuft über 3 Jahre, wobei das 1. Jahr tilgungsfrei ist.

Liquiditätsplan 7				April 2002	Mai 2002	Juni 2002	Juli 2002	August 2002	Sept. 2002	Okt. 2002	Nov. 2002	Dez. 2002
Einzahlungen (Finanzierung)												
Stammkapital/Privateinlage				75.000		150.000						
Geschäftspartner (Rhodanus AG)				25.000								
Venture-Capital-Gesellschaft						150.000						
Beteiligungskapital	0	0	0	25.000	0	150.000	0	0	0	0	0	0
1. Kredit												
langfristige Kredite/Darlehen				0	0	0	0	0	0	0	0	0
Dispositionskredit (in Anspruch genommen)												
Zinserträge												
Subventionen/Fördermittel (Zuschüsse)												
Summe Einzahlungen (Finanzierung)				100.000	0	300.000	0	0	0	0	0	0

Liquiditätsplan 8	Januar 2003	Februar 2003	März 2003	April 2003	Mai 2003	Juni 2003	Juli 2003	August 2003	Sept. 2003	Okt. 2003	Nov. 2003	Dez. 2003
Einzahlungen (Finanzierung)												
Stammkapital/Privateinlage	90.000											
Geschäftspartner (Rhodanus AG)												
Venture-Capital-Gesellschaft	90.000											
Beteiligungskapital	90.000	0	0	0	0	0	0	0	0	0	0	0
1. Kredit												
langfristige Kredite/Darlehen	0	0	0	0	0	0	0	0	0	0	0	0
Dispositionskredit (in Anspruch genommen)												
Zinserträge												
Subventionen/Fördermittel (Zuschüsse)												
Summe Einzahlungen (Finanzierung)	180.000	0	0	0	0	0	0	0	0	0	0	0

Liquiditätsplan 9	Q1 2004	Q2 2004	Q3 2004	Q4 2004	Q1 2005	Q2 2005	Q3 2005	Q4 2005	Q1 2006	Q2 2006	Q3 2006	Q4 2006
Einzahlungen (Finanzierung)												
Stammkapital/Privateinlage												
Geschäftspartner (Rhodanus AG)												
Venture-Capital-Gesellschaft												
Beteiligungskapital	0	0	0	0	0	0	0	0	0	0	0	0
1. Kredit	50.000											
langfristige Kredite/Darlehen	50.000	0	0	0	0	0	0	0	0	0	0	0
Dispositionskredit (in Anspruch genommen)												
Zinserträge												
Subventionen/Fördermittel (Zuschüsse)												
Summe Einzahlungen (Finanzierung)	50.000	0	0	0	0	0	0	0	0	0	0	0

Auszahlungen aus Finanzierungen

- Die Tilgung des zu Beginn des 3. Geschäftsjahres aufgenommenen Kredites in Höhe von 50.000 € erfolgt nach einem tilgungsfreien Jahr halbjährlich in 4 gleichen Raten.
- Für diesen Kredit werden außerdem vierteljährlich Zinszahlungen in Höhe von 8% p.a. fällig.

Liquiditätsplan 10				April 2002	Mai 2002	Juni 2002	Juli 2002	August 2002	Sept. 2002	Okt. 2002	Nov. 2002	Dez. 2002
Auszahlungen (Finanzierung)												
Tilgung 1.Kredit												
Kredittilgung/Darlehensrückzahlung				0	0	0	0	0	0	0	0	0
Zinsen 1.Kredit												
Zinsaufwände				0	0	0	0	0	0	0	0	0
Privatentnahmen												
Gewinnausschüttungen												
Summe Auszahlungen (Finanzierung)				0	0	0	0	0	0	0	0	0

Liquiditätsplan 11	Januar 2003	Februar 2003	März 2003	April 2003	Mai 2003	Juni 2003	Juli 2003	August 2003	Sept. 2003	Okt. 2003	Nov. 2003	Dez. 2003
Auszahlungen (Finanzierung)												
Tilgung 1.Kredit												
Kredittilgung/Darlehensrückzahlung	0	0	0	0	0	0	0	0	0	0	0	0
Zinsen 1.Kredit												
Zinsaufwände	0	0	0	0	0	0	0	0	0	0	0	0
Privatentnahmen												
Gewinnausschüttungen												
Summe Auszahlungen (Finanzierung)	0	0	0	0	0	0	0	0	0	0	0	0

Liquiditätsplan 12	Q1 2004	Q2 2004	Q3 2004	Q4 2004	Q1 2005	Q2 2005	Q3 2005	Q4 2005	Q1 2006	Q2 2006	Q3 2006	Q4 2006
Auszahlungen (Finanzierung)												
Tilgung 1.Kredit						12.500		12.500		12.500		12.500
Kredittilgung/Darlehensrückzahlung	0	0	0	0	0	12.500	0	12.500	0	12.500	0	12.500
Zinsen 1.Kredit	1000	1000	1000	1000	1000	1000	750	750	500	500	250	250
Zinsaufwände	1.000	1.000	1.000	1.000	1.000	1.000	750	750	500	500	250	250
Privatentnahmen												
Gewinnausschüttungen												
Summe Auszahlungen (Finanzierung)	1.000	1.000	1.000	1.000	1.000	13.500	750	13.250	500	13.000	250	12.750

Saldo Liquiditätsplan

Aus all diesen Ein- und Auszahlungen lassen sich die entsprechenden Salden bilden und schließlich der Zahlungsmittelbestand bzw. die Liquidität unseres Unternehmens ermitteln.

Liquiditätsplan 13				April 2002	Mai 2002	Juni 2002	Juli 2002	August 2002	Sept. 2002	Okt. 2002	Nov. 2002	Dez. 2002
Saldo Ein- und Auszahlungen (betrieblich)				-72.586	-44.537	-31.499	-38.915	-34.775	-35.345	-35.345	-35.595	-37.825
Saldo Ein- und Auszahlungen (Finanzierung)				100.000	0	300.000	0	0	0	0	0	0
Saldo Ein- und Auszahlungen (Gesamt)				27.414	-44.537	268.501	-38.915	-34.775	-35.345	-35.345	-35.595	-37.825
Zahlungsmittelbestand:												
Anfangsbestand auch für Bilanz (=Endestand Vorperiode)				0	27.414	-17.123	251.378	212.463	177.688	142.343	106.998	71.403
Endbestand auch für Bilanz (=Anfangsbestand + Saldo(Gesamt))				**27.414**	**-17.123**	**251.378**	**212.463**	**177.688**	**142.343**	**106.998**	**71.403**	**33.578**
Endstand Kontokorrent				0	-17.123	0	0	0	0	0	0	0
Kontokorrentlinie				50.000	50.000	50.000	50.000	50.000	50.000	50.000	50.000	50.000
Liquiditätsreserve				50.000	32.877	50.000	50.000	50.000	50.000	50.000	50.000	50.000

Liquiditätsplan 14	Januar 2003	Februar 2003	März 2003	April 2003	Mai 2003	Juni 2003	Juli 2003	August 2003	Sept. 2003	Okt. 2003	Nov. 2003	Dez. 2003
Saldo Ein- und Auszahlungen (betrieblich)	-30.017	-21.019	-14.384	-25.132	-14.384	-16.407	-16.407	-16.407	-7.682	-10.895	-40.811	-28.029
Saldo Ein- und Auszahlungen (Finanzierung)	180.000	0	0	0	0	0	0	0	0	0	0	0
Saldo Ein- und Auszahlungen (Gesamt)	149.983	-21.019	-14.384	-25.132	-14.384	-16.407	-16.407	-16.407	-7.682	-10.895	-40.811	-28.029
Zahlungsmittelbestand:												
Anfangsbestand auch für Bilanz (=Endestand Vorperiode)	33.578	183.560	162.542	148.158	123.026	108.642	92.236	75.829	59.422	51.740	40.844	34
Endbestand auch für Bilanz (=Anfangsbestand + Saldo(Gesamt))	**183.560**	**162.542**	**148.158**	**123.026**	**108.642**	**92.236**	**75.829**	**59.422**	**51.740**	**40.844**	**34**	**-27.995**
Endstand Kontokorrent	0	0	0	0	0	0	0	0	0	0	0	-27.995
Kontokorrentlinie	50.000	50.000	50.000	50.000	50.000	50.000	50.000	50.000	50.000	50.000	50.000	50.000
Liquiditätsreserve	50.000	50.000	50.000	50.000	50.000	50.000	50.000	50.000	50.000	50.000	50.000	22.005

Liquiditätsplan 15	Q1 2004	Q2 2004	Q3 2004	Q4 2004	Q1 2005	Q2 2005	Q3 2005	Q4 2005	Q1 2006	Q2 2006	Q3 2006	Q4 2006
Saldo Ein- und Auszahlungen (betrieblich)	2.452	-5.159	-5.159	69.618	196.372	111.630	118.373	268.410	381.363	248.942	259.958	546.923
Saldo Ein- und Auszahlungen (Finanzierung)	49.000	-1.000	-1.000	-1.000	-1.000	-13.500	-750	-13.250	-500	-13.000	-250	-12.750
Saldo Ein- und Auszahlungen (Gesamt)	51.452	-6.159	-6.159	68.618	195.372	98.130	117.623	255.160	380.863	235.942	259.708	534.173
Zahlungsmittelbestand:												
Anfangsbestand auch für Bilanz (=Endestand Vorperiode)	-27.995	23.457	17.299	11.140	79.758	275.130	373.260	490.883	746.043	1.126.906	1.362.847	1.622.555
Endbestand auch für Bilanz (=Anfangsbestand + Saldo(Gesamt))	**23.457**	**17.299**	**11.140**	**79.758**	**275.130**	**373.260**	**490.883**	**746.043**	**1.126.906**	**1.362.847**	**1.622.555**	**2.156.728**
Endstand Kontokorrent	0	0	0	0	0	0	0	0	0	0	0	0
Kontokorrentlinie	50.000	50.000	50.000	50.000	50.000	50.000	50.000	50.000	50.000	50.000	50.000	50.000
Liquiditätsreserve	50.000	50.000	50.000	50.000	50.000	50.000	50.000	50.000	50.000	50.000	50.000	50.000

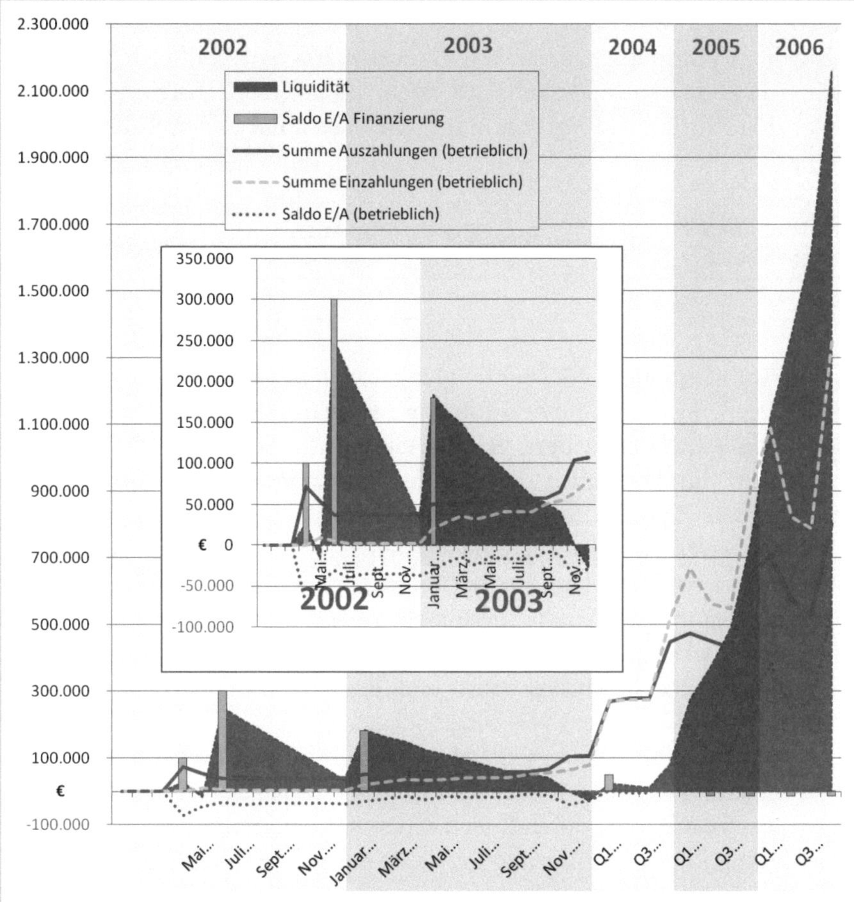

Abb. 5-55 *Liquiditätsverlauf Timebuilder121*

5.9.2 Finanzbedarfs- und Finanzierungsplan

Aus dem erstellten Liquiditätsplan wird ersichtlich, ob das Unternehmen stets liquide bleibt oder ob zu bestimmten Zeitpunkten Liquiditätsengpässe auftreten, die das Überleben des Unternehmens gefährden. Diesen Liquiditätsengpässen muss entgegengesteuert werden, indem dem Unternehmen rechtzeitig zu den ermittelten Zeitpunkten zusätzliche finanzielle Mittel in ausreichender Höhe zugeführt werden.

Nur die allerwenigsten Unternehmen können allein durch das von den Unternehmensgründern eingebrachte Kapital aufgebaut werden bzw. entsprechend wachsen. I.d.R. muss auf verschiedene Finanzierungsquellen (siehe Abb. 5.9.3) und deren geschickte Kombination zurückgegriffen werden, um den bestehenden Finanzbedarf sinnvoll decken zu können.

Für die Ermittlung des gesamten Finanzbedarfs ist es hilfreich, anhand der erstellten Liquiditätsplanung zunächst noch einmal (tabellarisch) die Fragen zu beantworten, **wofür** Geld benötigt wird, **wie viel**, **wann** und vor allem auch **für wie lange**?

Finanzierungsgegenstand	Finanzierungshöhe	Finanzierungszeitpunkt	Finanzierungsdauer
...	...	...	...

Dabei ist vor allem auf die Kapitalbindungsdauer zu achten, denn wird Kapital langfristig gebunden, z.B. durch den Erwerb von Grundstücken und Immobilien, so kann dieser Kauf nicht durch kurzfristig zurückzuzahlende Darlehen finanziert werden, die Anschaffung von Rohstoffen oder Handelswaren hingegen schon. Auch der Zeitpunkt des Kapitalbedarfs kann entscheidend für die Art seiner Deckung sein. Denn während die eigenen Ersparnisse oder Sacheinlagen der Gründer sofort zur Verfügung stehen können, benötigen die Vergabe von Krediten oder die Beantragung von Fördermitteln wesentlich mehr Vorlaufzeit. Außerdem ist zu berücksichtigen, dass aufgenommenes Fremdkapital mit Zinsen und Tilgung zurückgezahlt werden muss und diese Auszahlungen wiederum die Liquidität des Unternehmens beeinflussen.

Zwar kann der analysierte Finanzbedarf prinzipiell sowohl von innerhalb als auch von außerhalb des Unternehmens gedeckt werden, allerdings ist die sogenannte **Innenfinanzierung** durch Reinvestition der erwirtschafteten Gewinne zum Zeitpunkt der Unternehmensgründung i.d.R. noch nicht möglich und kommt erst im Verlauf der Geschäftstätigkeit für spätere Investitionen zur Anwendung. Daher sind Unternehmen insbesondere zum Beginn ihrer Tätigkeit auf Möglichkeiten der **Außenfinanzierung** angewiesen. Grundsätzlich kann diese Außenfinanzierung durch zwei unterschiedliche Kapitalarten erfolgen, zum einen durch Eigenmittel der Unternehmensgründer und -teilhaber sowie etwaige Schenkungen oder staatliche Zuschüsse und zum anderen durch die Zufuhr von Fremdmitteln. Unter Letzteres fallen vor allem jede Art von Darlehen (unabhängig ob sie von Verwandten, Bekannten oder Banken gewährt werden), öffentliche Förderkredite, Leasing sowie Kontokorrentkredite.

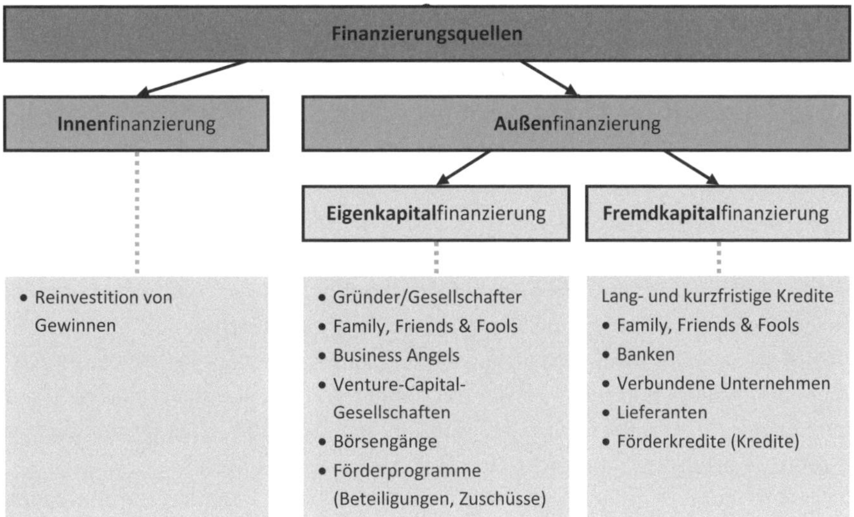

Abb. 5–56 *Mögliche Finanzierungsquellen*

Die ersten Mittel werden dem Unternehmen i.d.R. durch die Eigenkapitaleinlagen der **Unternehmensgründer** zugeführt, dabei kann es sich um finanzielle Mittel wie Ersparnisse bzw. Kapitalanlagen, aber auch um eingebrachte Sachmittel wie Fahrzeuge, Teile der Geschäftsausstattung oder Immobilien handeln. Solche Mittel werden insbesondere bei Gründung von Kleinunternehmen oftmals auch durch Familienangehörige und Freunde der Gründer zur Verfügung gestellt. Diese Personengruppe wird häufig auch unter der Bezeichnung »**Family, Friends and Fools**« zusammengefasst. Allerdings zählen diese nur dann zu den Eigenkapitalgebern, wenn es sich dabei um den Erwerb von Unternehmensanteilen oder Schenkungen handelt, denn Darlehen mit Rückzahlungsansprüchen sind stets dem Fremdkapital zugehörig.

Weitere Eigenkapitalgeber können sogenannte **Business Angels** sein, i.d.R. erfolgreiche wohlhabende Privatpersonen mit entsprechender langjähriger Unternehmer- bzw. Manager- und ggf. Branchenerfahrung. Diese investieren zwar oft auch Geldbeträge, ihr Unterstützungsschwerpunkt liegt jedoch in der Vermittlung von Wissen und Kontakten. Sie zeichnen sich durch niedrigere Renditeerwartungen, geringere Ablehnungsquoten und längere Beteiligungsdauer als Venture-Capital-Gesellschaften aus, denen kleine bis mittlere Investitionsbeträge von 25.000-250.000 € auch meist gar nicht lohnenswert erscheinen.

Venture-Capital-Gesellschaften, auch Wagnis- oder Risikokapitalgeber genannt, haben außerdem den Ausstieg aus dem Unternehmen schon zu Beginn ihres Engagements fest vor Augen. Sie verlangen keine Sicherheiten für ihr zur Verfügung gestelltes Kapital, erwerben dafür aber Unternehmensanteile. Daher investieren sie vor allem in Unternehmen mit herausragenden Wachstumsaussichten, die wirtschaftliche Erfolge bereits in wenigen Jahren erwarten lassen. Hierbei stehen das eingebrachte Eigenkapital (oft in Millionenhöhe) und Mitspracherechte gegenüber dem ebenfalls vermittelten Know-how und Kontakten allerdings im Vordergrund. Solche Wagniskapitalgeber sind weniger an jährlichen Gewinnausschüttungen interessiert, sondern an der Wertsteigerung des Unternehmens. Venture-Capital-Beteiligungen enden oft nach 3 bis 6 Jahren, Ziel ist dann ein gewinnträchtiger Verkauf der gehaltenen Unternehmensanteile, häufig durch Börsengänge, aber durchaus auch mittels Verkäufen an andere Unternehmen.

Die öffentliche Erstemission von Unternehmensanteilen in Rahmen eines **Börsengangs** stellt eine weitere Möglichkeit dar, das Eigenkapital eines Unternehmens zu bilden bzw. zu erhöhen, erfordert jedoch die Erfüllung einer ganzen Reihe von wirtschaftlichen und gesetzlichen Voraussetzungen.

Im Rahmen von **öffentlichen Förderprogrammen** gibt es verschiedene Arten, zu Eigenkapital zu kommen. Bei Beteiligungen werden ebenfalls Unternehmensanteile gegen Kapital getauscht, während es sich bei möglichen Zuschüssen von EU, Bund und Ländern um nicht zurückzuzahlende Beihilfen handelt.

Zusammenfassend lässt sich sagen, dass es bei der **Eigenkapitalfinanzierung** keine festen Rückzahlungspläne mit Zinsen und Tilgungen wie bei Krediten gibt, sondern Erwartungen hinsichtlich einer dem Investitionsrisiko angemessenen Rendite aus der Geschäftstätigkeit des Unternehmens oder aber dem späteren Verkauf von Unternehmensanteilen.

Bei der **Fremdkapitalfinanzierung** hingegen wird Kapital an einen Schuldner ausgeliehen, wofür dieser dem Gläubiger i.d.R. neben den Tilgungsraten der Rückzahlung noch eine entsprechende Verzinsung zu zahlen hat. Solche **Kredite** besitzen vereinbarte Laufzeiten und (Zins-)Konditionen. Da meist entsprechende Sicherheiten des Unternehmens für die Kreditvergabe gefordert werden, fallen die Renditeerwartungen (hier in Form von Zinsen) oft wesentlich geringer aus als bei der Eigenkapitalinvestition.

Im Falle von Darlehen aus dem Kreise der **Family, Friends and Fools** besteht diese Sicherheit i.d.R. aus den persönlichen Bindungen und dem Vertrauen zu den Gründern. Eine Verzinsung des geliehenen Kapitals wird dabei eher selten verlangt bzw. fest vereinbart.

Kredite werden aber vor allem von **Banken** vergeben, wobei die Vergabe an sich bzw. die Höhe der verlangten Zinsen dann von einer »objektiveren« Einschätzung der Kredit- und Vertrauenswürdigkeit (»Rating«) des Unternehmens abhängen. Werden vom Unternehmen Kredite aufgenommen, so sollte sich deren Laufzeit dabei stets an der erwarteten Nutzungsdauer der mit ihnen finanzierten Objekte richten. So dienen langfristige Kredite zur Finanzierung von Investitionen in das Anlagevermögen des Unternehmens wie Grundstücke, Gebäude, Anlagen oder Fahrzeuge, während kurzfristige Kredite eher beim Kauf von Rohstoffen oder Handelswaren zum Einsatz kommen. Kontokorrentkredite besitzen keine festen Rückzahlungsraten, sondern sind letztlich Dispositionskredite, die innerhalb eines vereinbarten Zeit- und Betragsrahmens ganz oder teilweise in Anspruch genommen werden, wofür allerdings Zinsen erhoben werden, die deutlich höher im zweistelligen Bereich liegen als bei normalen Darlehen.

Ebenfalls nicht unüblich sind Darlehen zwischen verbundenen **Unternehmen** z.B. innerhalb einer Konzernstruktur.

Kredite werden aber nicht nur von nahestehenden Privatpersonen oder Unternehmen sowie Banken gewährt, sondern in einer etwas anderen Art oft auch von **Lieferanten**. Diese entstehen dadurch, dass der Lieferant die Bezahlung seiner Lieferung bzw. Leistung nicht sofort, sondern erst bis zu einem späteren Zeitpunkt fordert. Üblich für solche individuell zu vereinbarenden Zahlungsziele sind 14-60 Tage.

Die von der öffentlichen Hand angebotenen **Förderkredite** sind vor allem durch Merkmale wie niedrige Zinssätze unter dem sonst üblichen Zinsniveau, zins- und/oder tilgungsfreie Jahre oder Haftungsfreistellungen gegenüber der Hausbank gekennzeichnet. Nicht um Kredite im eigentlichen Sinne, aber um eine Erleichterung des Zugangs zu Fremdkapital handelt es sich bei Bürgschaften, da sie fehlende Sicherheiten des Unternehmens ersetzen.

Geld wird also selten ohne eine Gegenleistung zur Verfügung gestellt. Investoren, die dem Unternehmen Eigenkapital zuführen, erwarten eine angemessene Rendite für ihr eingesetztes Kapital. Fremdkapitalgeber wie Banken verlangen eine angemessene Verzinsung für ihre Darlehen.

Für ein langfristiges, aber i.d.R. eher wachstumsarmes Engagement in ein kleines selbstgeführtes Unternehmen reichen häufig Darlehen aus dem Familien- und Bekanntenkreis und/oder Bankkredite aus. Rasche Expansionsbestrebungen und visionäre Unternehmensziele hingegen erfordern häufig weitere Eigenkapitalgeber, wodurch ggf. aber die Mehrheit am Unternehmen verloren geht. Professionelle Investoren wie Risikokapitalgeber haben jedoch häufig nicht wirklich Interesse, das Unternehmen selbst zu führen, sondern erwarten lediglich eine Erfüllung der vereinbarten Zielvorgaben und unterstützen mit ihren Spezialkenntnissen und Kontakten. Für die notwendigen Vertragsverhandlungen sowie Gestaltung und Abschluss einer Vereinbarung mit solchen Investoren sollte, falls aus der Vergangenheit keine eigenen Erfahrungen vorliegen, unbedingt auf Unterstützung durch Spezialisten wie Rechtsanwälte und professionelle Berater zurückgegriffen werden.

Doch nicht alle hier genannten Finanzierungsmöglichkeiten sind für jedes Unternehmen verfügbar oder sinnvoll. Die dem Unternehmen dann tatsächlich zur Verfügung stehenden Finanzierungsquellen sollten getrennt nach kurzfristigem Kapital (z.B. Lieferanten- und Kontokorrentkredite, Privatdarlehen) und langfristigem Kapital aufgelistet werden, letzteres nochmals unterteilt in Eigenkapital (z.B. Bar- und Sacheinlagen, Zuschüsse, Beteiligungen) und Fremdkapital (langfristige Darlehen und Fördermittel). Die Gesamtsumme dieser Finanzierungsmöglichkeiten muss mindestens dem ermittelten Finanzbedarf entsprechen, da sich dieser ggf. durch Tilgungen und Zinszahlungen (Kapitaldienst) weiter erhöht. Dann hat jedes Unternehmen individuell die Entscheidung zu treffen, welcher Posten des ermittelten Finanzbedarfs durch welche Finanzierungsmöglichkeit gedeckt werden soll. Die obige Tabelle des Finanzbedarfs kann dann entsprechend um die

Spalten Finanzierungsquelle und Finanzierungsart erweitert werden. Letztere erleichtert später die Zuordnung bei der Erstellung der Planbilanz.

Finanzierungs-gegenstand	Finanzierungs-höhe	Finanzierungs-zeitpunkt	Finanzierungs-dauer	Finanzierungs-quelle	Finanzierungs-art
...	...	...	...	...	...

Der Liquiditätsplan ist nun entsprechend den zu verwendenden Finanzierungsquellen anzupassen, wobei ggf. mehrere Durchläufe dieser Art notwendig sind, bis die Liquidität des Unternehmens über den ganzen betrachteten Zeitraum hinweg gewährleistet ist. Danach kann die erfolgsbezogene Betrachtung des Unternehmens mittels der Gewinn- und Verlustrechnung erfolgen, die ja auch durch die entstehenden Kosten der Finanzierungen bzw. den Kapitaldienst beeinflusst wird.

TIMEBUILDER 121

9.2 Finanzbedarfs- und Finanzierungsplan

Da Timebuilder121 über kein nennenswertes Umlauf- und Anlagevermögen verfügt, können zur Finanzierung der Geschäftstätigkeit nur wenig Kredite oder anderes Fremdkapital aufgenommen werden, damit eine Überschuldung des Unternehmens (negatives Eigenkapital) und die damit verbundene Insolvenz vermieden wird.

Timebuilder121 ist daher, wie bereits im Liquiditätsplan aufgezeigt, vor allem auf das von den Gründern eingebrachte Eigenkapital sowie Beteiligungskapital von Geschäftspartnern und einer VentureCapital-Gesellschaft angewiesen, um über ausreichend liquide Mittel zu verfügen.

5.9.3 Gewinn- und Verlustrechnung

Während die Liquiditätsrechnung helfen soll, die Zahlungsfähigkeit des Unternehmens sicherzustellen, dient die Gewinn- und Verlustrechnung der wirtschaftlichen **Erfolgsermittlung einer Periode**. Sie wird daher auch als Erfolgsrechnung bezeichnet. In dieser meist staffelförmigen Rechnung werden neben den tatsächlich erfolgten Ein- und Auszahlungen auch durch Verkäufe und Käufe entstandene Forderungen und Verbindlichkeiten berücksichtigt, um den Jahresüberschuss oder auch -fehlbetrag des Unternehmens zu ermitteln. Die in der Gewinn- und Verlustrechnung gegenübergestellten Erträge und Aufwendungen einer Rechnungsperiode stimmen also nicht immer mit den erfolgten Zahlungen innerhalb dieser Periode überein, sodass auch zugehörige Ein- und Auszahlungen aus vorangegangenen und nachfolgenden Perioden entsprechend zugeordnet werden müssen.

Die Gewinn- und Verlustrechnung ist wie die Bilanz **Teil des gesetzlich geforderten Jahresabschlusses** eines Unternehmens. Der jeweils ermittelte Jahreserfolg

(Gewinn oder auch Verlust) der betrachteten Abrechnungsperiode muss dabei in beiden Rechnungen übereinstimmen. Im Gegensatz zur Bilanz, die lediglich Bestandsgrößen betrachtet, gibt die Gewinn- und Verlustrechnung aber nicht nur Auskunft über die Höhe, sondern auch über die Zusammensetzung des ermittelten Jahreserfolges, d.h. dessen einzelne Quellen, die schließlich zur Mehrung bzw. dem Verzehr des Eigenkapitals des Unternehmens geführt haben.

Die Gewinn- und Verlustrechnung ist auch Grundlage für die Berechnung der **Körperschafts- und Gewerbesteuer.** Aufgrund ihrer steuerlichen Relevanz und der Vielzahl der gesetzlichen Vorschriften wird die Gewinn- und Verlustrechnung in der Regel durch oder zumindest mit Unterstützung von Steuerberatern erstellt. Dennoch sollte die Gewinn- und Verlustrechnung aber im Detail auch vom Unternehmer bzw. dem Management des Unternehmens verstanden werden. Alle natürlichen Personen wie Inhaber, Gesellschafter und Arbeitnehmer eines Unternehmens unterliegen mit ihren Einkünften oder Entnahmen aus dem Unternehmen noch der persönlichen Einkommenssteuer.

Zwar sind nach § 242 HGB sowohl Nichtkapitalgesellschaften als auch Kapitalgesellschaften dazu verpflichtet, eine Gewinn- und Verlustrechnung zu erstellen, jedoch bestehen für erstere keine Vorgaben hinsichtlich einer konkreten Gliederung. Für die Aufstellung der Gewinn- und Verlustrechnung von Kapitalgesellschaften hingegen sind nach § 275 HGB zwei alternative Verfahren vorgeschrieben. Das **Umsatzkostenverfahren** berücksichtigt dabei im Wesentlichen nur die tatsächlichen Umsatzerlöse und sonstigen Erträge sowie die ihnen zugehörigen Aufwendungen. Im Gegensatz dazu werden bei dem in Deutschland bisher gebräuchlicheren **Gesamtkostenverfahren**, das auch wir im Folgenden anwenden wollen, sämtliche in der betrachteten Periode entstandenen Erträge und angefallenen Aufwendungen gegenübergestellt, inklusive eventueller Erhöhungen oder Verminderungen des Lagerbestandes an fertigen und unfertigen Produkten und aktivierter Eigenleistungen, um einen periodengerechten Erfolg zu ermitteln. Zwar geht aufgrund der Internationalisierung der Bilanzierung und Rechnungslegung nach IFRS-Standards auch in Deutschland der Trend hin zur Verwendung des Umsatzkostenverfahrens. Doch während es den publizierenden Unternehmen oft recht ist, dass eine solche Gewinn- und Verlustrechnung dem Leser weniger Informationen Preis gibt als zuvor, sind im Rahmen einer Unternehmensgründung für die Adressaten eines Businessplans gerade die Detailinformationen des Gesamtkostenverfahrens interessant.

Für Kapitalgesellschaften ist die Verwendung der Staffelform für die Gewinn- und Verlustrechnung vorgeschrieben. Sie vereinfacht die Bildung der drei Größen Betriebsergebnis, Finanzergebnis und außerordentliches Ergebnis, die eine bessere Beurteilung der Ertragslage des Unternehmens zulassen als eine einzelne »Ergebniszahl« am Ende. Darüber hinaus existieren noch diverse Darstellungsvorschriften wie die Grundsätze ordnungsgemäßer Buchführung (vgl. [Töpfer 2007: S. 1044 f.]), die eine bessere Vergleichbarkeit der Gewinn- und Verlustrechnungen eines Unternehmens auch über mehrere Jahre hinweg gewährleisten sollen.

An dieser Stelle soll vor den Erläuterungen der einzelnen Positionen zunächst eine Übersicht der nach dem Gesamtkostenverfahren vorgeschriebenen Gliederung der Gewinn- und Verlustrechnung gegeben werden:

+	1.		Umsatzerlöse
+/-	2.		Erhöhung oder Verminderung des Bestands an fertigen und unfertigen Erzeugnissen
+	3.		Andere aktivierte Eigenleistungen
=			*Betriebsleistung*
+	4.		Sonstige betriebliche Erträge
=			*Betriebsertrag*
-	5.		Materialaufwand:
		a)	Aufwendungen für Roh-, Hilfs- und Betriebsstoffe und für bezogene Waren
		b)	Aufwendungen für bezogene Leistungen
-	6.		Personalaufwand:
		a)	Löhne und Gehälter
		b)	Soziale Abgaben und Aufwendungen für Altersversorgung und Unterstützung, davon für Altersversorgung
-	7.		Abschreibungen:
		a)	auf immaterielle Vermögensgegenstände des Anlagevermögens und Sachanlagen sowie auf aktivierte Aufwendungen für die Ingangsetzung und Erweiterung des Geschäftsbetriebs
		b)	auf Vermögensgegenstände des Umlaufvermögens, soweit diese die in der Kapitalgesellschaft üblichen Abschreibungen überschreiten
-	8.		Sonstige betriebliche Aufwendungen
=			*Operatives Betriebsergebnis – EBIT (Earnings before Interest and Taxes)*
+	9.		Erträge aus Beteiligungen, davon aus verbundenen Unternehmen
+	10.		Erträge aus anderen Wertpapieren und Ausleihungen des Finanzanlagevermögens, davon aus verbundenen Unternehmen
+	11.		Sonstige Zinsen und ähnliche Erträge, davon aus verbundenen Unternehmen
-	12.		Abschreibungen auf Finanzanlagen und Wertpapiere des Umlaufvermögens
-	13.		Zinsen und ähnliche Aufwendungen, davon an verbundene Unternehmen
		=	*Finanzergebnis*
=	**14.**		**Ergebnis der gewöhnlichen Geschäftstätigkeit**
	15.	+	Außerordentliche Erträge
	16.	-	Außerordentliche Aufwendungen
+/-	**17.**	**=**	**Außerordentliches Ergebnis**
=			*Gewinn/Verlust vor Steuern*
-	18.		Steuern vom Einkommen und vom Ertrag
-	19.		Sonstige Steuern
		=	*Steuerergebnis*
=	20.		Jahresüberschuss/-fehlbetrag

1. Den ersten Posten der Gewinn- und Verlustrechnung und in der Regel auch den größten Teil der Betriebsleistung eines Unternehmens stellen dessen **Umsatzerlöse** dar. Hierunter fallen nach §277 (1) HGB alle dem eigentlichen Betriebszweck bzw. der gewöhnlichen Geschäftstätigkeit entsprechenden Erlöse für den Verkauf, die Vermietung oder Verpachtung von Produkten und Waren oder die Erbringung von Dienstleistungen. Diese sind allerdings als Nettowert, d.h. ohne Umsatzsteuer und unter Abzug aller gewährter Preisnachlässe wie bspw. Boni oder Gutschriften nach Mängelrügen, zu erfassen. Die Umsatzerlöse entstehen bereits, wenn die Unternehmenserzeugnisse verkauft und in Rechnung gestellt werden, nicht erst bei einer etwaigen späteren Bezahlung per Überweisung, Lastschrift o.Ä. Werden hingegen bspw. von einem Produktionsunternehmen bisher in der Fertigung eingesetzte Maschinen oder die alten Computer einer Werbeagentur gebraucht weiterverkauft, so handelt es sich nicht um Umsatzerlöse, sondern um außerordentliche Erträge.
2. Die nächste Position, die so bei der Liquiditätsrechnung noch nicht betrachtet wurde, sind die **Bestandsveränderungen** im Unternehmen. Eine Bestanderhöhung an fertigen und unfertigen Erzeugnissen ergibt sich z.B., wenn innerhalb des Betrachtungszeitraumes mehr Güter produziert als abgesetzt werden, eine Bestandminderung demzufolge im umgekehrten Fall. Die Bewertung der Bestandsveränderung erfolgt zu den Herstellungskosten und wird nach den Umsatzerlösen im Block der Erträge mit positivem (Bestandserhöhung = Ertragscharakter) bzw. negativem (Bestandsminderung = Aufwandscharakter) Vorzeichen eingetragen. Allerdings können solche Bestandsveränderungen gemäß §277 (2) HGB nicht nur aus Mengenänderungen, sondern auch aus Wertänderungen entspringen.
3. Hinzu kommen dann **aktivierte Eigenleistungen** des Unternehmens, d.h. insbesondere selbst erstellte längerfristig nutzbare Vermögensgegenstände des Anlagevermögens wie An- oder Umbauten, Maschinen, Großwerkzeuge oder Großreparaturen, Aufwendungen der Ingangsetzung oder Erweiterung des Geschäftsbetriebs, aber ggf. auch Bestandsveränderungen selbst erstellter Roh-, Hilfs- und Betriebsstoffe, sofern sie nicht unter die Bestandsveränderungen der fertigen und unfertigen Erzeugnisse des vorherigen Punktes fallen. Wichtig für die Einordnung als aktivierbare Eigenleistung ist, dass durch diese Leistung ein Vermögenszuwachs erfolgt. Aktivierbare Eigenleistungen werden dann mit ihren Herstellungskosten erfasst und können auch abgeschrieben werden. Im Gegensatz zu den internationalen Bilanzierungsregeln können in Deutschland und Österreich aber immaterielle Wirtschaftsgüter bzw. Vermögensgegenstände wie Software, Patente oder Lizenzen nur berücksichtigt werden, wenn sie von Dritten gekauft wurden (Bilanzierungsverbot).

Umsatzerlöse, Bestandsänderung und die aktivierten Eigenleistungen ergeben die **Betriebsleistung.**

4. Alle übrigen Erträge, die ebenfalls aus der gewöhnlichen Geschäftstätigkeit, aber nicht dem eigentlichen Betriebszweck entspringen und auch nicht dem Finanzergebnis zuzurechnen sind (z.B. Bewertungsänderungen, Rückstellungsauflösungen, Provisionen, Rabatte, Lizenzeinnahmen, Wertpapierverkäufe, Erträge aus Vermietungen, Kantinenerlöse) bilden die **sonstigen Erträge.**

Betriebsleistung und die sonstigen Erträge ergeben zusammen dann den sogenannten **Betriebsertrag.**

5. Der **Materialaufwand** des Unternehmens untergliedert sich in zwei Kategorien: die **Aufwendungen für Roh-, Hilfs- und Betriebsstoffe und für bezogene Waren**, die den gesamten Materialverbrauch des Herstellungsprozesses umfassen, und die **Aufwendungen für bezogene Leistungen** (z.B. Reparaturen durch Dritte, Fertigungslizenzen, externe Lagerhaltung, Hosting des Webshops, Logistikdienstleistungen), die ebenfalls direkt in die Prozesse der eigentlichen Leistungserstellung des Unternehmens einfließen. Leistungen, die das Unternehmen z.B. im Bereich Verwaltung oder auch Vertriebsunterstützung von Dritten bezieht, werden hingegen meist unter den sonstigen betrieblichen Aufwendungen erfasst. Genaue gesetzliche Vorgaben gibt es für diese Aufteilung jedoch nicht.
6. Der **Personalaufwand** umfasst zum einen sämtliche **Löhne und Gehälter** der Arbeiter und Angestellten des Unternehmens sowie etwaige Vorstandsbezüge, als Bruttowerte vor Abzug der Steuern, inklusive tariflich geregelter oder freiwilliger Sozialleistungen, und zum anderen die Arbeitgeberanteile an den **sozialen Abgaben sowie Aufwendungen für Altersversorgung und Unterstützung.** Zum Personalaufwand bzw. der Kategorie Löhne und Gehälter gehören auch Sachzuwendungen wie Dienstwagen oder -notebook.
7. Investitionsausgaben z.B. für Maschinen, IKT-Anlagen oder die sonstige Geschäftsausstattung erscheinen in der Gewinn- und Verlustrechnung nicht mit dem vollen Kaufpreis, sondern nur anteilig über das Konstrukt der **Abschreibung,** das die zeitliche, technische oder auch wirtschaftliche Entwertung der abnutzbaren Anlagegüter im Zeitverlauf berücksichtigt, d.h. den Anschaffungspreis auf die Nutzungsdauer verteilt. Abschreibungen im Sinne einer Wertminderung gelten somit als Aufwendungen und senken daher auch die zu versteuernden Gewinne eines Unternehmens. Dies gilt nicht für nicht abnutzbare Anlagegüter wie Grund und Boden, Wertpapiere des Anlagevermögens oder Unternehmensbeteiligungen.

   Hinsichtlich **planbarer Abschreibungen** existiert eine Vielzahl verschiedener **Abschreibungsmethoden** (siehe Abb. 5–57), deren jeweilige steuerrechtliche Zulässigkeit sich jedoch unter anderem aus konjunkturpolitischen Gründen von Zeit zu Zeit ändert. Hinsichtlich der Abschreibungsdauer muss auf Erfahrungswerte bzw. steuerrechtlich vorgegebene Nutzungstabellen (Absetzung für Abnutzung: AfA) zurückgegriffen werden.

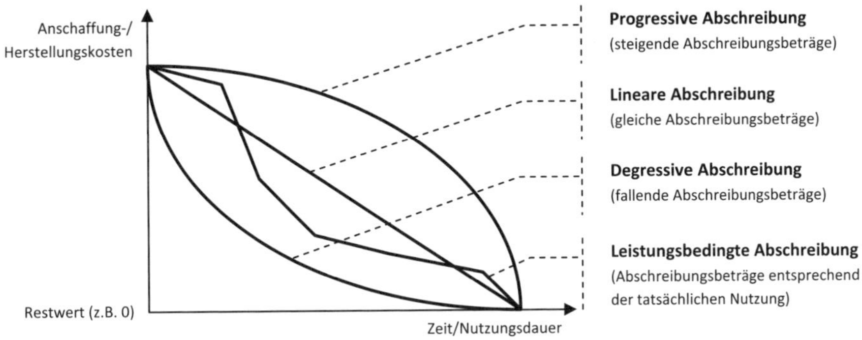

Abb. 5-57 *Übersicht Abschreibungsmethoden*

Daneben gibt es noch **außerplanmäßige Abschreibungen** (vgl. § 253 Abs. 2 HGB), wenn z.B. eine Maschine vorzeitig dauerhaft ausfällt oder durch technische Neuerungen vorzeitig erhebliche dauerhafte Wertminderungen eintreten. Außerplanmäßige Abschreibungen gibt es aber auch für nicht abnutzbare Anlagegüter wie z.B. Grundstücke, wenn deren Wert nachhaltig sinkt, weil bspw. eine Kontaminierung festgestellt wird oder sich die Infrastruktur erheblich verschlechtert hat.

Die außerplanmäßigen Abschreibungen auf das Anlagevermögen sind wie die Abschreibungen auf das Umlaufvermögen gesondert auszuweisen oder im Anhang anzugeben (§ 277 Abs. 3 HGB).

8. Der Sammelposten **sonstige betriebliche Aufwendungen** ist das Gegenstück zu den sonstigen betrieblichen Erträgen und umfasst alle noch nicht zugeordneten, aber der gewöhnlichen Geschäftstätigkeit entspringenden und nicht außerordentlichen Aufwendungen wie z.B. Büromieten, Heiz- und Nebenkosten, Telefon, Internet und Porto, Bürobedarf, Kfz-Kosten, Reisekosten, Beratungskosten (Steuer, Unternehmensgründung, Recht, ...), Versicherungen sowie ggf. Mitgliedsbeiträge und vor allem auch Werbung, Sponsoring und Spenden.

Der Betriebsertrag abzüglich dieser ganzen betrieblichen Aufwendungen und Abschreibungen ergibt dann das sogenannte **operative Betriebsergebnis** (EBIT – Earnings before Interest and Taxes). Diese Größe ist insbesondere für Unternehmensanalysen und -vergleiche interessant, da sie sich auf die operative Ertragskraft des Unternehmens konzentriert und die veränderlichen Rahmenaspekte der jeweiligen Finanzierungsstrukturen sowie Steuerbelastungen noch ausgeblendet bleiben.

Nach all diesen das operative Betriebsergebnis betreffenden Positionen folgen nun die einzelnen das **Finanzergebnis** betreffenden Positionen, wenn dieses auch nicht explizit als solches in der Gewinn- und Verlustrechnung ausgewiesen wird.

9. **Erträge aus Beteiligungen** fallen an, wenn das Unternehmen Anteile an anderen Unternehmen besitzt und etwa Dividendenausschüttungen von Kapitalgesellschaften oder Gewinnanteile von Personengesellschaften oder stillen Gesellschaftern erhält. Die Erträge aus Beteiligungen sind als Bruttowerte anzugeben, etwaige einbehaltene Kapitalertragssteuern sind dann jedoch als Steueraufwand unter Steuern vom Einkommen und Ertrag einzustellen. Gesondert auszuweisen unter **davon aus verbundenen Unternehmen** sind nach § 277 Abs. 3 HGB Erträge aus Gewinngemeinschaften sowie Gewinn- und Teilgewinnabführungsverträgen. Erträge aus Veräußerungen der Beteiligungen fallen allerdings unter Punkt 4 der Gewinn- und Verlustrechnung, die sonstigen betrieblichen Erträge.
10. **Erträge aus anderen Wertpapieren und Ausleihungen des Finanzanlagevermögens** sind in dieser Position aufzulisten. Aus verbundenen Unternehmen stammende Erträge sind dabei getrennt auszuweisen.
11. Dividenden und Zinsen aus Wertpapieren des Umlaufvermögens hingegen fallen unter den Auffangposten **sonstige Zinsen und ähnliche Erträge**, ebenso wie bspw. Erträge aus Disagio, Kreditgarantien und -provisionen sowie Teilzahlungszuschlägen. Auch alle nicht in den beiden vorherigen Positionen ausgewiesenen Zinsen z.B. aus Bankguthaben, Forderungen oder Ausleihungen gehören zu dieser Position. Zinsen und ähnliche Erträge sind, wenn aus verbundenen Unternehmen stammend, wieder getrennt auszuweisen.
12. Die **Abschreibungen auf Finanzanlagen und Wertpapiere des Umlaufvermögens** stellen außergewöhnliche Abschreibungen dar, da es sich bei Finanzanlagen nicht um abnutzbare Vermögensgegenstände handelt. Übersteigen die Abschreibungen auf Wertpapiere des Umlaufvermögens allerdings das unternehmensübliche Maß, so müssen sie unter der Position »Außerordentliche Aufwendungen« erfasst werden.
13. **Zinsen und ähnliche Aufwendungen** entstehen für ein Unternehmen meist im Zusammenhang mit der Aufnahme von Fremdkapital. Hierbei handelt es sich vor allem um Zinsen für Bank-, aber auch Lieferantenkredite, Kredit- und Überziehungsprovisionen sowie Verzugszinsen für verspätete Zahlungen. Provisionen für die Vermittlung von Krediten oder allgemeine Nebenkosten des Zahlungsverkehrs wie Kontoführungsgebühren fallen jedoch nicht unter diese Position der Gewinn- und Verlustrechnung.
14. Aus all den vorgenannten Posten ergibt sich nun kumuliert das **Ergebnis der gewöhnlichen Geschäftstätigkeit.**
17. Zu diesem wird nun noch das **außerordentliche Ergebnis** hinzugerechnet bzw. abgezogen, je nachdem, ob die **außerordentlichen Erträge** (15) oder aber **außerordentlichen Aufwendungen** (16) überwiegen. Außerordentlich bedeutet dabei, dass die Erträge bzw. Aufwendungen in Bezug auf die gewöhnliche Geschäftstätigkeit als selten und/oder ungewöhnlich anzusehen sind, z.B. Betriebs- oder Grundstücksveräußerungen oder einmalige staat-

liche Zuschüsse bzw. außergewöhnliche Schadensfälle, Sanierungsmaßnahmen oder Kosten für Sozialpläne. Soweit diese ausgewiesenen Beträge für die Beurteilung der Ertragslage des Unternehmens nicht von untergeordneter Bedeutung sind, müssen sie hinsichtlich ihres Betrags und ihrer Art im Anhang der Gewinn- und Verlustrechnung erläutert werden (§ 277 Abs. 4 HGB). Kleine Kapitalgesellschaften (gemäß § 267 Abs. 1 HGB) sind nach § 276 HGB allerdings von dieser Verpflichtung befreit. Durch die einzeln ausgewiesene Position des außerordentlichen Ergebnisses soll einfacher erkannt werden können, wie groß der etwaige Einfluss der nicht der gewöhnlichen Geschäftstätigkeit entsprechenden Geschäftsvorfälle auf den Erfolg des Unternehmens ist.

Bis hierher ergibt sich für das Unternehmen somit insgesamt der **Gewinn oder Verlust vor Steuern.** Von diesem sind nun noch zwei Positionen abzuziehen: die Steuern vom Einkommen und Ertrag sowie die sonstigen Steuern.

18. Zu den **Steuern vom Einkommen und Ertrag** zählen für Einzelunternehmen und Personengesellschaften die inländische Einkommenssteuer bzw. für Kapitalgesellschaften die Körperschaftssteuer sowie der Solidaritätszuschlag, die Kapitalertragssteuer und die Gewerbeertragssteuer. Darin eingeschlossen sind Nachzahlungen oder auch Steuererstattungen, die lediglich Korrekturen des Steueraufwandes bedeuten und keine Erträge. In diese Position gehören außerdem noch ausländische Ertragssteuern (unter Anrechnung auf die inländische Steuerschuld bzw. deren Bemessungsgrundlage) sowie Aufwendungen und Erträge aus Steuerabgrenzungen nach § 274 HGB. Etwaige Steuerstrafen hingegen fallen unter die Position der sonstigen betrieblichen Aufwendungen, Säumniszuschläge unter die Position Zinsen und ähnliche Aufwendungen.

    Die **Einkommenssteuer** wird bei natürlichen Personen, insbesondere auch von Inhabern und Gesellschaftern eines Unternehmens, erhoben. Deren zu besteuerndes Gesamteinkommen kann sich aus den sieben verschiedenen Einkunftsarten des § 2 EStG (Einkommenssteuergesetz) zusammensetzen und um Sonderausgaben gemäß § 10 EStG und Freibeträge gemindert werden. Der anzuwendende Einkommenssteuersatz wird nach einer Tarifformel und Progressionstabelle des EStG berechnet und liegt zwischen 15 % und 45 %.

    Mit der Unternehmenssteuerreform 2008 wurde der Körperschaftssteuersatz von 25 % auf 15 % gesenkt. Berechnungsgrundlage der **Körperschaftssteuer** ist das Ergebnis der gewöhnlichen Geschäftstätigkeit, erhöht bzw. vermindert um ein etwaiges außerordentliches Ergebnis sowie abzüglich eines vorhandenen Verlustvortrages. Ein Abzug der eventuell zu zahlenden Gewerbesteuer ist nicht mehr zulässig. Ist dieses Unternehmensergebnis negativ, besteht also ein Verlust vor Steuern, so sind in diesem Punkt keine Steuern zu entrichten. Unternehmensverluste können analog den Regelungen des Einkommenssteuergesetzes in das vergangene Jahr zurück- und zeitlich unbegrenzt vorgetragen werden, womit sich insbesondere bei wechselhaften wirtschaftlichen Erfolgen wie bei einer Unternehmensgründung entsprechend Steuern sparen lassen.

Auf den Betrag der zu zahlenden Körperschaftssteuer ist zusammen mit ihr, wie auch bei der Kapitalertragssteuer und Lohnsteuer, dann noch ein **Solidaritätszuschlag** von 5,5 % zu entrichten. Gemäß der letzten Körperschaftssteuer-Erklärung bzw. der Festsetzung des zuständigen Finanzamtes sind vierteljährliche Vorauszahlungen (10. März, 10. Juni, 10. September, 10. Dezember) der Körperschaftssteuer zu entrichten, was insbesondere für die Liquidität des Unternehmens Relevanz besitzt.

Für Gewerbebetriebe im Sinne des Einkommenssteuerrechts fällt außerdem noch die **Gewerbesteuer** an. Diese ist vom Einzelunternehmer oder aber der Personen- bzw. Kapitalgesellschaft zu zahlen. Durch die Neuregelungen in der Unternehmenssteuerreform 2008 kann die Gewerbesteuer selbst nicht mehr als Betriebsausgabe abgezogen werden, mindert also nicht mehr ihre eigene Bemessungsgrundlage. Dafür gibt es nun eine verringerte einheitliche Gewerbesteuermesszahl von 3,5 %.

Als Basis für die nun vereinfachte Berechnung der Gewerbesteuer dient der für die Einkommens- oder Körperschaftssteuer maßgebende Gewinn aus dem Gewerbebetrieb (§§ 4, 5 EStG) inkl. Hinzurechnungen und abzgl. Kürzungen gemäß §§ 8ff. GewStG. Ebenfalls abgezogen werden kann (zeitlich unbefristet) noch ein etwaiger Gewerbeverlust aus früheren Jahren. Seit 2004 kann davon allerdings maximal 1 Mill. Euro uneingeschränkt geltend gemacht werden, darüber hinausgehende Beträge nur zu 60 %. Der so ermittelte Gewerbeertrag wird dann auf volle hundert Euro nach unten abgerundet, bei Einzelunternehmen und Personengesellschaften noch um einen Freibetrag von 24.500 € gekürzt und schließlich mit der Gewerbesteuermesszahl von 3,5 % sowie dem individuellen Hebesatz des Unternehmensstandortes multipliziert. Diese örtlichen Hebesätze können zwischen rund 200 und 500 % variieren.

Bei den Verlustvorträgen ist noch zu beachten, dass Gewerbesteuerverluste stets personenbezogen sind, d.h., nur diejenigen Unternehmer bzw. Gesellschafter können vergangene Verluste verrechnen, die solche in eigener Person erlitten haben. Somit können Gewerbeverluste z.B. bei Gesellschafterwechseln verloren gehen.

Hinsichtlich der Liquiditätsrechnung ist zu berücksichtigen, dass bei bestehender Verpflichtung zur Zahlung der Gewerbeertragssteuer vierteljährliche Vorauszahlungen (15. Februar, 15. Mai, 15. August, 15. November), wie im letzten Gewerbesteuerbescheid festgelegt, zu leisten sind. Bei Personenunternehmen kann das 3,8fache des Gewerbesteuermessbetrages auf die zu zahlende Einkommenssteuer angerechnet werden.

19. Zu den **sonstigen Steuern** zählen alle nicht gewinnabhängigen betrieblichen Steuern wie Grundsteuern oder Kfz-Steuern.
20. Am Ende der Gewinn- und Verlustrechnung steht als Ergebnis aller Erträge und Aufwendungen entweder ein **Jahresüberschuss** oder aber ein **Jahresfehlbetrag.** Dieser muss betragsmäßig mit dem in der Bilanz zu ermittelnden gleichnamigen Posten übereinstimmen.

Etwaige Privatentnahmen (Waren oder Geld) oder Privateinlagen eines Unternehmers werden in der Gewinn- und Verlustrechnung nicht erfasst, da sie nicht geschäftsbedingt sind und somit weder zu den Aufwendungen noch zu den Erträgen zählen.

Veränderungen der Kapital- und Gewinnrücklagen dürfen nach § 275 Abs. 4 HGB in der Gewinn- und Verlustrechnung erst nach dem Posten »Jahresüberschuss/Jahresfehlbetrag« ausgewiesen werden.

Nach den Vorschriften des § 158 AktG (Aktiengesetz) ist für Aktiengesellschaften die Ergänzung der Gewinn- und Verlustrechnung als Überleitung auf den Bilanzgewinn um folgende Punkte (hier wieder für die Gesamtkostenrechnung dargestellt) vorgeschrieben:

	21.		Gewinnvortrag/Verlustvortrag aus dem Vorjahr
	22.		Entnahmen aus der Kapitalrücklage
	23.		Entnahmen aus Gewinnrücklagen
		a)	aus der gesetzlichen Rücklage
		b)	aus der Rücklage für eigene Aktien
		c)	aus satzungsgemäßen Rücklagen
		d)	aus anderen Gewinnrücklagen
	24.		Einstellungen in Gewinnrücklagen
		a)	in die gesetzliche Rücklage
		b)	in die Rücklage für eigene Aktien
		c)	in die satzungsgemäßen Rücklagen
		d)	in die anderen Gewinnrücklagen
=	**25.**		**Bilanzgewinn/Bilanzverlust**

Für eine höhere Planungssicherheit kann die Gewinn- und Verlustrechnung wie die Liquiditätsrechnung zunächst mit Monats-, dann Quartals- und schließlich Jahresintervallen erstellt werden. Der Ausweis eines positiven Reingewinns, also eines Jahresüberschusses, in der Gewinn- und Verlustrechnung ist dabei aber wie bereits erwähnt kein alleiniger Garant für den Fortbestand des Unternehmens, denn dieser hängt insbesondere auch von dessen ständiger Zahlungsfähigkeit ab, die nur mittels der Liquiditätsrechnung überprüft werden kann.

TIMEBUILDER121

9.3 Gewinn- und Verlustrechnung

- Die **Umsatzerlöse** für Timebuilder121 werden wie folgt prognostiziert:
  - 2002: keine verkauften Uhren → Umsatzerlöse = 0 €
  - 2003: 2.000 verkaufte Uhren → Umsatzerlöse = 2.000 × 350 € = 700.000 €
  - 2004: 5.000 verkaufte Uhren → Umsatzerlöse = 5.000 × 350 € = 1.750.000 €
  - 2005: 10.000 verkaufte Uhren → Umsatzerlöse = 10.000 × 350 € = 3.500.000 €
  - 2006: 13.000 verkaufte Uhren → Umsatzerlöse = 13.000 × 400 € = 5.200.000 €
- **Bestandsveränderungen** an fertigen und unfertigen Uhren existieren bei Timebuilder121 nicht, da die Uhren stets erst auf eine konkrete Kundenbestellung hin von der Rhodanus AG produziert sowie nach Fertigstellung umgehend versendet werden. Timebuilder121 bezahlt dieses Komplettpaket als Dienstleistung. Auch die von Timebuilder121 direkt selbst beschafften Edelsteine und gravierten Uhrkomponenten dienen schon einem konkreten Umsatz dieser Periode. Das heißt, bei Timebuilder121 werden dank des »Make-to-Order-Prinzips« alle in einer Abrechnungsperiode hergestellten bzw. vorgehaltenen Erzeugnisse auch verkauft, was für die meisten Unternehmen normalerweise nicht der Fall ist.
- **Aktivierte Eigenleistungen** liegen bei Timebuilder121 nicht vor.
- Timebuilder121 erwirtschaftet keine **sonstigen betrieblichen Erträge**.
- Der **Materialaufwand** ergibt sich aus zwei Kategorien:
  - **Aufwendungen für Roh-, Hilfs- und Betriebsstoffe und für bezogene Waren**
    Hierunter fallen die von Timebuilder121 direkt von Zulieferern georderten
    - Edelsteine für jede 10. Uhr mit durchschnittlichen Kosten von 65 € [Uhrenanzahl der jeweiligen Periode / 10 × 65 €]
    - gravierte Uhrenkomponenten für jede 3. Uhr mit durchschnittlichen Kosten von 8 € [Uhrenanzahl der jeweiligen Periode / 3 × 8 €]
  - **Aufwendungen für bezogene Leistungen**
    - Uhrenmontage u. -versand durch die Rhodanus AG mit durchschnittlichen Kosten von 80 € pro Uhr [Uhrenanzahl der jeweiligen Periode × 80 €]
    - Uhrenentwicklung durch freiberufliche Uhreningenieure mit monatlichen Kosten von 1.500 € im 1. Geschäftsjahr (2002) bzw. 750 € in den Folgemonaten
    - Hosting durch Cybercon mit einer einmaligen Einrichtungsgebühr von 150 € im Okt. 2002 sowie einem monatlichen Grundbetrag von 100 € und einem an das Datenvolumen geknüpften Aufschlag. Da dieses letztlich auch mit der Anzahl der abgesetzten Uhren zusammenhängt, wird hier mit einem Aufschlag von 0,10 € pro verkaufter Uhr gerechnet
      [monatlich: 100 € + Uhrenanzahl der jeweiligen Periode × 0,10 €].
    - Kreditkartengebühren mit einer Transaktionsgebühr von 0,10 € sowie einer Umsatzprovision von 3%. Dabei werden 90% der Uhren auf Kreditkarte verkauft [0,9 × Uhrenanzahl der jeweiligen Periode × (0,1 + 0,03 × durchschnittlicher Verkaufspreis)].

	2002	2003	2004	2005	2006
	GJ1	GJ2	GJ3	GJ4	GJ5
Uhrenanzahl	0	2.000	5.000	10.000	13.000
Edelsteine	0	13.000	32.500	65.000	84.500
Uhrenkomponenten mit Gravur	0	5.333	13.333	26.667	34.667
Aufwendungen für Roh-, Hilfs- u. Betriebsstoffe u. für bezogene Waren	0	18.333	45.833	91.667	119.167
Uhrenanzahl	0	2.000	5.000	10.000	13.000
Uhrenmontage u. -versand Rhodanus als A.	0	160.000	400.000	800.000	1.040.000
Uhrenentwicklung	13.500	9.000	9.000	9.000	9.000
Hosting als Aufwand	450	1.400	1.700	2.200	2.500
Kreditkartengebühr	0	12.600	31.500	63.000	94.185
Aufwendungen für bezogene Leistungen	13.950	183.000	442.200	874.200	1.145.685
Materialaufwand	**13.950**	**201.333**	**488.033**	**965.867**	**1.264.852**

- Der **Personalaufwand** ergibt sich ebenfalls aus zwei Kategorien:
  - **Löhne und Gehälter**
    - 3 Vorstandsmitglieder mit monatlich jeweils 4.000 € in den ersten beiden Geschäftsjahren (2002 u. 2003) und 6.000 € ab GJ 3 (2004),
    - 1 Leiter IT ab 05/2002 mit 4.000 € monatlich,
    - 1 Webmaster/Programmierer ab 06/2002 mit 3.000 € monatlich,
    - 1 (Web-)Designer ab 06/2002 mit 3.000 € monatlich, für GJ 2 (2003) nur halbe Stelle,
    - 1 Mitarbeiter Einkauf ab 01/2003 mit 2.500 € monatlich, in den beiden Geschäftsjahren GJ2 und 3 (2003 u. 2004) nur halbe Stelle,
    - 1 Mitarbeiter Kundendienst ab 01/2003 mit 2.000 € monatlich, in den beiden Geschäftsjahren GJ2 und 3 (2003 u. 2004) nur halbe Stelle.
  - **Soziale Abgaben und Aufwendungen für Altersversorgung**
    - Sozialabgaben 42,5% auf den Jahres-Bruttolohn, die Hälfte zahlt der Arbeitnehmer von seinem Bruttolohn, die andere Hälfte führt der Arbeitgeber zusätzlich zum Bruttolohn ab (z.B. Rentenversicherung 20,0%; Krankenversicherung 15,0%; Arbeitslosenversicherung 5,0%; Pflegeversicherung 2,5%).
    - Der Aufwand für soziale Abgaben stellt für das Unternehmen eine Verbindlichkeit gegenüber Sozialversicherungsträgern dar. *(Timebuilder121 überweist umgehend die angefallenen Beträge für die sozialen Abgaben, somit sind dann auch in der Planbilanz keine offenen Schlussbestände auszuweisen.)*

	2002	2003	2004	2005	2006
	GJ1	GJ2	GJ3	GJ4	GJ5
Personal - Löhne und Gehälter	182.000	273.000	363.000	390.000	390.000
Personal - Sozialabgaben	38.675	58.013	77.138	82.875	82.875
Personalaufwand	**220.675**	**331.013**	**440.138**	**472.875**	**472.875**

- Die **Abschreibungen** werden vorgenommen auf
  - immaterielle Vermögensgegenstände des Anlagevermögens und Sachanlagen Büroeinrichtung/Geschäftsausstattung: (Abschreibungsdauer 5 Jahre)
    - Kauf 04/2002 4 × Büroeinrichtungen Bereichsleiter à 5.000 € = 20.000 €
    - Kauf 05/2002 2 × Büroeinrichtungen Mitarbeiter à 2.500 € = 5.000 €
    - Kauf 01/2003 2 × Büroeinrichtungen Mitarbeiter à 2.500 € = 5.000 €
  - ITK-Arbeitsplätze&allgemein: (Abschreibungsdauer 3 Jahre)
    - Kauf 04/2002 4 × Notebookarbeitsplatz à 4.000 € = 16.000 €
    - Kauf 05/2002 2 × Entwicklerarbeitsplatz à 6.000 € = 12.000 €
    - Kauf 04/2002 ITK allgemein (Telefone, Drucker) für 2.000 €
    - Kauf 05/2002 ITK allgemein (WLAN-Ausrüstung, Fax) für 1.500 €
    - Kauf 07/2002 ITK allgemein (2. Drucker, Druck-&Dateiserver) für 3.000 €
    - Kauf 01/2003 2 × Mitarbeiter-PC-Arbeitsplatz à 2.000 € = 4.000 €
    - Kauf 01/2003 ITK allgemein (Telefone, 3. Drucker) für 2.000 €
  - Vermögensgegenstände des Umlaufvermögens, soweit diese die in der Kapitalgesellschaft üblichen Abschreibungen überschreiten gibt es nicht bei Timebuilder121

Anschaffungs-zeitpunkt Monat	Jahr	Anschaffungs-kosten	Abschreibungs-dauer in Jahren	16	G1 2002 Abschreibung	Restwert	G2 2003 Abschreibung	Restwert	G3 2004 Abschreibung	Restwert	G4 2005 Abschreibung	Restwert	G5 2006 Abschreibung	Restwert
				Gesamt:	11.667	47.833	19.500	39.333	19.500	19.833	11.500	8.333	6.000	2.333
4	2002	20.000	5	Ausstattung	3.000	17.000	4.000	13.000	4.000	9.000	4.000	5.000	4.000	1.000
4	2002	16.000	3	IT	4.000	12.000	5.333	6.667	5.333	1.333	1.333	0	0	0
4	2002	2.000	3	IT	500	1.500	667	833	667	167	167	0	0	0
5	2002	5.000	5	Ausstattung	667	4.333	1.000	3.333	1.000	2.333	1.000	1.333	1.000	333
5	2002	12.000	3	IT	2.667	9.333	4.000	5.333	4.000	1.333	1.333	0	0	0
5	2002	1.500	3	IT	333	1.167	500	667	500	167	167	0	0	0
7	2002	3.000	3	IT	500	2.500	1.000	1.500	1.000	500	500	0	0	0
1	2003	5.000	5	Ausstattung	0	0	1.000	4.000	1.000	3.000	1.000	2.000	1.000	1.000
1	2003	4.000	3	IT	0	0	1.333	2.667	1.333	1.333	1.333	0	0	0
1	2003	2.000	3	IT	0	0	667	1.333	667	667	667	0	0	0

- Zu den **Sonstigen betrieblichen Aufwendungen** gehören :
  - Mieten
    - Die Jahresmiete für Büros in Konstanz beträgt ca. 75 € pro m².
    - Es werden ca. 20 m² pro Person benötigt:
    - im 1. Jahr 6 Personen × 20 m² × 75 € = 9.000 € p.a. = 750 € monatlich
    - ab 2. Jahr 8 Personen × 20 m² × 75 € = 12.000 € p.a. = 1.000 € monatlich
  - Heiz-/Nebenkosten
    - Die zusätzlichen Heiz- und Nebenkosten betragen noch einmal ca. 2/5 der Miete.
  - Telefon, Internet, Porto
    - Für Telefon und Internet besitzt Timebuilder121 eine Flatrate mit 200 € monatlich.
    - Für Porto werden monatlich 50 € fix sowie für jede 5. verkaufte Uhr weitere 1,50 € veranschlagt.
  - Bürobedarf, Arbeitsmittel
    - Monatlich sind für jede Person 50 € sowie 0,10 € für jede verkaufte Uhr geplant.

- Wartung und Reparaturen
  - Hierfür werden ca. 50 € pro Mitarbeiter und Monat gerechnet:
  - im 1. Jahr 1 M × 3 Pers. + 1 M × 4 Pers. + 7 M × 6 Pers. = 2.450 € p.a.
  - ab 2. Jahr 12 M × 8 Pers. = 4.800 € p.a.
- Kfz-Kosten
  - Da Timebuilder121 über keinen Fuhrpark verfügt, fallen keine Kfz-Kosten an.
- Reisekosten
  - Im 1. Geschäftsjahr fallen im Rahmen des Geschäftsaufbaus verstärkt Reisekosten an. Es wird daher mit jeweils 4 Reisen der Unternehmensgründer pro Monat mit durchschnittlichen Kosten von 400 € gerechnet. (4.800 € pro Monat)
  - Ab dem 2. Geschäftsjahr verringert sich die Anzahl der Reisen um die Hälfte, Personen und durchschnittliche Kosten ändern sich nicht. (2.400 € pro Monat)
- Beratungskosten (Recht, Steuer,...)
  - Beratungskosten in rechtlichen und Steuerfragen werden mit monatlich 500 € ab dem 2. Geschäftsjahr kalkuliert.
  - Im ersten Geschäftsjahr dürften aufgrund der noch fehlenden Verkaufsaktivitäten 250 € monatlich ausreichen.
- Versicherungen, Leasing
  - Der Beitrag der gesetzlich vorgeschriebenen Unfallversicherung beträgt für Timebuilder121 1 % der Bruttolohnsumme. *(Prozentsatz je nach Branche unterschiedlich und unternehmensindividuell)*
- Werbung
  - Werbung mit Google Adwords
    - max. Tagesbudget von 50-100 € bei max. CPC von 0,20 €
    - mit Beginn der Verkaufstätigkeit ab 1.1.2003 max. Tagesbudget von 50 €
    - ab dem Weihnachtsgeschäft Okt. 2003 max. Tagesbudget von 75 €
    - ab dem Weihnachtsgeschäft Okt. 2004 max. Tagesbudget von 100 €

GJ2 – 2003		GJ3 – 2004		GJ4 – 2005		GJ5 – 2006	
Jan-Sep	Okt-Dez	Jan-Sep	Okt-Dez	Jan-Sep	Okt-Dez	Jan-Sep	Okt-Dez
jeweils 50 × 30 = 1.500 €	jeweils 75 × 30 = 2.250 €	jeweils 75 × 30 = 2.250 €	jeweils 100 × 30 = 3.000 €	jeweils 100 × 30 = 3.000 €	jeweils 100 × 30 = 3.000 €	jeweils 100 × 30 = 3.000 €	jeweils 100 × 30 = 3.000 €
20.250 €		**29.250 €**		**36.000 €**		**36.000 €**	

- Bannerwerbung auf ausgesuchten Websites
  - ab Beginn der Verkaufstätigkeit 1.1.2003
  - von Januar bis September monatlich 1.000 €.
  - im Weihnachtsgeschäft Oktober bis Dezember monatlich 2.000 €.

GJ2 – 2003		**GJ3 – 2004**		**GJ4 – 2005**		**GJ5 – 2006**	
Jan-Sep	Okt-Dez	Jan-Sep	Okt-Dez	Jan-Sep	Okt-Dez	Jan-Sep	Okt-Dez
9×1000 €	3×2000 €	9×1000 €	3×2000 €	9×1000 €	3×2000 €	9×1000 €	3×2000 €
15.000 €		**15.000 €**		**15.000 €**		**15.000 €**	

- Anzeigen in überregionalen Printmedien
  - während des Weihnachtsgeschäftes in den Monaten November und Dezember ab GJ 2 in dem jeweils aktiv bearbeiteten Markt/Land
  - sowohl in einer männer- als auch in einer frauenorientierten Themenzeitschrift bei 14-tägigem Erscheinen monatlich eine Anzeige zu 10.000 € bzw. bei wöchentlichem Erscheinen monatlich zwei Anzeigen zu je 5.000 € (Größe 1/6- bis 1/3-Seite)
  - in beiden Monaten jeweils eine Anzeige (1/6-Seite) in einem renommierten wöchentlichen Nachrichtenmagazin (wie Stern/ Spiegel) zu je 12.000 €

GJ2 – 2003		**GJ3 – 2004**		**GJ4 – 2005**		**GJ5 – 2006**	
Nov	Dez	Nov	Dez	Nov	Dez	Nov	Dez
2×5000 € 1×10000 € 1×12000 €	2×5000 € 1×10000 € 1×12000 €	2×5000 € 1×10000 € 1×12000 €	2×5000 € 1×10000 € 1×12000 €	2×5000 € 1×10000 € 1×12000 €	2×5000 € 1×10000 € 1×12000 €	2×5000 € 1×10000 € 1×12000 €	2×5000 € 1×10000 € 1×12000 €
64.000 €		**64.000 €**		**64.000 €**		**64.000 €**	

- Sonstige Aufwendungen
  - Rekrutierung, Ausbildung, Weiterbildung – im Zusammenhang mit der Einstellung der Mitarbeiter fallen Rekrutierungskosten an:
    - Einstellung des IT-Leiters im April 2002 : 1.000 €
    - Einstellung der (Web-)Designers und Webmasters/Programmierers im Mai 2002: je 1.000 €
    - Einstellung des Mitarbeiters Einkauf sowie des Kundendienstmitarbeiters im Dezember 2002: ebenfalls jeweils 1.000 €
  - Gründungskosten
    - Im April 2002 fallen noch einmalige Beratungskosten für die Unternehmensgründung in Höhe von 1.500 € an.

- **Zinsen und ähnliche Aufwendungen** ergeben sich aus :
  - dem von Timebuilder121 aufgenommenen Kredit in Höhe von 50.000 €, für den vierteljährlich Zinszahlungen in Höhe von 8% p.a. aufgewendet werden müssen. Die Kreditlaufzeit beträgt 3 Jahre, dabei ist das 1. Jahr tilgungsfrei. *(Die genauen Zeitpunkte und Beträge der Zinszahlungen können dem Liquiditätsplan entnommen werden.)*
- **Steuern vom Einkommen und Ertrag**
  - Gewerbesteuer

    Hinweis: Für die Berechnung der Gewerbesteuer werden hier die Neuregelungen der Gewerbesteuerreform 2008 angewandt.
    - wird in den Jahren fällig, in denen ein Gewinn erzielt wird, also ab 2004
    - Berechnungsgrundlage ist der Gewerbeertrag, von dem auch die Steuer vom Einkommen/Ertrag berechnet wird.
    - Messzahl in % einheitlich 3,5
    - Hebesatz von 400% (von der Gemeinde festgelegt)
    - Messbetrag = Gewerbeertrag (inkl. Hinzurechnungen u. Kürzungen) × Messzahl in %
    - Gewerbesteuerbetrag = Messbetrag × Hebesatz in %
    - Es gibt vierteljährlich Gewerbesteuervorauszahlungen (Februar, Mai, August, November), die sich nach der Höhe der letzten Veranlagung richten.

Steuern		2.002	2003	2004	2005	2006
		GJ1	GJ2	GJ3	GJ4	GJ5
Gewerbesteuerberechnung						
	Gewerbeertrag	0	0	20649,1667	659558,333	1511873,33
+	Hinzurechnungen gem. §...	0	0	0	0	0
-	Kürzungen gem. §...	0	0	0	0	0
-	Verlustvortrag aus früheren Jahren	0	-316.662	-575.488	-554.838	0
=	maßgeblicher Gewerbeertrag	0	0	0	104.720	1.511.873
=	maßgeblicher Gewerbeertrag (abgerundet auf volle 100 €)	0	0	0	104.700	1.511.800
-	Freibetrag nach § 11 Abs. 1 GewStG	0	0	0	0	0
=	maßgeblicher Gewerbeertrag	0	0	0	104.700	1.511.800
*	Gewerbesteuermesszahl in %	3,5	3,5	3,5	3,5	3,5
=	Gewerbesteuermessbetrag	0	0	0	3.665	52.913
*	Hebesatz in %	400	400	400	400	400
=	**Gewerbesteuerschuld**	**0**	**0**	**0**	**14.658**	**211.652**

- Körperschaftssteuer und Solidaritätszuschlag

  Hinweis: Es wurde hier die erst ab 2008 geltende Regelung angewandt, nach der die Gewerbesteuer nicht mehr als betrieblicher Aufwand vor der Berechnung der Körperschaftssteuer abgezogen wird.

  - werden fällig, wenn ein Gewinn erzielt wird
  - Die Körperschaftssteuer beträgt 25 % vom vorläufigen Einkommen (Gewinn vor Steuern).
  - Der Solidaritätszuschlag beträgt nochmals 5,5 % der Körperschaftssteuer.
  - Für beide gibt es vierteljährliche Vorauszahlungen (März, Juni, September, Dezember), die sich ebenfalls nach der Höhe der letzten Veranlagung richten.

Steuern			2.002	2003	2004	2005	2006
			GJ1	GJ2	GJ3	GJ4	GJ5
Steuern aus Einkommen und Ertrag							
		Gewinn/Verlust vor Steuern	-316.662	-258.826	20.649	659.558	1.511.873
	-	Verlustvortrag	0	-316.662	-575.488	-554.838	0
	=	zu versteuerndes Einkommen	0	0	0	104.720	1.511.873
	-	Körperschaftssteuer 25%	0	0	0	26.180	377.968
		Vorauszahlungen KSt	0	0	0	0	26.180
		Rückstellung KSt (in Bilanz)	0	0	0	26.180	351.788
	-	Solidaritätszuschlag 5,5% auf KSt	0	0	0	1.440	20.788
		Vorauszahlungen SolZ	0	0	0	0	1.440
		Rückstellung SolZ (in Bilanz)	0	0	0	1.440	19.348
	-	Gewerbesteuer (siehe Berechnung oben)	0	0	0	14.658	211.652
		Gewerbesteuervorauszahlung	0	0	0	0	14.658
		Rückstellung Gewerbesteuer (in Bilanz)	0	0	0	14.658	196.994
	=	Jahresüberschuss/-fehlbetrag	0	0	0	62.442	901.465

		2002	2003	2004	2005	2006
	Gewinn- und Verlustrechnung (GuV) 17	GJ1	GJ2	GJ3	GJ4	GJ5
+ 1.	**Umsatzerlöse**	**0**	**460.000**	**1.150.000**	**2.300.000**	**3.445.000**
+/- 2.	**Erhöhung oder Verminderung des Bestands an fertigen und unfertigen Erzeugnissen**	**0**	**0**	**0**	**0**	**0**
+ 3.	**Andere aktivierte Eigenleistungen**	**0**	**0**	**0**	**0**	**0**
=	***Betriebsleistung***	***0***	***460.000***	***1.150.000***	***2.300.000***	***3.445.000***
+ 4.	**Sonstige betriebliche Erträge**	**0**	**0**	**0**	**0**	**0**
=	***Betriebsertrag***	***0***	***460.000***	***1.150.000***	***2.300.000***	***3.445.000***
- 5.	**Materialaufwand:**	**13.950**	**201.333**	**488.033**	**965.867**	**1.264.852**
	a) Aufwendungen für Roh-, Hilfs- und Betriebsstoffe und für bezogene Waren	0	18.333	45.833	91.667	119.167
	b) Aufwendungen für bezogene Leistungen	13.950	183.000	442.200	874.200	1.145.685
- 6.	**Personalaufwand:**	**220.675**	**331.013**	**440.138**	**472.875**	**472.875**
	a) Löhne und Gehälter	182.000	273.000	363.000	390.000	390.000
	b) Soziale Abgaben und Aufwendungen für Altersversorgung und Unterstützung, davon Altersversorgung	38.675	58.013	77.138	82.875	82.875
- 7.	**Abschreibungen:**	**11.667**	**19.500**	**19.500**	**11.500**	**6.000**
	a) auf immaterielle Vermögensgegenstände des Anlagevermögens und Sachanlagen	11.667	19.500	19.500	11.500	6.000
	b) auf Vermögensgegenstände des Umlaufvermögens, soweit diese die in der Kapitalgesellschaft üblichen Abschreibungen überschreiten	0	0	0	0	0
- 8.	**Sonstige betriebliche Aufwendungen**	**70.370**	**166.980**	**177.680**	**186.700**	**187.900**
	Mieten (o. USt.)	6.750	12.000	12.000	12.000	12.000
	Heiz-/Nebenkosten (o. USt.)	2.700	4.800	4.800	4.800	4.800
	Telefon, Internet, Porto (o. USt.)	2.250	3.600	4.100	5.600	6.500
	Bürobedarf, Arbeitsmittel (o. USt.)	2.450	5.000	5.300	5.800	6.100
	Wartung und Reparaturen (o. USt.)	2.450	4.800	4.800	4.800	4.800
	Kfz-Kosten (o. USt.)	0	0	0	0	0
	Reisekosten (o. USt.)	43.200	28.800	28.800	28.800	28.800
	Beratungskosten (Recht, Steuer,...) (o. USt.)	2.250	6.000	6.000	6.000	6.000
	Versicherungen, Leasing (o. USt.)	1.820	2.730	3.630	3.900	3.900
	Werbung (o. USt.)	0	99.250	108.250	115.000	115.000
	Sonstige Aufwendungen (o. USt.)	6.500	0	0	0	0
=	***Operatives Betriebsergebnis - EBIT (Earnings before Interest and Taxes)***	**-316.662**	**-258.826**	**24.649**	**663.058**	**1.513.373**
+ 9.	**Erträge aus Beteiligungen, davon aus verbundenen Unternehmen**	**0**	**0**	**0**	**0**	**0**
+ 10.	**Erträge aus anderen Wertpapieren und Ausleihungen des Finanzanlagevermögens, davon aus verbundenen Unternehmen**	**0**	**0**	**0**	**0**	**0**
+ 11.	**Sonstige Zinsen und ähnliche Erträge, davon aus verbundenen Unternehmen**	**0**	**0**	**0**	**0**	**0**
- 12.	**Abschreibungen auf Finanzanlagen und Wertpapiere des Umlaufvermögens**	**0**	**0**	**0**	**0**	**0**
- 13.	**Zinsen und ähnliche Aufwendungen, davon aus verbundenen Unternehmen**	**0**	**0**	**4.000**	**3.500**	**1.500**
=	***Finanzergebnis***	**0**	**0**	**-4.000**	**-3.500**	**-1.500**
= 14.	**Ergebnis der gewöhnlichen Geschäftstätigkeit**	**-316.662**	**-258.826**	**20.649**	**659.558**	**1.511.873**
+ 15.	**Außerordentliche Erträge**	**0**	**0**	**0**	**0**	**0**
- 16.	**Außerordentliche Aufwendungen**	**0**	**0**	**0**	**0**	**0**
17.	**(Außerordentliches Ergebnis)**	**0**	**0**	**0**	**0**	**0**
=	***Gewinn/Verlust vor Steuern***	***-316.662***	***-258.826***	***20.649***	***659.558***	***1.511.873***
- 18.	**Steuern vom Einkommen und Ertrag**	**0**	**0**	**0**	**42.278**	**610.409**
	Gewerbesteuer	0	0	0	14.658	211.652
	Körperschaftssteuer	0	0	0	26.180	377.968
	Solidaritätszuschlag	0	0	0	1.440	20.788
- 19.	**Sonstige Steuern**					
= 20.	**Jahresüberschuss/-fehlbetrag**	**-316.662**	**-258.826**	**20.649**	**617.280**	**901.465**
	Ergänzung der GuV nach § 158 AktG					
+/- 21.	Gewinnvortrag/Verlustvortrag aus dem Vorjahr	0	-316.662	-575.488	-554.838	59.320
+ 22.	Entnahmen aus der Kapitalrücklage	0	0	0	0	0
+ 23.	Entnahmen aus Gewinnrücklagen	0	0	0	0	0
	a) aus der gesetzlichen Rücklage	0	0	0	0	0
	b) aus der Rücklage für eigene Aktien	0	0	0	0	0
	c) aus satzungsgemäßen Rücklagen	0	0	0	0	0
	d) aus anderen Gewinnrücklagen	0	0	0	0	0
- 24.	Einstellungen in Gewinnrücklagen	0	0	0	3.122	45.229
	a) in die gesetzliche Rücklage	0	0	0	3.122	45.229
	b) in die Rücklage für eigene Aktien	0	0	0	0	0
	c) in die satzungsgemäßen Rücklagen	0	0	0	0	0
	d) in die anderen Gewinnrücklagen	0	0	0	0	0
= 25.	Bilanzgewinn/Bilanzverlust	-316.662	-575.488	-554.838	59.320	915.555

5.9.4 Planbilanz

Nach der Betrachtung der Stromgrößen zur Sicherstellung der Liquidität des Unternehmens und der Ermittlung des Periodenerfolges können mit der Bilanz nun Struktur, Verhältnis und Entwicklung der beiden Bestandsgrößen Vermögen und Kapital des Unternehmens dargestellt werden (Abb. 5–58).

Das **Vermögen** im Sinne der Mittelverwendung sowie das **Kapital** als Mittelherkunft werden in der Bilanz in Form eines T-Kontos gegenübergestellt. Die als **Passiva** bezeichnete rechte Seite der Bilanz enthält dabei die Angaben über die Herkunft und Struktur des Kapitals. Die linke Seite hingegen gibt Auskunft über dessen Verwendung, d.h. dessen Vermögen in Form aller Wirtschaftsgüter und Geldmittel des Unternehmens, und wird **Aktiva** genannt. In der Gesamtheit ihrer Werte ergibt sich auf beiden Seiten der Bilanz der gleiche Betrag. Dieses Gleichgewicht (ital.: bilancia) wird jedoch, da Vermögen und Kapital wohl in den seltensten Fällen tatsächlich den gleichen Betrag aufweisen, durch den Ausweis eben dieses Unterschieds als Jahresüberschuss bzw. Jahresfehlbetrags erreicht.

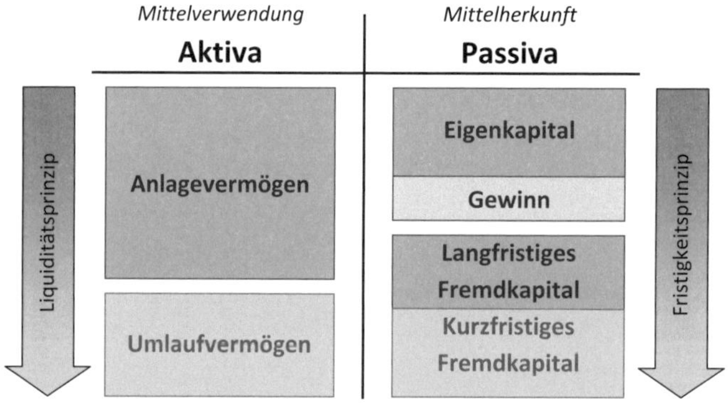

Abb. 5–58 *Schematischer Grundaufbau einer Bilanz*

Das Anlagevermögen sollte im Normalfall durch das Eigenkapital sowie das langfristige Fremdkapital abgedeckt werden. Kurzfristig fälligeres Fremdkapital hingegen sollte i.d.R. nur für Gegenstände des Umlaufvermögens verwendet werden, da diese im Falle eines drohenden Liquiditätsengpasses schneller wieder zu »Geld« gemacht werden können.

Da es sich bei der Bilanz um eine zeitpunktbezogene Darstellung handelt, sind für das Erkennen einer Entwicklung der Bestandsgrößen Vermögen und Kapital mindestens zwei Bilanzen notwendig, die miteinander verglichen werden können. Die nach einer anfänglichen groben Bestandsaufnahme im Rahmen einer Gründungsbilanz erste aussagekräftige Bilanz des neu gegründeten Unternehmens ist dann als sogenannte Eröffnungsbilanz zum Tag der Aufnahme der Geschäftstätigkeit zu erstellen. Diese enthält im Gegensatz zu einer ersten Gründungsbilanz auf der Passivseite neben dem eingebrachten Eigenkapital der Gründer auch schon Positionen des benötigten Fremdkapitals. Auf der Aktivseite stehen dann auch nicht mehr nur Kassenbestände oder Kontenbeträge sowie eingebrachte Sachwerte der Eigenkapitalgeber wie Fahrzeuge, Computer oder Gebäude, sondern z.B. vollständige Geschäftsausstattungen sowie Rohstoff- und Warenbestände. Die zum Vergleich benötigte zweite Bilanz wird dann zum Ende der Geschäftsperiode als Teil des Jahresabschlusses erstellt. Nach § 242 HGB ist übrigens jeder Kaufmann verpflichtet, zu Beginn seiner Geschäftstätigkeit sowie zum Schluss jedes Geschäftsjahres eine Bilanz zu erstellen.

Neben den sogenannten **ordentlichen Bilanzen**, die in regelmäßigen Abständen aufgestellt werden, gibt es auch **außerordentliche Bilanzen** zu einmaligen oder unregelmäßigen wirtschaftlichen und rechtlichen Anlässen wie Gründung, Kapitalerhöhung und -herabsetzung, Fusion oder Liquidation. Während **interne Bilanzen** ausschließlich der Information der Entscheidungsträger im Unternehmen dienen, richten sich die **externen Bilanzen** an Adressaten wie Kreditgeber und Gesellschafter, das Finanzamt oder potenzielle Anleger. Die vom Gesetzgeber geforderten Handels- und Steuerbilanzen sollen insbesondere folgende Interessengruppen vor Fehlinformationen und deren Folgen schützen: Gläubiger (Vermögen), Gesellschafter und am Gewinn beteiligte Arbeitnehmer (Gewinnansprüche), Finanzbehörden (Steuerbemessungsgrundlage) und Öffentlichkeit (Anleger, Arbeitnehmer, volkswirtschaftliche Aspekte).

Wir wollen uns im Folgenden mit der Aufstellung einer Bilanz nach dem Handelsgesetzbuch (HGB) beschäftigen, die sich jedoch von einer sogenannten Steuerbilanz kaum schematisch, sondern aufgrund anderer Bewertungsvorschriften vor allem in der Höhe der Beträge der einzelnen Posten unterscheiden kann. Das Handelsgesetzbuch schreibt für alle Unternehmen gleich welcher Rechtsform ein Mindestschema vor. Für Nichtkapitalgesellschaften besteht hinsichtlich der Bilanzgliederung gemäß § 247 Abs. 1 HGB dabei lediglich die Forderung, das Anlage- und das Umlaufvermögen, das Eigenkapital, die Schulden sowie die Rechnungsabgrenzungsposten gesondert auszuweisen und hinreichend aufzugliedern. Eine solche Bilanzgliederung könnte dann in T-Konto-Form etwa so aussehen:

Aktiva	**Passiva**
Anlagevermögen	**Eigenkapital**
Immaterielle Vermögensgegenstände	Eigenkapital
Sachanlagen	Jahresüberschuss/Jahresfehlbetrag
Finanzanlagen	**Rückstellungen**
Umlaufvermögen	**Verbindlichkeiten**
Vorräte	Langfristige Verbindlichkeiten
Forderungen	Kurzfristige Verbindlichkeiten
Wertpapiere	
Zahlungsmittel	
Rechnungsabgrenzungsposten	**Rechnungsabgrenzungsposten**

Für große und mittelgroße Kapitalgesellschaften hingegen werden in § 266 HGB die Darstellung in Kontenform sowie die einzelnen Posten und ihre Reihenfolge vorgeschrieben (siehe Gliederungsübersichten auf den nächsten Seiten), wohingegen kleine Kapitalgesellschaften nur eine verkürzte Bilanz (zu den Buchstaben und römischen Zahlen dieser Posten) aufzustellen brauchen. Die Zuordnung einer Kapitalgesellschaft zu einer dieser drei Größenklassen ist in § 267 HGB anhand der Kriterien Umsatz, Bilanzsumme und Arbeitnehmerzahl geregelt. Offene Handelsgesellschaften sowie Kommanditgesellschaften, die nicht wenigstens über eine natürliche Person als persönlich haftenden Gesellschafter verfügen, sind nach §§ 264a und 264b HGB ggf. ebenfalls von den Vorschriften der Kapitalgesellschaften betroffen.

Aktivseite (Gliederung nach § 266 HGB Abs. 2)

(-) **Ausstehende Einlagen**, davon eingefordert

(-) **Aufwendungen für die Ingangsetzung und Erweiterung des Geschäftsbetriebs**

A. Anlagevermögen:

I. Immaterielle Vermögensgegenstände:

1. Konzessionen, gewerbliche Schutzrechte und ähnliche Rechte und Werte sowie Lizenzen an solchen Rechten und Werten;
2. Geschäfts- oder Firmenwert;
3. geleistete Anzahlungen;

II. Sachanlagen:

1. Grundstücke, grundstücksgleiche Rechte und Bauten einschließlich der Bauten auf fremden Grundstücken;
2. technische Anlagen und Maschinen;
3. andere Anlagen, Betriebs- und Geschäftsausstattung;
4. geleistete Anzahlungen und Anlagen im Bau;

III. Finanzanlagen:

1. Anteile an verbundenen Unternehmen;
2. Ausleihungen an verbundene Unternehmen;
3. Beteiligungen;
4. Ausleihungen an Unternehmen, mit denen ein Beteiligungsverhältnis besteht;
5. Wertpapiere des Anlagevermögens;
6. sonstige Ausleihungen.

B. Umlaufvermögen:

I. Vorräte:

1. Roh-, Hilfs- und Betriebsstoffe;
2. unfertige Erzeugnisse, unfertige Leistungen;
3. fertige Erzeugnisse und Waren;
4. geleistete Anzahlungen;

→

II. Forderungen und sonstige Vermögensgegenstände:

1. Forderungen aus Lieferungen und Leistungen;
2. Forderungen gegen verbundene Unternehmen;
3. Forderungen gegen Unternehmen, mit denen ein Beteiligungsverhältnis besteht;
4. sonstige Vermögensgegenstände;

III. Wertpapiere:

1. Anteile an verbundenen Unternehmen;
2. eigene Anteile;
3. sonstige Wertpapiere;

IV. Kassenbestand, Bundesbankguthaben, Guthaben bei Kreditinstituten und Schecks.

C. Rechnungsabgrenzungsposten.

(-) **Nicht durch Eigenkapital gedeckter Fehlbetrag**

Passivseite (Gliederung nach § 266 HGB Abs. 3)

A. Eigenkapital:

I. Gezeichnetes Kapital;

II. Kapitalrücklage;

III. Gewinnrücklagen:

1. gesetzliche Rücklage;
2. Rücklage für eigene Anteile;
3. satzungsmäßige Rücklagen;
4. andere Gewinnrücklagen;

IV. Gewinnvortrag/Verlustvortrag;

V. Jahresüberschuss/Jahresfehlbetrag.

B. Rückstellungen:

1. Rückstellungen für Pensionen und ähnliche Verpflichtungen;
2. Steuerrückstellungen;
3. sonstige Rückstellungen.

C. Verbindlichkeiten:

1. Anleihen
   davon konvertibel;
2. Verbindlichkeiten gegenüber Kreditinstituten;
3. erhaltene Anzahlungen auf Bestellungen;
4. Verbindlichkeiten aus Lieferungen und Leistungen;
5. Verbindlichkeiten aus der Annahme gezogener Wechsel und der Ausstellung eigener Wechsel;
6. Verbindlichkeiten gegenüber verbundenen Unternehmen;
7. Verbindlichkeiten gegenüber Unternehmen, mit denen ein Beteiligungsverhältnis besteht;
8. sonstige Verbindlichkeiten,
   davon aus Steuern,
   davon im Rahmen der sozialen Sicherheit.

D. Rechnungsabgrenzungsposten.

5.9.4.1 Aktivseite der Bilanz

Die Vermögensgegenstände werden in der Bilanz nach zwei sich ergänzenden Kriterien sortiert: nach ihrer voraussichtlichen Verweil- bzw. Nutzungsdauer im Unternehmen und dem Grad ihrer Liquidierbarkeit, d.h., wie schnell sich ein Vermögensgegenstand wieder zu Geld machen lässt. Daraus ergibt sich zunächst die grobe Einteilung in das Anlage- sowie das Umlaufvermögen des Unternehmens.

Das **Anlagevermögen** (Aktiva **A**) umfasst dabei alle Vermögensgegenstände bzw. -werte, die dauerhaft im Unternehmen verbleiben und dem Geschäftszweck dienen. Diese lassen sich i.d.R. nur schwer in Geld umsetzen, ohne dabei die Leistungsbereitschaft des Unternehmens zu beeinträchtigen. Es werden drei Arten von Anlagevermögen unterschieden:

I. **Immaterielle Vermögensgegenstände**
Hierzu zählen (1.) vor allem **Konzessionen**, d.h. behördliche Genehmigungen zur Ausübung einer bestimmten Unternehmenstätigkeit (bspw. Taxifahrten, Energieversorgung, Schankwirtschaft), **gewerbliche Schutzrechte** u. ä. Rechte und Werte wie Patente, Gebrauchs- und Geschmacksmuster, Urheberrechte, Markenrechte, Rezepturen und Verfahrensrechte sowie langfristig zur Verfügung stehende pauschal im Voraus bezahlte Nutzungsrechte (**Lizenzen**). Allerdings können immaterielle Vermögensgegenstände nach deutschem Recht stets nur dann in der Bilanz aktiviert werden, wenn sie gegen Entgelt erworben wurden. Ebenfalls aktivierbar ist (2.) der über den eigentlichen Substanzwert eines Unternehmens hinausgehende **Geschäfts- und Firmenwert** (Goodwill), sofern er aus einem belegbaren Kaufpreis abzuleiten ist. Dieser Fall tritt etwa ein, wenn ein bestehendes Unternehmen erworben wird, das aufgrund seiner besonderen immateriellen Merkmale wie hoher Bekanntheitsgrad, herausragendes Image, großer Kundenstamm, technisches Know-how oder Standortvorteile über außergewöhnlich gute Ertrags- bzw. Renditeaussichten verfügt. Unter der Position **geleistete Anzahlungen** werden hier (3.) geldliche Vorleistungen bezüglich solcher soeben beschriebener immaterieller Vermögenswerte erfasst.

II. **Sachanlagen**
Bei den Sachanlagen eines Unternehmens muss prinzipiell zunächst zwischen abnutzbaren (i.S. von zeitlich begrenzt) und nicht abnutzbaren Wirtschaftsgütern unterschieden werden. Nicht abnutzbare Gegenstände des Sachanlagevermögens wie z.B. Grundstücke dürfen höchstens mit den Anschaffungskosten angesetzt werden. Wenn allerdings eine tatsächliche Wertminderung eines solchen Anlagegegenstands eintritt, so kann bei vorübergehender Wertminderung bzw. muss bei voraussichtlich dauerhafter Wertminderung unabhängig der Rechtsform in der Bilanz im Sinne einer außerplanmäßigen Abschreibung ein entsprechend niedrigerer Wert angesetzt werden. Entfallen die Gründe für die dauerhafte Wertminderung jedoch wieder, so ist gemäß

§ 280 HGB (Wertaufholungsgebot) dann wieder eine entsprechende Zuschreibung zu prüfen. Die abnutzbaren Gegenstände des Anlagevermögens wie Gebäude, Anlagen und Maschinen werden mit den Anschaffungs- bzw. Herstellungskosten vermindert um die jeweiligen planmäßigen und ggf. auch außerplanmäßigen Abschreibungen in der Bilanz erfasst.

Zu den Sachanlagen gehören (1.) **Grundstücke, grundstücksgleiche Rechte** (wie Erbbau, Wohn- und Nutzungs- sowie Abbaurechte) **und Bauten einschließlich der Bauten auf fremden Grundstücken,** (2.) alle **technischen Anlagen und Maschinen** inklusive Ersatzteile und Werkzeuge sowie (3.) alle **anderen Anlagen, die Betriebs- und Geschäftsausstattung** und (4.) die bezüglich bestellter Sachanlagen **geleisteten Anzahlungen und Anlagen im Bau,** die dann nach ihrer Fertigstellung in die jeweiligen anderen Posten des Anlagevermögens zu verschieben sind.

III. **Finanzanlagen**

Während die immateriellen Vermögensgegenstände und Sachanlagen die Mittelverwendung im Unternehmen beschreiben, werden unter den Finanzanlagen all die ebenfalls dem Geschäftsbetrieb von Dauer dienenden Investitionen in externe Dritte erfasst. Unter diesen Posten fallen insbesondere langfristig gehaltene Wertpapiere oder Anteile an anderen Unternehmen. Da Finanzanlagen keiner Abnutzung unterliegen, kommen für sie auch keine planmäßigen, sondern ggf. lediglich außerplanmäßige Abschreibungen in Betracht, z.B. wenn der Kurswert von Wertpapieren zum Bilanzstichtag voraussichtlich dauerhaft unter die Anschaffungskosten gesunken ist. Werden später wieder Zuschreibungen durch einen entsprechenden Anstieg der Kurswerte notwendig, so können diese aber maximal bis zu den ursprünglichen Anschaffungskosten erfolgen.

Die **Anteile an verbundenen Unternehmen** (1.), gemäß § 271 Abs. 2 HGB geben wieder, in welcher Höhe Eigenkapitalanteile an anderen Unternehmen erworben wurden, zu denen ein Konzernverhältnis besteht.

Dritten zur Verfügung gestelltes Fremdkapital im Sinne von Finanzgeschäften wird hingegen unter (2.) **Ausleihungen an verbundene Unternehmen** erfasst.

Durch **Beteiligungen** (3.), definiert in § 271 Abs. 1 HGB, soll weniger eine angemessene Verzinsung des eingesetzten Kapitals als vielmehr ein dem eigenen Geschäftszweck dienender Einfluss auf das andere Unternehmen erreicht werden. Entsprechende Vermögenswerte an nicht verbundenen Unternehmen sind diesem Bilanzposten zuzuordnen.

Unter den **Ausleihungen an Unternehmen, mit denen ein Beteiligungsverhältnis besteht** (4.), werden beide Seiten von Beteiligungsverhältnissen betrachtet, d.h. sowohl die Ausleihungen an Unternehmen, an denen eine Beteiligung gehalten wird, als auch an Unternehmen, zu denen selbst ein Beteiligungsverhältnis besteht.

Dem Posten **Wertpapiere des Anlagevermögens** (5.) sind alle sonstigen Wertpapiere zuzuordnen, die langfristig dem Geschäftsbetrieb des eigenen Unternehmens dienen, bspw. zum Aufbau einer Beteiligung oder als langfristige Liquiditätsreserve. Dies können Aktien mit Gewinnbeteiligungsansprüchen sein, aber auch festverzinsliche Wertpapiere wie Bundesanleihen, Pfandbriefe und Obligationen.

Die **sonstigen Ausleihungen** (6.) beinhalten alle anderen langfristigen Finanz- bzw. Kapitalforderungen, die nicht Beteiligungsverhältnisse und verbundene Unternehmen betreffen.

Während Anteile und Beteiligungen an verbundene Unternehmen Eigentümerrechte darstellen, handelt es sich bei allen Ausleihungen um Gläubigerrechte in Form langfristig zur Verfügung gestellter Darlehen, für die i.d.R. auch Nutzungsentgelte in Form von Zinsen erhoben werden.

Der relative Anteil des Anlagevermögens an der Bilanzsumme bzw. gegenüber dem Umlaufvermögen schwankt stark von Branche zu Branche und ist z.B. in der Industrie i.d.R. erheblich höher als im Handel.

Im Gegensatz zum Anlagevermögen verbleibt das **Umlaufvermögen** (Aktiva **B**) nicht dauerhaft im Unternehmen, sondern wird im Rahmen der Leistungserstellung und des Verkaufs umgeschlagen. Die Vermögensgegenstände und -werte des Umlaufvermögens werden also mit einer Weiterveräußerungsabsicht erworben und gehören nur kurzfristig zum Unternehmen. Grundsätzlich unterteilt sich das Umlaufvermögen zunächst in vier Hauptkategorien, die dann noch weiter verfeinert werden:

I. **Vorräte**
Zu den Vorräten gehören alle zur Verarbeitung oder dem direkten Weiterverkauf angeschafften Vermögensgegenstände. Aus Vereinfachungsgründen werden diese nicht jeweils einzeln bewertet, sondern für gleiche Vermögensgegenstände werden fiktive Verbrauchsfolgeverfahren angewendet. Zum Beispiel könnte unterstellt werden, dass die zuerst angeschafften Vorräte auch wieder als Erstes verbraucht werden (First In First Out – FIFO). Waren die zuerst eingekauften Vorräte günstiger, so wird der restliche Bestand nun mit den höheren Anschaffungskosten bewertet. Würde hingegen nach dem LIFO-Verfahren (Last In First Out) bewertet, so wären die zuletzt gekauften teureren Vorräte zuerst verbraucht und in der Bilanz würde sich nur der geringere Vermögenswert für die zuerst gekauften Vorräte wiederfinden, was unter Umständen ausgenutzt werden könnte, um sogenannte stille Reserven zu bilden. Sind die Marktpreise zum Bilanzstichtag allerdings niedriger als die Anschaffungskosten, so sind die Vorräte gemäß dem strengen Niederstwertprinzip zu diesen niedrigeren Preisen zu bewerten.

Die erste Unterposition zu den Vorräten bilden die **Roh-, Hilfs- und Betriebsstoffe** (1.). Die Roh- und Hilfsstoffe gehen direkt als Haupt- bzw. untergeordnete Nebenbestandteile mit Hilfsfunktion während der Produktion in die unfertigen und fertigen Erzeugnisse ein, wohingegen die Betriebsstoffe (wie z.B. Schmierstoffe, Kraft- und Brennstoffe) zwar ebenfalls bei der Leistungserstellung verbraucht werden, aber wie die Verbrauchsstoffe für die Verwaltung und den Vertrieb eben nicht Bestandteil des Produktes werden.

Nächster Posten sind die **unfertigen Erzeugnisse und unfertigen Leistungen** (2.), also die zum Bilanzstichtag noch nicht fertiggestellten Produkte bzw. abgeschlossenen Leistungen, die zwar noch nicht verkaufsreif sind, für die aber bereits Aufwendungen angefallen sind.

Die **fertigen Erzeugnisse und Waren** (3.), also alle im Unternehmen erstellten bzw. bearbeiteten und absatzreifen Erzeugnisse sowie die ohne Veränderung direkt weiterzuverkaufenden Handelswaren, werden mit ihren Herstellungskosten bzw. ihren sogenannten Einstandspreisen in der Bilanz angesetzt. Eine Position fertige Leistungen gibt es in der Bilanz nicht, sodass vollständig erbrachte Leistungen unter den Forderungen auszuweisen sind.

Letzte Unterposition der Vorräte sind die **geleisteten Anzahlungen** (4.) i.S. von im Voraus geleisteten Teilzahlungen auf noch zu erhaltende Lieferungen und Leistungen. Der Wechsel von den geleisteten Anzahlungen hin zu den jeweiligen anderen Vorratsposten erfolgt mit dem Zeitpunkt des Gefahrenüberganges.

II. **Forderungen und sonstige Vermögensgegenstände**

Forderungen entstehen i.d.R. aus Umsatzerlösen für Lieferungen und Leistungen, für die noch keine Einzahlungen erfolgt sind.

Bei den **Forderungen aus Lieferungen und Leistungen** (1.) handelt es sich um die geldlichen Gegenwerte für vollständig erbrachte Lieferungen und Leistungen, für die bereits Rechnungen erteilt worden sind. Dabei sind diese Gegenwerte um gewährte Rabatte und sonstige Preisnachlässe bzw. Erlösschmälerungen zu bereinigen und ggf. in Euro umzurechnen.

Unter der Bilanzposition **Forderungen gegen verbundene Unternehmen** (2.) werden sowohl die entsprechenden Forderungen aus erbrachten Lieferungen und Leistungen erfasst als auch Forderungen aus kurz- und mittelfristigen Darlehen, die an verbundene Unternehmen vergeben wurden.

Forderungen gegen Unternehmen, mit denen ein Beteiligungsverhältnis besteht (3.) sind in einer eigenen Bilanzposition auszuweisen.

Unter **sonstige Vermögensgegenstände** (4.) fallen alle nicht in einer anderen Bilanzposition erfassten Vermögensgegenstände des Umlaufvermögens wie bspw. Darlehen an Arbeitnehmer, Vorschüsse und Steuererstattungsansprüche.

III. **Wertpapiere**

Im Gegensatz zu den im Anlagevermögen erfassten Wertpapieren werden dem Umlaufvermögen nur die kurzfristig gehaltenen, zum Anschaffungspreis bewerteten Wertpapiere zugeordnet. Oft ist auch das Beteiligungsvolumen der einzelnen Wertpapierpositionen geringer als im Anlagevermögen.

Alle **Anteile an verbundenen Unternehmen** (1.), die nicht bereits dem Anlagevermögen zugeordnet wurden, müssen nun hier im Umlaufvermögen erfasst werden.

Da der Erwerb **eigener Anteile** (2.) nach § 71 AktG (Aktiengesetz) und § 33 GmbHG (Gesetz betreffend die Gesellschaften mit beschränkter Haftung) nur in beschränktem Maß zulässig ist, sind sie in dieser Bilanzposition gesondert auszuweisen. Eigene Anteile können bspw. dazu verwendet werden, Aktionäre abzufinden, oder sie können auch Mitarbeitern des Unternehmens angeboten werden.

Alle übrigen bisher nirgends zugeordneten Wertpapiere werden unter der Position **sonstige Wertpapiere** (3.) erfasst.

IV. **Kassenbestand, Bundesbankguthaben, Guthaben bei Kreditinstituten und Schecks**

Dies ist ein Sammelposten für alle jederzeit verfügbaren liquiden Mittel. Auch wenn es keine genauen Vorschriften zur weiteren Untergliederung dieser Position gibt, so ist diese aus Gründen der besseren Übersichtlichkeit bei der Bilanzerstellung trotzdem vorzunehmen.

Der aktive **Rechnungsabgrenzungsposten** (Aktiva C) dient der periodengerechten Erfolgsermittlung und enthält gemäß § 250 HGB alle Ausgaben bzw. deren Anteile, die vor dem Bilanzstichtag anfallen, aber erst nach dem Bilanzstichtag als Aufwand erfolgswirksam werden.

In bestimmten Fällen können neben den eben erläuterten Posten der Aktivseite einer Bilanz auch noch weitere Sonderposten erscheinen, von denen hier einige kurz genannt werden sollen:

Ist eventuell ein Teil des gezeichneten Kapitals zum Bilanzstichtag noch nicht eingezahlt, so ist dieser gemäß § 272 HGB unter dem Posten **ausstehende Einlagen** noch vor dem Anlagevermögen auf der Aktivseite aufzuführen, um die Bilanzgleichung zu erhalten, da auf der Passivseite ja stets das gesamte gezeichnete Kapital einzutragen ist.

Ebenfalls noch vor dem Anlagevermögen auszuweisen sind nach § 269 HGB ggf. **Aufwendungen für die Ingangsetzung und Erweiterung des Geschäftsbetriebs**. Hierbei handelt es sich jedoch lediglich um eine Bilanzierungshilfe, die aber weder steuerrechtlich noch insolvenzrechtlich (Vermeidung einer eintretenden Überschuldung) anerkannt ist (siehe ausführlich bei [Ulmer 2002: S. 720 ff.]), sodass wir sie für unsere Zwecke außer Acht lassen wollen.

Ist das Eigenkapital eines Unternehmens durch Verluste aufgebraucht, sodass die Passivposten die Aktivposten überwiegen, so entsteht ein **nicht durch Eigen-**

kapital gedeckter Fehlbetrag, der gemäß § 268 Abs. 3 HGB am Schluss der Aktivseite auszuweisen ist, damit der Ausweis eines negativen Eigenkapitals auf der Passivseite vermieden werden kann.

5.9.4.2 Passivseite der Bilanz

Die Herkunft der in das Vermögen des Unternehmens investierten Mittel wird durch eine entsprechende Untergliederung des Kapitals auf der Passivseite der Bilanz sichtbar.

Die Passivseite der Bilanz beginnt mit dem Ausweis der verschiedenen Positionen des **Eigenkapitals** (Passiva **A**). Das Eigenkapital wird zunächst vom Unternehmer bzw. den Gesellschaftern und Anteilseignern eingebracht und für unbegrenzte Zeit zur Verfügung gestellt. Durch die Geschäftstätigkeit kann es dann vermehrt oder vermindert werden, je nachdem, wie erfolgreich das Unternehmen auf seinen Märkten agiert. Folgende Unterteilung ist für das Eigenkapital vorgeschrieben:

I. **Gezeichnetes Kapital**
Hierbei handelt es sich um den Nominalwert der Einlagen eines Einzelunternehmers bzw. der Gesellschafter einer Personengesellschaft, der Geschäftsanteile der GmbH-Gesellschafter oder des gezahlten Gegenwerts für gezeichnete Aktien. Das gezeichnete Kapital wird bei Aktiengesellschaften Grundkapital bzw. bei GmbHs Stammkapital genannt und hat für diese Kapitalgesellschaften eine gesetzlich vorgeschriebene Mindesthöhe von 50.000 € bzw. 25.000 €. Eigenkapital wird hierbei dem Unternehmen von außen zugeführt, wobei dies nicht immer bar erfolgen muss, sondern auch Sacheinlagen wie Grundstücke, Maschinen, Fahrzeuge oder Rechte möglich sind. Im Falle der Aktiengesellschaft und GmbH bleibt das gezeichnete Kapital so lange konstant, bis eine Haupt- bzw. Gesellschafterversammlung eine Kapitalerhöhung oder -herabsetzung beschließt. Gleichzeitig ist das gezeichnete Kapital auch der Höchstbetrag, mit dem die Aktionäre bzw. Gesellschafter mit ihrem eigenen Vermögen für die Forderungen der Gläubiger des Unternehmens aufzukommen haben.

II. **Kapitalrücklage**
Kapitalrücklagen entstehen, wenn für Aktien ein Aufpreis zum Nennwert gezahlt wird oder z.B. Zuzahlungen durch Gesellschafter erfolgen.

III. **Gewinnrücklagen**
Die Gewinnrücklagen werden aus nicht ausgeschütteten Gewinnen des Unternehmens gebildet, die i.d.R. bereits versteuert sind, und müssen weiter unterteilt werden:

Für Aktiengesellschaften ist zum weiteren Schutz der Gläubiger in § 150 AktG vorgeschrieben, dass jeweils 5 % des Jahresüberschusses so lange in die sogenannte **gesetzliche Rücklage** (1.) einzustellen sind, bis diese zusammen mit der Kapitalrücklage 10 % des gezeichneten Kapitals erreicht hat. Nach § 272 Abs. 4 HGB ist in die **Rücklage für eigene Anteile** (2.) »ein Betrag einzustellen, der dem auf der Aktivseite der Bilanz für die eigenen Anteile anzusetzenden Betrag entspricht. Die Rücklage darf nur aufgelöst werden, soweit die eigenen Anteile ausgegeben, veräußert oder eingezogen werden oder soweit nach § 253 Abs. 3 auf der Aktivseite ein niedrigerer Betrag angesetzt wird«. Dies soll im Sinne einer Auszahlungssperre verhindern, dass eingezahltes Kapital wieder an die Gesellschafter zurückgezahlt wird. Auch die Satzung einer Aktiengesellschaft bzw. der Gesellschaftsvertrag einer GmbH können dazu verpflichten, weitere Gewinnrücklagen zu bilden. Diese werden dann unter der Position **satzungsmäßige Rücklagen** (3.) erfasst. Die Position **andere Gewinnrücklagen** (4.) dient schließlich als Sammelposition für alle übrigen nicht den drei vorgenannten Positionen zuzuordnenden Arten von Gewinnrücklagen.

IV. **Gewinnvortrag/Verlustvortrag**
Hier muss unterschieden werden zwischen einem Verlustvortrag, der letztlich das Eigenkapital verringert, und einem Gewinnvortrag. Bei letzterem handelt es sich um Gewinne der vorherigen Periode, über deren Verwendung, z.B. Ausschüttung an Gesellschafter oder Einstellung in eine Gewinnrücklage, noch nicht entschieden wurde. Daher ist diese Eigenkapitalposition mit Unsicherheiten behaftet. Verlustvorträge hingegen entstehen, wenn in der vorherigen Periode ein erwirtschafteter Jahresfehlbetrag nicht durch vorhandene Gewinnvorträge oder Rücklagen ausgeglichen wurde. Durch einen Verlustvortrag besteht die Möglichkeit, in der Vergangenheit aufgelaufene Verluste mit Gewinnen der nachfolgenden Perioden zu verrechnen.

V. **Jahresüberschuss/Jahresfehlbetrag**
Dieser Posten der Bilanz ist sozusagen der Ausgleichsposten der Bilanzgleichung, nach der das Vermögen eines Unternehmens (Saldo der Aktivseite) ja betragsmäßig dem Kapital des Unternehmens (Saldo der Passivseite) entsprechen muss. Ist das auf der Aktivseite bilanzierte Vermögen größer als das gesamte in allen anderen Passivposten ausgewiesene Kapital, so wurde durch das Unternehmen ein Gewinn erwirtschaftet, der an dieser Stelle als Jahresüberschuss mit positivem Vorzeichen in der Bilanz auszuweisen ist, solange noch nicht über die Gewinnverwendung (Ausschüttung oder Rücklagen) entschieden wurde. Als solcher vermehrt er zunächst das Eigenkapital. Wenn dann allerdings eine Ausschüttung von Gewinnen beschlossen wurde, so ist dieser Anteil zu den kurzfristigen Verbindlichkeiten zu verschieben. Ist das zum Bilanzstichtag vorhandene Vermögen hingegen kleiner als das bilanzierte Kapital, so hat das Unternehmen einen Verlust erwirtschaftet, dessen Betrag mit negativem Vorzeichen als Jahresfehlbetrag in der Bilanz ausgewiesen wird und somit das Eigenkapital vermindert.

Wird vor Erstellung der Bilanz eine teilweise Gewinnverwendung vorgenommen wie z.B. eine Einstellung in die gesetzliche Rücklage gemäß den Vorschriften des § 150 Abs. 1 und 2 AktG (Aktiengesetz), dann dürfen nach § 268 Abs. 1 HGB in der Bilanz nicht mehr die Posten Gewinnvortrag/Verlustvortrag und Jahresüberschuss/Jahresfehlbetrag verwendet werden, sondern sind durch den Posten »IV **Bilanzgewinn/Bilanzverlust**« zu ersetzen. Dieser ergibt sich durch die Minderung des Jahreserfolges um die Rückstellung und der anschließenden Verrechnung des Restbetrages mit dem Gewinn- oder Verlustvortrag.

Nach dem Eigenkapital des Unternehmens wird in der Bilanz das **Fremdkapital** ausgewiesen. Hierbei handelt es sich bilanzrechtlich ausgedrückt um die Gesamtheit aller Schulden des Unternehmens, die sich nochmals in Rückstellungen und Verbindlichkeiten unterteilen lassen.

Den zweiten Block auf der Passivseite einer Bilanz bilden daher die **Rückstellungen** (Passiva B). Diese sind bereits verursachte Verbindlichkeiten des Unternehmens, die zwar dem Grunde nach bekannt sind (z.B. Prozesskosten, Garantieverpflichtungen und Kulanzreparaturen, unterlassene Instandhaltungen, Steuernachzahlungen, Resturlaubsansprüche, drohende Verluste aus schwebenden Geschäften), aber der Höhe und Fälligkeit nach noch unbekannt sind. Rückstellungen mindern durch ihren Aufwandscharakter im Jahr ihrer Bildung den Gewinn eines Unternehmens. Da hinsichtlich des Rückstellungsbetrages ein gewisser Ermessensspielraum besteht, können sich Unternehmen insbesondere mithilfe dieser Bilanzposition, je nachdem, ob ein höherer oder niedriger Bewertungsansatz für die einzelnen Rückstellungen gewählt wird, nach außen hin reicher darstellen oder aber zur Senkung der Steuerlast auch ärmer rechnen. Letztlich wird aber keine Vermeidung, sondern nur eine Verschiebung der Steuerzahlung, wenn auch mit möglichen Zinsvorteilen, erreicht. Denn mit dem Entfallen oder dem Eintreten der Fälligkeit eines Rückstellungsgrundes ist die entsprechende Rückstellung wieder aufzulösen und wird ertragswirksam.

Für große Kapitalgesellschaften sind die Rückstellungen weiter zu untergliedern:

- Die **Rückstellungen für Pensionen und ähnliche Verpflichtungen** (1.) spielen insbesondere in großen Unternehmen eine bedeutende Rolle, da es sich hier meist um größere Beträge handelt, die ähnlich dem Eigenkapital langfristig und zinslos verfügbar und zwischenzeitlich sogar beliebig verwendbar sind. Voraussetzung für Pensionsrückstellungen ist allerdings, dass eine rechtsverbindliche, vorbehaltlose und schriftliche Zusage hinsichtlich dieser betrieblichen Altersvorsorge für die Arbeitnehmer besteht.
- **Steuerrückstellungen** (2.) müssen für die Steuern gebildet werden, die in der Gewinn- und Verlustrechnung einen Aufwand darstellen, vor dem Bilanzstichtag verursacht wurden, aber erst nach dem Bilanzstichtag rechtskräftig entstehen (z.B. durch einen Steuerbescheid). Der Ausweis solcher Steuerschul-

den z.B. hinsichtlich der Körperschafts- oder Gewerbesteuer hat in dieser Bilanzposition abzüglich der geleisteten Vorauszahlungen zu erfolgen. Von den Steuerrückstellungen ausgeschlossen und den Verbindlichkeiten zuzuordnen sind allerdings Steuern, über die bereits Gewissheit besteht wie bspw. die Grundsteuer, deren Betrag und Fälligkeit bekannt sind.
- Unter die **sonstigen Rückstellungen** (3.) fallen dann alle anderen Rückstellungen z.B. für Garantiefälle, Prozesskosten, Resturlaubsansprüche der Mitarbeiter oder Produzentenhaftung.

Im Gegensatz zu den Rückstellungen sind bei den im dritten Block der Passivseite zu erfassenden **Verbindlichkeiten** (Passiva C) sowohl Höhe als auch Fälligkeit dieser schuldrechtlichen, auf einem Vertragsverhältnis basierenden Zahlungsverpflichtungen gegenüber Dritten bekannt. Die Verbindlichkeiten stellen das Fremdkapital im eigentlichen Sinne dar und werden entsprechend ihrer Fälligkeit bzw. Dringlichkeit ihrer Rückzahlung nach langfristigen (Hypotheken, Darlehen) und kurzfristigen Verbindlichkeiten (Lieferantenkredite, Kontoüberzug) unterteilt und mit ihrem Rückzahlungsbetrag erfasst. Außer bei kleinen Kapitalgesellschaften ist folgende Untergliederung der Verbindlichkeiten in der Bilanz vorgeschrieben, wobei der Betrag der kurzfristigen Verbindlichkeiten, also mit einer Restlaufzeit bis zu einem Jahr, gemäß § 286 Abs. 5 Satz 1 bei jedem gesondert ausgewiesenen Posten zu vermerken ist.

- Bei **Anleihen** (1.) handelt es sich um langfristige Darlehen, wie Schuldverschreibungen, Wandelobligationen, Optionsanleihen oder Gewinnschuldverschreibungen, die am öffentlichen Kapitalmarkt aufgenommen werden, **davon konvertibel** sind jene Anleihen, bei denen ein Umtausch- oder Bezugsrecht auf Aktien gewährt wird.
- Unabhängig von ihren Gesamt- oder Restlaufzeiten sind alle **Verbindlichkeiten gegenüber Kreditinstituten** (2.) in einer eigenen Position auszuweisen.
- Wurden aufgrund abgeschlossener und umsatzrelevanter Lieferungs- und Leistungsverträge bereits Anzahlungen durch Dritte geleistet, aber die Lieferung bzw. Leistung noch nicht erbracht, so sind sie unter der Position **erhaltene Anzahlungen auf Bestellungen** (3.) zu erfassen.
- Die **Verbindlichkeiten aus Lieferungen und Leistungen** (4.) umfassen alle noch offenen Zahlungsverpflichtungen gegenüber Lieferanten, die eine Lieferung bzw. Leistung erbracht haben. Diese werden auch als Kreditorenkredite bezeichnet und mit dem Rechnungsbetrag erfasst.
- Die Bilanzposition **Verbindlichkeiten aus der Annahme gezogener Wechsel und der Ausstellung eigener Wechsel** (5.) enthält alle angenommenen und selbst ausgestellten Schuldwechsel des Unternehmens, unabhängig davon, ob es sich dabei um Handels- oder Finanzwechsel handelt.

- Alle Verbindlichkeiten, deren Gläubiger ein verbundenes Unternehmen ist, sind der Bilanzposition **Verbindlichkeiten gegenüber verbundenen Unternehmen** (6.) zuzuordnen, unabhängig davon, ob sie dem Grunde nach (z.B. Verbindlichkeit aus Lieferungen und Leistungen oder Finanzierungsschulden) eigentlich einer anderen Bilanzposition entsprechen würden.
- Unter die Position **Verbindlichkeiten gegenüber Unternehmen, mit denen ein Beteiligungsverhältnis besteht** (7.) fallen alle Verbindlichkeiten aus Lieferanten- oder Finanzkrediten gegenüber solchen Gläubigern, an denen das Unternehmen eine Beteiligung hält oder die ihrerseits am bilanzierenden Unternehmen eine Beteiligung halten.
- Alle Verbindlichkeiten, die nicht bereits einer anderen Bilanzposition zugeordnet werden konnten, wie bspw. noch nicht gezahlte Löhne und Gehälter, fallen unter den Sammelposten **sonstige Verbindlichkeiten** (8.). Welche dieser Verbindlichkeiten **davon aus Steuern** entspringen, wie z.B. die Lohnsteuer, Umsatzsteuer, Gewerbesteuer, wird gesondert ausgewiesen, ebenso wie die **davon im Rahmen der sozialen Sicherheit** (Renten-, Kranken-, Arbeitslosenversicherung) entstandenen Verbindlichkeiten.

Abgeschlossen wird die Passivseite der Bilanz mit dem passiven **Rechnungsabgrenzungsposten** (Passiva **D**), der die vor dem Bilanzstichtag in das Unternehmen eingeflossenen Einnahmen enthält, die aber erst nach dem Bilanzstichtag Erträge darstellen oder anders ausgedrückt: bereits erfolgte Zahlungen von Dritten, die zu Verpflichtungen des Unternehmens für eine bestimmte Zeit nach dem Bilanzstichtag führen.

Auf eine Darstellung der möglichen zusätzlichen Sonderposten auf der Passivseite verzichten wir an dieser Stelle, da diese für die Planbilanz eines Businessplans insbesondere im Rahmen einer Unternehmensgründung nur wenig Relevanz besitzen.

Wie auch bei der Gewinn- und Verlustrechnung braucht ein Posten der Bilanz, der keinen Betrag ausweist, nur dann aufgeführt zu werden, wenn im vorhergehenden Geschäftsjahr unter diesem Posten ein Betrag ausgewiesen wurde (§ 265 Abs. 8 HGB).

TIMEBUILDER121

9.4 Planbilanz

A Anlagevermögen

I. Immaterielle Vermögensgegenstände

- Timebuilder121 besitzt derzeit keine immateriellen Vermögensgegenstände.

II. Sachanlagen

- Hierunter fallen bei der Timebuilder121 lediglich die Büroeinrichtung sowie die ITK-Ausrüstung, da die Timebuilder121 außer dieser Geschäftsausstattung über keine Grundstücke und Immobilien, Produktionsanlagen, Maschinen oder Ähnliches verfügt.
- Durch die linearen Abschreibungen verringern sich die Restwerte der Büroeinrichtung bzw. ITK-Ausrüstung jedes Jahr um den gleichen Betrag.
- Die Abschreibungsdauer und -höhe ist abhängig von der Art der Sachanlage.

Büroeinrichtung/Geschäftsausstattung: (Abschreibungsdauer 5 Jahre)

- Kauf 04/2002 4 × Büroeinrichtungen Bereichsleiter à 5.000 € = 20.000 €
- Kauf 05/2002 2 × Büroeinrichtungen Mitarbeiter à 2.500 € = 5.000 €
- Kauf 01/2003 2 × Büroeinrichtungen Mitarbeiter à 2.500 € = 5.000 €

ITK Arbeitsplätze&allgemein: (Abschreibungsdauer 3 Jahre)

- Kauf 04/2002 4 × Notebookarbeitsplatz à 4.000 € = 16.000 €
- Kauf 05/2002 2 × Entwicklerarbeitsplatz à 6.000 € = 12.000 €
- Kauf 04/2002 ITK allgemein (Telefone, Drucker) für 2.000 €
- Kauf 05/2002 ITK allgemein (WLAN-Ausrüstung, Fax) für 1.500 €
- Kauf 07/2002 ITK allgemein (2. Drucker, Druck-&Dateiserver) für 3.000 €
- Kauf 01/2003 2 × Mitarbeiter-PC-Arbeitsplatz à 2.000 € = 4.000 €
- Kauf 01/2003 ITK allgemein (Telefone, 3. Drucker) für 2.000 €

Anschaffungszeitpunkt Monat	Jahr	Anschaffungskosten	Abschreibungsdauer in Jahren	18	G1 2002 Abschreibung	Restwert	G2 2003 Abschreibung	Restwert	G3 2004 Abschreibung	Restwert	G4 2005 Abschreibung	Restwert	G5 2006 Abschreibung	Restwert
				Gesamt:	11.667	47.833	19.500	39.333	19.500	19.833	11.500	8.333	6.000	2.333
4	2002	20.000	5	Ausstattung	3.000	17.000	4.000	13.000	4.000	9.000	4.000	5.000	4.000	1.000
4	2002	16.000	3	IT	4.000	12.000	5.333	6.667	5.333	1.333	1.333	0	0	0
4	2002	2.000	3	IT	500	1.500	667	833	667	167	167	0	0	0
5	2002	5.000	5	Ausstattung	667	4.333	1.000	3.333	1.000	2.333	1.000	1.333	1.000	333
5	2002	12.000	3	IT	2.667	9.333	4.000	5.333	4.000	1.333	1.333	0	0	0
5	2002	1.500	3	IT	333	1.167	500	667	500	167	167	0	0	0
7	2002	3.000	3	IT	500	2.500	1.000	1.500	1.000	500	500	0	0	0
1	2003	5.000	5	Ausstattung	0	0	1.000	4.000	1.000	3.000	1.000	2.000	1.000	1.000
1	2003	4.000	3	IT	0	0	1.333	2.667	1.333	1.333	1.333	0	0	0
1	2003	2.000	3	IT	0	0	667	1.333	667	667	667	0	0	0

III. Finanzanlagen

- Timebuilder121 verfügt über keine Finanzanlagen.

B Umlaufvermögen

I. Vorräte

1. Roh-, Hilfs- und Betriebsstoffe

Hierunter könnten mangels eigener Produktion und entsprechender Anlagen lediglich die von Timebuilder121 direkt selbst beschafften Edelsteine und Uhrdeckel fallen. Da sich jedoch Zahlungsfrist von 10 Tagen und Weiterverarbeitung bei Rhodanus decken, ergibt sich letztlich doch kein bilanzierbarer Vorrat.

2. Unfertige Erzeugnisse, unfertige Leistungen

Da Timebuilder121 nicht selbst produziert, sondern Montage und Versand im »Komplettpaket« als Dienstleistung von Rhodanus in Anspruch nimmt, gibt es keine unfertigen Erzeugnisse bei Timebuilder121.

3. Fertige Erzeugnisse und Waren

Fertige Uhren sind bei Timebuilder121 nicht vorrätig, da die Uhren stets erst auf eine konkrete Kundenbestellung hin von Rhodanus produziert sowie nach Fertigstellung umgehend versendet werden.

4. Geleistete Anzahlungen

Timebuilder121 leistet keine Anzahlungen.

II. Forderungen und sonstige Vermögensgegenstände

1. Forderungen aus Lieferungen und Leistungen

Hierunter fallen die Forderungen gegen Kunden aufgrund ausgelieferter, aber noch nicht bezahlter Uhren. Die durchschnittliche Differenz zwischen Auslieferung der Uhren und ihrer Bezahlung liegt bei 10 Tagen.

	2002	2003	2004	2005	2006
	Dez. 2002	Dez. 2003	Q4 2004	Q4 2005	Q4 2006
Uhrenanzahl	0	300	2.000	3.500	4.500
Durchschnittspreis	0	230	230	230	265
Umsatz	0	69.000	460.000	805.000	1.192.500
Umsatzanteil der letzten 10 Tage	**0**	**23.000**	**51.111**	**89.444**	**132.500**
... inkl. Umsatzsteuer	0	27.370	60.822	106.439	157.675

2. Forderungen gegen verbundene Unternehmen

Timebuilder121 hat keine Forderungen gegen verbundene Unternehmen.

3. Forderungen gegen Unternehmen, mit denen ein Beteiligungsverhältnis besteht

Timebuilder121 hat keine Forderungen gegen Unternehmen, mit denen ein Beteiligungsverhältnis besteht.

4. Sonstige Vermögensgegenstände

Sonstige Vermögensgegenstände ergeben sich aus der noch offenen Umsatzsteuererstattung am Ende des 1. Geschäftsjahres (siehe Liquiditätsplan).

III. Wertpapiere

1. Anteile an verbundenen Unternehmen

Timebuilder121 besitzt keine Anteile an verbundenen Unternehmen.

2. Eigene Anteile

Timebuilder121 hat keine eigenen Anteile

3. **Sonstige Wertpapiere**
   Timebuilder121 hat keine sonstigen Wertpapiere im Besitz.
4. **Kassenbestand, Bundesbankguthaben, Guthaben bei Kreditinstituten und Schecks**

- Timebuilder121 führt keine Bargeldkasse.
- Timebuilder121 verfügt über keine Bundesbankguthaben.
- Das Guthaben bei Kreditinstituten ergibt sich aus dem Saldo aller Einzahlungen und Auszahlungen bis zum Bilanzstichtag und kann dem Liquiditätsplan entnommen werden.

Dez. 2002	Dez. 2003	Q4 2004	Q4 2005	Q4 2006
33.578	0	79.758	746.043	2.156.728

- Timebuilder121 besitzt keine Schecks.

C Aktive Rechnungsabgrenzungsposten

- Da Timebuilder121 keine Ausgaben verbucht hat, die teilweise oder ganz als Aufwendungen dem folgenden Geschäftsjahr zuzuordnen sind, werden keine aktiven Rechnungsabgrenzungsposten erfasst.

19

	Bilanz	2002	2003	2004	2005	2006
		GJ1	GJ2	GJ3	GJ4	GJ5
	Aktiva					
A	Anlagevermögen					
I	**Immaterielle Vermögensgegenstände**					
1.	Konzessionen, gewerbliche Schutzrechte und ähnliche Rechte und Werte sowie Lizenzen an solchen Rechten und Werten					
2.	Geschäfts- oder Firmenwert					
3.	Geleistete Anzahlungen					
II	**Sachanlagen**					
1.	Grundstücke, grundstücksgleiche Rechte und Bauten einschließlich der Bauten auf fremden Grundstücken					
2.	Technische Anlagen und Maschinen					
3.	Andere Anlagen, Betriebs- und Geschäftsausstattung	47.833	39.333	19.833	8.333	2.333
4.	Geleistete Anzahlungen und Anlagen im Bau					
III	**Finanzanlagen**					
1.	Anteile an verbundenen Unternehmen					
2.	Ausleihungen an verbundene Unternehmen					
3.	Beteiligungen					
4.	Ausleihungen an Unternehmen, mit denen ein Beteiligungsverhältnis besteht					
5.	Wertpapiere des Anlagevermögens					
6.	Sonstige Ausleihungen					
B	Umlaufvermögen					
I	**Vorräte**					
1.	Roh-, Hilfs- und Betriebsstoffe					
2.	Unfertige Erzeugnisse, unfertige Leistungen					
3.	Fertige Erzeugnisse und Waren					
4.	Geleistete Anzahlungen					
II	**Forderungen und sonstige Vermögensgegenstände**					
1.	Forderungen aus Lieferungen und Leistungen	0	27.370	60.822	106.439	157.675
2.	Forderungen gegen verbundene Unternehmen					
3.	Forderungen gegen Unternehmen mit denen ein Beteiligungsverhältnis besteht					
4.	Sonstige Vermögensgegenstände	2.046	469	0	0	0
III	**Wertpapiere**					
1.	Anteile an verbundenen Unternehmen					
2.	Eigene Anteile					
3.	Sonstige Wertpapiere					
IV	**Kassenbestand, Bundesbankguthaben, Guthaben bei Kreditinstituten und Schecks**	**33.578**	**0**	**79.758**	**746.043**	**2.156.728**
C	Aktive Rechnungsabgrenzung					
Summe Aktiva		**83.457**	**67.172**	**160.414**	**860.815**	**2.316.736**

A Eigenkapital

I. Gezeichnetes Kapital

- Die drei Unternehmensgründer bringen folgendes Eigenkapital ein:
  - jeweils 25.000 € im April 2002
  - jeweils 50.000 € im Juni 2002
  - jeweils 30.000 € im Januar 2003
- Als Beteiligungskapital erhält Timebuilder121
  - 25.000 € im April 2002 vom Geschäftspartner der Rhodanus AG
  - 150.000 € im Juni 2002 und noch einmal 90.000 € im Januar 2003 von einer Venture-Capital-Gesellschaft
- Das gesamte gezeichnete Kapital der Timebuilder121 beträgt demnach in der Bilanz am Ende des 1. Geschäftsjahres 400.000 € und 580.000 € ab dem 2. Geschäftsjahr.

II. Kapitalrücklage

- Die Timebuilder121 hat keine Kapitalrücklage vorzuweisen.

III. Gewinnrücklagen

werden aus den Erträgen der abgelaufenen Geschäftsjahre gebildet. Es handelt sich um kumulierte versteuerte Gewinne, die im Unternehmen verblieben sind und nicht ausgeschüttet wurden.

1. **Gesetzliche Rücklagen** sind durch Aktiengesellschaften zu bilden. Jährlich sind 5% des um einen Verlustvortrag geminderten Jahresüberschusses in die gesetzlichen Rücklage einzustellen, bis die gesetzliche Rücklage und die Kapitalrücklage zusammen mindestens 10% des Grundkapitals erreichen [...] (vgl. § 150 (2) AktG).
   Die Timebuilder121 kann erstmals im 4. Geschäftsjahr eine gesetzliche Rücklage von 3.122 € bilden und diese im 5. Geschäftsjahr dann auf 48.351 € erhöhen.
2. **Rücklage für eigene Anteile**
3. **Satzungsmäßige Rücklagen**
4. **Andere Gewinnrücklagen**

III. Gewinnvortrag/Verlustvortrag

- Diese Position übernimmt kumulativ einen etwaigen Jahresüberschuss bzw. Jahresfehlbetrag aus dem Vorjahr, sofern diese noch nicht mit anderen Bilanzpositionen des Eigenkapitals verrechnet werden (soll). Im ersten GJ gibt es keinen Vortrag.

IV. Jahresüberschuss/Jahresfehlbetrag

- Diese Bilanzposition ergibt sich aus dem Vergleich der Summe aller Aktiva mit der Summe aller Passiva.
- Ist die Aktiva-Summe größer, handelt es sich bei der Differenz um einen Jahresüberschuss, der zum Eigenkapital hinzugerechnet wird (positives Vorzeichen »+«), um die beiden Bilanzseiten auszugleichen.
- Ist hingegen die Passiva-Summe größer, so liegt ein Jahresfehlbetrag in Höhe der Differenz vor, der vom Eigenkapital abgezogen wird (negatives Vorzeichen »–«), um die beiden Bilanzseiten auszugleichen.

- Die Berechnung des Jahresüberschusses/Jahresfehlbetrages ab dem 2. GJ setzt voraus, dass der Jahresüberschuss/Jahresfehlbetrag des Vorjahres mit diesjährigen Positionen des Eigenkapitals verrechnet wurde, ggf. vorerst auch kumuliert unter der Position Gewinnvortrag/Verlustvortrag.

Der Jahresüberschuss/Jahresfehlbetrag kann also erst nach allen anderen Bilanzpositionen eingetragen werden!

B Rückstellungen

1. **Rückstellungen für Pensionen und ähnliche Verpflichtungen**
   - Werden von Timebuilder121 nicht vorgenommen.
2. **Steuerrückstellungen**
   - Hier ergeben sich für Timebuilder121 folgende Rückstellungen:

Steuern			2.002	2003	2004	2005	2006
			GJ1	GJ2	GJ3	GJ4	GJ5
Steuern aus Einkommen und Ertrag							
		Gewinn/Verlust vor Steuern	-316.662	-258.826	20.649	659.558	1.511.873
	-	Verlustvortrag	0	-316.662	-575.488	-554.838	0
	=	zu versteuerndes Einkommen	0	0	0	104.720	1.511.873
	-	Körperschaftssteuer 25%	0	0	0	26.180	377.968
		Vorauszahlungen KSt	0	0	0	0	26.180
		Rückstellung KSt (in Bilanz)	0	0	0	26.180	351.788
	-	Solidaritätszuschlag 5,5% auf KSt	0	0	0	1.440	20.788
		Vorauszahlungen SolZ	0	0	0	0	1.440
		Rückstellung SolZ (in Bilanz)	0	0	0	1.440	19.348
	-	Gewerbesteuer (siehe Berechnung oben)	0	0	0	14.658	211.652
		Gewerbesteuervorauszahlung	0	0	0	0	14.658
		Rückstellung Gewerbesteuer (in Bilanz)	0	0	0	14.658	196.994
	=	Jahresüberschuss/-fehlbetrag	0	0	0	62.442	901.465

3. **Sonstige Rückstellungen**
   - Werden von Timebuilder121 nicht vorgenommen.

C Verbindlichkeiten

1. **Anleihen**
   - Werden von Timebuilder121 nicht vorgenommen.
2. **Verbindlichkeiten gegenüber Kreditinstituten**
   - Durch den im April 2003 aufgenommenen Kredit von 50.000 € (3 Jahre Laufzeit, 1. Jahr tilgungsfrei, Tilgungen halbjährlich in 4 gleichen Raten von je 12.500 €) abzüglich der bereits getätigten Tilgungen sowie der Inanspruchnahme des Kontokorrentkredits am Ende des 1. Geschäftsjahres (siehe Liquiditätsplan) ergeben sich für Timebuilder121 folgende Verbindlichkeiten gegenüber Kreditinstituten:

	2002	2003	2004	2005	2006
Verbindlichkeiten gegenüber Kreditinstituten					
Kredite	0	0	50.000	25.000	0
Kontokorrentkredit	0	27.995	0	0	0

3. Erhaltene Anzahlungen auf Bestellungen

- Timebuilder121 hat keine Anzahlungen erhalten.

4. Verbindlichkeiten aus Lieferungen und Leistungen

- Die zugelieferten Edelsteine und gravierten Uhrenkomponenten werden stets komplett im Folgemonat bezahlt.

	2002	2003	2004	2005	2006
Edelsteine	0	1.950	13.000	22.750	29.250
Uhrenkomponenten mit Gravur	0	800	5.333	9.333	12.000
Material	0	2.750	18.333	32.083	41.250
Materialanteil des letzten Monats	**0**	**2.750**	**6.111**	**10.694**	**13.750**

- Die von der Rhodanus AG erbrachten Dienstleistungen werden stets komplett im Folgemonat bezahlt.

	2002	2003	2004	2005	2006
Uhrenmontage u. -versand Rhodanus als A.	0	24.000	160.000	280.000	360.000
Leistungen des letzten Monats	**0**	**24.000**	**53.333**	**93.333**	**120.000**

- Die Hostingleistung wird stets einen Monat später abgerechnet.

	2002	2003	2004	2005	2006
Hosting als Aufwand	100	130	500	650	750
Hostingleistung des letzten Monats	**100**	**130**	**167**	**217**	**250**

- Die Werbeaufwendungen für Google Adwords werden ebenfalls einen Monat später abgerechnet.

	2002	2003	2004	2005	2006
Google Adwords als Aufwand	0	2.250	9.000	9.000	9.000
Googlerechnung des letzten Monats	**0**	**2.250**	**3.000**	**3.000**	**3.000**

- (Alle anderen Leistungen wie z.B. Uhrenentwicklung, Miete, Gehälter, Beratungen, Versicherungen etc. werden im Monat ihrer Inanspruchnahme bezahlt, sodass hieraus zum Bilanzstichtag keine weiteren offenen Verbindlichkeiten entstehen.)
- Im Gegensatz zur GuV, wo die Mehrwert- bzw. Vorsteuer dem gleichen Zeitraum wie der entsprechende Ertrag bzw. Aufwand entspricht, muss diese in der Bilanz bei offenen Forderungen bzw. Verbindlichkeiten explizit beachtet werden:

	2002	2003	2004	2005	2006
Materialanteil des letzten Monats	0	2.750	6.111	10.694	13.750
Leistungen des letzten Monats	0	24.000	53.333	93.333	120.000
Hostingleistung des letzten Monats	100	130	167	217	250
Googlerechnung des letzten Monats	0	2.250	3.000	3.000	3.000
Verbindlichkeiten aus L&L insgesamt	100	29.130	62.611	107.244	137.000
... inkl. Vorsteuer	119	34.665	74.507	127.621	163.030

5. **Verbindlichkeiten aus der Annahme gezogener Wechsel und der Ausstellung eigener Wechsel**
   - Liegen bei Timebuilder121 nicht vor.
6. **Verbindlichkeiten gegenüber verbundenen Unternehmen**
   - Liegen bei Timebuilder121 nicht vor.
7. **Verbindlichkeiten gegenüber Unternehmen, mit denen ein Beteiligungsverhältnis besteht**
   - Liegen bei Timebuilder121 nicht vor.
8. **Sonstige Verbindlichkeiten,**
   - **davon aus Steuern,**
     - Verbindlichkeiten aus Lohnsteuern liegen nicht vor, da sie zum Stichtag bereits abgeführt sind.
     - Da die Begleichung der Umsatzsteuerzahllast erst zum 10. des Folgemonats erfolgt, besteht diesbezüglich eine Verbindlichkeit gegenüber den Finanzbehörden.

	2002	2003	2004	2005	2006
Umsatzsteuer laut GuV	0	0	32.235	70.422	125.005
Verbindlichkeit aus Umsatzsteuer	0	0	10.745	23.474	41.668

   - **davon im Rahmen der sozialen Sicherheit**
     - Liegen bei Timebuilder121 nicht vor, da z.B. die Sozialversicherungsbeiträge umgehend bzw. bis zum Bilanzstichtag überwiesen sind.

D Passive Rechnungsabgrenzungsposten

- Da Timebuilder121 keine Einnahmen verbucht hat, die teilweise oder ganz als Ertrag dem folgenden Geschäftsjahr zuzuordnen sind, werden keine passiven Rechnungsabgrenzungsposten erfasst.

Passivseite der Bilanz ohne Gewinnverwendung

20

	Bilanz	**2002**	**2003**	**2004**	**2005**	**2006**
		GJ1	**GJ2**	**GJ3**	**GJ4**	**GJ5**
	Passiva					
A	**Eigenkapital**					
I	Gezeichnetes Kapital	400.000	580.000	580.000	580.000	580.000
II	Kapitalrücklage					
III	Gewinnrücklage					
1.	Gesetzliche Rücklage					
2.	Rücklage für eigene Anteile					
3.	Satzungsmäßige Rücklagen					
4.	Andere Gewinnrücklagen					
IV	Gewinnvortrag/Verlustvortrag		-316.662	-575.488	-554.838	62.442
V	Jahresüberschuss/Jahresfehlbetrag	-316.662	-258.826	20.649	617.280	901.465
B	**Rückstellungen**					
1.	Rückstellungen für Pensionen und ähnliche Verpflichtungen					
2.	Steuerrückstellungen	0	0	0	42.278	568.131
3.	Sonstige Rückstellungen					
C	**Verbindlichkeiten**					
1.	Anleihen					
2.	Verbindlichkeiten gegenüber Kreditinstituten					
	Kredite	0	0	50.000	25.000	0
	Kontokorrentkredit	0	27.995	0	0	0
3.	Erhaltene Anzahlungen auf Bestellungen					
4.	Verbindlichkeiten aus Lieferungen und Leistungen	119	34.665	74.507	127.621	163.030
5.	Verbindlichkeiten aus der Annahme gezogener Wechsel und der Ausstellung eigener Wechsel					
6.	Verbindlichkeiten gegenüber verbundenen Unternehmen					
7.	Verbindlichkeiten gegenüber Unternehmen, mit denen ein Beteiligungsverhältnis besteht					
8.	Sonstige Verbindlichkeiten, davon aus Steuern, davon im Rahmen der sozialen Sicherheit	0	0	10.745	23.474	41.668
D	**Passive Rechnungsabgrenzung**					
Summe Passiva		**83.457**	**67.172**	**160.414**	**860.815**	**2.316.736**

Passivseite der Bilanz mit teilweiser Gewinnverwendung (Rücklagen)

21

	Bilanz	2002	2003	2004	2005	2006
		GJ1	GJ2	GJ3	GJ4	GJ5
	Passiva					
A	**Eigenkapital**					
I	Gezeichnetes Kapital	400.000	580.000	580.000	580.000	580.000
II	Kapitalrücklage					
III	Gewinnrücklage					
1.	Gesetzliche Rücklage	0	0	0	3.122	48.351
2.	Rücklage für eigene Anteile					
3.	Satzungsmäßige Rücklagen					
4.	Andere Gewinnrücklagen					
IV	Bilanzgewinn/Bilanzverlust	-316.662	-575.488	-554.838	59.320	915.555
B	**Rückstellungen**					
1.	Rückstellungen für Pensionen und ähnliche Verpflichtungen					
2.	Steuerrückstellungen	0	0	0	42.278	568.131
3.	Sonstige Rückstellungen					
C	**Verbindlichkeiten**					
1.	Anleihen					
2.	Verbindlichkeiten gegenüber Kreditinstituten					
	Kredite	0	0	50.000	25.000	0
	Kontokorrentkredit	0	27.995	0	0	0
3.	Erhaltene Anzahlungen auf Bestellungen					
4.	Verbindlichkeiten aus Lieferungen und Leistungen	119	34.665	74.507	127.621	163.030
5.	Verbindlichkeiten aus der Annahme gezogener Wechsel und der Ausstellung eigener Wechsel					
6.	Verbindlichkeiten gegenüber verbundenen Unternehmen					
7.	Verbindlichkeiten gegenüber Unternehmen, mit denen ein Beteiligungsverhältnis besteht					
8.	Sonstige Verbindlichkeiten, davon aus Steuern, davon im Rahmen der sozialen Sicherheit	0	0	10.745	23.474	41.668
D	**Passive Rechnungsabgrenzung**					
Summe Passiva		**83.457**	**67.172**	**160.414**	**860.815**	**2.316.736**

5.10 Anhang des Businessplans

Hauptaufgabe des Anhangs eines Businessplans ist es, die in seinen einzelnen Kapiteln gemachten Ausführungen durch entsprechende Belege und weitere Detailinformationen zu untermauern. Dabei kann es sich um vertiefende Erklärungen der Geschäftsidee bzw. Unternehmensleistung handeln wie

- zusätzliche erläuternde Grafiken, Fotos oder auch Videos,
- vorliegende Gutachten, Testate und externe Analysen,
- Veröffentlichungen und Referenzen,
- eigene Patente und Gebrauchsmuster,

aber auch für den Geschäftsaufbau wichtige Informationen wie

- abgeschlossene Miet- und Kaufverträge für Grundstücke, Immobilien, Maschinen und sonstige Gegenstände des Anlagevermögens,
- wichtige Arbeits- und Lizenzverträge,
- bereits erhaltene Aufträge sowie abgeschlossene Kooperationsvereinbarungen,
- vorliegende Finanzierungszusagen.

Wichtig sind auch die den verschiedenen Berechnungen des Businessplans zugrunde liegenden Annahmen und Belege wie

- Statistiken und Marktforschungsstudien,
- verbindliche Angebote bzw. Prospekte und Preislisten inklusive Angaben zu Zahlungskonditionen und Lieferzeiten für die benötigten Sachanlagen, Rohstoffe, Handelswaren usw.,
- betriebliche Kalkulationen sowie
- wichtige Nebenrechnungen.

In den Anhang gehören insbesondere aber auch

- die Lebensläufe der Gründer bzw. Managementmitglieder mit Schwerpunkt auf den beruflichen Qualifikationen, Erfahrungen und Erfolgen.

Wichtig ist dabei jedoch, dass der Anhang überschaubar bleibt und dem Leser des Businessplans auch einen Zusatznutzen bringt. Er darf sich keinesfalls in ein unstrukturiertes Sammelbecken für unausgewertete oder nachrangige Daten verwandeln, deren Erschließung dem Leser überlassen bleibt.

6 Weitere Verwendung und Fortschreibung des Businessplans

Bei der vorangegangenen Erläuterung der einzelnen Positionen des Businessplans wurde stets auf seine Verwendung zur Kapitalgewinnung für ein geplantes oder in Gründung befindliches Unternehmen verwiesen. Es ist jedoch auch auf die Bedeutung hinzuweisen, die ein solcher Plan für die Führung des Unternehmens hat. Nicht nur der Jahresabschluss ist jährlich zu erstellen, sondern auch alle angesprochenen Pläne müssen in regelmäßigen Abständen aktualisiert und fortgeschrieben werden. Es kommt daher bei den Abwägungen zu allen Einzelaufgaben nicht nur darauf an, ihre Wirkung auf die externen Adressaten einzuschätzen. Sondern gleichzeitig muss beachtet werden, ob und wie diese Planaufgabe auch für die von der Unternehmensleitung später zu treffenden Entscheidungen verwendet werden können. Dabei haben Planungsgrößen eine doppelte Funktion. Zum einen sollen sie Orientierung liefern bei der Auswahl verschiedener Handlungsalternativen. Zum anderen dienen sie als Maßstab für die Erfolgskontrolle in Form eines Soll-Ist-Vergleichs. Dies gilt für das gesamte Unternehmen, einzelne Funktionsbereiche bis hin zu den einzelnen Mitarbeitern. Dazu müssen die aggregierten Planungswerte ggf. aufgegliedert werden. Sie können dazu zu Zielvorgaben oder Gegenstand von Zielvereinbarungen mit den jeweils zuständigen Mitarbeitern gemacht werden.

Anhang A
Fragen zur Wissensüberprüfung

Zur Überprüfung des Lernerfolgs haben wir zu jedem Kapitel bzw. Abschnitt dieses Buches einige Fragen formuliert.

Auf der Website des Buches (*http://www.dpunkt.de/businessplaene*) finden Sie diese Fragen auch als Multiple-Choice-Test mit vorgegebenen Antwortmöglichkeiten und in einem separaten Dokument die Angabe der jeweils richtigen Antwort.

Kapitel 2
Geschäftsidee und Geschäftsmodell als Ausgangspunkt des Businessplans

1. Welche Bestandteile neben einem klar sichtbaren Kundennutzen sowie Machbarkeit und Profitabilität kennzeichnen eine potenzialträchtige Geschäftsidee?
2. Zu den rechtlichen Möglichkeiten, eine Geschäftsidee zu schützen, gehören vor allem Patente und Gebrauchsmuster. Was kann mit Geschmacksmustern geschützt werden?
3. Was stellt Stähler bei seiner Definition eines Geschäftsmodells in den Vordergrund?
4. Wobei handelt es sich um Partialmodelle eines Geschäftsmodells nach Wirtz?
5. Welche der drei folgenden Koordinationsformen ist richtig beschrieben?

Kapitel 3
Erstellung eines Businessplans

6. Was sind inhaltliche Anforderungen an einen Businessplan?
7. Welche formalen Anforderungen werden an einen Businessplan gestellt?

Abschnitt 5.1
Executive/Management Summary

8. Was beinhaltet das Executive/Management Summary des Businessplans und wozu dient es?

Abschnitt 5.2
Das (geplante) Unternehmen und sein Leistungsangebot

9. Was ist unter Bedürfnissen zu verstehen?
10. Warum ist die Betrachtung von Bedürfnissen im Businessplan wichtig?
11. Was ist bei der Einordnung eines Unternehmens in die Wertschöpfungskette seiner Branche insbesondere zu betrachten?
12. Welche Angaben enthält das Rollenmodell eines Unternehmens?
13. Wie lassen sich Formal- und Sachziele von Unternehmen grundlegend unterscheiden?
14. Was benötigen Unternehmen, um langfristige Unternehmensziele erreichen zu können?

Abschnitt 5.3
Leistungserstellung und Beschaffung

15. Wie sieht das System der betrieblichen Produktionsfaktoren (nach Gutenberg) aus?
16. Welche Entscheidungskriterien sprechen für eine Eigenfertigung und welche für den Fremdbezug?
17. Welche unterschiedlichen Fertigungstypen gibt es?
18. Was ist unter dem Begriff Mass Customization zu verstehen?
19. Was unterscheidet variable von fixen Kosten?
20. Durch welche Verfahren kann eine erste Orientierung für die eigenen Preise gewonnen werden?

Abschnitt 5.4
Markt und Wettbewerb

21. Wodurch sind Primär- bzw. Sekundärforschung charakterisiert?
22. Was ist unter den Begriffen Bedarf und Nachfrage zu verstehen?
23. Was sind die Aufgaben von Märkten?
24. Welche der folgenden Aussagen über Märkte nach dem Marktformenschema trifft zu?
25. Welche der folgenden Aussagen über die Kriterien der sachlichen Abgrenzung des relevanten Marktes trifft zu?
26. Welche der folgenden Aussagen über die Kennzahlen der quantitativen Marktanalyse trifft zu?
27. Wozu dient die Definition/Segmentierung der Zielmärkte bei der Kundenanalyse?
28. Wozu beinhaltet das Five-Forces-Modell von Porter Aussagen?
29. Wie untergliedern sich Wettbewerbsvorteile bzw. wie können sie entstehen?

Abschnitt 5.5
Marketing

30. Welche Aussage über die Elemente der Marketingkonzeption trifft zu?
31. Welche Marktfeldstrategien ergeben sich aus der Produkt-Markt-Matrix nach Ansoff?
32. Wie charakterisieren sich die drei generischen Wettbewerbsstrategien nach Porter?
33. Was ist unter Markteintrittsbarrieren zu verstehen?
34. Woraus ergibt sich der sogenannte Marketing-Mix?
35. Was sind Teilbereiche der Produktpolitik?
36. Welche Aussage zu den Faktoren der Preisfestlegung trifft zu?
37. Was sagt die Preis-Absatz-Funktion aus?
38. Was sind Intermediäre und ihre Aufgaben?
39. Welche verschiedenen Vertriebswege gibt es?
40. Was sind Teilbereiche der Kommunikationspolitik?

Abschnitt 5.6
Management und Organisation

41. Welche Informationen über die Unternehmensgründer bzw. das Management sollte ein Businessplan enthalten?
42. Was sind grundlegende Unterschiede zwischen Personenunternehmen und Kapitalgesellschaften?
43. Welche der folgenden Aussagen zu den Rechtsformen für Unternehmen trifft zu?
44. Was ist unter dem Begriff Firma zu verstehen?
45. Wodurch unterscheiden sich Aufbau- und Ablauforganisation?
46. Wie sollte die Aufbauorganisation im Businessplan dargestellt werden?

Abschnitt 5.7
Realisierungsplan und Meilensteine

47. Was sind Meilensteine und wozu dienen sie?
48. Wie sollte die geplante Realisierung des Geschäftsmodells im Businessplan dargestellt werden?

Abschnitt 5.8
Chancen und Risiken

49. Womit sollten interne und externe Einflussfaktoren der möglichen Unternehmensentwicklung im Businessplan analysiert werden?
50. Was unterscheidet Stärken und Schwächen von Chancen und Risiken?
51. Welche der folgenden Aussagen zur Szenariotechnik trifft zu?
52. Wozu dient die Szenariotechnik im Businessplan?

Abschnitt 5.9
Erfolg und Finanzierung

53. Wozu dienen Liquiditätsrechnung, Gewinn- und Verlustrechnung und Bilanz?
54. Worin liegt der grundlegende Unterschied zwischen Gewinn- und Verlustrechnung und Bilanz?
55. Was sind Bestandsgrößen und Stromgrößen bzw. wodurch unterscheiden sie sich prinzipiell voneinander?
56. Wie sollte ein Liquiditätsplan strukturiert sein?
57. Welche Positionen gehören in einen Liquiditätsplan?
58. Was für Finanzierungsquellen gibt es für Unternehmen?
59. Welche Posten enthält die Gliederung einer Gewinn- und Verlustrechnung nach dem Gesamtkostenverfahren?
60. Was sind Abschreibungen und welche Abschreibungsmethoden gibt es?
61. Welche Abschreibungsmethoden gibt es?
62. Welche Steuern sind von Unternehmen zu entrichten?
63. Wie sieht der schematische Grundaufbau einer Bilanz aus?
64. Welche Posten enthält die Gliederung einer Bilanz (Handelsbilanz von Kapitalgesellschaften)?
65. Wie ändert sich die Gliederung der Bilanz bei Berücksichtigung der Gewinnverwendung?
66. Worin besteht der Unterschied zwischen Rücklagen und Rückstellungen?
67. Worin müssen Gewinn- und Verlustrechnung und Bilanz übereinstimmen?

Anhang B
Tabellen aus Kapitel 5

Tabelle 1 – Seite 214

Liquiditätsplan				April 2002	Mai 2002	Juni 2002	Juli 2002	August 2002	Sept. 2002	Okt. 2002	Nov. 2002	Dez. 2002
Einzahlungen (betrieblich)												
Uhrenanzahl				0	0	0	0	0	0	0	0	0
Durchschnittspreis												
Umsatzerlöse (o. USt.) als Ertrag				0	0	0	0	0	0	0	0	0
Umsatzerlöse (o. USt.) als Einzahlung				0	0	0	0	0	0	0	0	0
Anzahlungen (o. USt.)												
Sonstige betriebliche Erträge (o. USt.)												
Erhaltene USt.				0	0	0	0	0	0	0	0	0
Erhaltene USt. als Einzahlung				0	0	0	0	0	0	0	0	0
Umsatzsteuererstattung				9.266	5.493	1.647	2.217	1.647	1.647	1.695	1.666	2.046
Umsatzsteuererstattung als Einzahlung				0	9.266	5.493	1.647	2.217	1.647	1.647	1.695	1.666
Summe Einzahlungen (betrieblich)				9.266	5.493	1.647	2.217	1.647	1.647	1.695	1.666	2.046
Summe Einzahlungen (betrieblich)				0	9.266	5.493	1.647	2.217	1.647	1.647	1.695	1.666

Tabelle 2 – Seite 215

Liquiditätsplan	Januar 2003	Februar 2003	März 2003	April 2003	Mai 2003	Juni 2003	Juli 2003	August 2003	Sept. 2003	Okt. 2003	Nov. 2003	Dez. 2003
Einzahlungen (betrieblich)												
Uhrenanzahl	100	100	150	100	150	150	150	150	200	200	250	300
Durchschnittspreis	230	230	230	230	230	230	230	230	230	230	230	230
Umsatzerlöse (o. USt.) als Ertrag	23.000	23.000	34.500	23.000	34.500	34.500	34.500	34.500	46.000	46.000	57.500	69.000
Umsatzerlöse (o. USt.) als Einzahlung	15.333	23.000	30.667	26.833	30.667	34.500	34.500	34.500	42.167	46.000	53.667	65.167
Anzahlungen (o. USt.)												
Sonstige betriebliche Erträge (o. USt.)												
Erhaltene USt.	4.370	4.370	6.555	4.370	6.555	6.555	6.555	6.555	8.740	8.740	10.925	13.110
Erhaltene USt. als Einzahlung	2.913	4.370	5.827	5.098	5.827	6.555	6.555	6.555	8.012	8.740	10.197	12.382
Umsatzsteuererstattung	1.240	0	0	0	0	0	0	0	0	0	1.742	469
Umsatzsteuererstattung als Einzahlung	2.046	1.240	0	0	0	0	0	0	0	0	0	1.742
Summe Einzahlungen (betrieblich)	28.610	27.370	41.055	27.370	41.055	41.055	41.055	41.055	54.740	54.740	70.167	82.579
Summe Einzahlungen (betrieblich)	20.293	28.610	36.493	31.932	36.493	41.055	41.055	41.055	50.178	54.740	63.863	79.290

Tabelle 3 – Seite 215

Liquiditätsplan	Q1 2004	Q2 2004	Q3 2004	Q4 2004	Q1 2005	Q2 2005	Q3 2005	Q4 2005	Q1 2006	Q2 2006	Q3 2006	Q4 2006
Einzahlungen (betrieblich)												
Uhrenanzahl	1.000	1.000	1.000	2.000	2.500	2.000	2.000	3.500	3.500	2.500	2.500	4.500
Durchschnittspreis	230	230	230	230	230	230	230	230	265	265	265	265
Umsatzerlöse (o. USt.) als Ertrag	230.000	230.000	230.000	460.000	575.000	460.000	460.000	805.000	927.500	662.500	662.500	1.192.500
Umsatzerlöse (o. USt.) als Einzahlung	227.444	230.000	230.000	434.444	562.222	472.778	460.000	766.667	913.889	691.944	662.500	1.133.611
Anzahlungen (o. USt.)												
Sonstige betriebliche Erträge (o. USt.)												
Erhaltene USt.	43.700	43.700	43.700	87.400	109.250	87.400	87.400	152.950	176.225	125.875	125.875	226.575
Erhaltene USt. als Einzahlung	43.214	43.700	43.700	82.544	106.822	89.828	87.400	145.667	173.639	131.469	125.875	215.386
Umsatzsteuererstattung	0	0	0	0	0	0	0	0	0	0	0	0
Umsatzsteuererstattung als Einzahlung	469	0	0	0	0	0	0	0	0	0	0	0
Summe Einzahlungen (betrieblich)	273.700	273.700	273.700	547.400	684.250	547.400	547.400	957.950	1.103.725	788.375	788.375	1.419.075
Summe Einzahlungen (betrieblich)	271.128	273.700	273.700	516.989	669.044	562.606	547.400	912.333	1.087.528	823.414	788.375	1.348.997

Tabelle 4 – Seite 218

Liquiditätsplan				April 2002	Mai 2002	Juni 2002	Juli 2002	August 2002	Sept. 2002	Okt. 2002	Nov. 2002	Dez. 2002
Auszahlungen (betrieblich)												
Edelsteine				0	0	0	0	0	0	0	0	0
Uhrenkomponenten mit Gravur				0	0	0	0	0	0	0	0	0
Material-/Wareneinkauf (o. USt.) als Aufwand				0	0	0	0	0	0	0	0	0
Material-/Wareneinkauf (o. USt.) Auszahlung				0	0	0	0	0	0	0	0	0
Uhrenmontage u. -versand Rhodanus als A.				0	0	0	0	0	0	0	0	0
Uhrenmontage u. -versand Rhodanus				0	0	0	0	0	0	0	0	0
Uhrenentwicklung				1500	1500	1500	1500	1500	1500	1500	1500	1500
Hosting als Aufwand										250	100	100
Hosting				0	0	0	0	0	0	0	250	100
Kreditkartengebühr				0	0	0	0	0	0	0	0	0
Fremdleistungen (o. USt.) als Aufwand				1.500	1.500	1.500	1.500	1.500	1.500	1.750	1.600	1.600
Fremdleistungen (o. USt.) als Auszahlung				1.500	1.500	1.500	1.500	1.500	1.500	1.500	1.750	1.600
Gründer				12.000	12.000	12.000	12.000	12.000	12.000	12.000	12.000	12.000
Leiter IT					4.000	4.000	4.000	4.000	4.000	4.000	4.000	4.000
(Web-)Designer						3.000	3.000	3.000	3.000	3.000	3.000	3.000
Webmaster/Programmierer						3.000	3.000	3.000	3.000	3.000	3.000	3.000
MA Einkauf												
MA Kundendienst												
Personal - Löhne und Gehälter				12.000	16.000	22.000	22.000	22.000	22.000	22.000	22.000	22.000
Personal - Sozialabgaben				2.550	3.400	4.675	4.675	4.675	4.675	4.675	4.675	4.675
Mieten (o. USt.)				750	750	750	750	750	750	750	750	750
Heiz-/Nebenkosten (o. USt.)				300	300	300	300	300	300	300	300	300
Telefon, Internet				200	200	200	200	200	200	200	200	200
Porto				50	50	50	50	50	50	50	50	50
Telefon, Internet, Porto (o. USt.)				250	250	250	250	250	250	250	250	250
Bürobedarf, Arbeitsmittel (o. USt.)				150	200	300	300	300	300	300	300	300
Wartung und Reparaturen (o. USt.)				150	200	300	300	300	300	300	300	300
Kfz-Kosten (o. USt.)				0	0	0	0	0	0	0	0	0
Reisekosten (o. USt.)				4.800	4.800	4.800	4.800	4.800	4.800	4.800	4.800	4.800
Beratungskosten (Recht, Steuer,...)(o. USt.)				250	250	250	250	250	250	250	250	250

→

Tabelle 4 – Seite 218 (Fortsetzung)

gesetzliche Unfallversicherung				120	160	220	220	220	220	220	220	220
Versicherungen, Leasing (o. USt.)				120	160	220	220	220	220	220	220	220
Anzeigen Printmedien				0	0	0	0	0	0	0	0	0
Bannerwerbung				0	0	0	0	0	0	0	0	0
Google Adwords als Aufwand				0	0	0	0	0	0	0	0	0
Google Adwords				0	0	0	0	0	0	0	0	0
Werbung (o. USt.) als Aufwand				0	0	0	0	0	0	0	0	0
Werbung (o. USt.) als Auszahlung				0	0	0	0	0	0	0	0	0
Sonstige betriebliche Kosten (o. USt.)				0	0	0	0	0	0	0	0	0
Zwischensumme Auszahlungen als Aufwand				22.820	27.810	35.345	35.345	35.345	35.345	35.595	35.445	35.445
Zwischensumme Auszahlungen für Bilanz				22.820	27.810	35.345	35.345	35.345	35.345	35.345	35.595	35.445
Büroeinrichtung Leiter				20.000								
Büroeinrichtung MA					5.000							
ITK-Arbeitsplatz Leiter (Notebook,...)				16.000								
ITK-Entwicklerarbeitsplatz					12.000							
ITK-Mitarbeiter-PC-Arbeitsplatz												
ITK allgemein (Telefon, Drucker, Scanner,...)				2.000	1.500		3.000					
Einrichtung/Investitionen (o. USt.)				38.000	18.500	0	3.000	0	0	0	0	0
Gründungskosten (o. USt.)				1.500	0	0	0	0	0	0	0	0
Rekrutierung, Aus- u. Weiterbildung (o. USt.)				1.000	2.000	0	0	0	0	0	0	2.000
Gezahlte Vorsteuer				9.266	5.493	1.647	2.217	1.647	1.647	1.695	1.666	2.046
Gezahlte Vorsteuer als Auszahlung				9.266	5.493	1.647	2.217	1.647	1.647	1.647	1.695	2.046
Umsatzsteuervorauszahlungen				0	0	0	0	0	0	0	0	0
Umsatzsteuervorauszahlungen als Auszahlung				0	0	0	0	0	0	0	0	0
Gewerbesteuervorauszahlung					0			0			0	
Körperschaftssteuervorauszahlung						0			0			0
Solidaritätszuschlag						0			0			0
Ertragssteuer(voraus)zahlungen				0	0	0	0	0	0	0	0	0
Summe Auszahlungen (betrieblich)				72.586	53.803	36.992	40.562	36.992	36.992	37.290	37.111	39.491
Summe Auszahlungen (betrieblich)				72.586	53.803	36.992	40.562	36.992	36.992	36.992	37.290	39.491

Tabelle 5 – Seite 219

Liquiditätsplan	Januar 2003	Februar 2003	März 2003	April 2003	Mai 2003	Juni 2003	Juli 2003	August 2003	Sept. 2003	Okt. 2003	Nov. 2003	Dez. 2003
Auszahlungen (betrieblich)												
Edelsteine	650	650	975	650	975	975	975	975	1.300	1.300	1.625	1.950
Uhrenkomponenten mit Gravur	267	267	400	267	400	400	400	400	533	533	667	800
Material-/Wareneinkauf (o. USt.) als Aufwand	917	917	1.375	917	1.375	1.375	1.375	1.375	1.833	1.833	2.292	2.750
Material-/Wareneinkauf (o. USt.) Auszahlung	0	917	917	1.375	917	1.375	1.375	1.375	1.375	1.833	1.833	2.292
Uhrenmontage u. -versand Rhodanus als A.	8.000	8.000	12.000	8.000	12.000	12.000	12.000	12.000	16.000	16.000	20.000	24.000
Uhrenmontage u. -versand Rhodanus	0	8.000	8.000	12.000	8.000	12.000	12.000	12.000	12.000	16.000	16.000	20.000
Uhrenentwicklung	750	750	750	750	750	750	750	750	750	750	750	750
Hosting als Aufwand	110	110	115	110	115	115	115	115	120	120	125	130
Hosting	100	110	110	115	110	115	115	115	115	120	120	125
Kreditkartengebühr	630	630	945	630	945	945	945	945	1.260	1.260	1.575	1.890
Fremdleistungen (o. USt.) als Aufwand	9.490	9.490	13.810	9.490	13.810	13.810	13.810	13.810	18.130	18.130	22.450	26.770
Fremdleistungen (o. USt.) als Auszahlung	1.480	9.490	9.805	13.495	9.805	13.810	13.810	13.810	14.125	18.130	18.445	22.765
Gründer	12.000	12.000	12.000	12.000	12.000	12.000	12.000	12.000	12.000	12.000	12.000	12.000
Leiter IT	4.000	4.000	4.000	4.000	4.000	4.000	4.000	4.000	4.000	4.000	4.000	4.000
(Web-)Designer	1.500	1.500	1.500	1.500	1.500	1.500	1.500	1.500	1.500	1.500	1.500	1.500
Webmaster/Programmierer	3.000	3.000	3.000	3.000	3.000	3.000	3.000	3.000	3.000	3.000	3.000	3.000
MA Einkauf	1.250	1.250	1.250	1.250	1.250	1.250	1.250	1.250	1.250	1.250	1.250	1.250
MA Kundendienst	1.000	1.000	1.000	1.000	1.000	1.000	1.000	1.000	1.000	1.000	1.000	1.000
Personal - Löhne und Gehälter	22.750	22.750	22.750	22.750	22.750	22.750	22.750	22.750	22.750	22.750	22.750	22.750
Personal - Sozialabgaben	4.834	4.834	4.834	4.834	4.834	4.834	4.834	4.834	4.834	4.834	4.834	4.834
Mieten (o. USt.)	1.000	1.000	1.000	1.000	1.000	1.000	1.000	1.000	1.000	1.000	1.000	1.000
Heiz-/Nebenkosten (o. USt.)	400	400	400	400	400	400	400	400	400	400	400	400
Telefon, Internet	200	200	200	200	200	200	200	200	200	200	200	200
Porto	80	80	95	80	95	95	95	95	110	110	125	140
Telefon, Internet, Porto (o. USt.)	280	280	295	280	295	295	295	295	310	310	325	340
Bürobedarf, Arbeitsmittel (o. USt.)	410	410	415	410	415	415	415	415	420	420	425	430
Wartung und Reparaturen (o. USt.)	400	400	400	400	400	400	400	400	400	400	400	400
Kfz-Kosten (o. USt.)	0	0	0	0	0	0	0	0	0	0	0	0
Reisekosten (o. USt.)	2.400	2.400	2.400	2.400	2.400	2.400	2.400	2.400	2.400	2.400	2.400	2.400
Beratungskosten (Recht, Steuer,...)(o. USt.)	500	500	500	500	500	500	500	500	500	500	500	500

→

Tabelle 5 – Seite 219 (Fortsetzung)

gesetzliche Unfallversicherung	228	228	228	228	228	228	228	228	228	228	228	228
Versicherungen, Leasing (o. USt.)	228	228	228	228	228	228	228	228	228	228	228	228
Anzeigen Printmedien	0	0	0	0	0	0	0	0	0	0	32.000	32.000
Bannerwerbung	1.000	1.000	1.000	1.000	1.000	1.000	1.000	1.000	1.000	2.000	2.000	2.000
Google Adwords als Aufwand	1.500	1.500	1.500	1.500	1.500	1.500	1.500	1.500	1.500	2.250	2.250	2.250
Google Adwords	0	1.500	1.500	1.500	1.500	1.500	1.500	1.500	1.500	1.500	2.250	2.250
Werbung (o. USt.) als Aufwand	2.500	2.500	2.500	2.500	2.500	2.500	2.500	2.500	2.500	4.250	36.250	36.250
Werbung (o. USt.) als Auszahlung	1.000	2.500	2.500	2.500	2.500	2.500	2.500	2.500	2.500	3.500	36.250	36.250
Sonstige betriebliche Kosten (o. USt.)	0	0	0	0	0	0	0	0	0	0	0	0
Zwischensumme Auszahlungen als Aufwand	46.109	46.109	50.907	46.109	50.907	50.907	50.907	50.907	55.705	57.455	94.254	99.052
Zwischensumme Auszahlungen für Bilanz	35.682	46.109	46.444	50.572	46.444	50.907	50.907	50.907	51.242	56.705	89.790	94.589
Büroeinrichtung Leiter												
Büroeinrichtung MA	5.000											
ITK-Arbeitsplatz Leiter (Notebook,...)												
ITK-Entwicklerarbeitsplatz												
ITK-Mitarbeiter-PC-Arbeitsplatz	4.000											
ITK allgemein (Telefon, Drucker, Scanner,...)	2.000											
Einrichtung/Investitionen (o. USt.)	11.000	0	0	0	0	0	0	0	0	0	0	0
Gründungskosten (o. USt.)	0	0	0	0	0	0	0	0	0	0	0	0
Rekrutierung, Aus- u. Weiterbildung (o. USt.)	0	0	0	0	0	0	0	0	0	0	0	0
Gezahlte Vorsteuer	5.610	3.520	4.431	3.520	4.431	4.431	4.431	4.431	5.343	5.675	12.667	13.579
Gezahlte Vorsteuer als Auszahlung	3.629	3.520	3.583	4.368	3.583	4.431	4.431	4.431	4.495	5.533	11.819	12.731
Umsatzsteuervorauszahlungen	0	850	2.124	850	2.124	2.124	2.124	2.124	3.397	3.065	0	0
Umsatzsteuervorauszahlungen als Auszahlung	0	0	850	2.124	850	2.124	2.124	2.124	2.124	3.397	3.065	0
Gewerbesteuervorauszahlung		0			0			0			0	
Körperschaftssteuervorauszahlung			0			0			0			0
Solidaritätszuschlag			0			0			0			0
Ertragssteuer(voraus)zahlungen	0	0	0	0	0	0	0	0	0	0	0	0
Summe Auszahlungen (betrieblich)	62.718	50.479	57.462	50.479	57.462	57.462	57.462	57.462	64.445	66.195	106.921	112.631
Summe Auszahlungen (betrieblich)	50.310	49.628	50.877	57.063	50.877	57.462	57.462	57.462	57.861	65.635	104.674	107.319

Tabelle 6 – Seite 220

Liquiditätsplan	Q1 2004	Q2 2004	Q3 2004	Q4 2004	Q1 2005	Q2 2005	Q3 2005	Q4 2005	Q1 2006	Q2 2006	Q3 2006	Q4 2006
Auszahlungen (betrieblich)												
Edelsteine	6.500	6.500	6.500	13.000	16.250	13.000	13.000	22.750	22.750	16.250	16.250	29.250
Uhrenkomponenten mit Gravur	2.667	2.667	2.667	5.333	6.667	5.333	5.333	9.333	9.333	6.667	6.667	12.000
Material-/Wareneinkauf (o. USt.) als Aufwand	9.167	9.167	9.167	18.333	22.917	18.333	18.333	32.083	32.083	22.917	22.917	41.250
Material-/Wareneinkauf (o. USt.) Auszahlung	8.861	9.167	9.167	15.278	21.389	19.861	18.333	27.500	32.083	25.972	22.917	35.139
Uhrenmontage u. -versand Rhodanus als A.	80.000	80.000	80.000	160.000	200.000	160.000	160.000	280.000	280.000	200.000	200.000	360.000
Uhrenmontage u. -versand Rhodanus	77.333	80.000	80.000	133.333	186.667	173.333	160.000	240.000	280.000	226.667	200.000	306.667
Uhrenentwicklung	2.250	2.250	2.250	2.250	2.250	2.250	2.250	2.250	2.250	2.250	2.250	2.250
Hosting als Aufwand	400	400	400	500	550	500	500	650	650	550	550	750
Hosting	397	400	400	467	533	517	500	600	650	583	550	683
Kreditkartengebühr	6.300	6.300	6.300	12.600	15.750	12.600	12.600	22.050	25.358	18.113	18.113	32.603
Fremdleistungen (o. USt.) als Aufwand	88.950	88.950	88.950	175.350	218.550	175.350	175.350	304.950	308.258	220.913	220.913	395.603
Fremdleistungen (o. USt.) als Auszahlung	86.280	88.950	88.950	148.650	205.200	188.700	175.350	264.900	308.258	247.613	220.913	342.203
Gründer	54.000	54.000	54.000	54.000	54.000	54.000	54.000	54.000	54.000	54.000	54.000	54.000
Leiter IT	12.000	12.000	12.000	12.000	12.000	12.000	12.000	12.000	12.000	12.000	12.000	12.000
(Web-)Designer	9.000	9.000	9.000	9.000	9.000	9.000	9.000	9.000	9.000	9.000	9.000	9.000
Webmaster/Programmierer	9.000	9.000	9.000	9.000	9.000	9.000	9.000	9.000	9.000	9.000	9.000	9.000
MA Einkauf	3.750	3.750	3.750	3.750	7.500	7.500	7.500	7.500	7.500	7.500	7.500	7.500
MA Kundendienst	3.000	3.000	3.000	3.000	6.000	6.000	6.000	6.000	6.000	6.000	6.000	6.000
Personal - Löhne und Gehälter	90.750	90.750	90.750	90.750	97.500	97.500	97.500	97.500	97.500	97.500	97.500	97.500
Personal - Sozialabgaben	19.284	19.284	19.284	19.284	20.719	20.719	20.719	20.719	20.719	20.719	20.719	20.719
Mieten (o. USt.)	3.000	3.000	3.000	3.000	3.000	3.000	3.000	3.000	3.000	3.000	3.000	3.000
Heiz-/Nebenkosten (o. USt.)	1.200	1.200	1.200	1.200	1.200	1.200	1.200	1.200	1.200	1.200	1.200	1.200
Telefon, Internet	600	600	600	600	600	600	600	600	600	600	600	600
Porto	350	350	350	650	800	650	650	1.100	1.100	800	800	1.400
Telefon, Internet, Porto (o. USt.)	950	950	950	1.250	1.400	1.250	1.250	1.700	1.700	1.400	1.400	2.000
Bürobedarf, Arbeitsmittel (o. USt.)	1.300	1.300	1.300	1.400	1.450	1.400	1.400	1.550	1.550	1.450	1.450	1.650
Wartung und Reparaturen (o. USt.)	1.200	1.200	1.200	1.200	1.200	1.200	1.200	1.200	1.200	1.200	1.200	1.200
Kfz-Kosten (o. USt.)	0	0	0	0	0	0	0	0	0	0	0	0
Reisekosten (o. USt.)	7.200	7.200	7.200	7.200	7.200	7.200	7.200	7.200	7.200	7.200	7.200	7.200
Beratungskosten (Recht, Steuer,...)(o. USt.)	1.500	1.500	1.500	1.500	1.500	1.500	1.500	1.500	1.500	1.500	1.500	1.500

→

Tabelle 6 – Seite 220 (Fortsetzung)

gesetzliche Unfallversicherung	908	908	908	908	975	975	975	975	975	975	975	975
Versicherungen, Leasing (o. USt.)	908	908	908	908	975	975	975	975	975	975	975	975
Anzeigen Printmedien	0	0	0	64.000	0	0	0	64.000	0	0	0	64.000
Bannerwerbung	3.000	3.000	3.000	6.000	3.000	3.000	3.000	6.000	3.000	3.000	3.000	6.000
Google Adwords als Aufwand	6.750	6.750	6.750	9.000	9.000	9.000	9.000	9.000	9.000	9.000	9.000	9.000
Google Adwords	6.750	6.750	6.750	8.250	9.000	9.000	9.000	9.000	9.000	9.000	9.000	9.000
Werbung (o. USt.) als Aufwand	9.750	9.750	9.750	79.000	12.000	12.000	12.000	79.000	12.000	12.000	12.000	79.000
Werbung (o. USt.) als Auszahlung	9.750	9.750	9.750	78.250	12.000	12.000	12.000	79.000	12.000	12.000	12.000	79.000
Sonstige betriebliche Kosten (o. USt.)	0	0	0	0	0	0	0	0	0	0	0	0
Zwischensumme Auszahlungen als Aufwand	235.159	235.159	235.159	400.375	389.610	341.627	341.627	552.577	488.885	391.973	391.973	652.796
Zwischensumme Auszahlungen für Bilanz	232.183	235.159	235.159	369.870	374.733	356.505	341.627	507.944	488.885	421.728	391.973	593.285
Büroeinrichtung Leiter												
Büroeinrichtung MA												
ITK-Arbeitsplatz Leiter (Notebook,...)												
ITK-Entwicklerarbeitsplatz												
ITK-Mitarbeiter-PC-Arbeitsplatz												
ITK allgemein (Telefon, Drucker, Scanner,...)												
Einrichtung/Investitionen (o. USt.)	0	0	0	0	0	0	0	0	0	0	0	0
Gründungskosten (o. USt.)	0	0	0	0	0	0	0	0	0	0	0	0
Rekrutierung, Aus- u. Weiterbildung (o. USt.)	0	0	0	0	0	0	0	0	0	0	0	0
Gezahlte Vorsteuer	23.774	23.774	23.774	55.165	51.564	42.448	42.448	82.528	70.427	52.013	52.013	101.570
Gezahlte Vorsteuer als Auszahlung	23.208	23.774	23.774	49.369	48.738	45.274	42.448	74.048	70.427	57.667	52.013	90.263
Umsatzsteuervorauszahlungen	19.926	19.926	19.926	32.235	57.686	44.952	44.952	70.422	105.798	73.862	73.862	125.005
Umsatzsteuervorauszahlungen als Auszahlung	13.284	19.926	19.926	28.132	49.202	49.197	44.952	61.932	94.006	84.507	73.862	107.957
Gewerbesteuervorauszahlung	0	0	0	0	0	0	0	0	3.665	3.665	3.665	3.665
Körperschaftssteuervorauszahlung	0	0	0	0	0	0	0	0	6.545	6.545	6.545	6.545
Solidaritätszuschlag	0	0	0	0	0	0	0	0	360	360	360	360
Ertragssteuer(voraus)zahlungen	0	0	0	0	0	0	0	0	52.847	10.569	10.569	10.569
Summe Auszahlungen (betrieblich)	278.859	278.859	278.859	487.775	498.860	429.027	429.027	705.527	717.957	528.417	528.417	889.941
Summe Auszahlungen (betrieblich)	268.675	278.859	278.859	447.371	472.672	450.976	429.027	643.924	706.165	574.472	528.417	802.075

Tabelle 7 – Seite 221

Liquiditätsplan				April 2002	Mai 2002	Juni 2002	Juli 2002	August 2002	Sept. 2002	Okt. 2002	Nov. 2002	Dez. 2002
Einzahlungen (Finanzierung)												
Stammkapital/Privateinlage				75.000		150.000						
Geschäftspartner (Rhodanus AG)				25.000								
Venture-Capital-Gesellschaft						150.000						
Beteiligungskapital	0	0	0	25.000	0	150.000	0	0	0	0	0	0
1. Kredit												
langfristige Kredite/Darlehen				0	0	0	0	0	0	0	0	0
Dispositionskredit (in Anspruch genommen)												
Zinserträge												
Subventionen/Fördermittel (Zuschüsse)												
Summe Einzahlungen (Finanzierung)				100.000	0	300.000	0	0	0	0	0	0

Tabelle 8 – Seite 221

Liquiditätsplan	Januar 2003	Februar 2003	März 2003	April 2003	Mai 2003	Juni 2003	Juli 2003	August 2003	Sept. 2003	Okt. 2003	Nov. 2003	Dez. 2003
Einzahlungen (Finanzierung)												
Stammkapital/Privateinlage	90.000											
Geschäftspartner (Rhodanus AG)												
Venture-Capital-Gesellschaft	90.000											
Beteiligungskapital	90.000	0	0	0	0	0	0	0	0	0	0	0
1. Kredit												
langfristige Kredite/Darlehen	0	0	0	0	0	0	0	0	0	0	0	0
Dispositionskredit (in Anspruch genommen)												
Zinserträge												
Subventionen/Fördermittel (Zuschüsse)												
Summe Einzahlungen (Finanzierung)	180.000	0	0	0	0	0	0	0	0	0	0	0

Tabelle 9 – Seite 221

Liquiditätsplan	Q1 2004	Q2 2004	Q3 2004	Q4 2004	Q1 2005	Q2 2005	Q3 2005	Q4 2005	Q1 2006	Q2 2006	Q3 2006	Q4 2006
Einzahlungen (Finanzierung)												
Stammkapital/Privateinlage												
Geschäftspartner (Rhodanus AG)												
Venture-Capital-Gesellschaft												
Beteiligungskapital	0	0	0	0	0	0	0	0	0	0	0	0
1. Kredit	50.000											
langfristige Kredite/Darlehen	50.000	0	0	0	0	0	0	0	0	0	0	0
Dispositionskredit (in Anspruch genommen)												
Zinserträge												
Subventionen/Fördermittel (Zuschüsse)												
Summe Einzahlungen (Finanzierung)	50.000	0	0	0	0	0	0	0	0	0	0	0

Tabelle 10 – Seite 221

Liquiditätsplan				April 2002	Mai 2002	Juni 2002	Juli 2002	August 2002	Sept. 2002	Okt. 2002	Nov. 2002	Dez. 2002
Auszahlungen (Finanzierung)												
Tilgung 1.Kredit												
Kredittilgung/Darlehensrückzahlung				0	0	0	0	0	0	0	0	0
Zinsen 1.Kredit												
Zinsaufwände				0	0	0	0	0	0	0	0	0
Privatentnahmen												
Gewinnausschüttungen												
Summe Auszahlungen (Finanzierung)				0	0	0	0	0	0	0	0	0

Tabelle 11 – Seite 221

Liquiditätsplan	Januar 2003	Februar 2003	März 2003	April 2003	Mai 2003	Juni 2003	Juli 2003	August 2003	Sept. 2003	Okt. 2003	Nov. 2003	Dez. 2003
Auszahlungen (Finanzierung)												
Tilgung 1.Kredit												
Kredittilgung/Darlehensrückzahlung	0	0	0	0	0	0	0	0	0	0	0	0
Zinsen 1.Kredit												
Zinsaufwände	0	0	0	0	0	0	0	0	0	0	0	0
Privatentnahmen												
Gewinnausschüttungen												
Summe Auszahlungen (Finanzierung)	0	0	0	0	0	0	0	0	0	0	0	0

Tabelle 12 – Seite 221

Liquiditätsplan	Q1 2004	Q2 2004	Q3 2004	Q4 2004	Q1 2005	Q2 2005	Q3 2005	Q4 2005	Q1 2006	Q2 2006	Q3 2006	Q4 2006
Auszahlungen (Finanzierung)												
Tilgung 1.Kredit						12.500		12.500		12.500		12.500
Kredittilgung/Darlehensrückzahlung	0	0	0	0	0	12.500	0	12.500	0	12.500	0	12.500
Zinsen 1.Kredit	1000	1000	1000	1000	1000	1000	750	750	500	500	250	250
Zinsaufwände	1.000	1.000	1.000	1.000	1.000	1.000	750	750	500	500	250	250
Privatentnahmen												
Gewinnausschüttungen												
Summe Auszahlungen (Finanzierung)	1.000	1.000	1.000	1.000	1.000	13.500	750	13.250	500	13.000	250	12.750

Tabelle 13 – Seite 222

Liquiditätsplan	April 2002	Mai 2002	Juni 2002	Juli 2002	August 2002	Sept. 2002	Okt. 2002	Nov. 2002	Dez. 2002
Saldo Ein- und Auszahlungen (betrieblich)	-72.586	-44.537	-31.499	-38.915	-34.775	-35.345	-35.345	-35.595	-37.825
Saldo Ein- und Auszahlungen (Finanzierung)	100.000	0	300.000	0	0	0	0	0	0
Saldo Ein- und Auszahlungen (Gesamt)	27.414	-44.537	268.501	-38.915	-34.775	-35.345	-35.345	-35.595	-37.825
Zahlungsmittelbestand:									
Anfangsbestand auch für Bilanz (=Endestand Vorperiode)	0	27.414	-17.123	251.378	212.463	177.688	142.343	106.998	71.403
Endbestand auch für Bilanz (=Anfangsbestand + Saldo(Gesamt))	**27.414**	**-17.123**	**251.378**	**212.463**	**177.688**	**142.343**	**106.998**	**71.403**	**33.578**
Endstand Kontokorrent	0	-17.123	0	0	0	0	0	0	0
Kontokorrentlinie	50.000	50.000	50.000	50.000	50.000	50.000	50.000	50.000	50.000
Liquiditätsreserve	50.000	32.877	50.000	50.000	50.000	50.000	50.000	50.000	50.000

Tabelle 14 – Seite 222

Liquiditätsplan	Januar 2003	Februar 2003	März 2003	April 2003	Mai 2003	Juni 2003	Juli 2003	August 2003	Sept. 2003	Okt. 2003	Nov. 2003	Dez. 2003
Saldo Ein- und Auszahlungen (betrieblich)	-30.017	-21.019	-14.384	-25.132	-14.384	-16.407	-16.407	-16.407	-7.682	-10.895	-40.811	-28.029
Saldo Ein- und Auszahlungen (Finanzierung)	180.000	0	0	0	0	0	0	0	0	0	0	0
Saldo Ein- und Auszahlungen (Gesamt)	149.983	-21.019	-14.384	-25.132	-14.384	-16.407	-16.407	-16.407	-7.682	-10.895	-40.811	-28.029
Zahlungsmittelbestand:												
Anfangsbestand auch für Bilanz (=Endestand Vorperiode)	33.578	183.560	162.542	148.158	123.026	108.642	92.236	75.829	59.422	51.740	40.844	34
Endbestand auch für Bilanz (=Anfangsbestand + Saldo(Gesamt))	**183.560**	**162.542**	**148.158**	**123.026**	**108.642**	**92.236**	**75.829**	**59.422**	**51.740**	**40.844**	**34**	**-27.995**
Endstand Kontokorrent	0	0	0	0	0	0	0	0	0	0	0	-27.995
Kontokorrentlinie	50.000	50.000	50.000	50.000	50.000	50.000	50.000	50.000	50.000	50.000	50.000	50.000
Liquiditätsreserve	50.000	50.000	50.000	50.000	50.000	50.000	50.000	50.000	50.000	50.000	50.000	22.005

Tabelle 15 – Seite 222

Liquiditätsplan	Q1 2004	Q2 2004	Q3 2004	Q4 2004	Q1 2005	Q2 2005	Q3 2005	Q4 2005	Q1 2006	Q2 2006	Q3 2006	Q4 2006
Saldo Ein- und Auszahlungen (betrieblich)	2.452	-5.159	-5.159	69.618	196.372	111.630	118.373	268.410	381.363	248.942	259.958	546.923
Saldo Ein- und Auszahlungen (Finanzierung)	49.000	-1.000	-1.000	-1.000	-1.000	-13.500	-750	-13.250	-500	-13.000	-250	-12.750
Saldo Ein- und Auszahlungen (Gesamt)	51.452	-6.159	-6.159	68.618	195.372	98.130	117.623	255.160	380.863	235.942	259.708	534.173
Zahlungsmittelbestand:												
Anfangsbestand auch für Bilanz (=Endestand Vorperiode)	-27.995	23.457	17.299	11.140	79.758	275.130	373.260	490.883	746.043	1.126.906	1.362.847	1.622.555
Endbestand auch für Bilanz (=Anfangsbestand + Saldo(Gesamt))	**23.457**	**17.299**	**11.140**	**79.758**	**275.130**	**373.260**	**490.883**	**746.043**	**1.126.906**	**1.362.847**	**1.622.555**	**2.156.728**
Endstand Kontokorrent	0	0	0	0	0	0	0	0	0	0	0	0
Kontokorrentlinie	50.000	50.000	50.000	50.000	50.000	50.000	50.000	50.000	50.000	50.000	50.000	50.000
Liquiditätsreserve	50.000	50.000	50.000	50.000	50.000	50.000	50.000	50.000	50.000	50.000	50.000	50.000

Tabelle 16 – Seite 240

Anschaffungs-zeitpunkt Monat	Jahr	Anschaffungs-kosten	Abschreibungs-dauer in Jahren		G1 2002 Abschreibung	Restwert	G2 2003 Abschreibung	Restwert	G3 2004 Abschreibung	Restwert	G4 2005 Abschreibung	Restwert	G5 2006 Abschreibung	Restwert
				Gesamt:	11.667	47.833	19.500	39.333	19.500	19.833	11.500	8.333	6.000	2.333
4	2002	20.000	5	Ausstattung	3.000	17.000	4.000	13.000	4.000	9.000	4.000	5.000	4.000	1.000
4	2002	16.000	3	IT	4.000	12.000	5.333	6.667	5.333	1.333	1.333	0	0	0
4	2002	2.000	3	IT	500	1.500	667	833	667	167	167	0	0	0
5	2002	5.000	5	Ausstattung	667	4.333	1.000	3.333	1.000	2.333	1.000	1.333	1.000	333
5	2002	12.000	3	IT	2.667	9.333	4.000	5.333	4.000	1.333	1.333	0	0	0
5	2002	1.500	3	IT	333	1.167	500	667	500	167	167	0	0	0
7	2002	3.000	3	IT	500	2.500	1.000	1.500	1.000	500	500	0	0	0
1	2003	5.000	5	Ausstattung	0	0	1.000	4.000	1.000	3.000	1.000	2.000	1.000	1.000
1	2003	4.000	3	IT	0	0	1.333	2.667	1.333	1.333	1.333	0	0	0
1	2003	2.000	3	IT	0	0	667	1.333	667	667	667	0	0	0

Tabelle 17 – Seite 245

		Gewinn- und Verlustrechnung (GuV)	2002	2003	2004	2005	2006
			GJ1	GJ2	GJ3	GJ4	GJ5
+	1.	**Umsatzerlöse**	**0**	**460.000**	**1.150.000**	**2.300.000**	**3.445.000**
+/-	2.	**Erhöhung oder Verminderung des Bestands an fertigen und unfertigen Erzeugnissen**	**0**	**0**	**0**	**0**	**0**
+	3.	**Andere aktivierte Eigenleistungen**	**0**	**0**	**0**	**0**	**0**
=		***Betriebsleistung***	***0***	***460.000***	***1.150.000***	***2.300.000***	***3.445.000***
+	4.	**Sonstige betriebliche Erträge**	**0**	**0**	**0**	**0**	**0**
=		***Betriebsertrag***	***0***	***460.000***	***1.150.000***	***2.300.000***	***3.445.000***
-	5.	**Materialaufwand:**	**13.950**	**201.333**	**488.033**	**965.867**	**1.264.852**
		a) Aufwendungen für Roh-, Hilfs- und Betriebsstoffe und für bezogene Waren	0	18.333	45.833	91.667	119.167
		b) Aufwendungen für bezogene Leistungen	13.950	183.000	442.200	874.200	1.145.685
-	6.	**Personalaufwand:**	**220.675**	**331.013**	**440.138**	**472.875**	**472.875**
		a) Löhne und Gehälter	182.000	273.000	363.000	390.000	390.000
		b) Soziale Abgaben und Aufwendungen für Altersversorgung und Unterstützung, davon Altersversorgung	38.675	58.013	77.138	82.875	82.875
-	7.	**Abschreibungen:**	**11.667**	**19.500**	**19.500**	**11.500**	**6.000**
		a) auf immaterielle Vermögensgegenstände des Anlagevermögens und Sachanlagen	11.667	19.500	19.500	11.500	6.000
		b) auf Vermögensgegenstände des Umlaufvermögens, soweit diese die in der Kapitalgesellschaft üblichen Abschreibungen überschreiten	0	0	0	0	0

→

Tabelle 17 – Seite 245 (Fortsetzung)

-	8.	**Sonstige betriebliche Aufwendungen**	**70.370**	**166.980**	**177.680**	**186.700**	**187.900**
		Mieten (o. USt.)	6.750	12.000	12.000	12.000	12.000
		Heiz-/Nebenkosten (o. USt.)	2.700	4.800	4.800	4.800	4.800
		Telefon, Internet, Porto (o. USt.)	2.250	3.600	4.100	5.600	6.500
		Bürobedarf, Arbeitsmittel (o. USt.)	2.450	5.000	5.300	5.800	6.100
		Wartung und Reparaturen (o. USt.)	2.450	4.800	4.800	4.800	4.800
		Kfz-Kosten (o. USt.)	0	0	0	0	0
		Reisekosten (o. USt.)	43.200	28.800	28.800	28.800	28.800
		Beratungskosten (Recht, Steuer,...) (o. USt.)	2.250	6.000	6.000	6.000	6.000
		Versicherungen, Leasing (o. USt.)	1.820	2.730	3.630	3.900	3.900
		Werbung (o. USt.)	0	99.250	108.250	115.000	115.000
		Sonstige Aufwendungen (o. USt.)	6.500	0	0	0	0
=		***Operatives Betriebsergebnis - EBIT (Earnings before Interest and Taxes)***	**-316.662**	**-258.826**	**24.649**	**663.058**	**1.513.373**
+	9.	**Erträge aus Beteiligungen, davon aus verbundenen Unternehmen**	**0**	**0**	**0**	**0**	**0**
+	10.	**Erträge aus anderen Wertpapieren und Ausleihungen des Finanzanlagevermögens, davon aus verbundenen Unternehmen**	**0**	**0**	**0**	**0**	**0**
+	11.	**Sonstige Zinsen und ähnliche Erträge, davon aus verbundenen Unternehmen**	**0**	**0**	**0**	**0**	**0**
-	12.	**Abschreibungen auf Finanzanlagen und Wertpapiere des Umlaufvermögens**	**0**	**0**	**0**	**0**	**0**
-	13.	**Zinsen und ähnliche Aufwendungen, davon aus verbundenen Unternehmen**	**0**	**0**	**4.000**	**3.500**	**1.500**
	=	***Finanzergebnis***	**0**	**0**	**-4.000**	**-3.500**	**-1.500**
=	14.	**Ergebnis der gewöhnlichen Geschäftstätigkeit**	**-316.662**	**-258.826**	**20.649**	**659.558**	**1.511.873**

→

Tabelle 17 – Seite 245 (Fortsetzung)

+	15.	**Außerordentliche Erträge**	0	0	0	0	0
-	16.	**Außerordentliche Aufwendungen**	0	0	0	0	0
	17.	**(Außerordentliches Ergebnis)**	0	0	0	0	0
=		***Gewinn/Verlust vor Steuern***	***-316.662***	***-258.826***	***20.649***	***659.558***	***1.511.873***
-	18.	**Steuern vom Einkommen und Ertrag**	0	0	0	42.278	610.409
		Gewerbesteuer	0	0	0	14.658	211.652
		Körperschaftssteuer	0	0	0	26.180	377.968
		Solidaritätszuschlag	0	0	0	1.440	20.788
-	19.	**Sonstige Steuern**					
=	20.	**Jahresüberschuss/-fehlbetrag**	**-316.662**	**-258.826**	**20.649**	**617.280**	**901.465**
		Ergänzung der GuV nach § 158 AktG					
+/-	21.	Gewinnvortrag/Verlustvortrag aus dem Vorjahr	0	-316.662	-575.488	-554.838	59.320
+	22.	Entnahmen aus der Kapitalrücklage	0	0	0	0	0
+	23.	Entnahmen aus Gewinnrücklagen	0	0	0	0	0
		a) aus der gesetzlichen Rücklage	0	0	0	0	0
		b) aus der Rücklage für eigene Aktien	0	0	0	0	0
		c) aus satzungsgemäßen Rücklagen	0	0	0	0	0
		d) aus anderen Gewinnrücklagen	0	0	0	0	0
-	24.	Einstellungen in Gewinnrücklagen	0	0	0	3.122	45.229
		a) in die gesetzliche Rücklage	0	0	0	3.122	45.229
		b) in die Rücklage für eigene Aktien	0	0	0	0	0
		c) in die satzungsgemäßen Rücklagen	0	0	0	0	0
		d) in die anderen Gewinnrücklagen	0	0	0	0	0
=	25.	Bilanzgewinn/Bilanzverlust	-316.662	-575.488	-554.838	59.320	915.555

Tabelle 18 – Seite 260

Anschaffungs-zeitpunkt Monat	Jahr	Anschaffungs-kosten	Abschreibungs-dauer in Jahren		G1 2002 Abschreibung	Restwert	G2 2003 Abschreibung	Restwert	G3 2004 Abschreibung	Restwert	G4 2005 Abschreibung	Restwert	G5 2006 Abschreibung	Restwert
				Gesamt:	11.667	47.833	19.500	39.333	19.500	19.833	11.500	8.333	6.000	2.333
4	2002	20.000	5	Ausstattung	3.000	17.000	4.000	13.000	4.000	9.000	4.000	5.000	4.000	1.000
4	2002	16.000	3	IT	4.000	12.000	5.333	6.667	5.333	1.333	1.333	0	0	0
4	2002	2.000	3	IT	500	1.500	667	833	667	167	167	0	0	0
5	2002	5.000	5	Ausstattung	667	4.333	1.000	3.333	1.000	2.333	1.000	1.333	1.000	333
5	2002	12.000	3	IT	2.667	9.333	4.000	5.333	4.000	1.333	1.333	0	0	0
5	2002	1.500	3	IT	333	1.167	500	667	500	167	167	0	0	0
7	2002	3.000	3	IT	500	2.500	1.000	1.500	1.000	500	500	0	0	0
1	2003	5.000	5	Ausstattung	0	0	1.000	4.000	1.000	3.000	1.000	2.000	1.000	1.000
1	2003	4.000	3	IT	0	0	1.333	2.667	1.333	1.333	1.333	0	0	0
1	2003	2.000	3	IT	0	0	667	1.333	667	667	667	0	0	0

Tabelle 19 – Seite 262

	Bilanz	2002	2003	2004	2005	2006
		GJ1	GJ2	GJ3	GJ4	GJ5
	Aktiva					
A	Anlagevermögen					
I	**Immaterielle Vermögensgegenstände**					
1.	Konzessionen, gewerbliche Schutzrechte und ähnliche Rechte und Werte sowie Lizenzen an solchen Rechten und Werten					
2.	Geschäfts- oder Firmenwert					
3.	Geleistete Anzahlungen					
II	**Sachanlagen**					
1.	Grundstücke, grundstücksgleiche Rechte und Bauten einschließlich der Bauten auf fremden Grundstücken					
2.	Technische Anlagen und Maschinen					
3.	Andere Anlagen, Betriebs- und Geschäftsausstattung	47.833	39.333	19.833	8.333	2.333
4.	Geleistete Anzahlungen und Anlagen im Bau					
III	**Finanzanlagen**					
1.	Anteile an verbundenen Unternehmen					
2.	Ausleihungen an verbundene Unternehmen					
3.	Beteiligungen					
4.	Ausleihungen an Unternehmen, mit denen ein Beteiligungsverhältnis besteht					
5.	Wertpapiere des Anlagevermögens					
6.	Sonstige Ausleihungen					

→

Tabelle 19 – Seite 262 (Fortsetzung)

B	**Umlaufvermögen**					
I	**Vorräte**					
1.	Roh-, Hilfs- und Betriebsstoffe					
2.	Unfertige Erzeugnisse, unfertige Leistungen					
3.	Fertige Erzeugnisse und Waren					
4.	Geleistete Anzahlungen					
II	**Forderungen und sonstige Vermögensgegenstände**					
1.	Forderungen aus Lieferungen und Leistungen	0	27.370	60.822	106.439	157.675
2.	Forderungen gegen verbundene Unternehmen					
3.	Forderungen gegen Unternehmen mit denen ein Beteiligungsverhältnis besteht					
4.	Sonstige Vermögensgegenstände	2.046	469	0	0	0
III	**Wertpapiere**					
1.	Anteile an verbundenen Unternehmen					
2.	Eigene Anteile					
3.	Sonstige Wertpapiere					
IV	**Kassenbestand, Bundesbankguthaben, Guthaben bei Kreditinstituten und Schecks**	**33.578**	**0**	**79.758**	**746.043**	**2.156.728**
C	**Aktive Rechnungsabgrenzung**					
Summe Aktiva		**83.457**	**67.172**	**160.414**	**860.815**	**2.316.736**

Tabelle 20 – Seite 267

	Bilanz	2002	2003	2004	2005	2006
		GJ1	GJ2	GJ3	GJ4	GJ5
	Passiva					
A	**Eigenkapital**					
I	Gezeichnetes Kapital	400.000	580.000	580.000	580.000	580.000
II	Kapitalrücklage					
III	Gewinnrücklage					
1.	Gesetzliche Rücklage					
2.	Rücklage für eigene Anteile					
3.	Satzungsmäßige Rücklagen					
4.	Andere Gewinnrücklagen					
IV	Gewinnvortrag/Verlustvortrag		-316.662	-575.488	-554.838	62.442
V	Jahresüberschuss/Jahresfehlbetrag	-316.662	-258.826	20.649	617.280	901.465
B	**Rückstellungen**					
1.	Rückstellungen für Pensionen und ähnliche Verpflichtungen					
2.	Steuerrückstellungen	0	0	0	42.278	568.131
3.	Sonstige Rückstellungen					

→

Tabelle 20 – Seite 267 (Fortsetzung)

C	**Verbindlichkeiten**					
1.	Anleihen					
2.	Verbindlichkeiten gegenüber Kreditinstituten					
	Kredite	0	0	50.000	25.000	0
	Kontokorrentkredit	0	27.995	0	0	0
3.	Erhaltene Anzahlungen auf Bestellungen					
4.	Verbindlichkeiten aus Lieferungen und Leistungen	119	34.665	74.507	127.621	163.030
5.	Verbindlichkeiten aus der Annahme gezogener Wechsel und der Ausstellung eigener Wechsel					
6.	Verbindlichkeiten gegenüber verbundenen Unternehmen					
7.	Verbindlichkeiten gegenüber Unternehmen, mit denen ein Beteiligungsverhältnis besteht					
8.	Sonstige Verbindlichkeiten, davon aus Steuern, davon im Rahmen der sozialen Sicherheit	0	0	10.745	23.474	41.668
D	**Passive Rechnungsabgrenzung**					
Summe Passiva		**83.457**	**67.172**	**160.414**	**860.815**	**2.316.736**

Tabelle 21 – Seite 267

	Bilanz	2002	2003	2004	2005	2006
		GJ1	GJ2	GJ3	GJ4	GJ5
	Passiva					
A	**Eigenkapital**					
I	Gezeichnetes Kapital	400.000	580.000	580.000	580.000	580.000
II	Kapitalrücklage					
III	Gewinnrücklage					
1.	Gesetzliche Rücklage	0	0	0	3.122	48.351
2.	Rücklage für eigene Anteile					
3.	Satzungsmäßige Rücklagen					
4.	Andere Gewinnrücklagen					
IV	Bilanzgewinn/Bilanzverlust	-316.662	-575.488	-554.838	59.320	915.555
B	**Rückstellungen**					
1.	Rückstellungen für Pensionen und ähnliche Verpflichtungen					
2.	Steuerrückstellungen	0	0	0	42.278	568.131
3.	Sonstige Rückstellungen					

→

Tabelle 21 – Seite 267 (Fortsetzung)

C	**Verbindlichkeiten**					
1.	Anleihen					
2.	Verbindlichkeiten gegenüber Kreditinstituten					
	Kredite	0	0	50.000	25.000	0
	Kontokorrentkredit	0	27.995	0	0	0
3.	Erhaltene Anzahlungen auf Bestellungen					
4.	Verbindlichkeiten aus Lieferungen und Leistungen	119	34.665	74.507	127.621	163.030
5.	Verbindlichkeiten aus der Annahme gezogener Wechsel und der Ausstellung eigener Wechsel					
6.	Verbindlichkeiten gegenüber verbundenen Unternehmen					
7.	Verbindlichkeiten gegenüber Unternehmen, mit denen ein Beteiligungsverhältnis besteht					
8.	Sonstige Verbindlichkeiten, davon aus Steuern, davon im Rahmen der sozialen Sicherheit	0	0	10.745	23.474	41.668
D	**Passive Rechnungsabgrenzung**					
Summe Passiva		**83.457**	**67.172**	**160.414**	**860.815**	**2.316.736**

Literatur

[Becker 2002] **Becker**, Jochen: *Marketing-Konzeption: Grundlagen des ziel-strategischen und operativen Marketing-Managements,* München: Vahlen, 7., überarb. und erg. Aufl., 2002.

[BMWI 2007] **Bundesministerium für Wirtschaft und Technologie (BMWi)**: *Gründer-Zeiten Nr. 33: Ein festes Fundament! Thema Rechtsformen*, Berlin: Bundesministerium für Wirtschaft und Technologie (BMWi): aktualisierte Ausgabe August 2007.

[Busse von Colbe u.a. 1992] **Busse von Colbe**, Walther; **Hammann**, Peter; **Laßmann**, Gert: *Betriebswirtschaftstheorie. Band 2. Absatztheorie,* Berlin: Springer-Verlag, 4., verb. u. erw. Aufl., 1992.

[Deelmann, Loos 2003] **Deelmann**, T.; **Loos**, P.: *Visuelle Methoden zur Darstellung von Geschäftsmodellen – Methodenvergleich, Anforderungsdefinition und exemplarischer Visualisierungsvorschlag,* in: Loos, P. (Hrsg.): *Working Papers of the Research Group Information Systems & Management, Paper 13*, Mainz: Johannes-Gutenberg-University, 2003.

[Deelmann, Loos 2004] **Deelmann**, T.; **Loos**, P.: *Vorschlag zur graphischen Repräsentation von Geschäftsmodellen,* in: Loos, P. (Hrsg.): *Working Papers of the Research Group Information Systems & Management, Paper 14*, Mainz: Johannes-Gutenberg-University, 2004.

[Europäische Kommission 1997] **Europäische Kommission**: *Bekanntmachung der Kommission über die Definition des relevanten Marktes im Sinne des Wettbewerbsrechts der Gemeinschaft,* 1997; *http://ec.europa.eu/comm/competition/antitrust/relevma_de.html* (15.10.2007).

[futureSAX 2005] **futureSAX**: *Handbuch zur Businessplanerstellung – Businessplan-Wettbewerb Sachsen,* Dresden: Businessplan-Wettbewerb Sachsen GmbH, 2. Aufl., 2005.

[Gutenberg 1983] **Gutenberg**, Erich (1983): *Grundlagen der Betriebswirtschaftslehre. Bd. 1: Die Produktion,* Berlin u.a., Springer, 24., unveränd. Aufl., 1983.

[Haertsch 2000] **Haertsch**, Patrick: *Wettbewerbsstrategien für den Electronic Commerce: eine kritische Überprüfung klassischer Strategiekonzepte,* Lohmar, Köln: Joseph Eul Verlag, 2000.

[Hungenberg 2004] **Hungenberg**, Harald: *Strategisches Management in Unternehmen: Ziele, Prozesse, Verfahren,* Wiesbaden: Gabler, 3., uberarb. und erw. Aufl., 2004.

[Jung 2006] **Jung**, Hans: *Allgemeine Betriebswirtschaftslehre,* München: Oldenbourg Wissenschaftsverlag, 10., überarb. Aufl., 2006.

[King 2006] **King**, Christian: *Erfolgreiche Marketingstrategien für innovative technologieorientierte Unternehmensgründungen,* Lohmar, Köln: Josef Eul Verlag, 2006.

[Klandt 2006] **Klandt**, Heinz: *Gründungsmanagement: Der integrierte Unternehmensplan: Businessplan als zentrales Instrument für die Gründungsplanung,* München, Wien: Oldenbourg Wissenschaftsverlag, 2., vollst. überarb. u. stark erw. Aufl., 2006.

[Krcmar 2003] **Krcmar**, Helmut: *Informationsmanagement,* Berlin u.a: Springer-Verlag, 3. Aufl., 2003.

[Kreikebaum u.a. 2002] **Kreikebaum**, Hartmut; **Gilbert**, Dirk Ulrich; **Reinhardt**, Glenn O.: *Organisationsmanagement internationaler Unternehmen: Grundlagen und moderne Netzwerkstrukturen,* Wiesbaden: Gabler, 2., vollst. überarb. und erw. Aufl., 2002.

[Krüger, Bach 2001] **Krüger**, Wilfried; **Bach**, Norbert: *Geschäftsmodelle und Wettbewerb im e-Business.* In: Buchholz, W.; Werner, H. (Hrsg.): *Supply Chain Solutions: best practices in e-Business,* Stuttgart: Schaeffer-Poeschel, 2001.

[Kuß 2002] **Kuß**, Alfred: *Marketing-Einführung: Grundlagen, Überblick, Beispiele,* Wiesbaden: Gabler, 2001.

[Kußmaul 2005] **Kußmaul**, Heinz: *Betriebswirtschaftslehre für Existenzgründer: Grundlagen mit Fallbeispielen und Fragen der Existenzgründungspraxis,* München: Oldenbourg Wissenschaftsverlag, 5., völlig überarb. und erw. Aufl., 2005.

[Langner, Esch 2006] **Langer**, Tobias; **Esch**, Franz-Rudolf: *Corporate Branding auf Handlungsoptionen abstimmen.* In: Esch, Franz-Rudolf; Tomczak, Torsten; Kernstock, Joachim; Langner, Tobias (2006): *Corporate Brand Management: Marken als Anker strategischer Führung von Unternehmen,* Wiesbaden: Gabler, 2., akt. und erg. Aufl., 2006.

[Macharzina, Wolf 2008] **Macharzina**, Klaus; **Wolf**, Joachim: *Unternehmensführung. Das Internationale Managementwissen. Konzepte – Methoden – Praxis,* Wiesbaden: Gabler, 6., vollst. überarb. und erw. Aufl., 2008.

[Meffert 2000] **Meffert**, Heribert: *Marketing: Grundlagen marktorientierter Unternehmensführung; Konzepte, Instrumente, Praxisbeispiele,* Wiesbaden: Gabler, 9., überarb. und erw. Aufl., 2000.

[Nagl 2006] **Nagl**, Anna: *Der Businessplan: Geschäftspläne professionell erstellen; mit Checklisten und Fallbeispielen,* Wiesbaden: Gabler, 3., überarb. und erw. Aufl., 2006.

[Picot u.a. 2001] **Picot**, Arnold; **Reichwald**, Ralf; **Wigand**, Rolf T.: *Die grenzenlose Unternehmung. Information, Organisation und Management. Lehrbuch zur Unternehmensführung im Informationszeitalter,* Wiesbaden: Gabler, 4., vollst. überarb. und erw. Aufl., 2001.

[Picot u.a. 2003] **Picot**, Arnold; **Reichwald**, Ralf; **Wigand**, Rolf T.: *Die grenzenlose Unternehmung. Information, Organisation und Management. Lehrbuch zur Unternehmensführung im Informationszeitalter,* Wiesbaden: Gabler, 5., akt. Aufl., 2003.

[Pillkahn 2007] **Pillkahn**, Ulf: *Trends und Szenarien als Werkzeuge zur Strategieentwicklung. Der Weg in die unternehmerische Zukunft,* Erlangen: Publicis Corporate Publishing, 2007.

[Plümer 2003] **Plümer**, Thomas: *Logistik und Produktion,* München: Oldenbourg Wissenschaftsverlag, 2003.

[Plümer 2006] **Plümer**, Thomas: *Existenzgründung Schritt für Schritt: mit drei ausführlichen Businessplänen,* Wiesbaden: Gabler, 1. Aufl., 2006.

[Porter 1999] **Porter**, Michael E.: *Wettbewerbsvorteile – Spitzenleistungen erreichen und behaupten*, Frankfurt/Main; New York: Campus Verlag, 5., durchgesehene und erw. Aufl., 1999.

[Pufahl 2006] **Pufahl**, Mario: *Vertriebscontrolling: So steuern Sie Absatz, Umsatz und Gewinn,* Wiesbaden: Gabler, 2., erw. Aufl., 2006.

[Runia u.a. 2007] **Runia**, Peter; **Wahl**, Frank; **Geyer**, Olaf; **Thewißen**, Christian: *Marketing: eine prozess- und praxisorientierte Einführung,* München: Oldenbourg Wissenschaftsverlag, 2., überarb. und erw. Aufl., 2007.

[Scheer 1997] **Scheer**, A.-W.: *Wirtschaftsinformatik. Referenzmodelle für industrielle Geschäftsprozesse,* Berlin: Springer-Verlag, 7. Aufl., 1997.

[Scheidegger u.a. 2005] **Scheidegger**, Nicole; **Sieber**, Pascal; **Taaks**, Gerrit; **Hahn**, Marc André: *Die Organisation des E-Business V, Fallstudien über den Einsatz der Informatik und Telekommunikation für den geschäftlichen Erfolg von Unternehmen und Verwaltungen,* Bern: Dr. Pascal Sieber & Partners AG, 2005.

[Schierenbeck 2003] **Schierenbeck**, Henner: *Grundzüge der Betriebswirtschaftslehre*, München: Oldenbourg Wissenschaftsverlag, 16., vollst. überarb. und erw. Aufl., 2003.

[Schmid 1999] **Schmid**, B. F.: *Elektronische Märkte – Merkmale, Organisation und Potentiale*, in: Hermanns, A.; Sauter, M.: *Management-Handbuch Electronic Commerce: Grundlagen, Strategien, Praxisbeispiele*, München: Vahlen, 1999.

[Schubert, Wölfle 2000] **Schubert**, Petra; **Wölfle**, Ralf (Hrsg.): *E-Business erfolgreich planen und realisieren – Case Studies von zukunftsorientierten Unternehmen,* München, Wien: Hanser, 2000.

[Schubert u.a. 2001] **Schubert**, Petra; **Wölfle**, Ralf; **Dettling**, Walter (Hrsg.): *Fulfillment im E-Business – Praxiskonzepte innovativer Unternehmen,* München, Wien: Hanser, 2001.

[Schubert u.a. 2003a] **Schubert**, Petra; **Wölfle**, Ralf; **Dettling**, Walter (Hrsg.): *E-Business Integration – Fallstudien zur Optimierung elektronischer Geschäftsprozesse,* München, Wien: Hanser, 2003.

[Schubert u.a. 2003b] **Schubert**, Petra; **Selz**, Dorian; **Haertsch**, Patrick (2003): *Digital erfolgreich - Fallstudien zu strategischen E-Business-Konzepten,* Berlin, Heidelberg, New York: Springer-Verlag, 2., akt. und erw. Aufl., 2003.

[Stähler 2001] **Stähler**, P.: *Merkmale von Geschäftsmodellen in der digitalen Ökonomie.* Dissertation Nr. 2562 der Universität St. Gallen, Lohmar, Köln: Josef Eul Verlag, 2001.

[Stähler 2003] **Stähler**, P.: *Geschäftsmodellinnovationen,* in: Schubert, P.; Selz, D.; Haertsch, P.: *Digital erfolgreich: Fallstudien zu strategischen E-Business-Konzepten*, Berlin, Heidelberg, New York: Springer-Verlag, 2., akt. und erw. Aufl., 2003.

[Strahringer 2005] **Strahringer**, Susanne (Hrsg): *Outsourcing, HMD – Praxis der Wirtschaftsinformatik, Heft 245*, dpunkt.verlag, 2005.

[Sydow 1992] **Sydow**, Jörg: *Strategische Netzwerke. Evolution und Organisation,* Wiesbaden: Gabler 1. Aufl., 1992.

[Tietz 2007] **Tietz**, Dirk: *Der Einfluss des Internets auf Intermediäre im Tourismus,* Wiesbaden: Deutscher Universitäts-Verlag / GWV Fachverlage GmbH, 2007.

[Töpfer 2007] **Töpfer**, Armin: *Betriebswirtschaftslehre, Anwendungs- und prozessorientierte Grundlagen,* Berlin, Heidelberg, New York: Springer-Verlag, 2., überarb. Aufl., 2007.

[Ulmer 2002] **Ulmer**, Peter (Hrsg.): *HGB-Bilanzrecht: Rechnungslegung – Abschlussprüfung – Publizität, Großkommentar*, Berlin, New York: de Gruyter, 2002.

[Wilms 2006] **Wilms**, Falko E. P. (Hrsg.): *Szenariotechnik: Vom Umgang mit der Zukunft,* Bern: Haupt, 2006.

[Wirtz 2000] **Wirtz**, Bernd W.: *Electronic Business,* Wiesbaden: Gabler, 1. Aufl., 2000.

[Wirtz 2003] **Wirtz**, Bernd W.: *Medien- und Internetmanagement,* Wiesbaden: Gabler, 3.überarb. und erw. Aufl., 2003.

[Witt, Merz 2008] **Witt**, Peter; **Merz**, Christin: *Die Ideenformulierung im Rahmen von Businessplänen (Seed-Phase),* in: Freiling, Jörg; Kollmann, Tobias (Hrsg.): *Entrepreneurial Marketing: Besonderheiten, Aufgaben und Lösungsansätze für Gründungsunternehmen,* Wiesbaden: Gabler, 2008.

[Witte 2007] **Witte**, Hermann: *Allgemeine Betriebswirtschaftslehre: Lebensphasen des Unternehmens und betriebliche Funktion. Mit Aufgaben,* München: Oldenbourg Wissenschaftsverlag, 2., völlig neu bearb. Aufl., 2007.

Index

Q

R

S

T

U

V

W

Z